全国电力出版指导委员会出版规划重点项目

火力发电职业技能培训教材

锅炉设备检修

尹立新　主编

U0339815

中国电力出版社
www.cepp.com.cn

内 容 提 要

本教材是根据《中华人民共和国职业技能鉴定规范·电力行业》对火力发电职业技能鉴定培训的要求编写的。教材突出了以实际操作技能为主线、将相关专业理论与生产实践紧密结合的特色，反映了当前我国火力发电技术发展的水平，体现了面向生产实际的原则。

本教材本上按《鉴定规范》中按的火力发电运行与检修专业进行分册。全套教材总共 15 个分册，内容包括了《鉴定规范》中相关的近 40 个工种的职业技能培训。针对教材中的重点和难点，还将配套出版各分册的《复习题与题解》。

本教材的作者和审稿人均为长年工作在生产第一线的技术人员，有较好的理论基础和丰富的实践经验和培训经验。

本书为《锅炉设备检修》分册，包括锅炉本体检修，锅炉辅机检修，管阀检修，电除尘检修，除灰设备检修工种的培训内容。主要内容有：在锅炉基础知识内容中，主要包括锅炉检修常用材料，检修常用工器具；在锅炉本体检修内容中，主要包括锅炉本体设备及系统，汽水系统设备的检修；在锅炉辅机检修内容中，主要包括辅机设备及系统，制粉系统设备检修，通风系统检修；在锅炉管阀检修内容中，主要包括锅炉外部汽水循环系统，汽水管道检修，管道阀门故障分析处理；在电除尘设备检修内容中，主要包括电除尘设备检修工艺，电除尘设备调试及故障分析处理；在除灰设备检修内容中，主要包括水力除灰系统设备检修，气力输灰系统设备检修，除渣设备检修。

本教材为火力发电职业技能鉴定培训教材，火力发电现场生产技术培训教材。也可供火电类技术人员及技术学校教学使用。

图书在版编目（CIP）数据

锅炉设备检修/《火力发电职业技能培训教材》编委会编. —北京：中国电力出版社，2005.1（2018.9 重印）

火力发电职业技能培训教材

ISBN 978 - 7 - 5083 - 2447 - 0

Ⅰ. 锅... Ⅱ. 火... Ⅲ. 火电厂 - 锅炉 - 检修 - 技术培训 - 教材 Ⅳ. TM621.2

中国版本图书馆 CIP 数据核字（2004）第 069720 号

中国电力出版社出版、发行

（北京市东城区北京站西街 19 号 100005 http://www.cepp.com.cn）

三河市百盛印装有限公司印刷

各地新华书店经售

*

2005 年 1 月第一版 2018 年 9 月北京第十一次印刷

850 毫米×1168 毫米 32 开本 17.125 印张 586 千字

印数 23001—24000 册 定价 68.00 元

《火力发电职业技能培训教材》

编　委　会

前 言

　　近年来，我国电力工业正向着大机组、高参数、大电网、高电压、高度自动化方向迅猛发展。随着电力工业体制改革的深化，现代火力发电厂对职工所掌握知识与能力的深度、广度要求，对运用技能的熟练程度，以及对革新的能力，掌握新技术、新设备、新工艺的能力，监督管理能力，多种岗位上工作的适应能力，协作能力，综合能力等提出了更高、更新的要求。这都急切地需要通过培训来提高职工队伍的职业技能，以适应新形势的需要。

　　当前，随着《中华人民共和国职业技能鉴定规范》（简称《规范》）在电力行业的正式施行，电力行业职业技能标准的水平有了明显的提高。为了满足《规范》对火力发电有关工种鉴定的要求，做好职业技能培训工作，中国国电集团公司、中国大唐集团公司与中国电力出版社共同组织编写了这套《火力发电职业技能培训教材》，并邀请一批有良好电力职业培训基础和经验、并热心于职业教育培训的专家进行审稿把关。此次组织开发的新教材，汲取了以往教材建设的成功经验，认真研究和借鉴了国际劳工组织开发的 MES 技能培训模式，按照 MES 教材开发的原则和方法，按照《规范》对火力发电职业技能鉴定培训的要求编写。教材在设计思想上，以实际操作技能为主线，更加突出了理论和实践相结合，将相关的专业理论知识与实际操作技能有机地融为一体，形成了本套技能培训教材的新特色。

　　《火力发电职业技能培训教材》共 15 分册，同时配套有 15 分册的《复习题与题解》，以帮助学员巩固所学到的知识和技能。

　　《火力发电职业技能培训教材》主要具有以下突出特点：

　　（1）教材体现了《规范》对培训的新要求，教材以培训大纲中的"职业技能模块"及生产实际的工作程序设章、节，每一个技能模块相对独立，均有非常具体的学习目标和学习内容。

　　（2）对教材的体系和内容进行了必要的改革，更加科学合理。在内容编排上以实际操作技能为主线，知识为掌握技能服务，知识内容以相应的职业必须的专业知识为起点，不再重复已经掌握的理论知识，以达到再培训，再提高，满足技能的需要。

　　凡属已出版的《全国电力工人公用类培训教材》涉及到的内容，如识绘图、热工、机械、力学、钳工等基础理论均未重复编入本教材。

（3）教材突出了对实际操作技能的要求，增加了现场实践性教学的内容，不再人为地划分初、中、高技术等级。不同技术等级的培训可根据大纲要求，从教材中选取相应的章节内容。每一章后，均有关于各技术等级应掌握本章节相应内容的提示。

（4）教材更加体现了培训为企业服务的原则，面向生产，面向实际，以提高岗位技能为导向，强调了"缺什么补什么，干什么学什么"的原则，内容符合企业实际生产规程、规范的要求。

（5）教材反映了当前新技术、新设备、新工艺、新材料以及有关生产管理、质量监督和专业技术发展动态等内容。

（6）教材力求简明实用，内容叙述开门见山，重点突出，克服了偏深、偏难、内容繁杂等弊端，坚持少而精、学则得的原则，便于培训教学和自学。

（7）教材不仅满足了《规范》对职业技能鉴定培训的要求，同时还融入了对分析能力、理解能力、学习方法等的培养，使学员既学会一定的理论知识和技能，又掌握学习的方法，从而提高自学本领。

（8）教材图文并茂，便于理解，便于记忆，适应于企业培训，也可供广大工程技术人员参考，还可以用于职业技术教学。

《火力发电职业技能培训教材》的出版，是深化教材改革的成果，为创建新的培训教材体系迈进了一步，这将为推进火力发电厂的培训工作，为提高培训效果发挥积极作用。希望各单位在使用过程中对教材提出宝贵建议，以使不断改进，日臻完善。

在此谨向为编审教材做出贡献的各位专家和支持这项工作的领导们深表谢意。

《火力发电职业技能培训教材》编委会

编者的话

随着我国电力工业迅猛发展，新建、扩建火力发电厂规模越来越大，单机容量、参数越来越高，一批 600MW、900MW 超临界机组相继投产，新技术、新工艺不断出现，电力检修职工的知识更新、技术换代问题亟待解决。

本次修编的教材增补了近年来出现的新技术、新工艺，努力贴近大型锅炉的检修管理思路，更加突出了现场实用性。主要内容涵盖了锅炉本体检修、锅炉管阀检修、锅炉辅机检修、电除尘设备检修、除灰设备检修等锅炉检修五大工种所需掌握的知识、技能。适合火力发电企业作为职工培训教材使用，也可作为技术人员参考用书。

本书共分六篇，第一、三篇由太原第一热电厂赵学斌编写，第二篇由太原第二热电厂任玉忠编写，第四篇由太原第一热电厂孙雷编写，第五篇由太原第一热电厂杨晓东编写，第六篇由古交电厂苏建魁编写。全书由太原第一热电厂尹立新统稿主编，由太原第一热电厂周茂德、王引棣审定。

由于编写时间紧迫，编者水平有限，教材中存在的不妥之处恳请广大读者提出宝贵意见。

编者

2004 年 8 月

目 录

第三篇　锅炉辅机检修

第四篇　锅炉管阀检修

第一篇
锅炉检修基础知识

第一章

锅炉设备简介

第一节 锅炉设备的构成及工作概况

一、锅炉在火力发电厂中的地位及作用

对于火力发电厂，电力生产过程是一个能量转化的过程。燃料在锅炉内燃烧，产生高温高压蒸汽，蒸汽在汽轮机内膨胀做功，推动汽轮机旋转，汽轮机再带动发电机发电。上述过程首先是燃料的化学能转化为蒸汽的热能（锅炉），然后是热能转化为机械能（汽轮机），进而机械能转化为电能（发电机）。锅炉是火力发电厂的三大主机之一，它的任务就是经济、可靠地产生出一定数量的、具有一定温度和压力的蒸汽。

随着电力生产不断的发展，锅炉也向着高参数、大容量的方向发展。目前在电网中 300、600MW 机组已经作为基本负荷机组运行，锅炉的容量已达到 2000t/h，甚至更高。因此对锅炉设备的设计制造、安装、检修提出了更高的要求，这些要求包括：

（1）必须符合国家、行业关于锅炉设计制造、安装、运行、检修等各项有关规定要求。

（2）必须能够连续、安全地运行。随着机组容量不断地增大，停产造成的损失也会越来越大。

（3）必须能够经济地运行。现代锅炉运行时耗用大量的燃料，因此经济性就显得十分重要，大型锅炉的设计炉效一般能达到 94%。

（4）易于检修和快速处理事故。锅炉部件处在较为恶劣的环境中工作，部件的磨损、腐蚀等较为严重，部件在使用一定的年限之后，要在设备检修时予以更换；出现事故时，也要求在短时间内处理。

（5）必须充分考虑环保要求。锅炉是大型的燃烧设备，一台 300MW 机组配套锅炉每天耗煤 3000 多吨，要排出大量的灰、渣和烟气。现代锅炉的发展和环保技术已经密不可分，要求对烟气的氮氧化物、硫氧化物和飞灰进行处理。因此锅炉除配备电除尘器外，还应配备有脱硫装置和脱氮装置。

二、电站锅炉的组成及作用

锅炉是一个庞大而又复杂的设备，它由锅炉构架、汽水系统、燃烧系统、辅机和附件组成，如图 1-1 所示。

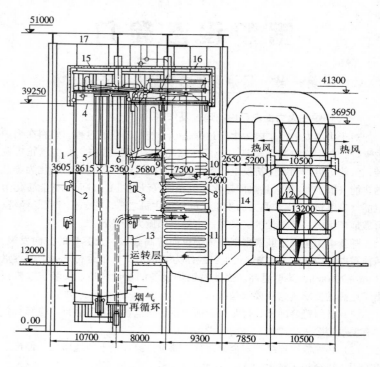

图 1-1 SG-1000/170 型直流锅炉整体布置示意

1—上升管；2—双面水冷壁；3—混合器；4—顶棚管过热器；5—前屏过热器；
6—后屏过热器；7—高温对流过热器；8—低温对流过热器；9—高温再热器；
10—低温再热器；11—省煤器；12—空气预热器；13—燃烧器；14—导向烟道；
15—炉顶罩壳；16—过渡梁；17—炉顶框架

（一）锅炉构架

锅炉构架有支撑式和悬吊式两种，用来支撑锅炉的所有部件，如汽包、汽水分离器、联箱、受热面、炉墙、平台、扶梯等。构架应有足够的强度、刚度、伸缩性和防震性。

锅炉一般采用支撑式钢架。钢架主要由立柱、横梁、桁架和辅助梁组成。大型锅炉中普遍采用悬吊式结构，这种结构的主要特点是：抗震性能好，刚性大，在外力作用下变形小。

支撑式锅炉的膨胀方向为总体向上，而悬吊式锅炉的热膨胀方向是总体向下的。

（二）汽水系统

锅炉的汽水系统由给水管路、省煤器、汽包、下降管、水冷壁、过热器、再热器及主再热蒸汽管路等组成。其主要任务是使水吸热、蒸发，最后变成有一定参数的过热蒸汽。从给水管路来的给水经给水阀进入省煤器，加热到接近饱和温度，进入汽包，经过下降管进入水冷壁，吸收蒸发热量，再回到汽包。经过汽水分离以后，蒸汽进入过热器，水再进入水冷壁进行加热。进入过热器的蒸汽吸收热量，成为具有一定温度和压力的过热蒸汽，经过主蒸汽管，送入汽轮机高压缸做功。蒸汽从高压缸做完功后，经再热蒸汽管冷段，进入锅炉再热器加热至额定温度后，经再热蒸汽热段，进入汽轮机中压缸、低压缸继续做功。

汽水系统是锅炉的一个主要系统，可以进一步划分为：①给水系统；②主蒸汽系统；③炉内外水循环系统和主蒸汽管道系统；④疏放水系统；⑤排污系统。

（三）燃烧系统

锅炉的燃烧系统由炉膛、燃烧器、点火油枪、风、粉、烟道等组成。其作用是使燃料燃烧发热，产生高温火焰和烟气。空气经送风机在空气预热器中吸收烟气的热量后，一部分作为一次风进入磨煤机内加热和干燥燃煤，并携带煤粉进入炉膛内燃烧；另一部分空气直接通过燃烧器进入炉膛作为二次风进行助燃。煤粉在炉膛空间内悬浮燃烧时，生成高温火焰和烟气，火焰以辐射传热的方式将热量传给水和蒸汽；烟气在烟道中流动时，以对流传热的方式将热量传给水和蒸汽；烟气经空气预热器冷却，将热量传给冷风以后，经电除尘、脱硫装置处理，最后由引风机送入烟囱，排入大气。

燃烧系统是锅炉的一个主要系统，可进一步划分为：

（1）燃烧器及调节点火装置；

（2）制粉系统；

（3）风烟系统；

（4）除渣、除灰系统；

（5）炉前点火油系统。

（四）辅机和附件

第一章 锅炉设备简介

电站锅炉为了完成生产蒸汽的任务，还需要配置一系列的辅助设备，主要有送风机、引风机及制粉、除尘、除灰、除渣设备等。为了确保锅炉的安全经济运行，还须配置安全阀、水位计、膨胀位移指示器及吹灰器等锅炉附件。

三、锅炉的参数及型号

（一）锅炉参数

锅炉参数是用来简要说明锅炉的特征值，主要有：锅炉容量，蒸汽参数。

（1）锅炉容量指锅炉的最大连续蒸发量，常以每小时能供应蒸汽的吨数来表示，单位为 t/h。目前大型火电厂锅炉容量一般为 670t/h（200MW机组）、1000t/h（300MW 机组）和 2000t/h（600MW 机组）。

（2）蒸汽参数指锅炉出口蒸汽的压力和温度。对于具有再热器的锅炉，蒸汽参数中还包括再热器出口蒸汽压力和温度。蒸汽压力用符号 p 表示，单位为 MPa；蒸汽温度用符号 t 表示，单位为℃。目前大型锅炉的蒸汽压力多为 14MPa（670t/h）、17.4MPa（1000t/h），蒸汽温度一般为 540℃。

（二）锅炉型号的表示方法

锅炉型号反映了锅炉的某些基本特征，根据 JB/T1617《电站锅炉产品型号编制方法》，我国国产锅炉目前采用三组或四组字码表示其型号。

一般中、高压锅炉采用三组字码，例如：DG – 400/9.8 – 1 型锅炉，型号中第一组字码是锅炉制造厂名称的汉语拼音缩写，DG 表示东方锅炉厂（SG 表示上海锅炉厂、HG 表示哈尔滨锅炉厂、WG 表示武汉锅炉厂、BG 表示北京锅炉厂）；型号中第二组字码为一个分数，分子表示锅炉容量（t/h），分母表示过热蒸汽压力（表压力，MPa）；型号中第三组字码表示锅炉设计燃料代号和变型设计序号，原型设计则无变型设计序号，燃料代号用字母表示，M 为燃煤，Y 为燃油，Q 为燃气，T 为其他燃料。产品的设计序号，序号数字小的是先设计的，序号数字大的是后设计的，不同序号可以反映出在结构上的某些差别或改进。

超高压以上锅炉均装有中间再热器，故采用四组字码，即在上述型号的二、三组字码间又加了一组分数形式的字码，其分子表示过热蒸汽温度，分母表示再热蒸汽温度。例如 HG – 670/13.7 – 540/540 – 1 型锅炉即表示哈尔滨锅炉厂制造，容量为 670t/h，过热蒸汽出口压力为 13.7MPa；过热蒸汽温度为 540℃，再热蒸汽温度为 540℃，第一次设计的锅炉。

四、锅炉检修工种范围的划分

锅炉本体检修的范围包括：炉内、外水循环系统，过热、再热汽系统，燃烧系统，管式空气预热器，锅炉本体附件等。

锅炉辅机检修的范围包括：风烟系统、制粉系统、冷却水系统、空压机系统等辅助设备的回转机械及附属管道等。

锅炉管阀检修的范围包括：给水系统、主蒸汽管道系统、疏放水系统和排污系统等。

锅炉电除尘检修的范围包括：电除尘设备的检修、调试和故障分析与处理。

锅炉除灰设备检修的范围包括：除灰系统、除渣设备、冲渣设备、输灰设备等。

提示 本节内容适合锅炉本体检修（MU2 LE2），锅炉辅机检修（MU2 LE3、LE4），锅炉管阀检修（MU3 LE4），锅炉电除尘检修（MU6 LE12）。

第二节　锅炉的型式及工作原理

一、锅炉的类型

根据工质在锅炉内部的流动方式、燃料的燃烧方式，锅炉可分为不同的类型。

1. 按工质在锅炉内的流动方式分类

工质是指在汽、水系统内用来吸热、携带热量、放热以完成物理热过程的工作介质，即指水和蒸汽。按照工质在锅炉内部不同的流动方式，锅炉可分为以下类型：

（1）自然循环锅炉；

（2）多次强制循环汽包锅炉；

（3）直流锅炉；

（4）低倍率循环锅炉；

（5）复合循环锅炉。

2. 按燃料和排渣方式分类

电厂锅炉常用的燃料是煤和油，故锅炉有燃煤炉和燃油炉之分。由于油的成本高、综合利用价值大，燃油炉已逐步减少，电厂常用的是燃煤锅炉。按照燃烧方式可分为以下几类：

（1）室燃炉；

(2) 旋风炉;

(3) 层燃炉;

(4) 流化床燃烧炉。

目前我国大型电站常采用的炉型为室燃炉,其中自然循环锅炉占多数,多次强制循环汽包锅炉、直流锅炉、低倍率循环锅炉及复合循环锅炉也已逐步被采用。

二、自然循环锅炉

1. 工作原理

自然循环锅炉中,汽水主要靠水和蒸汽的密度差产生的压头而循环流动,图1-2所示为自然循环锅炉简图。图中的汽包、下降管、下联箱和水冷壁组成一个循环回路。由于水冷壁在炉内受热,产生了蒸汽,汽水混合物的密度小,而下降管在炉外不受热,管中是水,密度大,两者密度差就产生了循环推动力。水沿着下降管向下流动,而汽水混合物则沿上升管向上流动,从而形成了水的自然循环。

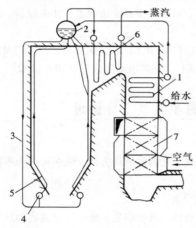

图1-2 自然循环锅炉简图

1—省煤器;2—汽包;3—下降管;4—下联箱;5—上升管;6—过热器;7—空气预热器。

上升管内的汽水混合物进入汽包,经汽水分离装置分离出来的饱和蒸汽进入过热器,由省煤器来的给水则不断的补充到汽包内。

2. 特点

随着锅炉工作压力的升高,饱和水与饱和汽的密度差逐渐减小,自然循环的推动力也将逐渐减小,因此自然循环锅炉只能在临界压力以下应用。但是如果能增大水冷壁的含汽率以及减小回路的阻力,并采取相应的防止膜态沸腾的技术措施,在汽包压力为19MPa时仍可维持足够的循环推动力,目前亚临界压力大容量自然循环锅炉正是这样发展的。

自然循环锅炉的汽包是蒸发受热面和过热器之间的固定分界点,由于其蓄热和蓄水能力大，因而对自动调节的要求较低，给水带入的盐分可用排污的方式除掉，对水处理的要求也相对较低。但汽包较难制造，耗金属多，安装运输较复杂且筒壁较厚，筒壁温差限制了锅炉的启停速度。

三、多次强制循环锅炉

1. 工作原理

多次强制循环锅炉是在自然循环锅炉的基础上发展起来的，结构与自然循环锅炉基本相同，只是在下降管中增加了循环泵，以增强循环流动的推动力，如图 1-3 所示。

大容量的锅炉一般装 3~4 台循环泵，其中一台备用，循环泵垂直布置在下降管的汇总管道上。

2. 特点

这种锅炉的蒸发受热面内工质流动主要靠强制循环，循环倍率在 3~5 左右。这样既可使水冷壁布置型式较自由，不像自然循环水冷壁必须基本直立，还可采用较小管径，使水冷壁重量减轻，工质质量流速增加，降低管壁温度及应力，提高水冷壁工作的可靠性。同时还可采用较小的汽包，提高启动及升降负荷的速度。

由于循环泵的采用，增加了设备费用以及锅炉运行费用，且循环泵长期在高压高温（250~330℃）下运行，需用特殊结构，相应地也会影响锅炉运行的可靠性。

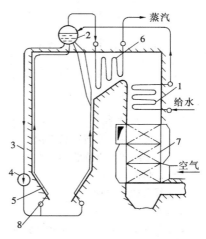

图 1-3 多次强制循环锅炉简图
1—省煤器；2—汽包；3—下降管；4—循环泵；5—水冷壁；6—过热器；7—空气预热器；8—下联箱

四、直流锅炉

1. 工作原理

直流锅炉蒸发受热面中工质的流动全部依靠给水泵的压头来实现。给水在给水泵压头的作用下，依次通过加热、蒸发、过热各个受热面，将水全部变成过热蒸汽。直流锅炉没有汽包，其水冷壁可以是垂直上升、螺旋上升，甚至是多次垂直上升的。直流锅炉简图见图1-4。

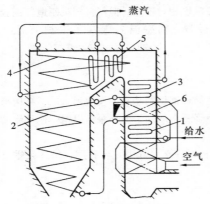

图1-4　直流锅炉简图

1—省煤器；2—水冷壁（下辐射）；3—过渡区；
4—水冷壁（上辐射）；5—对流过热器；
6—空气预热器

2. 特点

直流锅炉与自然循环锅炉相比，有以下特点：

（1）没有汽包，管径较细，金属耗量少。但蓄热能力差，对外界负荷变化适应性差，调节系统比较复杂，控制技术要求高。

（2）机组启停速度快，不受限于汽包的热应力，且制造、安装、运输方便。

（3）由于用给水泵作为循环推动力，不受工质压力的限制，既可用于临界压力以下，又可用于超临界压力。但工质流动阻力大，额外消耗较多的给水泵功率。

（4）蒸发受热面布置比较自由。

（5）由于给水全部在管内一次蒸发，不能排污，因此，对给水品质的要求比汽包炉高。

五、复合循环锅炉

1. 工作原理

复合循环锅炉是在直流锅炉和强制循环锅炉工作原理基础上发展起来的，可以分为两种。一种是部分负荷再循环，即低负荷时，按再循环方式运行，当锅炉负荷高时按直流方式运行。另一种是全负荷再循环，即在任何负荷下，都有一部分流量进行再循环，但循环倍率很低，一般在1.25～2.5之间，所以又称低倍率循环锅炉。这两种锅炉都没有汽包，而代之以较小的汽水分离器，都装有再循环泵，其系统如图1-5所示。从水冷壁出来的汽水混合物进入汽水分离器，分离后的蒸汽引向过热器，水则和省煤器出来的给水在混合器混合后经再循环泵送入水冷壁。这两种锅炉的差别主要是控制阀的装设位置不同，全负荷再循环锅炉的控制阀只起节流作用，汽水分离器中始终有水被分离出来，在各种负荷下再循环泵都投入运行；而部分负荷再循环锅炉则在锅炉蒸发量达到一定值后（30%～70%额

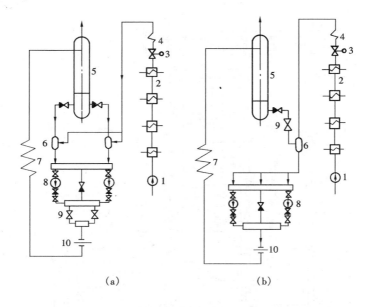

（a）　　　　　　　　　　（b）

图 1-5　复合循环锅炉系统

（a）全负荷再循环锅炉；（b）部分负荷再循环锅炉

1—给水泵；2—高压加热器；3—给水调节阀；4—省煤器；

5—汽水分离器；6—混合器；7—水冷壁；8—再循环泵；

9—控制阀；10—节流孔板

定蒸发量），可关闭控制阀，再循环泵停运，锅炉按直流方式运行。

2. 特点

这两种锅炉既有直流锅炉的特点，又有多次强制循环锅炉的特点，但没有大直径的汽包，只有小直径的分离器，钢材消耗较少，循环泵的功率也较小。但这种锅炉必须保证再循环泵的工作可靠性，且调节系统比其他锅炉复杂。

六、典型锅炉简介

1. 瑞士苏尔寿 947t/h 低倍率循环锅炉

锅炉简图如图 1-6 所示。锅炉蒸发量为 947t/h，过热蒸汽压力为 18.8MPa，过热蒸汽温度为 545℃，再热蒸汽流量为 847.6t/h，再热蒸汽压力（出口）为 4.24MPa，再热蒸汽出口温度为 545℃，给水温度为 262℃，锅炉效率为 91.4%，配用汽轮发电机组的额定功率为 300MW。

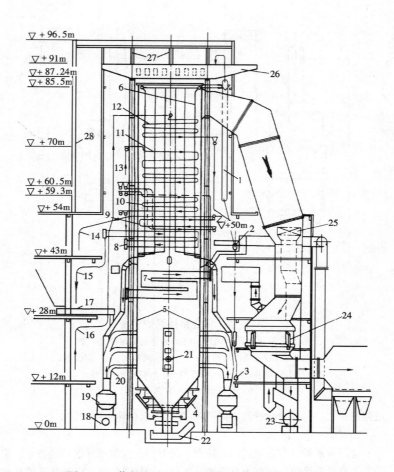

図 1-6 苏尔寿公司 947t/h 低倍率循环锅炉简图

1—汽水分离器；2—混合器；3—循环泵；4—下联箱；5—水冷壁；6—悬吊管；7—墙式辐射过热器；8—屏式过热器；9—高温再热器；10—对流过热器；11—低温再热器；12—省煤器；13—再热蒸汽入口管；14—再热蒸汽出口管；15—过热蒸汽出口管；16—给水管；17—给煤机；18—磨煤机；19—粗粉分离器；20——次风管；21—燃烧器；22—除渣机；23—送风机；24—空气预热器；25—暖风器；26—主板梁；27—房架；28—电梯道

　　锅炉为单烟道半塔式布置，炉膛自下而上布置了末级屏式过热器，Ⅱ级高温再热器，Ⅱ级对流过热器，Ⅰ级低温再热器及省煤器，然后经过向下的烟道将烟气送入风罩回转式空气预热器。

水冷壁为一次上升膜式壁，管径为 $\phi30\times5\text{mm}$，节距为 46.5mm，材质为 15Mo3；前后水冷壁到炉膛出口处向炉内弯曲，形成六排管子，向上延伸至炉顶，成为炉顶管，送入上联箱，并形成各对流受热面的悬吊管。立式分离器布置在炉后烟道外。循环泵配有两台，一台运行，一台备用。

水循环系统为：

循环泵→各回路下联箱→水冷壁$\begin{array}{l}\text{分离器}\\\text{省煤器来}\end{array}$$\begin{array}{l}\rightarrow\text{过热器}\\\rightarrow\text{混合器}\rightarrow\text{循环泵}\end{array}$

过热器系统为：Ⅰ级墙式辐射过热器→Ⅱ级对流过热器→末级屏式过热器→高压缸。

Ⅰ级墙式辐射过热器呈水平带式布置在炉膛出口处，四壁成四组，每组三流道，遮住部分水冷壁管，装有喷水减温装置，启动时不必采取保护措施。材质是 15Mo3 及 10CrMo910。

对流过热器、屏式过热器均为水平布置，疏水方便，但容易积灰，装有长杆吹灰器。材质分别为 15Mo3、13CrMo44 及 F12。

再热器系统为：高压缸来汽→Ⅰ级再热器→Ⅱ级再热器→中压缸。材质为：Ⅰ级再热器 St45.8、15Mo3、13CrMo44，Ⅱ级为 13CrMo 及 10CrMo910。

Ⅱ级过热器进出口联箱装有两级喷水减温器，Ⅰ、Ⅱ级再热器间也装有喷水减温器。

省煤器装在主烟道顶部，顺列布置，入口联箱在烟道中，出口联箱在烟道外。管径为 $\phi38\times5$，材质为 St45.8。

锅炉采用悬吊结构，钢结构用高强螺栓连接，施工方便。采用敷管式炉墙。

燃烧器为直流式，制粉系统为风扇磨直吹式。六台磨煤机围绕炉膛布置，两侧墙中间各布置一组燃烧器，前后墙靠两侧各布置两组燃烧器，形成六角布置切圆燃烧，每组燃烧器都配有油枪。

2. 美国福斯特惠勒公司 1950t/h 超临界压力直流锅炉

锅炉简图如图 1-7 所示。

锅炉的蒸发量为 1950t/h，过热蒸汽压力为 25.5MPa，过热蒸汽温度为 541℃，再热蒸汽温度为 568℃，再热蒸汽压力（进口/出口）为 4.7/4.6MPa，再热蒸汽流量为 1600t/h，配用的汽轮发电机组功率为 600MW。

锅炉为Ⅱ形布置，燃用重油或原油，燃烧器为前后墙对冲布置，各为

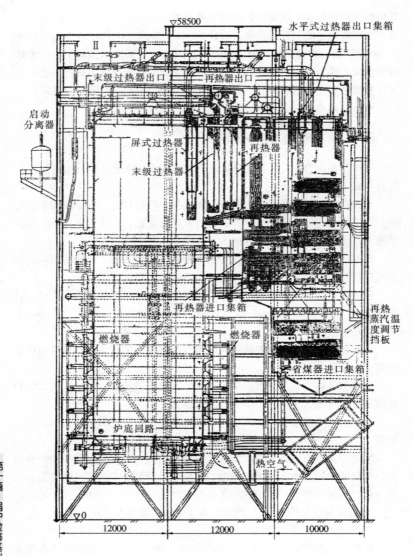

图 1-7　美国福斯特惠勒公司 1950t/h 超临界压力直流锅炉

4排4列，共32只，燃烧器为压力雾化式，炉膛为正压通风。锅炉给水温度为283℃，热风温度为311℃，排烟温度为141℃，锅炉效率为87.12%。

锅炉采用纯直流式。汽水流程依次为：省煤器、炉膛各水冷壁管屏、尾部烟道四壁管屏、炉膛及尾部烟道的顶棚管、水平式一级过热器、屏式过热器、末级对流过热器。

炉膛受热面的布置：炉膛下部为多次串联垂直上升管屏，上部为一次垂直上升管屏，炉膛底部为第一次回路，下部的前墙和两侧墙前部是第二次回路，下部的两侧墙中部是第三次回路，下部后墙和两侧墙后部是第四次回路，炉膛上部的四侧为第五次回路，对流烟道各侧墙上布置第六次回路。炉膛部分管径为 $\phi38$，尾部四壁管径为 $\phi57$，采用鳍片管，管材为含有 0.5Cr 及 0.5Mo 的低合金钢。

尾部下降烟道设计成平行的双烟道。在靠炉前的一侧中，布置水平式再热器，在靠炉后一侧中布置水平式第一级过热器及第二级省煤器，然后在下面双烟道又汇合为一，布置第一级省煤器。在炉膛的高温烟气处，布置蒸汽温度较低的屏式过热器，末级过热器布置在其后，且两者都为顺流式。末级过热器后布置立式第二级再热器，过热汽温采用喷水调节，再热汽温采用烟道挡板调节。

空气预热器采用回转式，并有前置暖风器，将进入空气预热器的空气温度加热至75℃。

由于锅炉采用了多次上升管屏，各回路之间用不受热连接管连接管屏，使各次回路中工质焓增较小，并使回路出口工质温度偏差很少。这种结构还使流动工况稳定，可不采用为使管屏流量适应于各段热量而设置的节流圈。

提示 本节内容适合锅炉本体检修（MU2 LE3），锅炉辅机检修（MU2 LE3、LE4），锅炉管阀检修（MU3 LE4），锅炉电除尘检修（MU6 LE12）。

第二章

锅炉的金属监督、监察、检验
及液压与气压传动知识

第一节 锅炉的金属监督、检验、监察

一、锅炉的金属监督

锅炉的金属监督主要依据 DL438《火力发电厂金属技术监督规程》进行。

1. 锅炉金属监督的范围和任务

工作温度大于和等于450℃的高温承压金属部件（含主蒸汽管道、高温再热蒸汽管道、过热器管、再热器管、联箱、阀壳和三通），以及与主蒸汽管道相联的小管道；工作温度大于和等于435℃的导汽管，工作压力大于和等于3.82MPa的汽包；工作压力大于和等于5.88MPa的承压汽水管道和部件（含水冷壁、省煤器、联箱和主给水管道）；300MW及以上机组的低温再热蒸汽管道；工作温度大于和等于400℃的螺栓，都属于锅炉受压元件金属监督的范围。

锅炉受压元件金属监督的任务是对监督范围的各种金属部件在检修中的材料质量和焊接质量进行监督，避免错用钢材，保证焊接质量。对受监督的金属部件，要通过大小修中的检查、检验，发现问题，及时采取措施，并掌握其金属组织变化、性能变化和缺陷发展情况，对设备的健康状况，做到心中有数，从而可以做到有计划地检修，预防性检修，提高设备的可用率。在受监金属部件故障出现后，还应参加事故的调查与分析，及时采取处理对策，总结经验教训，同时还应建立、健全金属材料技术监督档案。

2. 汽包的监督检查

锅炉投入运行5万h，检修时应对汽包进行第一次检查，以后的检查周期结合 A 级检修进行。检查内容如下：

（1）集中下降管管座焊缝应进行100%的超声波探伤或对监督运行的

部位进行重点检验。

（2）筒体和封头内表面去锈后，尽可能进行 100%目视宏观检查。

（3）筒体和封头内表面主焊缝、人孔加强焊缝和预埋件焊缝表面去锈后，进行 100%的目视宏观检查；对主焊缝应进行无损探伤抽查（纵缝至少抽查 25%，环缝至少抽查 10%）。

（4）检查发现裂纹时，应采取相应的处理措施，发现其他超标缺陷时，应进行安全性评价。

碳钢或低合金高强度钢制造的汽包，检修中严禁在汽包上焊接拉钩及其他附件。发现其他缺陷时不得任意进行补焊，经安全性评价必须进行补焊时，应制定方案，经主管部门审批后进行。如需进行重大处理时，处理前还须报上级锅炉监察部门备案。

进行锅炉水压试验时，为了防止锅炉脆性破坏，水温不应低于锅炉制造厂所规定的水压试验温度。

在启动、运行、停炉过程中要严格控制汽包壁温上升和下降的速度。高压炉不应超过 60℃/h，中压炉不超过 90℃/h，同时尽可能使温度均匀变化。对已投入运行的、有较大超标缺陷的汽包，其温升、温降速度还应适当降低，尽量减少启停次数，必要时可视具体情况，缩短检查的间隔时间或降参数运行。

3. 联箱监督检查

对于运行锅炉的高温段过热器出口联箱、减温器联箱、集汽联箱，检修人员负责进行宏观检查。应特别注意检查表面裂纹和管孔周围有无裂纹，必要时进行无损探伤。对于一些底部联箱，必要时应切割手孔，进行检查清理。大修或水冷壁进行过大面积更换的检修时，水冷壁下联箱均应该进行切割手孔检查清理，锅炉进行酸洗以后的省煤器入口联箱、水冷壁下联箱都应切割手孔进行清理和水冲洗。

4. 受热面管子的监督检查

在锅炉检修时，应有专人检查受热面管子有无变形、磨损、刮伤、鼓包、蠕变变形等情况，发现有以上缺陷时，要及时进行处理，并做好记录。对垢下腐蚀严重的水冷壁管，应定期进行腐蚀深度测量。如检查发现合金过热器管和再热器管外径蠕变变形超过 2.5%、碳钢过热器管和再热器管外径蠕变超过 3.5%时，应及时更换。当受热面管子表面有氧化微裂纹或管壁减薄到小于强度计算壁厚时，应立即更换。对碳钢管和钼钢制成的受热面管子，如检查发现石墨化已达 4 级时，也应及时更换。

高温过热器，或高温再热器的高温段如采用 18－8 型不锈钢管时，其异种钢焊接接头应在运行 8 万 ~ 10 万 h 时进行宏观检查和无损探伤抽查 20%。

如更换受热面管子，更换前应该核实材质，并检查表面有无裂纹、撞伤、压扁、砂眼和分层等缺陷。外表面缺陷深度超过管子规定壁厚 10% 以上时，该管子不应使用。

过热器和再热器安装好后，运行前应对过热器的原始管径进行测量，运行后每隔一定时间检查，即在每次大小修时进行管径的蠕胀测量。由于同一公称管径和壁厚的管子在制造时有一定的允许公差，管径和壁厚的大小不会是均匀一致的。为了保证测量结果的准确性及便于比较，应选定几个固定的有代表性的位置，每次检修时进行测量，以监视其运行变化情况。测量时注意将测量部位擦干净，氧化皮去掉。由于管子的截面不是一个严格的圆形，运行中管子截面圆周上的温度分布也不均匀，因而管子同一截面各个方向上的胀粗不可能一致，因此应在管子互相垂直的直径方向上进行测量。

5. 金属材料和焊接材料的管理与验收

为防止错用或乱用，以免发生意外，应弄清材料的材质、性能和规格，还应制定具体的金属材料和焊接材料从入库到安装投运的管理办法。凡是材料管理人员、锅炉检修人员、金属监督人员都要人人把关，做好这项工作。具体要求：

(1) 金属材料的验收应遵照如下规定：

1) 受监的金属材料，必须符合国家标准和行业有关标准。进口的金属材料，必须符合合同规定的有关国家的技术标准。

2) 受监的钢材、钢管和备品、配件，必须按合格证和质量保证书进行质量验收。合格证或质量保证书应标明钢号、化学成分、力学性能及必要的金相检验结果和热处理工艺等。数据不全的应进行补检，补检的方法、范围、数量应符合国家标准或行业有关标准。进口的金属材料，除应符合合同规定的有关国家的技术标准外，尚需有商检合格文件。

3) 对受监金属材料的入厂检验，按 JB3375 的规定进行，对材料质量发生怀疑时，应按有关标准进行抽样检查。

(2) 凡是受监范围的合金钢材、部件，在制造、安装或检修中更换时，必须验证其钢号，防止错用。组装后还应进行一次复查，确认无误，才能投入运行。

(3) 焊接材料（焊条、焊丝、钨棒、氩气、氧气、乙炔和焊剂）的质量应符合国家标准或有关标准的规定。焊条、焊丝等均应有制造厂的质量合格证，凡无质量合格证或对其质量有怀疑时，应按批号抽样检查，合格者方可使用。钨极氩弧焊用的电极，宜采用铈钨棒，所用氩气纯度不低于99.95%。

（4）具有质保书或经过质检合格的受监范围的钢材、钢管和备品、配件，无论是短期或长期存放，都应挂牌，标明钢种和钢号，按钢种分类存放，并做好防腐蚀措施。

（5）物资供应部门、各级仓库、车间和工地储存受监范围内钢材、钢管、焊接材料和备品、配件等，必须建立严格的质量验收和领用制度，严防错收错发。

应根据存放地区的自然情况、气候条件、周围环境和存放时间的长短，按 SD168 的规定和材料设备技术文件对存放的要求，建立严格的保管制度，做好保管工作，防止变形、变质、腐蚀、损伤。不锈钢应单独存放，严禁与碳钢混放或接触。

（6）焊条、焊丝及其他焊接材料，应设专库保存，并按有关技术要求进行管理，保证库房内湿度和温度符合要求，防止变质锈蚀。

二、锅炉检验

锅炉检验主要依据 DL647《电力工业锅炉压力容器检验规程》进行。

1. 锅炉检验的范围

主要包括：锅炉本体受压元件、部件及其连接件；锅炉范围内管道；锅炉安全保护装置及仪表；锅炉主要承重结构；热力系统压力容器（高低压加热器、压力式除氧器、各类扩容器等）；主蒸汽管道、高低压旁路管道、主给水管道、高温和低温再热蒸汽管道等。

2. 在役锅炉定期检验的分类、周期与质量要求

（1）在役锅炉定期检验一般分为三类。

1）外部检验。每年不少于一次。

2）内部检验。结合 A 级检修进行，其检验内容列入锅炉年度检修计划。新投产锅炉运行一年后应进行首次内部检验。

3）超压试验。一般二次 A 级检修进行一次。根据设备具体技术状况，经上级锅炉压力容器安全监察机构同意，可适当延长或缩短超压试验间隔时间。超压试验可结合 A 级检修进行，列入 A 级检修的特殊项目。

（2）遇有下列情况之一时，也应进行内外部检验和超压水压试验：

1）停用一年以上的锅炉恢复运行时；

2）锅炉改造、受压元件经重大修理或更换后，如水冷壁更换管数在50%以上，过热器、再热器、省煤器等部件成组更换及汽包进行了重大修

理时；

3）锅炉严重超压达 1.25 倍工作压力及以上时；

4）锅炉严重缺水后受热面大面积变形时；

5）根据运行情况，对设备安全可靠性有怀疑时。

新装锅炉投运后的首次检验应做内外部检验。检验的重点是与热膨胀系统相关的设备部件和同类设备运行初期常发生故障的部件。在役锅炉的定期检验可根据设备使用情况做重点检验，同时结合同类型设备特点确定检验计划。运行 10 万 h 后确定检验计划时，应扩大检验范围，重点检验设备寿命状况。

（3）锅炉内、外部检验项目与质量要求及锅炉水压试验的标准与步骤可依据 DL647《电力工业锅炉压力容器检验规程》进行。

三、锅炉监察

锅炉监察主要依据 DL612《电力工业锅炉压力容器监察规程》进行。

（1）发电厂应根据设备结构、制造厂的图纸、资料和技术文件、技术规程和有关专业规程的要求，编制现场检修工艺规程和有关的检修管理制度，并建立健全各项检修技术记录。

（2）发电厂应根据设备的技术状况、受压部件老化、腐蚀、磨损规律以及运行维护条件制定检修计划，确定锅炉、压力容器及管道的重点检验、修理项目，及时消除设备缺陷，确保受压部件、元件经常处于完好状态。管道及其支吊架的检查维修应列为常规检修项目。

（3）锅炉受压部件、元件和压力容器更换应符合原设计要求。改造应有设计图纸、计算资料和施工技术方案。涉及锅炉、压力容器结构及管道的重大改变、锅炉参数变化的改造方案、压力容器更换的选型方案，应报上级有关部门审批。有关锅炉、压力容器改造和压力容器、管道更换的资料、图纸、文件，应在改造、更换工作完毕后立即整理、归档。

（4）应建立严格的质量责任制度和质量保证体系，认真执行各级验收制度，确保修理和改造的质量。修理改造后的整体验收由电厂总工程师主持，锅炉监察工程师参加。重点修理改造项目应由专人负责验收。

（5）禁止在压力容器上随意开检修孔、焊接管座、加带贴补和利用管道作为其他重物起吊的支吊点。

（6）发电厂每台锅炉都要建立技术档案簿，登录受压元件有关运行、检修、改造、事故等重大事项。每台压力容器都要登记造册。

（7）发电厂应有标明支吊架和焊缝位置的主蒸汽管、主给水管、高温和低温再热蒸汽管的立体布置图，并建立技术档案，记载管道有关运行、修理改造、检验以及事故等技术资料。

提示 本节内容适合锅炉本体检修（MU3 LE10）。

第二节 液压传动与气压传动

一、液压与气压系统的构成及工作原理

液压与气压传动的工作原理基本相似，现以图 2-1 所示的手动液压千斤顶为例，说明它们的工作原理，由大缸体 5 和大活塞 6 组成举升液压缸；由手动杠杆 4、小缸体 3、小活塞 2、进油单向阀 1 和排油单向阀组成手动液压泵。

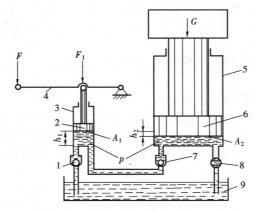

图 2-1 液压千斤顶工作原理
1—进油单向阀；2—小活塞；3—小缸体；4—手动杠杆；5—大缸体；
6—大活塞；7—排油单向阀；8—截止阀；9—油箱

当手动杠杆摆动时，小活塞作往复运动。小活塞上移，泵腔内的容积扩大而形成真空，油箱中的油液在大气压力的作用下，经进油单向阀 1 进入泵腔内；小活塞下移，泵腔内的油液顶开排油单向阀 7 进入液压缸内使大活塞带动重物一起上升。反复上下扳动杠杆，重物就会逐步升起。手动泵停止工作，大活塞停止运动；打开截止阀 8，油液在重力的作用下排回油箱，大活塞落回原位。这就是液压千斤顶的工作原理。

液压传动的基本特征是：以液体为工作介质，依靠处于密封工作容积内的液体压力能来传递能量；压力的高低取决于负载；负载速度的传递是

按容积变化相等的原则进行的，速度的大小取决于流量；压力和流量是液压传动中最基本、最重要的两个参数。

二、液压传动与气压传动系统的组成

（1）能源装置。液压泵（又称动力元件）或空气压缩机，其功能是将原动机输出的机械能转换成液体和气体的压力能，为系统提供动力。

（2）执行元件。液压缸或气缸、液压马达或气马达。其功能是将液体或气体的压力能转换成机械能，以带动工作部件运动。

（3）控制元件。压力阀、流量阀和换向阀。其作用是调节与控制液体或气体的压力、流量和流动方向，以满足工作部件所需要的力、速度和运动方向要求。

（4）辅助元件。包括油箱或贮气罐、油管、接头、过滤器、蓄能器、干燥器、冷却器、指示仪表等。它们对于保证系统工作的可靠性和稳定性具有重要作用。

（5）液压油。液压是液压系统传递能量的工作介质，有各种牌号的液压油。

三、液压设备的维护与保养

液压设备通常采用"点检"（日常检查）和"定检"（定期检查）作为维修和保养的基础，通过点检和定检可以把液压系统中存在的问题排除在萌芽状态，还可以为设备维修提供第一手资料，从中确定修理项目，编制检修计划，并可以从中找出液压系统出现故障的规律，以及液压油、密封件和液压元件的更换周期。点检与定检的项目及内容见表 2 - 1、表 2 - 2，由于液压设备类别繁多，各有其特定用途和使用要求，具体维护保养的内容应根据实际情况确定。表 2 - 1、表 2 - 2 仅说明一般情况，表 2 - 3 为液压系统常见故障的分析和排除方法。

表 2 - 1　　　　　　　　点检的项目及内容

项　目	内　容	项　目	内　容
油　位	是否正常	液压缸	运动是否平稳
行程形状和限位挡块	是否紧固	油　温	是否在 35～55℃ 范围内
手动、自动循环	是否正常	泄　漏	全系统有无漏油
压　力	系统压力是否稳定和在规定的范围内	振动和噪声	有无异常

表 2-2 定检项目及内容

项 目	内 容
螺钉、螺母和管接头	定期检查并紧固： 1.10MPa 以上系统每月一次； 2.10MPa 以下系统每三月一次
过滤器	定期检查：每月一次，根据堵塞程度及时更换
密封件	定期检查或更换：按环境温度、工作压力、密封件材料材质等具体规定更换周期； 对重大设备大修时全部更换（一般为两年）； 对单机设备、非连续运行设备，只更换有问题的密封件
压力表	按设备使用情况，规定检验周期
油箱、管道、阀板	定期清洗：大修时
油液污染度	对已确定换油周期的提前一周取样化验（取样数量 300~500mL） 对新换油，经 1000h 使用后，应取样化验 对大、精、稀设备用油，经 600h 使用后，取样化验
液压元件	定期检查或更换：根据使用工况，对泵、阀、缸、马达等元件进行性能测定，尽量采取在线测试办法测定其主要参数。对磨损严重和性能指标下降，影响正常工作的元件进行修理或更换。
高压软管	根据使用工况规定更换时间
弹 簧	按使用工况、元件材质等具体规定更换时间

表 2-3 液压系统常见故障的分析和排除方法

故障现象	故 障 原 因		排 除 方 法
产生振动和噪声	液压泵吸空	1. 进油口密封材料不严，致使空气进入 2. 液压泵轴径处油封损坏 3. 进油口过滤器堵塞或通流面积过小 4. 吸油管径过小，过长 5. 油液粘度太大，流动阻力增加 6. 吸油管距回油管太近 7. 油箱油量不足	1. 拧紧进油管接头螺帽，或更换密封件 2. 更换油封 3. 清洗或更换过滤器 4. 更换管路 5. 更换粘度适当的液压油 6. 扩大两者距离 7. 补充油液至油标线
	固定管卡松动或隔振垫 脱落		加装隔振垫并紧固
	压力管路管道长且无固定装置		加设固定管卡
	溢流阀阀座损坏、调压弹簧变形或折断		修复阀座、更换调压弹簧
	电动机底座或液压泵架松动		紧固螺钉
	泵与电动机的联轴器安装不同轴或松动		重新安装，保证同轴度符合规定值

故障现象	故 障 原 因		排 除 方 法
系统无压力或压力不足	溢流阀	1. 在开口位置被卡住 2. 阻尼孔堵塞 3. 阀芯与阀座配合不严 4. 调压弹簧变形或折断	1. 修理阀芯及阀孔 2. 清洗 3. 修研或更换 4. 更换调压弹簧
	液压泵、液压阀、液压缸等元件磨损严重或密封件破坏造成压力油路大量泄漏		修理或更换相关元件
	压力油路上的各种压力阀的阀芯被卡住而导致卸荷		清洗或修研，使阀芯在阀孔内运动灵活
	动力不足		检查动力源
系统流量不足（执行元件速度不够）	液压泵吸空		见表中前述"液压泵吸空"时的排除方法
	液压泵磨损严重，容积效率下降		修复，达到规定的容积效率或更换
	液压泵转速过低		检查动力源，将转速调整到规定值
	变量泵流量调节变动		检查变量机构并重新调整
	油液粘度过小，液压泵泄漏增大，容积效率降低		更换粘度适合的液压油
	油液粘度过大，液压泵吸油困难		更换粘度适合的液压油
	液压缸活塞密封件损坏，引起内泄漏增加		更换密封件
	液压马达磨损严重，容积效率下降		修复达到规定的容积效率或更换
	溢流阀调定压力偏低，溢流量偏大		重新调节
液压缸爬行（或液压马达转动不均匀）	液压泵吸空		见表中前述"液压泵吸空"时的排除方法
	接头密封不严，有空气进入		拧紧接头或更换密封件
	液压元件密封损坏，有空气进入		更换密封件保证密封
	液压缸排气不彻底		排尽缸内空气

第一篇 锅炉检修基础知识

故障现象	故 障 原 因	排 除 方 法
油液温度过高	系统在非工作阶段有大量压力油损耗	改进系统，增设卸荷回路或改用变量泵
	压力调整过高，泵长期在高压下工作	重新调整溢流阀的压力
	油液粘度过大或过小	更换粘度适合的液压油
	油箱容量小或散热条件差	增大油箱容量或增设冷却装置
	管道过细、过长、弯曲过多，造成压力损失过大	改变管道的规格及管路的形状
	系统各连接处泄漏，造成容积损失过大	检查泄漏部位，改善密封件

四、气动系统的维护保养

1. 气动系统的日常维护

气动系统的日常维护主要是对冷凝水和系统润滑的管理。

（1）每周一次排除系统各排水阀中积存的冷凝水，经常检查自动排水器、干燥器是否正常，定期清洗分水滤气器、自动排水器。

（2）经常检查油雾器是否正常，如发现油杯中油量没有减少，需及时调整滴油量，调节无效，需检修或更换。

2. 气动系统的定期检修

气动系统的定期检修的时间间隔通常为三个月。

（1）检查系统各泄漏处，至少应每月一次，任何存在泄漏的地方都应进行修补。

（2）通过对方向阀排气口的检查，判断润滑油是否适当，空气中是否有冷凝水。

（3）检查安全阀、紧急安全开关是否可靠。

（4）观察方向阀的动作是否可靠，检查阀芯或密封件是否磨损（如方向阀排气口关闭时仍有泄漏，往往是磨损的初期阶段），查明后更换。

（5）反复开关换向阀观察气缸动作，判断活塞密封是否良好；检查活塞杆外露部分，判断缸盖配合处是否有泄漏。

（6）对行程阀、行程开关以及行程挡块都要定期检查安装的牢固程度，以免出现动作的混乱。

上述定期检修的结果应记录下来，作为系统出现故障查找原因和设备大修时的参考。表2-4为气动系统常见故障的分析与排除方法。

表2-4　　　　　　气动系统常见故障的分析与排除方法

故障现象	故障原因	排除方法
气路没有气压	气动回路中的开关阀、启动阀、速度控制阀等未打开	予以开启
	换向阀未换向	查明原因后排除
	管路扭曲或压扁	纠正或更换管路
	滤芯堵塞或冻结	更换滤芯
	介质或环境温度太低,造成管路冻结	及时清除冷凝水,增设除水设备
供压不足	耗气量太大,空压机输出流量不足	选择输出流量合适的空压机或增设一定容积的气罐
	空压机活塞环等磨损	更换零件
	漏气严重	更换损坏的密封件、软管,紧固管接头及螺钉
	减压阀输出压力低	调节减压阀至使用压力
	速度控制阀开度太小	将速度控制阀打开到合适开度
	管路细长或管接头选用不当,压力损失大	重新设计管路,加粗管径,选用流通能力大的管接头及气阀
	各支路流量匹配不合理	改善各支路流量匹配性能,采用环型管道供气
异常高压	因外部振动冲击首先产生了冲击压力	在适当部位安装安全阀或压力继电器
	减压阀损坏	更换
每天首次启动或长时间停止工作后再启动,动作不正常	因密封圈始动摩擦力大于动摩擦力,造成回路中部分气阀、气缸及负载部分的动作不正常	注意气源净化,及时排除油污及水分,改善润滑条件

提示　本节内容适合锅炉本体检修（MU8 LE27、LE30），锅炉辅机检修（MU3 LE6），锅炉管阀检修。

第三章

锅炉检修常用材料

锅炉设备检修常用材料主要包括金属材料、密封材料、耐热及保温材料、常用油脂、常用清洗剂、涂料、磨料等。

第一节 金属材料

锅炉检修中最常用的金属材料是钢和铸铁，其次是有色金属合金。

一、承压部件用钢

锅炉承压部件用钢从使用温度来分，可分为高温用钢和中温用钢；从钢材型式来分，可分为管材和板材两大类，管材用于各类受热面、集箱和管道，板材主要用于汽包。

承压部件用钢选用时主要考虑以下几个方面：

（1）强度符合要求，严防错用或使用质量不合格的钢材。

（2）在高温条件下长期使用的组织结构稳定性良好。

（3）工艺性能良好，包括热加工、冷加工，尤其是焊接性能。

（4）抗氧化和抗腐蚀性能良好。

（5）价格、成本合理，符合我国合金元素资源情况及其使用政策等。

（一）管材

受热面用的管材直径较小，一般在 $\phi 60$ 以下，最大约为 $\phi 108$。由于热流的存在，壁温总高于工质温度。安装在炉外、不受热的集箱和管道的壁温则等于工质温度，但其直径却较大，壁厚也较厚，因而其内储能量较大，损坏的后果也严重得多。因此，对集箱或管道用钢管的要求要严格，通常这类钢管的最高使用温度比相同钢号的受热面管子要低 30 ~ 50℃。

锅炉承压部件大致分为两部分：省煤器、水冷壁及其管道，过热器、再热器及其管道。前者一般在中温范围内工作，后者一般在高温范围内工作。

（1）省煤器和水冷壁用钢管。这两种承压部件的工质温度最高为水的临界温度374℃，壁温一般不很高，属中温范围。最常用的是优质碳素钢。这类钢在此温度范围强度不太低，组织稳定，有一定的抗腐蚀能力，冷、热加工性能和焊接性能均好，得到广泛地应用。当锅炉压力大于15MPa时，尤其是高热负荷的蒸发受热面，可采用温度和强度都较高的低合金钢，如波兰制造的BP-1025亚临界压力的锅炉，水冷壁采用15Mo3、13CrMo44钢；上海锅炉厂制造的SG-1000/170直流锅炉，水冷壁采用15CrMo钢。

（2）过热器和再热器用钢管。过热器是锅炉的重要高温部件，由于运行时过热器管子外部受高温烟气的作用，内部流动着高压蒸汽，壁温一般在高温范围，其钢管金属处在高温应力的条件下，即在产生蠕变的条件下运行，工作条件较为恶劣。再热器虽然其内部流通的蒸汽压力低，但蒸汽比容大，密度小，放热系数比过热蒸汽小得多，对管壁的冷却能力差。同时受热力系统经济性的限制。为控制再热器的阻力，再热器中的蒸汽流速不能太高；由于这些因素，使得再热器的工作条件比过热器更差。因此，为了保证热力设备安全可靠地运行，对管道用钢提出以下要求：

1）足够高的蠕变极限、持久强度和良好的持久塑性。在进行过热器管和蒸汽管道的强度计算时，常以持久强度作为计算依据，然后按照蠕变极限进行校核。

2）高的抗氧化性能和耐腐蚀性能。一般要求在工作温度下的氧化深度应小于0.1mm/年。

3）足够的组织稳定性。

4）良好的工艺性能，特别时焊接性能好。

上述要求在某种程度上是矛盾的。要保证热强性和组织稳定性，需要加入一定的合金元素，但这往往会使工艺性能变坏。在这种情况下，一般优先考虑使用性能要求，对焊接性能则可采用焊前预热和焊后热处理来补救。

我国应用于不同壁温的过热器、再热器及联箱用钢的常用钢号有10、20、20$_g$、12CrMo$_g$、15CrMo$_g$、12Cr1MoV$_g$、12Cr2MoWVTiB、12Cr2MoVSiTiB等，它们的使用温限见表3-1。

（二）板材

锅炉用钢板主要用以制造汽包。汽包的工作温度处于中温范围，由于汽包所处的工作条件及加工工艺的要求，对汽包所用锅炉钢板的性能要求以下几点：

表 3 - 1　过热器、再热器及集箱蒸汽管道常用钢材及允许温度

钢的种类	钢　　号	标准编号	适　用　范　围		
			用　途	工作压力（MPa）	壁温（℃）
碳素钢	10，20	GB3087	受热面管子	≤5.9	≤450
			联箱、蒸汽管道		≤425
碳素钢	20$_g$	GB5310	受热面管子	不　限	≤450
			联箱、蒸汽管道		≤425
合金钢	12CrMo$_g$	GB5310	受热面管子	不　限	≤560
	15CrMo$_g$		联箱、蒸汽管道		≤550
	12Cr1MoV$_g$	GB5310	受热面管子	不　限	≤580
			联箱、蒸汽管道		≤565
	12Cr2MoWVTiB	GB5310	受热面管子	不　限	≤600
	12Cr2MoVSiTiB				≤600

（1）强度高。汽包虽然工作温度不太高，但工作压力较高，因此要求汽包用锅炉钢板强度高。这样，对于同样的温度和压力，汽包所需壁厚可减小一些，这对于制造、安装和运行都会有很大的好处。

（2）塑性、韧性和冷弯性能好。在加工汽包卷板时，钢板不易出现裂纹。

（3）时效敏感性低。由于汽包钢板在冷加工后，其运行温度正好在时效过程进行得较为强烈的范围内。发生时效过程会使钢板的冲击韧性降低。在相同时间内，冲击韧性下降得多则称为时效敏感性高，反之则时效敏感性低。

（4）钢板的缺口敏感性低。由于汽包上开孔较多，钢板的缺口敏感性低，则对应力集中不敏感。

（5）焊接性能好。

（6）非金属夹杂、气孔、疏松、分层等制造缺陷尽量少，并且不允许钢板中有白点和裂纹。

汽包的直径大，壁厚，内存大量的饱和水，如发生爆裂，释放能量很大，后果非常严重。再加汽包制造工艺复杂，成本高，所以锅炉用钢板的质量应当引起高度重视，我国有专门的国家标准来规定它的技术条件（GB713《制造锅炉用碳素钢及普通低合金钢钢板技术条件》）。锅炉钢板的钢号后标以"锅"字或标以下脚"g"。相同牌号的锅炉用钢板和普通用途的热轧钢板在化学成分和普通机械性能上几乎没有差别，但锅炉用钢板保证冲击值和时效冲击值，而一般用途钢板却不保证。常用的锅炉钢板及应用范围如表 3-2 所示。

表 3-2　　　　　　　　　锅炉钢板及应用范围

钢的种类	钢　　　号	标准编号	适　用　范　围	
			工作压力（MPa）	壁温（℃）
碳素钢	$20R^{①}$ 20_g 22_g	GB6654 GB713	≤5.9 $≤5.9^{②}$	≤450
合金钢	$12Mn_g$，　$16Mn_g$	GB713	≤5.9	≤400
	$16MnR^{①}$	GB6654	≤5.9	≤400

①应补做时效冲击试验合格。

②制造不受辐射热的汽包时，工作压力不受限制。

二、锅炉辅机检修常用金属材料

锅炉辅机设备零部件主要包括轴、键、销、齿轮、蜗轮、蜗杆、带轮、链轮、轴承、风烟道等。

锅炉辅机设备零部件常用的金属材料可根据零部件的使用要求和加工性能从金属材料标准中选用。主要零件的常用材料见表 3-3。

表 3-3　　　　　　　　　锅炉辅机主要零件的常用材料

零件名称	常　用　材　料
轴	$25^{\#} \sim 45^{\#}$优质碳素钢、40Cr 或 45Cr 合金结构钢等
轴承座	HT200、HT250 等
齿　轮	$45^{\#}$钢、ZG35、ZG45、ZG40Cr、ZG35CrMnSi 等
风　轮	Q235、Q255 钢及 16Mn 等
键	硬度和强度略低于轴，风机轴选用 $45^{\#}$钢，键采用 $35^{\#}$
滑动轴承	低负荷工作时，为青铜或黄铜，高载时采用巴氏合金
滚动轴承	轴承钢，牌号有 GCr6、GCr9SiMn、GCr15、GCr15SiMn 等
联轴器	HT200、ZG35 等
风粉、烟道部件	Q235 钢、16Mn，弯头处可采用 ZG25、ZG35 等

三、管阀用钢

（一）锅炉一般管道常用材料

锅炉一般管道指的是工作压力可以很高，但工作温度在450℃以下的各种汽水管道，如高压给水管道、锅炉本体的疏排水管道、一些常温低压的冷却水、冲灰渣水、压缩空气等管道。这些管道共同的特点是不属于高温管道，因此，可选用碳钢管。常温中低压管道可选择一般用途的碳钢无缝钢管、中低压锅炉专用无缝碳钢管，高压管道可选用锅炉用高压无缝碳钢管，因为碳钢管价格低廉，具有良好的焊接性能和冷加工性能，且强度也可满足要求。在锅炉高压管道的选材中，也采用低合金钢，如15Mo3、13CrMo44、15NiCuMoNb5等。这些低合金钢的共同特点是合金含量低，工艺性和可焊性较好，由于加入了合金成分，使得强度和耐热性大大提高。因此，对必须采用大管径及厚壁的管道及附件，可降低管壁厚度，使得制造、焊接、热处理等工艺性能好一些。

（二）锅炉高温高压管道常用材料

由于高温高压管道长期在高温高压下运行，故均采用耐热钢。耐热钢在高温状态下能够保持化学稳定性（耐腐蚀、不氧化）和足够的强度，即具有热稳定性和热强性，耐热钢可分为珠光体耐热钢、马氏体耐热钢、铁素体耐热钢和奥氏体耐热钢。高温高压管道常使用珠光体和马氏体耐热钢。

（1）珠光体耐热钢。火电厂中常用的有代表性的珠光体耐热钢种性能及适用范围见表3-4。

表 3-4　　　　　　　　　耐热钢性能及适用范围

钢　号	性　　　能	适 用 范 围
15CrMo	在510℃以下组织稳定性良好，在520℃时还具有较高的持久强度，并有良好的抗氧化性能。温度超过550℃时，蠕变极限明显下降。长期在500～550℃下工作，会产生球化现象	用于蒸汽参数为510℃的高中压蒸汽导管以及管壁温度为550℃的锅炉受热面
12Cr1MoV	热强性和持久塑性比15CrMo钢好，工艺性能良好，在500～700℃回火时有回火脆性现象，在570℃条件下长期运行，会产生球化现象	用于壁温低于580℃的高压、超高压锅炉的过热器管以及蒸汽参数为570℃的过热器联箱及蒸汽管道

钢　号	性　　　能	适 用 范 围
10CrMo910	西德钢种，焊接性能良好，但蠕变极限和持久强度比 12CrlMoV 钢低，具有良好的持久塑性，常化温度较 12CrlMoV 低，热处理方便，在长期高温运行中会发生珠光体球化、碳化物析出	用于蒸汽温度小于或等于 540℃ 的蒸汽管道，壁温小于或等于 590℃ 的过热器管
12Cr2MoWVTiB（钢 102）	具有良好的综合机械性能、工艺性能和相当高的持久强度，有较好的组织稳定性及良好的抗氧化性，经 600℃、620℃、5000h 时效试验后，机械性能无显著变化。但易受烟气的腐蚀，壁厚减薄较快	用于 600～920℃ 的过热器和再热器管，也可用于蒸汽管道，但实际中采用较少
12Cr3MoVSiTiB（Π11）	具有较高的热强性和组织稳定性，长期时效试验表明，在工作温度下无热脆倾向，有良好的抗氧化能力，在 600～620℃ 下有较高的热强性	用于 600～620℃ 的过热器和再热器管，也可用于蒸汽管道，但实际中采用较少

（2）马氏体耐热钢。当金属使用温度进一步提高时，常采用马氏体耐热钢或马氏体——半铁素体耐热钢。这些钢号的合金元素含量介于珠光体耐热钢和奥氏体耐热钢之间，适用于制造高参数和超高参数机组的过热器管。X20CrMoWV121（F11）、X20CrMoV121（F12）钢是西德生产的马氏体耐热钢，具有良好的耐热性能，在空气和蒸汽中抗氧化能力可达 700℃。F11 钢现已停止生产，而生产不含钨、性能与 F11 差不多的 F12 钢。

（三）高温紧固件常用材料

螺栓作为紧固件，被广泛地应用于火力发电厂锅炉阀门结合面以及管道法兰等部件上，制作高温螺栓材料有以下要求：

（1）抗松弛性好，屈服强度高。保证在一个大修期间，螺栓的压紧应力不小于要求密封的最小应力。材料性能的好坏，决定螺栓设计的尺寸，在某些空间有限的条件下，螺栓的尺寸不容许大于某个数值。

（2）缺口敏感性低。

（3）具有一定的抗腐蚀能力。

（4）热脆性倾向小。

(5) 螺栓和螺母不应有相互"咬死"的倾向,为了避免这一倾向并保护螺栓螺纹不被磨坏,要求一套螺栓、螺母不能用同样的材料,而且螺母材料的硬度应比螺栓材料低 20～40HB。

(6) 紧固件与被紧固件材料的导热系数、线膨胀系数不要相差悬殊,以免引起相当大的附加应力,或者减弱了压紧应力。

紧固件常用材料如表 3-5 所示。

表 3-5   常用紧固件材料

钢的种类	钢 号	标准编号	最高使用温度（℃）
碳 素 钢	25	GB699	350
	35	DL439	400
合 金 钢	20CrMo	DL439	480
	35CrMo	DL439	480
	25Cr2MoV	DL439	510
	25Cr2Mo1V	DL439	550
	20Cr1Mo1V1	DL439	550
	20Cr1Mo1VNbTiB	DL439	570
	20Cr1Mo1VTiB	DL439	570
	20Cr12NiMoWV	DL439	570

注 用作螺母时,可比表列温度高 30～50℃,硬度比螺栓低 HB20～50。

目前在高参数火力发电厂中,25Cr2MoV 和 25Cr2Mo1V 钢是使用较广泛的高温螺栓用钢。但是这两种钢在高温使用后,有较严重的热脆性出现,可以通过恢复热处理,使脆化的螺栓消除脆性。

（四）阀门常用材料

阀门在火力发电厂中使用广泛,在 300MW 机组的锅炉设备上,就有各种汽水阀门近 500 只,其中有低压、中压、高压阀门,有常温、中温、高温阀门,工作介质有汽、水、油、灰及气。为了使众多的阀门都有良好的性能,要求阀门在选材上既可以满足各种工况、各种介质的运行,又不造成过大的浪费,既实用又经济。阀门材料应根据介质的种类、压力、温度等参数及材料的性能选用。阀体、阀盖是阀门的主要受压零件,并承受介质的高温与腐蚀、管道与阀杆的附加作用力的影响,选用的钢材应有足够的强度和韧性、良好的工艺性及耐腐蚀性。常用钢材如表 3-6 所示。

表3-6 　　　　　　　　**阀门阀体、阀盖常用材料**

钢 材 牌 号	常 用 工 况		适 用 介 质
	PN（MPa）	t（℃）	
QT400-18	≤4	≤350	水、蒸汽、油类
ZG25Ⅱ	≤16	≤450	水、蒸汽、油类
12Cr1MoV 15CrMo1V ZG15Cr1Mo1V	p_{57}14	570	蒸　汽
1Cr18Ni9Ti ZG1Cr18Ni9Ti	≤6.4	≤600	高温蒸汽、气件

　　密封面是保证阀门严密性能的关键部件，在介质的压力与温度的作用下，要有一定的强度及耐腐蚀性，并且工艺性能要好。对于密封面有相对运动的阀类，还要求有较好的耐磨性。常用的密封面材料见表3-7。

表3-7 　　　　　**阀门常用密封面材料的适用范围**

钢 材 牌 号	常 用 工 况		适 用 阀 类
	PN（MPa）	t（℃）	
1Cr18Ni9Ti	≤6.4	≤100	不锈钢阀
1Cr18Ni2Mo2Ti	≤32	≤450	调节阀
38CrMoA1A（氮化）	p_{54}10	540	电厂用阀

　　阀杆是重要的运动件及受力件，且常与密封填料摩擦，处于介质的浸泡中。因此要求阀杆有足够的强度和韧性，能耐介质、大气及填料的腐蚀，耐磨耐热，工艺性能良好。常用的阀杆材料见表3-8。

表3-8 　　　　　**阀门常用阀杆材料的适用范围**

钢 材 牌 号	常 用 工 况		适 用 阀 类
	PN（MPa）	t（℃）	
38CrMoA1A（氮化）	p_{54}10	540	电厂用钢
20Cr1Mo1V1A（氮化）	p_{57}14	570	
2Cr13（表面镀铬或 高温淬火等强化处理）	≤32	≤450	高、中压阀门

四、受热面吊架用铸铁和钢

　　锅炉受热面吊架的工作特点是处于锅炉的高温烟气中，没有冷却介质来冷却，元件本身的温度很高，但承受的载荷并不大，因此要求吊架使用的材料要耐高温，抗氧化性能要好，且有一定的强度，以固定受热面。为了满足这些使用要求，在吊架使用的材料中，合金元素的含量很高，并且多有提高钢的抗氧化性能的元素，如 Cr、Si 等。常用的吊架用铸铁及钢见表 3 – 9。

表 3 – 9   **常用的受热面吊架材料**

钢　　号	类　型	许用极限温度（℃）	钢　　　号	类　型	许用极限温度（℃）
RTCr – 0.8	耐热铸铁	600	Cr18Mn11Si2N（D1）	奥氏体类	900
RQTSi – 5.5	高硅球墨耐热铸铁	900	Cr20Mn9Ni2 – Si2N（钢 101）	奥氏体类	1100
Cr5Mo	珠光体类	650			
Cr6SiMo	珠光体类	800	Cr20Ni14Si2	奥氏体类	1100
4Cr9Si2	马氏体类	800	Cr25Ni20Si2	奥氏体类	1100

提示 本节内容适合锅炉本体检修（MU9 LE31、LE32），锅炉辅机检修（MU4 LE7、LE8），锅炉管阀检修（MU7 LE20）。

第二节　锅炉检修常用密封材料

密封性能是评价锅炉设备及其辅助设备健康水平的重要标志之一。假如运行中的承压阀门发生泄漏，不但浪费大量的能量，严重泄漏者还将导致整台机组被迫停运。辅助设备的漏油、烟道的漏灰、制粉系统的漏粉不仅造成环境污染，而且对锅炉的稳定运行构成威胁，极易发生火灾。

锅炉设备各类阀门和辅助机械上的密封都是为了防止汽、水、油等的泄漏而设计的。起密封作用的零部件，如垫圈、盘根等，都称为密封件，简称密封。

一、垫料

锅炉设备、管道法兰和阀门的严密性及辅助设备结合面的严密性主要是靠采用垫子材料密封的，这些材料是根据密封的介质、介质的压力和温度的不同而选择使用的。一般在常温、低压时选择非金属软垫片；中压高温时选择非金属与金属组合垫片或金属垫片；温度、压力有较大波动时，选择回弹性能好的或自紧式垫片。

垫子材料一般可分为以下几种：

1. 石棉垫

石棉垫的材料主要是石棉，厚度一般为 3～10mm。主要用于烟风道法兰、制粉系统法兰。

2. 石棉橡胶垫

这种垫料主要是用石棉纤维和橡胶制成的，用途很广，油、水、烟、风等介质压力在 10MPa 以下、温度 450℃ 以下均可使用。

3. 金属缠绕垫片

这种垫片采用"V"型断面的金属带料和非金属带料交错叠放，绕成螺旋形，成为一系列标准形状。缠绕垫片具有相当高的机械强度和很好的回弹性，故适用于亚临界压力机组汽水系统的密封，如图 3－1 所示。

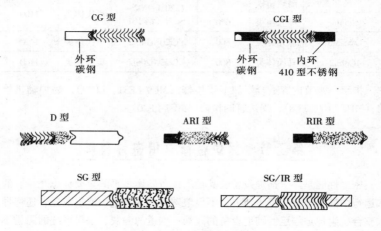

图 3－1　金属缠绕垫片

根据使用的条件、受压状况不同，缠绕垫片可分为带有加强内环、外环、内外环型三种。目前，金属缠绕垫片是国内外较常用的密封垫片，因综合性能优良，使用范围广，已成为用量最大的一种静密封垫片。其缺点是不能多次重复使用，一旦受损不可修复，口径太小的法兰垫难以加工。对于不经常拆卸的静密封，可以重点采用。

常用垫料的类别、性能和适用范围见表 3－10。

二、填料

填料主要是用棉线、麻、石棉和铅粉制成的，又称盘根。根据设备压力和温度的不同，常用盘根的分类、性能和使用范围见表 3－11。

第一篇　锅炉检修基础知识

表 3 – 10　　　　　垫料的分类、性能和使用范围

垫 片 材 料		介 质	应用范围		使 用 方 法
			压力 (MPa)	温度 (℃)	
帆 布		水	0.1	50	涂以红铅或白铅油，垫片厚度 2～6mm
大 麻		水	0.3	40	
纯橡皮		水、空气	0.6	60	涂以漆片或白铅油，也可不涂。适用于 ϕ500 以下，超过时应用带金属丝或夹帆布层的橡皮垫片，厚度 4～6mm，夹帆布及金属丝厚度 3～4mm
夹帆布层橡皮		水、空气	0.6	60	
夹金属丝橡皮		水、空气	1.0	80	
工业用厚纸		水	1.6	100～200	垫片 3mm 厚，涂以白铅油
绝缘纸		油	1.0	40	涂以漆片或铅油
图 纸		油	1.0	80	涂以漆片或铅油
工业废布造厚纸		油	1.0	30	涂以漆片或铅油
耐油橡皮		油	7.4	350	用于煤油、汽油、矿物油等，垫片厚度最好 1～1.5mm，可涂以漆片
石棉布、带、绳		烟、风	0.1	650	可涂以水玻璃
石棉橡胶		水、汽、风、烟、油	9.8	450	可用干铅粉
紫铜垫		水	9.8	250	用时先退火软化
		汽	6.3	420	
钢垫	碳钢＃10	水、汽	＞9.8	510	做成齿型，并先回火
	合金钢 1Cr13	水、汽	＞9.8	540	做成齿型，并先回火，小于法兰面硬度
	合金钢 1Cr18Ni9Ti	水、汽	＞9.8	570	做成齿型，并先回火，小于法兰面硬度

注　有些电厂在压力为 9.8MPa、温度为 540℃ 的蒸汽管道上使用碳钢齿形垫，其效果也很好。

表 3-11   **盘根的分类、性能和大致使用范围**

名　称	按材料构成分类	型　号	性能和大致使用范围
棉盘根	1. 以棉纱编结成的棉绳 2. 油浸棉绳 3. 橡胶结合编结的棉绳	方型、圆型	用于水、空气和润滑油等介质温度 ≤100℃，压力 ≤20~25MPa 处
麻盘根	1. 干的或油浸的大麻 2. 麻绳 3. 油浸棉绳 4. 橡胶结合编结的麻绳	方型、圆型	用于水、空气和油等介质，温度 ≤100℃，压力 ≤16~20MPa 处
普通棉绳盘　　根	1. 用润滑油和石墨浸渍过的石棉线 2. 石棉线夹钢丝编结，用油和石墨浸渍过 3. 石棉线夹铝丝编结，用油加石墨浸渍过	方型、圆型编结或扭制	按棉号分为 250℃、350℃、450℃ 三种，分别适用于 250℃、4MPa，350℃、4MPa，450℃、6MPa 的蒸汽、水、空气和油等介质处
高压石棉盘根	1. 用橡胶作结合剂卷制或编结的石棉布或石棉线 2. 用橡胶结合卷制或编结，带有钢丝的石棉布或石棉线 3. 用橡胶结合卷制或编结，带有铝丝的石棉布或石棉线 4. 石棉绒状高压盘根 5. 细石墨纤维与片状石墨粉的混合物 6. 石墨粉处理过的石棉绳环，环间填以片状石墨粉	方型及扁型	方形盘根分别适用于 250℃、4MPa，350℃、4MPa，450℃、6MPa 的蒸汽、水、空气和油。扁形盘根适用于 4MPa、350℃，以内的锅炉人孔及手孔的密封。 石墨盘根适用于温度在 510℃ 以下的高压阀门，用于 14MPa、510℃ 的蒸汽介质
石墨盘根	石墨作成的环，并用银色石墨粉填在环间		用于 14MPa、510℃ 的蒸汽介质
金属盘根	铝箔盘根	圆　型	用于热油泵
塑料环或橡皮环			用于 ≤60℃ 的高压条件下
棉制品盘根	1. 棉绳 2. 油棉绳 3. 胶芯棉纱填料		用于自来水、工业用水油浸可用于压力 ≤20MPa，温度 ≤100℃ 的空气及油管中

第一篇　锅炉检修基础知识

传统的阀门填料普遍发硬，缺乏韧性，蠕变回弹性差，填料在填料函内没有弹性余量。当阀杆运动时，径向或轴向形成的微小间隙得不到瞬时回填。另外，阀杆或填料函在加工时形成的误差、椭圆度、缺陷、裂纹等，使传统的填料无法良好的适应使用要求。随着密封材料制造工艺的提高，加上设备无渗漏要求的进一步严格，近年来，国内外出现了许多由不同材料制造的高性能密封填料。新型高性能填料针对阀杆的运行机理，更适应阀杆的三维动态，贴合阀杆的运动曲线，其所储备的弹性当量随阀杆移动的反方向运动，回填补偿阀杆微小位移、偏心和机械磨损造成的瞬间缝隙，三位伸展而杜绝间隙可达到长期优良的密封效果。一般中压、低温的填料多添加膨胀聚四氟乙烯，高温的添加复合硅氟、陶瓷材料等。

在使用新型填料时，安装方法至关重要，影响使用性能。应用中可根据填料函的大小、压力高低、温度高低、介质种类等条件灵活掌握配合使用。

三、常用密封胶

除垫料和填料外，近来常用密封胶作为辅机结合面的密封材料，各种密封胶的使用特性及应用范围不同，应根据厂家说明书正确选用。密封胶一般分为液态密封胶和厌氧胶两类。

液态密封胶的基体主要是高分子合成树脂和合成橡胶或一些天然高分子有机物，在常温下是可流动的粘稠液体，在连接前涂敷在密封面上，起密封作用。可用于温度高到 300℃，压力 1.6MPa 的油、水、气等介质上，对金属不会产生腐蚀作用。目前应用最普遍的是半干性粘弹型液态密封胶，可单独使用，也可和垫片配合使用。液态密封胶的类型应根据使用条件选用，见表 3 - 12。

表 3 - 12　　　　　　　液态密封胶性质

种　　类		非干性粘型	半干性粘弹型	干性附着型	干性可剥型
	耐热性	良	可	优	可
	耐压性	良	可	优	可
	间隙较大	良	可	优	可
	耐振动	优	可	不可	良
	剥离性	可	可	不可	优
通用部位	平　面	优	优	优	优
	螺纹面	优	可	优	不可
	嵌入部位	优	良	良	不可
	装配时有滑动的部位	可	不可	不可	不可
与垫片配合使用时耐压耐热性		优	优	良	优

使用时应注意：

（1）预处理。将密封面上的油污、水、灰尘或锈除去。单独使用时，两密封面间隙应大于 0.1mm。

（2）涂敷。涂敷厚度视密封面的加工精度、平整度、间隙大小等具体情况而定。一般在密封面上涂敷 0.06~0.1mm 即可。

（3）干燥。溶剂型液态密封胶需干燥，干燥时间视所用溶剂种类和涂敷厚度而定，一般为 3~7min。

（4）紧固。紧固方法与使用垫片时相同，紧固时应注意不可错动密封面。

厌氧胶分为胶粘剂和密封剂两种。这里主要指作为密封剂的厌氧胶，其组成主要是具有厌氧性的树脂单体和催化剂。厌氧胶涂敷性良好，在隔绝空气的情况下，胶液自动固化，固化后即成形，有良好的耐热性和耐寒性。一般用于不仅需要密封而且需要固定的接合面和承插部位，对阀门接合面的密封有良好的效果，密封高压油管接头（5~30MPa）更显出其优越性。

提示　本节内容适合锅炉本体检修（MU9 LE31），锅炉辅机检修（MU4 LE9），锅炉管阀检修（MU7 LE19）。

第三节　耐热及保温材料

随着锅炉向大容量、高参数的不断发展及现代化设计技术的不断采用（如膜式水冷壁的采用），在现代化大型锅炉设备上耐火材料的使用不断减少，而新型的保温材料的使用正日益增多。

一、耐火材料

常用的耐火材料包括耐火混凝土、烧结土耐火砖、红砖、耐火塑料等。

1. 耐火混凝土

多用于大型锅炉的顶棚管、包墙管、尾部框架式锅炉、燃烧器扩散口和门孔等处。常用的耐火混凝土低钙铝酸盐水泥耐火混凝土原料配合比及物理性能见表 3-13。

2. 耐火砖

重型炉墙用的耐火砖是耐火粘土烧结而成的，使用温度低于 1300℃，用作炉膛及炉墙的耐火层。耐火砖的性能见表 3-14。

表 3-13　　低钙铝酸盐水泥耐火混凝土原料配合比及物理性能

原料配合比及颗粒度	低钙铝酸盐水泥	15%	常温物理性能	密度		2650~2900kg/m³	高温物理性能	耐火度	1790℃
	<0.088mm 矾土熟料	5%		常温强度	3天	25~34MPa		荷重软化点	1350~1450℃
	3mm以下矾土熟料	35%			7天	44~59MPa		热膨胀系数	$5~7×10^{-5}℃^{-1}$
	3~5mm矾土熟料	15%			28天	59~88MPa		热稳定性	850℃下水冷22次
								残余收缩	1500℃ <1%

表 3-14　　耐火砖的性能

化 学 成 分（%）			主 要 特 性			
Al_2O_3	SiO_2	Fe_2O_3	标准砖尺寸（mm×mm×mm）	密度（kg/m³）	导热系数［W/（m·K）］	耐火温度与用途
甲级 31.25	61.54	2.66	大型：250×125×65	1500~1800（干砖）	①在500~600℃时为0.8~1.1 ②在1000℃时为1.2~1.4	1750℃ ⎱ 用于炉膛内衬墙
乙级 30.16	63.25	2.79				1710℃
丙级 29.85	63.65	2.80	小型：230×112×65			1690℃
丁级 29.74	63.63	2.70				1690℃

3. 耐火塑料

耐火塑料的成分分骨料和粘结料，其性能见表 3-15。

表 3-15　　常用耐火塑料

名　　称	水玻璃（%）	铬矿砂（%）	耐火粘土（%）	烧粘土砖粒（%）	硅藻土砖粒（%）	矾土水泥（%）	不低于 #500的硅酸盐水泥（%）	适用范围
铬矿砂塑料	外加 6~7	97	3	—	—	—	—	≤1700℃
矾土水泥制作的塑料	—	—	15	75	—	19	—	≤1200℃
硅酸盐水泥制作的塑料	—	—	20~25	70~75	—	—	5~10	≤1000~1100℃
低温塑料	—	—	20~25	—	70~75	—	5~10	≤900℃

二、保温材料

保温材料要求具备导热系数小、密度小、耐热度高等特性。常用的保温材料有硅藻砖、石棉白云石板、矿渣棉板水泥珍珠岩、微孔硅酸钙、硅酸铝纤维毡等。

现代大型机组以膜式水冷壁炉墙为主，大量采用了耐热度较好、密度较小、导热系数小的岩棉、岩棉被、硅酸铝纤维毡。常用保温材料的使用范围见表3-16。

表3-16　　　　　　　　　常用保温材料

名　　称	使用范围	名　　称	使用范围
膨胀蛭石及其制品	≤800℃	膨胀珍珠岩制品	-200~800℃
水泥蛭石制品	≤500℃	水泥珍珠岩制品	≤500℃
水玻璃蛭石制品	≤600℃	水玻璃珍珠岩制品	≤600℃
硅泥土板（瓦）制品	800~900℃	长纤维矿渣棉制品	≤600℃
普通矿渣棉	≤600℃	酚醛矿渣棉制品	≤350℃
沥青矿渣制品	≤250℃	岩石棉岩棉	≤800℃
岩棉保温板、毡等	≤350℃	玻璃棉及制品	<300~600℃
微孔硅酸钙制品	≤600℃	高硅氧纤维	≤1000℃
硅酸铝耐火纤维	≤1000℃	泡沫石棉毡	<500℃
石棉绳	200~550℃	石棉绒粉	≤550℃
碳酸钙、碳酸镁石棉粉	≤450℃	硅藻土石棉粉	≤900℃

提示　本节内容适合锅炉本体检修（MU9 LE31），锅炉管阀检修（MU7 LE19）。

第四节　润滑基本知识和常用油脂

锅炉设备常用油脂按用途可分为润滑油、润滑脂、液压油等。

一、常用油脂的性质

1. 常用油品主要质量指标

（1）粘度。粘度就是液体的内摩擦阻力，也就是当液体在外力的影响下移动时在液体分子间所发生的内摩擦。

（2）粘度指数（粘度比）。油的粘度随温度变化而变化的性能。通常用 50℃粘度与 100℃粘度的比值来判断它的粘温性的好坏。

（3）凝点。油放在试管中冷却，直到把它倾斜 45°，经过 1min 后，油开始失去流动性的温度。

（4）酸值。中和 1g 油中的酸所需氢氧化钾（KOH）的毫克数。

（5）闪点。油加热到一定温度就开始蒸发成气体，这种蒸气与空气混合后遇到火焰就发生短暂的燃烧闪火的最低温度。此时温度就是润滑油的闪点。

（6）残炭。油因受热蒸发而形成的焦黑色的残留物称为残炭。

（7）灰分。一定量的油，按规定温度灼烧后，残留的无机物重量百分数称为灰分。

（8）机械杂质。经过溶剂稀释而后过滤所残留在滤纸上的物质。

2. 常用润滑脂主要质量指标

（1）滴点。润滑脂从不流动态转变为流动态的温度，通常是润滑脂在滴点计中按规定的加热条件，滴出第一滴液体或流出 25mm 油柱时的温度。

（2）针入度。质量为 150g 的标准圆锥体、沉入润滑脂试样 5s 后所达到的深度。

（3）水分。润滑脂含水量的百分比。

（4）皂分。在润滑脂的组成中，作为稠化剂的金属皂的含量。

（5）机械杂质。润滑脂中机械杂质的来源包括金属碱中的无机盐类，制脂设备上磨耗的金属微粒及外界混入的杂质（如尘土、砂砾等）。

（6）灰分。润滑脂中的灰分包括制皂的金属氧化物，基础油的无机物和原料碱里的杂质。

（7）分油量。在规定的条件下（温度、压力，时间），从润滑油中析出的油的重量。

二、润滑的基本原理

两个相互接触的物体的表面作相对运动时，必然会产生摩擦阻力，有摩擦就会有磨损，磨损就会导致机械寿命缩短。为了降低或避免摩擦，通常的方法是采用某种介质把摩擦面隔开，使之不直接接触，这样可以避免金属表面凸起部分的相互碰撞，也可以避免接触点上分子吸引力和粘结等现象产生。这种方法叫润滑，用以起润滑作用的介质叫润滑剂。润滑可分为流体动压润滑、弹性流体动压润滑和边界润滑三种状态。

轴承润滑的目的在于降低摩擦功耗，减少磨损，同时还起到冷却、吸振、防锈等作用，润滑效果的好坏，和选用润滑剂有很大关系。GB3141

规定以运动粘度值作为润滑油的牌号，润滑油的工作温度应低于其闪点20～30℃。在润滑性能上润滑油一般比润滑脂好，应用较广，但润滑脂具有密封简单，不须经常加添，不易流失，不滑落，抗压性好，密封防尘性好，抗乳化性好，抗腐蚀性好的特点。

三、润滑用油的选用和使用

1. 对润滑用油的基本要求

对润滑用油的基本要求是：较低的摩擦系数，良好的吸附与揳入能力（即具有较好的油性），一定的内聚力（即粘度），较高的纯度，抗氧化稳定性好，无研磨和腐蚀性，有较好的导热能力和较大的热容量。

2. 选用润滑用油的一般原则

（1）运动速度。两摩擦面相对运动速度愈高，其形成油楔的作用也愈强，故在高速的运动副上采用低粘度润滑油和针入度较大（较软）的润滑脂。反之在低速的运动副上，应采用粘度较大的润滑油和针入度较小的润滑脂。

（2）负荷大小。运动副的负荷或压强愈大，应选用粘度大或油性好的润滑油；反之，负荷愈小，选用润滑油的粘度应愈小。各种润滑油均具有一定的承载能力，在低速、重负荷的运动副上，首先考虑润滑油的允许承载能力。在边界润滑的重负荷运动副上，应考虑润滑油的抗压性能。

（3）运动情况。冲击振动负荷将形成瞬时极大的压强，往复与间歇运动对油膜的形成不利，故均应采用粘度较大的润滑油。有时宁可采用润滑脂（针入度较小）或固体润滑剂，以保证可靠的润滑。

（4）温度。环境温度低时运动副应采用粘度较小，凝点低的润滑油和针入度较大的润滑脂；反之则采用粘度较大、闪点较高，油性好以及氧化安定性强的润滑油和滴点较高的润滑脂，温度升降变化大的，应选用粘温性能较好（即粘度比较小）的润滑油。

（5）潮湿条件。在潮湿的工作环境里，或者与水接触较多的工作条件下，一般润滑油容易变质或被水冲走，应选用抗乳化能力较强和油性、防锈蚀性能较好的润滑剂。润滑脂（特别是钙基、锂基、钡基等），有较强的抗水能力，宜用潮湿的条件。但不能选用钠基脂。

（6）在灰尘较多的地方。密封有一定困难的场合，采用润滑脂以起到一定的隔离作用，防止灰尘的侵入。在系统密封较好的场合，可采用带有过滤装置的集中循环润滑方法。在化学气体腐蚀比较严重的地方，最好采用有防腐蚀性能的润滑油。

（7）间隙。间隙愈小，润滑油的粘度应愈低，因低粘度润滑油的流动和揳入能力强，能迅速进入间隙小的摩擦副起润滑作用。

（8）加工精度。表面粗糙，要求使用粘度较大或针入度较小的润滑油脂。反之，应选用粘度较小或针入度较大的润滑油脂。

（9）表面位置。在垂直导轨、丝杠上、外露齿轮、链条、钢丝绳上的润滑油容易流失，应选用粘度较大的润滑油。立式轴承宜选用润滑脂，这样可以减少流失，保证润滑。

3. 润滑用油的使用

由于润滑油脂品种繁多，而各种油脂的组成成分不同，其使用性能也各异。因此，在选用润滑油脂时，应注意所选的润滑油必须与其使用条件相适应。

4. 润滑用油的保管

为了确保润滑用油的质量，除生产厂严格按工艺规程生产和质量检查外，润滑用油脂的贮运也是一个重要的环节。贮存过程中为防止变质、使用便利和防止污染，应注意：

（1）防止容器损坏，以致雨水、灰尘等污染润滑用油，运输中要做好防风雨措施。

（2）润滑用油脂要尽可能放在室内贮存，避免日晒雨淋，油库内温度变化不宜过大。应采取必要措施，使库内温度保持在 10～30℃。温度过高，会引起润滑脂胶体安定性变差。

（3）润滑用油脂的保存时间不宜过长，应经常抽查，变质后不应再使用，以防机械部件的损坏。

（4）润滑脂是一种胶体结构，尤其是皂基润滑脂，在长期受重力作用下，将会出现分油现象，使润滑脂的性能丧失。包装容积越大，这种受压分油现象越严重。因此，避免使用过大容器包装润滑脂。

（5）在使用时要特别注意润滑油不应与润滑脂掺合，因为这样做会破坏润滑脂的胶体安定性和机械安定性等性能，从而严重影响润滑脂的使用性能，故应尽量避免这类不正确的做法发生。

四、液压油的选择条件

为了获得效率高而且经济的油压装置，必须选择适当的工作油。一般应考虑以下各项要求：

（1）采用不可压缩液体，在运转温度范围内要容易在油压回路中流动。

（2）为了减少各运动部位的摩擦，润滑性能要好。

（3）即使长时间使用，物理性能和化学性能的变化也要小。

(4) 不会使油压装置内部元件生锈和腐蚀。

(5) 能使从外边浸入的杂质迅速沉淀分离。

选择液压油时首先依据液压系统所处的工作环境、系统的工况条件（压力、温度和液压泵类型等）以及技术经济性（价格、使用寿命等），按照液压油各品牌的性能综合统筹确定选用液压油，可参考表 3-17、表 3-18。

表 3-17　　　　依据环境和工况条件选择液压油品种

环　境 ＼ 工　况	压力：<7MPa 温度：<50℃	压力：7~14MPa 温度：<50℃	压力：7~14MPa 温度：50~80℃	压力：>14MPa 温度：80~100℃
室内固定设备	HL	HL 或 HM	HM	HM
寒天寒区或严寒区	HR	HV 或 HS	HV 或 HS	HV 或 HS
地下水下	HL	HL 或 HM	HM	HM
高温热源明火附近	HFAE HFAS	HFB HFC	HFDR	HFDR

表 3-18　　　　按照工作温度范围和液压泵类型选用
液压油品种和粘度等级

液压泵类型		运动粘度(40℃)($mm^2 \cdot s^{-1}$)		适用品种和粘度等级
		系统工作温度 5~40℃	系统工作 40~80℃	
叶片泵	<7MPa	30~50	40~75	HM 油：32、46、68
	>7MPa	50~70	55~90	HM 油：46、68、100
齿轮泵		30~70	95~165	HL 油（中、高压用 HM 油）：32、46、68、100、150
轴向柱塞泵		40~75	70~150	HL 油（高压用 HM 油）：32、46、68、100、150
径向柱塞泵		30~80	65~240	HL 油（高压用 HM 油）：32、46、68、100、150

五、液压油的使用、净化、保管

1. 液压油的使用

液压油在使用中，由于工作温度、工作压力的变化和空气的氧化而逐渐变质，尤其是从外边落入杂质（水、空气中的尘埃等），在催化剂的作用下而生成氧化物，这就更使工作油劣化。因此，按照运转条件在适当的时期进行外观试验和静止试验，试验合格才能继续使用，反之，必须更换。更换周期一般因工作条件而异，应以试验结果为依据。

通常在使用液压油时应注意以下问题：

（1）油箱内壁一般不要涂刷油漆，以免油中产生沉淀物。若必须涂刷油漆时，应采用良好的耐油油漆。

（2）按设备说明书的规定，选用合适的油。

（3）在使用过程中应防止水、乳化液、灰尘、纤维杂质及其他机械杂质浸入油中。

（4）在使用中，油箱的油面要保持一定高度，添加的油液必须是同一牌号的油，以免引起油质恶化。油泵的吸油管与系统的回油管安装要合理，以防止油中产生气泡。

（5）当环境温度在38℃以上时，连续工作四小时后油箱内油温不得超过70℃。

2. 液压油的净化处理

为了确保液压系统的安全运行，我们所采用的液压油一般都要做净化处理。

（1）液压系统的净化。液压系统安装完成后，回路中会存有杂质，如管子和接头部位的水锈和碎片、机械加工的毛刺、喷砂时的砂、铸件砂、软管等紧固部位的碎片、管螺纹部分的油封剂、内部清除时的破布和纤维物、回路中的锈、涂料片等。

清除上述杂质的主要方法是：清洗油路管道，清洗油可用38℃时粘度为 $2 \times 10^{-5} m^2/s$ 的汽轮机油（注意在油箱回油口加装 80～100 目的滤油器），清洗时间为 20～180min。清洗时要反复对焊接处和管子轻轻地震打，以加速和促进脏物脱落。清洗后，必须排除清洗油。

（2）液压油的过滤。由于外部因素，液压回路内是很容易进入杂物的，比如由注入口、通气口、活塞的密封部位及地板、油箱盖等部位混入的尘埃；由于空气中的尘埃和气泡而生成乳浊液；混入空气中的湿气等。因此，加油前应对油进行多次过滤，在泵的吸油侧加装滤油器及加必要的干燥剂。

（3）液压油更换。由于液压回路内在运行中经常可能生成一些杂质，如：泵、油缸、密封材料的破损片；阀、轴承、泵等磨损生成的粉屑；高温高压造成油的劣化产生的胶状物、油淤泥；水分、空气、铜、铁的触媒作用而产生的氧化物等。因此，液压油应经常更换。

3. 液压油的贮存及保管

由于液压机械对液压油的要求相当高，因此，液压油的贮存和保管就很重要。

　　油桶上不要积聚污水和尘埃，同时不要直接放在地上。加油时，防止杂质掉入油桶或其他容器内，定期检查油的质量。环境温度一般不得超过60℃，最好为室温（25℃）。

　　提示　本节内容适合锅炉辅机检修（MU4 LE9），锅炉管阀检修（MU7 LE19）。

第五节　研磨材料

　　进行阀门密封面的研磨时要在研磨工具和被研磨的工件之间垫一层研磨材料，以利用研磨材料硬度很高的颗粒，将工件磨光。常用的研磨材料有磨料、研磨膏和砂布等。

　　一、磨料

　　磨料种类很多，使用时应根据工件的材质、硬度及加工精度等条件选用磨料。表3－19为常用磨料的种类及用途，表3－20为磨料粒度的分类及用途。

表3－19　　　　　　　　　　常用磨料的种类及用途

系列	磨料名称	代号	颜色	特性	应用范围	
					工件材料	研磨类别
氧化铝系	棕刚玉	GZ	棕褐色	硬度高，韧性大，价格便宜	碳钢、合金钢、铸铁、铜等	粗、精研
	白刚玉	GB	白色	硬度比棕刚玉高，韧性较棕刚玉低	淬火钢，高速钢及薄壁零件等	精研
	单晶刚玉	GD	浅黄色或白色	颗粒呈球状，硬度和韧性比白刚玉高	不锈钢等强度高、韧性大的材料	粗、精研
	铬刚玉	GG	玫瑰红或紫红色	韧性比白刚玉高，磨削粗糙度低	仪表，量具及低粗糙度表面	精研
	微晶刚玉	GW	棕褐色	磨粒由微小晶体组成，强度高	不锈钢和特种球墨铸铁等	粗、精研

系列	磨料名称	代号	颜 色	特 性	应 用 范 围	
					工 件 材 料	研磨类别
碳化物系	黑碳化硅	TH	黑色有光泽	硬度比白钢玉高，性脆而锋利	铸铁、黄铜、铝和非金属材料	粗 研
	绿碳化硅	TL	绿 色	硬度仅次于碳化硼和金刚石	硬质合金、硬铬、宝石、陶瓷、玻璃等	粗、精研
	碳化硼	TP	黑色	硬度仅次于金刚石、耐磨性好	硬质合金、硬铬、人造宝石等	精研、抛光
金刚石系	人造金刚石	JR	灰色至黄白色	硬度高，比天然金刚石稍脆，表面粗糙	硬质合金、人造宝石、光学玻璃等硬脆材料	粗、精研
	天然金刚石	JT	灰色至黄白色	硬度最高，价格昂贵		
其他	氧化铁		红色或暗红色	比氧化铬软	钢、铁、铜、玻璃等	极细的精研、抛光
	氧化铬		深绿色	质软		
	氧化铈		土黄色	质软		

表 3-20　　　　磨料粒度的分类及用途

分 类	粒度号	颗粒尺寸（μm）	可加工表面粗糙度 Ra（μm）	应 用 范 围
磨　　　料	8 # 10 # 12 #	3150 ~ 2500 2500 ~ 2000 2000 ~ 1600		
	14 # 16 # 20 # 24 # 30 #	1600 ~ 1250 1250 ~ 1000 1000 ~ 800 800 ~ 630 630 ~ 500	25/	铸铁打毛刺、除锈等
	36 # 46 #	500 ~ 400 400 ~ 315	25/ ~ 12.5/	一般件打毛刺，平磨等
	60 # 70 # 80 #	315 ~ 250 250 ~ 200 200 ~ 160	12.5/ ~ 3.2/	加工余量大的精密零件粗研，精度不太高的法兰密封面等零件的研磨
	100 # 120 #	160 ~ 125 125 ~ 100	1.6/	一般阀门密封面的研磨

分 类	粒度号	颗粒尺寸 （μm）	可加工表面 粗糙度 Ra（μm）	应 用 范 围
磨 粉	150# 180# 240# 280#	100~80 80~63 63~50 50~40	$\underline{1.6}\bigtriangledown$ ~ $\underline{0.4}\bigtriangledown$	中压阀门密封面的研磨
微 粉	W40 W28 W20 W14	40~28 28~20 20~14 14~10	$\underline{0.4}\bigtriangledown$ ~ $\underline{0.2}\bigtriangledown$	高温高压阀门、安全阀 密封面的研磨
	W10 W7 W5 W3.5 W2.5 W1.5 W1 W0.5	10~7 7~5 5~3.5 3.5~2.5 2.5~1.5 1.5~1 1~0.5 0.5~ 至更细	$\underline{0.2}\bigtriangledown$ 以下	超高压阀门和要求很高 的阀门密封面及其他精密 零件的精研、抛光

　　磨粒和磨粉的号数越大，磨料越细。而微粉是以 W 为代号，号数越大，磨料越粗。微粉比磨粉细，磨粉又比磨粒细。对硬度较高的工件来讲，磨粒适于粗研，磨粉适于精研，微粉适于精研与抛光。

二、研磨膏

　　事先预制成的固体研磨剂叫做研磨膏，可自制，也可购买，使用方便。研磨膏是由硬脂酸、硬酸、石蜡等润滑剂加以不同类别和不同粒度的磨料配制而成的，分为 M28、M20、M14、M10、M7、M5 等，有黑色、淡黄色和绿色。

三、砂布和砂纸

　　砂布和砂纸是用胶粘剂把磨料均布在布或纸上的一种研磨材料。具有方便简单，粗糙度低，清洁无油等优点，在阀门研磨中使用较多。砂布（金刚砂布）的规格见表 3－21，水砂纸的规格见表 3－22，金相砂纸的规格见表 3－23。

表 3 – 21　　　　　　砂布（金刚砂布）的规格

代　　号	0000	000	00	0	1	$1\frac{1}{2}$	2	$2\frac{1}{2}$	3	$3\frac{1}{2}$	4	5	6
磨料粒 度号数　上海	220	180	150	120	100	80	60	46	36	30	24	—	—
天津	200	180	160	140	100	80	60	46	36	—	30	24	18

注　习惯上也有把 0000 写成 4/0；000 写成 3/0；00 写成 2/0 的。

表 3 – 22　　　　　　水砂纸的规格

代　　号	180	220	240	280	320	400	500	600
磨料粒 度号数　上海	100	120	150	180	220	240	280	320（W40）
天津	120	150	160	180	220	260	—	—

表 3 – 23　　　　　　金相砂纸的规格

代　　号	280	320	$\frac{01}{(400)}$	$\frac{02}{(500)}$	$\frac{03}{(600)}$	$\frac{04}{(800)}$	$\frac{05}{(1000)}$	$\frac{06}{(1200)}$
磨料粒 度号数	280	$\frac{320}{(W40)}$	W28	W20	W14	W10	W7	W5

提示　本节内容适合锅炉管阀检修（MU7 LE19）。

锅炉检修常用工器具

第一节 工 具

锅炉检修中常用的普通工具有扳手、手锤、虎钳、錾子、样冲、锉刀、刮刀、铰刀、电钻、磨光机等。

一、扳手

扳手的种类很多，主要有活扳手、开口固定扳手、闭口固定扳手、花型扳手和管子钳。

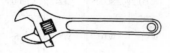

图 4-1 活扳手

（1）活扳手（见图 4-1）。这种扳手适用于紧各种阀门盘根、烟风道人孔门螺丝以及 M16 以下的螺丝，常用的规格有 200、250、300mm。

活扳手的正确使用方法见图 4-2（a）。

（2）开口固定扳手（见图 4-3）。这种扳手适用于 M18 以下的螺丝，使用时不要用力过大，否则容易将开口损坏。

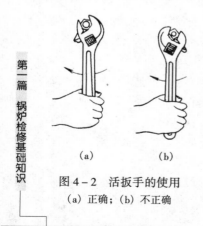

（a）　　　（b）

图 4-2 活扳手的使用

（a）正确；（b）不正确

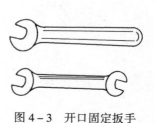

图 4-3 开口固定扳手

第一篇 锅炉检修基础知识

这种扳手的缺点是一种规格只适用于一种螺丝，使用前要检查开口有无裂纹。

（3）闭口固定扳手（见图4-4）。这种扳手六方吃力，故适用于高压力和紧力大的螺丝，最适用于高压阀门检修，使用前应仔细检查有无缺陷。

图4-4　闭口固定扳手　　　　图4-5　花形扳手

（4）花型扳手（见图4-5）。这种扳手除了具有使螺丝六方吃力均匀的优点外，最适用于在工作位置小、操作不方便处紧阀门和法兰螺丝时使用。使用时在螺丝上要套正，否则易将螺帽咬坏。

（5）管子钳（管子扳手，见图4-6）。这种扳手适用于在低压蒸汽和工业用水管上工作时采用。使用时不要用力太猛，更不要用加套管的办法来帮助用力，否则将使管子咬坏。使用前应检查有无缺陷，且扳手嘴的牙齿上不要带油。

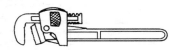

图4-6　管子钳

二、手锤

手锤的规格有0.5kg、1kg、1.5kg几种，如图4-7所示。

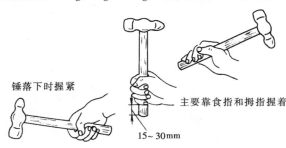

锤落下时握紧

主要靠食指和拇指握着

15～30mm

图4-7　手锤及其握法

手锤的手柄是硬木制的，长度300～350mm。锤把的安装应细致，锤头与锤把要成90°，手柄镶入锤孔后要钉入一铁楔，以防锤头松脱。铁楔埋入深度不得超过锤孔深度的2/3。手锤的锤面稍微凸出一点比较好，锤面是手锤的打击部位，不能有裂纹和缺陷。

三、錾子

常用的錾子有扁錾、尖錾、油槽錾、扁冲錾和圆弧錾几种，如图4-8所示。其中扁錾用于錾切平面，剔毛边，剔管子坡口，剔焊渣及錾切薄铁板；尖錾用于剔槽，剔生铁和比较脆的材料；油槽錾用于剔轴承油槽和其他凹面开槽；圆弧錾用于錾切阀门用的金属垫片及有圆弧的零件。

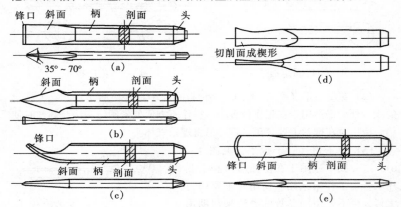

图 4-8 锅炉检修常用的錾子

(a) 扁錾；(b) 尖錾；(c) 油槽錾；(d) 扁冲錾；(e) 圆弧錾

四、虎钳

虎钳是安装在工作台上供夹持工件用的工具，分为固定式和回转式，见图4-9。

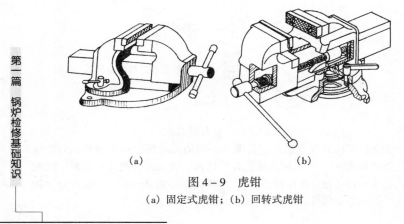

图 4-9 虎钳

(a) 固定式虎钳；(b) 回转式虎钳

虎钳装在台面上，其钳口高度应与人站立时的肘部高度大致相同，如图4-10所示。

使用虎钳时应注意下列事项：

（1）夹持工具时，只能用双手扳紧手柄，不允许在手柄上套铁管或用手锤敲击手柄，以免损坏丝杆螺母。

（2）不允许用大锤在虎钳上敲击工件。

（3）虎钳的螺母、螺杆要常加油润滑。

（4）夹持大型工件时，要用辅助支架。

五、锯弓（手锯）

锯弓有固定式和可调式两种，用于小口径管子和铁棍的切割。可调式锯弓的弓架分成前后两段，前段可在后段中间伸缩，因而可安装几种长度的锯条。固定式锯弓的弓架是整体的，只能安装一种长度的锯条。安装锯条时一定要注意方向，不能装反，锯弓的起锯方法如图4-11所示，锯切姿势和方法如图4-12所示。

图4-10 虎钳的安装高度

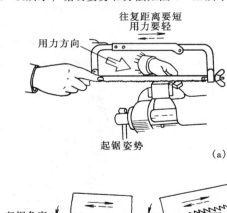

往复距离要短
用力要轻

用力方向

起锯姿势

（a）

用拇指引导锯条切入

锯条

起锯角度

起锯角度
起锯角度应小于15°

正确

起锯角度太大
碰落锯齿

错误

（b）

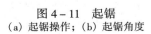

图4-11 起锯
（a）起锯操作；（b）起锯角度

前推加压；返回轻轻滑过；往复速度不应过快

图 4 - 12　锯切姿势和方法

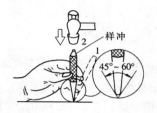

图 4 - 13　样冲及其用法

六、样冲

为了预防所划的线模糊或消失，在线上应按一定的距离用样冲打出样冲眼，以保证加工时能找到加工界线。图 4 - 13 为样冲的用法。

七、锉刀

锉刀的粗细是以锉面上每 10mm 长度上锉齿的齿数来划分的。粗锉刀（4～12 齿）的齿间大，不易堵塞，适用于粗加工或锉铜、铝等软金属；细锉刀（13～24 齿），适用于锉钢或铸铁等材料，光锉刀（30～60 齿）又称油光锉，只用于最后修光表面。锉刀越细，锉出的工件表面越光，但生产率

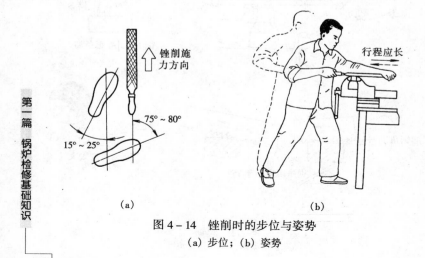

（a）　　　　　　　　　　（b）

图 4 - 14　锉削时的步位与姿势
（a）步位；（b）姿势

则越低。锉削时不要用手摸工件表面，以防再锉时打滑。粗锉时用交叉锉法，基本锉平后，可用细锉或光锉以推锉法修光。

根据锉刀断面形状不同，可分平锉、半圆锉、方锉、三角锉及圆锉等。锉削时步位与姿势如图 4-14 所示，交叉锉法如图 4-15 所示，推锉法如图 4-16 所示。

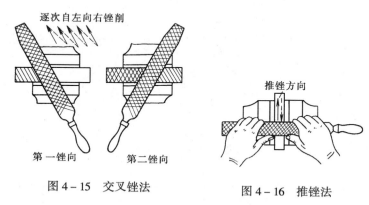

图 4-15 交叉锉法   图 4-16 推锉法

八、刮刀

常用的刮刀有平面刮刀和三角刮刀，平面刮刀用来刮削平面或刮花。图 4-17 所示为手刮法，右手握刀柄，推动刮刀；左手放在靠近端部的刀体上，引导刮刀刮削方向并加压。刮削时，用力要均匀，要拿稳刮刀，以免刮刀刃口两侧的棱角将工件划伤。图 4-18 所示为挺刮法，刮削时利用腿部和臀部的力量，使刮刀向前推挤。

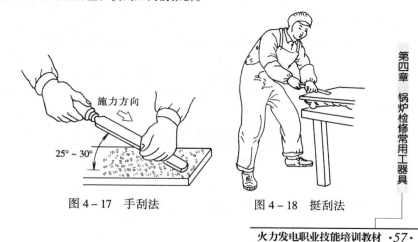

图 4-17 手刮法   图 4-18 挺刮法

第四章 锅炉检修常用工器具

火力发电职业技能培训教材 ·57·

三角刮刀是用来刮削要求较高的滑动轴承的轴瓦，以得到与轴颈良好的配合。刮削时的操作方法如图 4 – 19 所示。

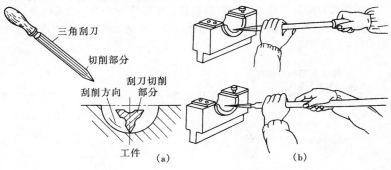

图 4 – 19 三角刮刀及其刮削方法

（a）用三角刮刀刮削轴瓦；（b）刮削姿势

九、铰刀

常用的铰刀有手用铰刀和机用铰刀两种。除了一部分锥销孔、非标准孔，或者由于工件结构的限制需要手铰以外，一般多采用钻床来铰孔。

十、电动角向磨光机

电动角向磨光机主要用于金属件的修磨及型材的切割，焊接前开坡口以及清理工件飞边、毛刺。

十一、电钻

配用麻花钻，主要用于对金属件钻孔，也适用于对木材、塑料件等钻孔。若配以金属孔锯、机用木工钻等作业工具，其加工孔径可相应扩大。

十二、磁性表座

表座可吸附于光滑的导磁平面或圆柱面上，用于支架千分表、百分表，以适应各种场合的测量。

提示 本节内容适合锅炉本体检修（MU8 LE27），锅炉辅机检修（MU3 LE6），锅炉管阀检修，锅炉电除尘检修、锅炉除灰检修。

第二节 锅炉检修常用量具及专用测量仪

一、量具

1. 常用量具

锅炉检修中常用量具有以下几类：简单量具、游标量具、微分量具、测微量具、专用量具，具体包括：大小钢板尺、钢卷尺、游标卡尺、千分尺、百分表、塞尺、深度尺、水平仪、测速仪、测振仪、激光找正仪、动平衡仪等。

2. 常用量具的使用

（1）游标卡尺。图4-20所示为一种可以测量工件内径、外径和深度

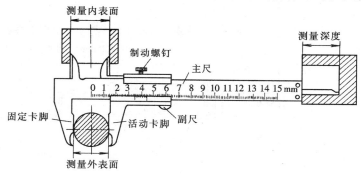

图4-20　游标卡尺及其组成部分

的三用游标卡尺及其主要组成部分。游标卡尺测量的准确度（刻度值）有0.1、0.05、0.02mm三种。现以刻度值为0.1mm的游标卡尺为例，说明其读数原理和读数方法。如图4-21（a）所示，主尺刻度的间距为1mm，副尺刻度的间距为0.9mm，两者刻度间距之差值为0.1mm。副尺共分10格。当主尺和副尺零线对准时，副尺上最后一根刻线即与主尺上的第九根刻线对准，但这时副尺上的其他刻线都不与主尺刻线对准。当副尺（即活动卡脚）向右移动0.1mm时，副尺零线后的第一根刻线就与主尺零线后的第一根刻线对准，此时零件的尺寸为0.1mm。当副尺向右移动0.2mm时，副尺零线后第二根刻线与主尺零线后的第二根刻线对准，此时零件的尺寸为0.2mm，依次类推。因此，读数寸时，先读出主尺上尺寸的整数是多少毫米，再看副尺上第几根线与主尺刻线对准，以读出尺寸的小数；两者之和

图4-21　读数原理和方法

（a）副尺刻度；（b）测量读数值27＋0.5＝27.5mm

即为零件的尺寸。如图 4-21（b）所示，主尺整数是 27，副尺第五根刻线与主尺对准，即为 0.5mm，故其读数为 27.5mm。

游标卡尺使用前应擦净卡脚，并闭合两卡脚检查主、副尺零线是否重合，否则应对读数加以相应的修正。测量时应注意拧松制动螺钉，并使卡脚逐渐与工件靠近，最后达到轻微接触，不要使卡脚紧压工件，以免卡脚变形或磨损，降低测量的准确度。

（2）千分尺。千分尺是利用精密螺杆旋转并直线移动的原理来进行测量的一种量具。图 4-22（a）是测量范围为 0～25mm，测量准确度为

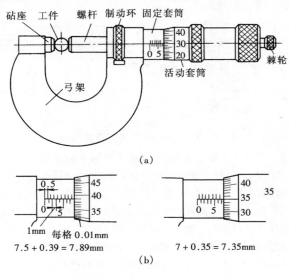

（a）

1mm　每格 0.01mm
$7.5 + 0.39 = 7.89$mm

$7 + 0.35 = 7.35$mm

（b）

图 4-22　千分尺及其读数方法
（a）外径千分尺及其主要组成部分；（b）千分尺的读数示例

0.01mm 的外径千分尺及其主要组成部分。千分尺的螺杆是与活动套筒连在一起的，当转动活动套筒时，螺杆和活动套筒一起向左或向右移动。套筒每转一转，套筒和螺杆移动 0.5mm。千分尺的刻度设计及读数如图所示，在固定套筒的轴向刻线两边，每两条刻线间的距离是 0.5mm。如果就一边来说，则每两条刻线间的距离是 1mm，这是主尺刻度值。在活动套筒左端的锥面上，沿圆周刻度，一周分为 50 格，所以每格代表 0.01mm。测量时先读出固定套筒的尺寸（应为 0.5mm 的整数倍），再看活动套筒上的哪一刻线和固定套筒上的中心线对准；两者读数之和即为零件的实际尺寸。图

4 - 22（b）所示为千分尺的读数示例。

测量时，先转动活动套筒作大的调整，至螺杆与砧座的距离略大于工件尺寸时，再卡入工件，然后转动棘轮。当棘轮发出清脆的"卡卡"响声时，表明测量压力已合适，即可读数。

（3）百分表。百分表是装在支架上用的读数指示表。常用来检验零件的跳动、同轴度和平行度等，主要是作比较测量用。

图 4 - 23 为分度值 0.01mm 的百分表及其传动原理。表盘上一圈共有刻度 100 格，测量杆移动 1mm，推动长指针旋转一圈。因此，长指针每转动一格，就相当于测量杆移动 0.01mm。除长指针外，还有一个小指针。长指针旋转一周，小指针即在转数指示盘上转过一格。

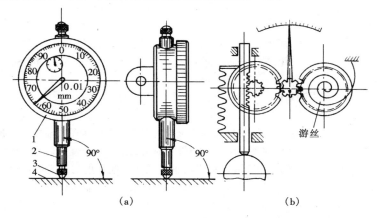

图 4 - 23　百分表

（a）外形；（b）动作原理

1—表圈；2—测量杆；3—测头；4—工件

（4）水平仪。水平仪用于检验机械设备平面的平直度，机件的相对位置的平行度及设备的水平位置与垂直位置。常用的有普通水平仪及框式水平仪（见图 4 - 24）。

1）普通水平仪。普通水平仪只能用来检验平面对水平的偏差，其水准器留一个气泡，当被测面稍有倾斜时，气泡就向高处移动，从刻在水准器上的刻度可读出两端高低相差值。如刻度为 0.05mm/m，即表示气泡移动一格时，被测长度为 1m 的两端上，高低相差为 0.05mm。

2）框式水平仪。又称为方框水平仪，其精度较高，有四个相互垂直

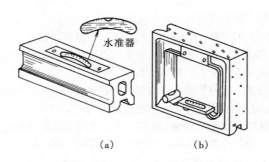

图 4 - 24　水平仪

(a) 普通水平仪；(b) 框式水平仪

的工作面，各边框相互垂直，并有纵向、横向两个水准器。故不仅能检验平面对水平位置的偏差，还可检验平面对垂直位置的偏差。框式水平仪的规格很多，最常用的是 200mm×200mm，其刻度值有 0.02mm/m、0.05mm/m 两种。

二、专用测量仪

1. 激光找正仪

可见激光找正仪可轻易地完成传统找正很难或无法实现的轴校正。激光找正仪原理是：传感器的激光二极管发射出的激光被棱镜反射回到传感器的测位器，当轴旋转 90°时，由于转轴偏差将引起反射的激光束在测位器原位置发生移动，测位器所测得的这一激光束位移被输入计算机。然后计算机使用测量的位移结果与已输入的机器尺寸来计算出转轴偏差程度，包括联轴器偏差状态及机器地脚的调整量。

2. 高速动平衡测量仪

高速动平衡测量仪可以对各种机械设备进行现场动平衡，不需将转子从设备上拆卸下来，就在正常运转状态下，能迅速找到引发振动的原因和部位，自动在线振动监测、分析和动平衡校正。适用于发电厂各类机械设备，如压缩机、电厂风机、水泵等锅炉辅机。

高速动平衡测量仪种类很多，主要配置为现场动平衡仪一台、振动传感器两只、转速探头一只及相关配件等。其主要原理是采用试重法和影响系数法进行平衡计算分析，具有平衡效率高（一次平衡可降低振动量达90%以上）、计算功能强、操作简单、携带方便、价格低廉、现场实用性强等特点，具体使用方法可参见高速动平衡测量仪随机说明书。

3. 工业内窥镜

工业内窥镜的种类很多，常见的有电子工业内窥镜、光纤工业内窥镜等。

（1）光纤工业内窥镜。

光纤工业内窥镜是一种由纤维光学、光学、精密机械及电子技术结合而成的新型光学仪器，它利用光导纤维的传光、传像原理及其柔软弯曲性能，可以对设备中肉眼不易观察到的任何隐蔽部位方便地进行直接快速的检查。既不需要设备解体，亦不需另外照明，只要有孔能使窥头插入，内部情况便可一目了然。既可直视，也可照相，还可录像或电视显示。

（2）电子工业内窥镜。

电子工业内窥镜是利用电子学、光学及精密机械等技术研制的新型无损检测仪器。电子工业内窥镜采用了 CCD 芯片，能在监视器上直接显示出观察图像。与光纤工业内窥镜相比，除具有柔软可弯曲等性能外，还具有分辨率高、图像清晰、色彩逼真、被检部位形状准确、有效探测距离长等优点，并能方便地对图像、资料作永久记录。

电子工业内窥镜广泛用于机器设备的检测，如锅炉、热交换器、成套设备管路、给排水管等，可供多人同时通过监视器来观察分析高析像力的图像，对被检测部位做出客观的判断。

4．超声波检漏仪

超声波检漏仪配备有超声波麦克风，听诊器拾音头和其他一些附件，可以用于各种状态监控、系统维护和故障检测使用，是一种专门设计的用以降低维护和检修耗时的多功能诊断系统。超声波检漏仪的工作原理：当气体或液体通过狭缝时便会发出超声波，经过放大变频为可听频率范围，这样可以在耳机或内置的扬声音器中听到，可以容易找出超声波源从而找到泄漏处。也可利用闪灯及音调来显示所探到的超声波强弱，越是接近超声波源亮起之闪灯便越多、从耳机听到的声音音调越高。适用于有色金属、黑色金属和非金属管道的快速检漏，如发电厂高低加热器管、锅炉四管等。

5．测温仪

测温仪中，红外线测温仪使用方便，测温速度快，是一种应用最广泛的测温仪。测温范围广，大多数都带有激光瞄准方式，测温精度高，光学分辨率清晰，发射率可调，并具有最小、平均、差值显示。

6．测厚仪

超声波测厚仪，采用超声波测量原理，探头发射的超声波脉冲到达被测物体以一恒定速度在其内部传播，到达材料分界面时被反射回探头，通

第四章　锅炉检修常用工器具

过精确测量超声波在材料中传播的时间来确定被测材料的厚度。超声波测厚仪采用微电脑对数据进行分析、处理、显示，采用高度优化的测量电路，具有测量精度高、范围宽、操作简便、工作稳定可靠等特点，此仪器可对各种板材和各种加工零件作精确测量，另一重要方面是可以对生产设备中各种管道和压力容器进行监测，监测它们在使用过程中受腐蚀后的减薄程度。

7. 超声波探伤仪

超声波探伤仪是一种便携式工业无损探伤仪器，它能够快速便捷、无损伤、精确地进行工件内部多种缺陷（裂纹、夹杂、气孔等）的检测、定位、评估和诊断。既可以用于实验室，也可以用于工程现场。

8. 硬度仪

硬度计中里氏硬度计是一种新型的硬度测试仪器，它是根据最新的里氏（Dietmar Leeb）硬度测试原理，利用最先进的微处理器技术设计而成。里氏硬度计具有测试精度高、体积小、操作容易、携带方便，测量范围宽的特点。它可将测得的 HL 值自动转换成布氏、洛氏、维氏、肖氏等硬度值并打印记录，它还可配置适合于各种测试场合的配件。里氏硬度计可以满足于各种测试环境和条件。

提示　本节内容适合锅炉本体检修（MU8 LE29），锅炉辅机检修（MU3 LE5、LE6），锅炉管阀检修（MU6 LE18）。

第三节　专用工器具

一、切割工具

锅炉检修常用的切割工具主要有电动锯管机及无齿切割机。

1. 电动锯管机

电动锯管机的外型与结构如图 4－25 所示。

电动锯管机是由电动机、减速装置、往复式刀具和卡具等组成，用于炉内就地切割受热面管子。

（1）电动机。一般采用功率为 250W、240r/min 的手电钻电动机带动。电动机的轴与一级减速机主动齿轮装配在一起带动减速装置转动，迫使刀具往复运动。

（2）减速装置。是由一级和二级减速齿轮、齿轮轴、轴承、轮盘和丝轴等组成。经减速装置后电动机的转动变为刀具的往复运动，一般每分钟

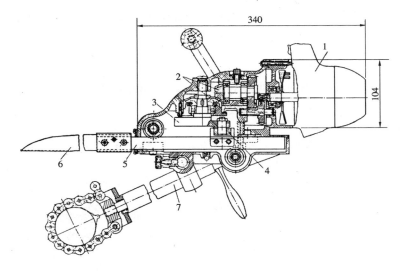

图 4 - 25　电动锯管机

1—手电钻；2—伞形齿轮；3—减速齿轮；4—偏心轮；

5—滑块机构；6—锯条；7—管卡子

50 次为宜，太快容易损坏锯条。

（3）往复式刀具。由滑槽、滑动轴和锯条组成，用于锯割管子。

（4）卡具。由管子卡脚、拉紧螺丝和链条等组成、其作用是将电动锯管机牢固地卡在管子上。

使用电动锯管机时，其外壳应有接地线，工作人员应戴绝缘手套，以防触电。此外，还要定期检查电动机的绝缘，检查各部件情况并加油。

2. 无齿切割机

无齿切割机见图 4 - 26。

无齿切割机是用电动机带动砂轮片高速旋转，线速度可达 40m/s 以上，用来快速切割管子、钢材及耐火砖等材料。砂轮片的规格为 $\phi 300 \times 20 \times 3$。

为保证安全，砂轮片上必须有能罩 180°以上的保护罩。砂轮片中心轴孔必须与砂轮片外圆同心，砂

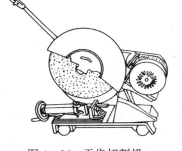

图 4 - 26　无齿切割机

轮片装好后还须检查其同心度。另外，在使用时应慢慢吃力，切勿使其突然吃力和受冲击。

二、坡口工具

1. 手动坡口机

手动坡口工具的外形和结构见图4-27，由旋转刀架和固定胀筒等组成。

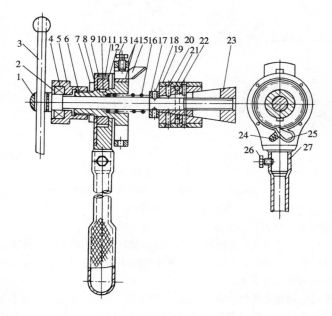

图4-27　手动坡口工具

1—主轴；2—轴承盖；3—固定手柄；4—滚动轴承；5—螺母；6—刀架；7—固定螺帽；8—棘轮外壳盖；9—M6×20螺丝；10—平键；11—棘轮外壳；12—棘轮；13—M10×25六角螺丝；14—车刀垫片；15—车刀；16—弹簧；17—紧圈；18—M6×8螺丝；19—外套筒；20—M5×25螺丝；21—内套筒；22—拉紧弹簧；23—螺丝套筒；24—钢丝撑爪弹簧；25—棘轮撑爪；26—M6×10六角螺丝；27—转动手柄

（1）固定胀筒。固定胀筒是由主轴、螺丝套筒、内套筒和外套筒等组成。固定胀筒将旋转刀架固定在被加工的管端，且使旋转刀架的轴心线与管孔中心轴线相重合。

火力发电职业技能培训教材

（2）旋转刀架。旋转刀架主要由刀架、棘轮撑爪和转动手柄等组成，是用来车制管子坡口的。加工坡口时，应先转动把手，再缓缓进刀，切削管子，每次吃刀量为 0.2～0.3mm，直到坡口加工好为止。在加工坡口时应注意不可吃刀太多，用力过猛，否则刀容易被打坏。要求刀子角度与坡口角度相一致，否则制出的坡口角度就不符合要求。

2．内塞式电动坡口机

内塞式电动坡口机的结构如图 4－28 所示。

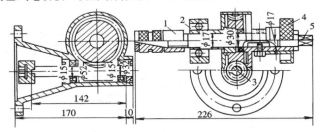

图 4－28　内塞式电动坡口工具

1—塞头；2—刀架；3—蜗轮减速装置；
4—进刀手轮；5—固定管方头

图中电动机未画出，电动机与外壳相连，电动机容量为 250W。

使用时先把塞头 1 塞入管中，用扳手拧紧固定管方头 5，使塞头胀开与管子固定在一起。启动电动机通过蜗轮减速装置带动刀架 2 旋转，再缓缓转动进刀手轮，使刀刃与管口接触，即可制出坡口。

3．外卡式电动坡口工具

外卡式电动坡口工具如图 4－29 所示。

电动机容量为 250W，与外壳相连，外壳由铝合金制成。制坡口时，将管子塞入管卡子 1 中，找好位置用顶丝将其与管子固定在一起，启动电机即可。

三、弯管工具

锅炉检修常用的弯管工具有手动弯管机、电动弯管机、中频弯管机和液压弯管机。

1．手动弯管机

手动弯管机一般可以弯制公称直径不超过 25mm 的管子，是一种自制的小型弯管工具，如图 4－30 所示。

手动弯管机的每一对导轮只能弯曲一种外径的管子，管子外径改变，

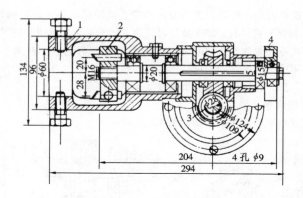

图 4-29 外卡式电动坡口工具

1—管卡子；2—刀架；3—蜗轮减速装置；4—进刀手轮

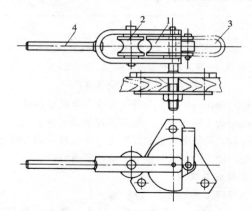

图 4-30 手动弯管机

1—工作轮；2—滚轮；3—夹子；4—把手

导轮也必须更换。这种弯管机最大弯曲角度可达到180°。

另外还有一种便携式的手动弯管机，是由带弯管胎的手柄和活动挡块等部件组成，如图 4-31 所示。操作时，将所弯管子放到弯管胎槽内，一端固定在活动挡块上，扳动手柄便可将管子弯曲到所需要的角度。这种弯管机轻便灵活，可以在高空作业处进行弯管作业，不必将管子拿上拿下，很适合于弯制仪表管、伴热管等 $\phi10mm$ 左右的小管子。

使用时，打开活动挡块，将管子插入弯管胎与偏心弧形槽之间，使起

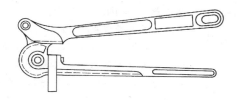

图 4 - 31　便携式手动弯管器

弯点对准胎轮刻度盘上的"0"，然后，关上挡块扳动手柄至所需要角度，再打开活动挡块，取出弯管，即完成弯管工作。此种弯管机可以一次弯成 0°～200°以内的弯管。

2. 电动弯管机

电动弯管机是在管子不经加热、也不充砂的情况下对管子进行弯制的专用设备，可弯制的管径通常不超过 DN200。特点是弯管速度快，节能效果明显，产品质量稳定。目前使用的电动弯管机有蜗轮蜗杆驱动的弯管机，可弯曲 15～32mm 直径的钢管；加芯棒的弯管机，可弯曲壁厚在 5mm 以下，直径为 32～85mm 的管子。

用电动弯管机弯管时，先把要弯曲的管子沿导板放在弯管模和压紧模之间。压紧管子后启动开关，使弯管模和压紧模带动管子一起绕弯管模旋转，到需要的弯曲角度后停车，如图 4 - 32 所示。

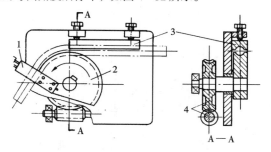

图 4 - 32　电动弯管机

1—管卡；2—大轮；3—外侧成型模具；4—减速机构

弯管时使用的弯管模、导板和压紧模，必须与被弯管子的外径相等，以免管子产生不允许的变形。当被弯曲的管子外径大于 60mm 时，必须在管内放置弯曲芯棒。芯棒外径比管子内径小 1～1.5mm，放在管子开始弯曲的稍前方，芯棒的圆锥部分转为圆柱部分的交界线要放在管子的开始弯

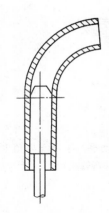

图 4-33　弯管时弯曲
芯棒的位置

曲位置上，如图 4-33 所示。

3. 中频弯管机

晶闸管中频弯管机如图 4-34 所示。

中频弯管机是利用中频电源感应加热管子，使其温度达到弯管温度并通过弯管机弯管。其过程为加热、弯曲、冷却、定型，直到所需角度为止。

中频弯管机主要用于弯制直径较大的碳素钢管。其优点是：安全、质量好、速度快、带动强度小、占地面积小。

4. 液压弯管机

液压弯管机主要有两种型号。一种是 WG-60型，具有结构先进、体积小、重量轻等特点，是小口径钢管常用的弯管机械，可以弯制 DN15~50 的钢管，弯管角度为 0°~180°。另一种是 CDW27Y 型，可以弯制 $\phi426 \times 30$ 以下各种规格的钢管。

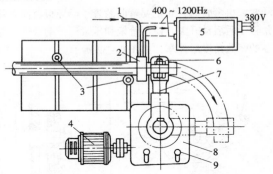

图 4-34　晶闸管中频弯管机

1—冷却水进口管；2—中频感应圈；3—导向滚筒；
4—调速电动机；5—晶闸管中频发生器；6—管卡；
7—可调转臂；8—变速箱；9—弯速手柄

液压弯管机一般由柱塞液压泵、液压油箱、活塞杆、液压缸、弯管胎、夹套、顶轮、进油嘴、放油嘴、针阀、复位弹簧、手柄等组成。弯管时将管子放入弯管胎与顶轮之间，由夹套固定，启动柱塞液压泵，使活塞

第一篇　锅炉检修基础知识

杆逐渐向前移动，通过弯管胎将管子顶弯。操作时，两个顶轮的凹槽、直径与设置间距，应与所弯制的管子相适应（可调换顶轮和调整间距）。由于液压弯管弯曲半径较大，操作不当时椭圆度较大，故操作时应倍加小心。

四、研磨工具的规格、使用及保养

1．手动研磨工具

阀门在研磨密封面时不能用阀头和阀座直接研磨，而要做成各种研磨工具，也称研磨头和研磨座。

（1）平面密封面的研磨工具。平面密封面研具用灰口铸铁制成，最好采用珠光体铸铁，使用的牌号有 HT－33、HT－20～40 等。一般来说，研具的硬度比研磨件低，以免在较大压力作用下，磨粒被嵌入密封面或划坏密封面，研具工作面粗糙度一般为 $\frac{3.2}{}$ 以下。用于夹砂布的研具可用钢件制作，其表面粗糙度可要求高些，但平整度要好，以免研具把它表面不平整的几何形状传递到砂布上，影响研磨质量。图 4－35 所示为平面密封面的常用研磨工具，小平板研具适用于口径 100mm 以下密封面的研磨，对于平板上下两个端面，一面用于粗研，另一面用于精研，也可夹持砂布进行干研。大平板研具适用于口径 100mm 以上密封面的研磨。常用的研具还有漏斗形、圆柱体、凹型。

（2）锥面密封面的研磨工具。锥面密封面的研具分为金属锥面研具、

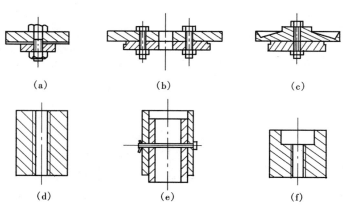

（a）　　　　　　　　（b）　　　　　　　　（c）

（d）　　　　　　　　（e）　　　　　　　　（f）

图 4－35　平面密封面研具

（a）小平板；（b）大平板；（c）漏斗形研具；（d）圆柱体研具；

（e）筒形研具；（f）凹形研具

砂布锥面研具等。金属锥面研具如图4-36所示。材料通常用铸铁，表面

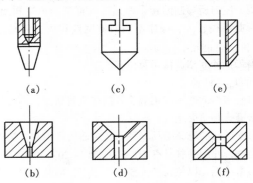

图4-36 金属锥面研具

(a) 针形阀座研具；(b) 针形阀瓣研具；(c) 直角阀
座研具；(d) 直角阀瓣研具；(e) 一般锥面阀座研具；
(f) 一般锥面阀瓣研具

粗糙度一般为 $\overset{3.2}{\diagdown}$ 以下，粗研具粗糙度可高些，精研具的粗糙度要求
低些。为了提高锥面研具的利用率，研具可制成图4-36 (f) 那样的一具
两用，在研具正反面制成不同锥度或不同用途的研磨锥面。

砂布锥面研具如图4-37所示。夹持式是用砂布剪成十字形状，然后
夹持在锥面工具上，靠砂布研磨锥面阀座密封面。粘贴式锥面研具是用砂
布剪成一定形状，用粘胶剂或其他粘结物把砂布粘贴在锥面研具上，粘贴时接头要对接，不能搭接；然后用相同角度的凸凹研具叠合相压，待胶液干后，清除残存胶液。

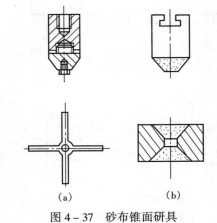

图4-37 砂布锥面研具

(a) 夹持式；(b) 粘贴式

(3) 球形密封面研具。球形密封面研具如图4-38所示，由铸铁制成，弧形面由特制的工具和刀具在车床上或铣床上加工而成，球面粗糙度在 $\overset{3.2}{\diagdown}$ 以下。球形面应小于半球面，以利研磨，使用省力。

2. 研磨机

现代大型锅炉阀门数量很多，阀门研磨的工作量很大，为了提高工作效率，在检修工作中常采用各种研磨机。研磨机按对象可分为阀瓣闸板研磨机、阀体研磨机、旋塞研磨机、球面研磨机和多功能研磨机。按结构分为旋转式、行星式、振动式、摆轴式、

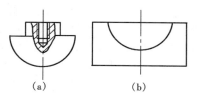

图4-38 球形密封面研具
（a）内球面研具；（b）外球面研具

立式等，也可使用枪式手电钻研磨小型球形阀门。目前实际应用较多的是多功能便携式研磨机，其结构简单，使用调速手枪电钻作为动力，依靠固定装置固定在阀门上或工作台上使用，结构如图4-39所示。

五、锅炉炉内检修平台

锅炉炉内检修平台主要构成部件有卷扬机、保护器、导向轮、滑轮、主吊点和电源控制器。

锅炉炉内检修平台，是炉膛内高效、多功能、高空检修施工作业机具，它代替了传统的脚手架，对炉膛内壁的检查、修理、清洁、维护。通

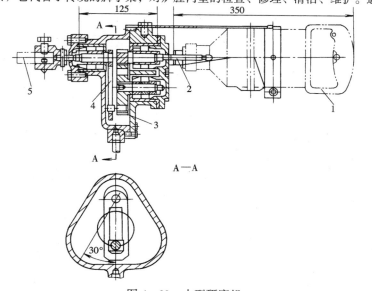

图4-39 小型研磨机
1—电钻；2—传动轴；3—齿轮减速机；4—连杆；5—研磨器轴

过检修人员操作，使平台上升、下降到所需位置施工作业。具有结构合理、使用方便、安全可靠、提高工作效率、减轻劳动强度和缩短检修工期等特点，目前在火电行业中得到广泛应用。

  提示 本节内容适合锅炉本体检修（MU8 LE28、LE30），锅炉辅机检修（MU3 LE6），锅炉管阀检修（MU6 LE17），锅炉电除尘检修，锅炉除灰检修。

第二篇
锅炉本体检修

第五章

锅炉本体设备及系统

锅炉本体设备指完成炉内水循环，并将蒸汽过热的设备和完成燃烧的设备。一般包括水冷壁、汽包、省煤器、过热器、再热器及它们之间的连接管，燃烧设备包括燃烧室、燃烧器、排渣设备、炉门等。

第一节 蒸发系统及省煤器

一、汽包及其内部装置

1. 汽包的作用及结构

汽包是锅炉的重要部件之一，其作用是：

(1) 汽包是加热、蒸发、过热三个过程的连接枢纽。

(2) 汽包可以储存一定的热量，因此适应负荷的变化较快。

(3) 汽包内部的蒸汽清洗装置、排污装置对蒸汽有一定的清洗作用，可改善汽水品质。

汽包的结构如图 5-1 所示，它是由筒身、封头及内部装置等组成。筒身部分是由钢板卷制焊接而成的圆筒，封头是由钢板模压而成，经加工后再与筒身部分焊成一体。通常在封头上留有椭圆形或圆形人孔，以备安装和检修之用。

2. 汽水分离装置

汽水分离装置一般是利用自然分离和机械分离的原理进行工作的。所谓自然分离，是利用汽和水的重度差，在重力的作用下，使水汽得到分离。而机械分离则是依靠重力、惯性力、离心力和附着力等使水从蒸汽中得到分离。

根据以上工作原理制造的汽水分离装置形式很多，根据其工作过程一般分为两个阶段：

(1) 粗分离阶段（也称第一次分离）。它的任务是消除汽水混合物的动能，使水汽分离时，水流不致被打成细小水滴。

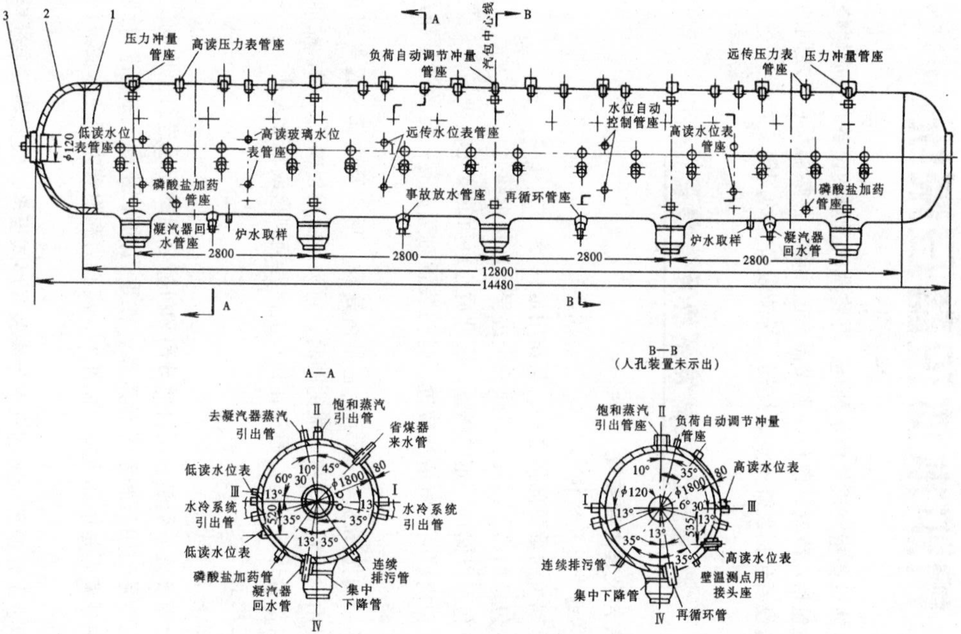

图 5-1　汽包的结构

1—筒体;2—封头;3—人孔

（2）细分离阶段（也称第二次分离）。利用蒸汽空间的容积，并借重力使水滴从蒸汽中分离出来，或用机械分离的作用使经粗分离后蒸汽中残留的较细小的水滴进行二次分离。为使这一过程能有较好的效果，必须保证较低的蒸汽流速，同时使蒸汽沿汽包长度或截面上均匀分布，而不致发生局部流速过高。

现代锅炉汽水分离装置最常用的有：进口挡板、旋风分离器、波形板、多孔板等。

3．蒸汽清洗装置

蒸汽清洗的方法就是使机械分离后出来的蒸汽经过一层清洗水（一般为省煤器来的给水）加以清洗，将其中一部分盐溶解于清洗水中，使蒸汽质量得以改善。因此清洗水的含盐量，在任何情况下都要小于炉水的含盐量，当溶解于蒸汽中的物质在与含盐量低的水接触时，便会迅速发生物质的扩散过程，可使蒸汽中溶解的盐分扩散到清洗水层中去。蒸汽清洗不仅对降低蒸汽的溶解携带有效，同时也可以降低机械携带。蒸汽清洗设备的形式很多，其中以起泡穿层式清洗为最好。起泡穿层式蒸汽清洗装置主要有两种形式，即钟罩式和平孔板式。

清洗水配水装置的布置分为两种：即单侧配水和双侧配水。配水装置布置于一侧，溢水斗布置于另一侧，叫做单侧配水方式，钟罩式清洗装置应采用单侧配水。配水装置布置于清洗装置的中部，向两侧配水，且溢水斗也布置在两侧的叫做双侧配水方式。

清洗配水装置的型式很多，但一般多用圆管，上面钻有 $\phi10 \sim \phi12$ 的配水孔。配水管的外面装有导向罩，用以消除水流动能，下面还装有配水挡板，以均匀配水。

二、水冷壁

（一）水冷壁的作用

水冷壁是蒸发设备中的受热面。一般锅炉都在燃烧室的四周内壁布满水冷壁，而容量较大的锅炉还将部分水冷壁布置在炉膛中间，形成所谓的双面曝光水冷壁，用来吸收炉膛火焰的辐射热。水冷壁的作用为：

（1）水冷壁是锅炉的主要蒸发受热面，将水或饱和水加热成饱和蒸汽，通过导汽管送入过热器。

（2）保护炉墙并防止炉墙及受热面结渣。炉膛火焰温度高达 1500～1600℃，高温灰很容易粘结在炉膛受热面上，通过水冷壁吸收辐射热可以大大降低炉膛出口温度至灰熔点以下。

（3）节约金属，降低锅炉造价。水冷壁是锅炉的最好受热面，它接受炉膛的辐射热，其换热效率要远高于接受对流热的其他受热面。因而在同等的热量交换下，相对来说节约了金属，降低了锅炉造价。

（二）水冷壁的类型及结构

水冷壁可分为光管水冷壁、销钉式水冷壁及鳍片管式（膜式）水冷壁。

（1）光管水冷壁。光管水冷壁由普通无缝钢管弯制而成，它在锅炉上的布置情况如图 5-2 所示。

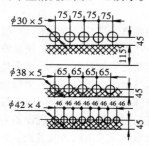

图 5-2　光管水冷壁

水冷壁布置的紧密程度用管子的相对节距 s/d 表示。当 s/d 小时，即排列紧密时对炉墙的保护作用好，但管子背面所受炉墙反射热量少，金属利用率相对降低。当 s/d 大时，即每根水冷壁管的吸热量相对较多，而炉墙温度实际上并不降低，起不到保护炉墙的作用。一般锅炉 s/d 常采用 1.2~1.25。高参数大容量锅炉光管水冷壁一般趋向于密排，其 s/d 之值常在 1.1 左右。当容量增加到一定程度后，炉墙面积可能不够水冷壁敷设，有必要时在炉膛中间，沿炉膛深度布置 1~3 排双面曝光水冷壁。

（2）销钉式水冷壁。销钉式水冷壁是在光管水冷壁表面，按照要求焊上很多一定长度的圆钢，其结构如图 5-3 所示。

利用销钉可以敷设和固牢耐火材料形成卫燃带、熔渣池等，以提高着火区和熔渣区的温度，保证着火稳定和顺利流渣。同时利用销钉传热以冷却耐火塑料，也使熔渣池周围的水冷壁不受高温腐蚀。因此在液态排渣炉、旋风炉以及某些固态排渣的煤粉炉的喷燃器周围和所采用的卫燃带上，销钉式水冷壁得到广泛使用。

由于销钉处在炉膛最高温度区域，对于销钉的材料、尺寸和焊接质量有严格的要求，必须注意，否则容易被烧坏。销钉材料与管子材料相同。尺寸一般为直径 9~12mm，长度为 20~30mm。销钉式水冷壁由于销钉数量太大，焊接工作量大，质量要求也较高，所以除卫燃带、熔渣池等处使用外，一般不采用。

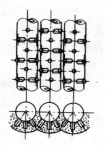

图 5-3　销钉式
水冷壁

（3）鳍片管式水冷壁。现代设计锅炉广泛采用带有鳍片管的膜式水冷

第二篇　锅炉本体检修

壁。

膜式水冷壁的组成有两种形式。一种是光管之间焊扁钢形成鳍片管，如图 5 - 4（a）所示。另一种是用轧制形成鳍片管焊成，如图 5 - 4（b）所示。

目前我国多采用轧制形成鳍片焊管，按一定的管组大小整焊成膜式壁。安装时组与组之间再焊接密封。

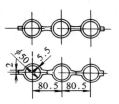

轧制 $\phi60$ 鳍片管的鳍片断面为梯形，鳍片宽 10mm，根部厚度 9mm，顶部厚度 6mm。鳍片一般不能过宽，因为宽度增大，鳍端的金属温度也增大；鳍片也不能过厚，否则会使两边金属温差太大，引起过大的金属热应力。因此鳍片几何尺寸必须正确选择，方可保证膜式水冷壁安全可靠地工作。

图 5 - 4 鳍片管式（膜式）水冷壁

敷管式炉墙的水冷壁，由于炉墙外层无护板和框架梁，因此刚性较差。为了能承受炉膛内可能产生的爆燃压力和炉内正压或负压变化，使管子和炉墙受到较大的推力时不致突起或出现裂纹，所有敷管式炉墙必须围绕炉膛四壁在炉外分层布置刚性梁。刚性梁好似一圈圈腰带，沿炉膛高度每隔 3~4m 框上一圈，将炉墙和管子箍起来，并使之形成具有刚性的平面。常用刚性梁结构型式为搭接式，如图 5 - 5 所示。

这种结构由于搭板的摆动，可允许刚性梁和水冷壁在水平方向能有相对的位移（留有一定间隙），外层起框紧及抵消压力的作用。当水冷壁受

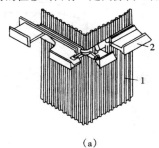

（a）

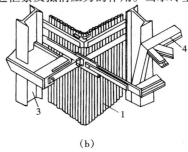

（b）

图 5 - 5 刚性梁结构

（a）搭接式；（b）框架式

1—水冷壁；2—横梁；3—钢柱；4—桁架

热向下膨胀时，刚性梁跟着一起向下移动。

（4）凝渣管。又称防渣管或费斯顿管。它是由后墙水冷壁管向上延伸，到上部炉膛出口烟窗处拉稀布置而成。通常错列布置成 2 ~ 4 排，每排管子的距离较大，其横向相对节距 $s_1/d = 4 ~ 6$，纵向相对节距 $s_2/d \geqslant$ 3.5。保持较大节距的目的是形成烟气通道，并进一步冷却成烟气，保持烟气温度低于灰熔点，使烟气中所携带的飞灰处于凝固状态。因此它本身不易结渣，即使由于运行不正常而结成了一些渣，也不致形成严重的渣瘤，或部分堵塞烟气通道。凝渣管一般可降低烟气温度 30 ~ 50℃。

在高参数全悬吊结构的锅炉中，一般不采用凝渣管，而用装在炉膛出口的屏式过热器所代替。因为这时的炉膛出口即是屏式过热器的入口，这样的屏式过热器就起到了凝渣管的作用。

装有屏式过热器的现代锅炉，大都采用平炉顶结构。这种锅炉的后墙水冷壁上部常做成一个折焰角与中间联箱相接。图 5 - 6 为折焰角结构图。

折焰角的作用是：

（1）增加了水平连接烟道的长度，可以在不增加锅炉深度的情况下布置更多的过热器受热面，这就是屏式过热器。

（2）改善烟气流冲刷屏式过热器的空气速度场的均匀性，并增加横向

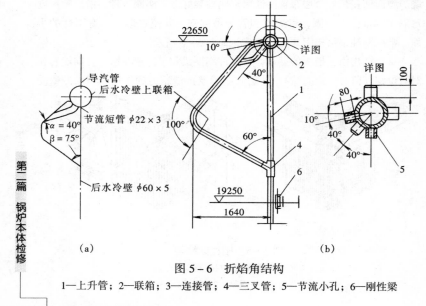

图 5 - 6　折焰角结构

1—上升管；2—联箱；3—连接管；4—三叉管；5—节流小孔；6—刚性梁

冲刷的作用，也增长烟气流程，加强烟气混合，使烟气流沿烟道高度分布趋于均匀。

三、省煤器

（一）省煤器的作用

省煤器是利用排烟余热加热给水的受热面。其作用为：

（1）节省燃料。由于省煤器可以降低排烟温度，提高炉效率，故能够节省燃料。

（2）改善汽包的工作条件。由于提高了进入汽包的给水温度，降低了给水与汽包的温差，故可以减少汽包的热应力，改善汽包的工作条件。

省煤器一般布置在低温对流烟道内，和过热器一样，是由许多并列的蛇形管组成，均为水平布置。

（二）省煤器的结构

钢管式省煤器由一系列并列的蛇形管所组成。蛇形管用外径为 25 ~ 42mm 的无缝钢管弯制而成，管子通常为错列或顺列布置。各蛇形管进口端和出口端分别连接到进口联箱和出口联箱上面。

在弯制蛇形管时，弯曲半径小些，能使制成的蛇形管管间距离减小，布置的省煤器紧凑。但弯曲半径太小时，管子外壁在弯制时减薄严重，会引起管子强度的明显降低。为此，弯管时的弯曲半径至少也不应小于管子直径的 1.5 ~ 2.0 倍。

为了便于检修，省煤器的管组高度有一定限制。当管子为紧密布置时（$s_2/d \leqslant 1.5$），管组高度不超过 1m。当管子为稀疏布置时，管组高度不超过 1.5m。如果省煤器高度较大，那就需要将它分成几个管组，管组之间应留高度不小于 550 ~ 600mm 的空间，以便检修人员进入工作。

省煤器通常布置在对流烟道中，一般将管圈放置成水平以利于排水。而且总是保持水由下向上流动，以便于排除其中的空气，避免引起局部的氧气腐蚀。烟气从上向下流动，既有自吹灰作用，又保持烟气相对于水的逆向流动，增大传热温差。

如果省煤器为双级布置，那么在第一级省煤器的出口联箱和第二级省煤器的进口联箱之间应有互相交叉的连接管，以减少水在平行蛇形管中的温度偏差。

在省煤器蛇形管与进出口联箱连接处，大量管子穿过炉墙。管子穿墙部位的炉墙一般用耐火混凝土浇成，管子和炉墙（耐火混凝土）之间留有间隙，使炉墙不受管子热膨胀的影响。为了保证这部分炉墙的密封性，必须装设可靠的密封结构。

提示 本节内容适合锅炉本体检修（MU5 LE13、LE14），锅炉管阀检修（MU9 LE26），锅炉电除尘检修（MU6 LE13）。

第二节 过热、再热系统

一、过热器

1.过热器的作用及分类

蒸汽过热器的作用是将饱和蒸汽加热成为具有一定温度和压力的过热蒸汽，以提高电厂的热循环效率及汽轮机工作的安全性。

过热器按其传热的方式不同可划分为：对流过热器、辐射式过热器和半辐射式过热器。

2.过热器的结构及布置

（1）对流过热器。安置在对流烟道内主要吸收烟气对流放热的过热器，叫做对流过热器。在中小型锅炉中，一般采用纯对流过热器；而在高参数大容量锅炉中，则多采用较为复杂的过热系统，然而对流过热器仍然是其中的主要部分。

在烟道截面一定的情况下，要保持适当的蒸汽流速和烟气流速，可以增加或减少管圈的重叠数。图5－7所示为单管圈、双管圈和三管圈的结构。

管圈重叠数越多，则蒸汽流速要减少。图5－7所示（b）、（c）所示的双重管圈和三重管圈，可以增加蒸汽流通截面一倍或两倍，也可以使蒸汽流速相应减少二分之一或三分之二。一般管圈数目不超过三圈，否则容易引起蒸汽流量分配不均，造成温度偏差。

按蒸汽与烟气的流动方向，可以将对流过热器分为顺流、逆流、双逆流以及混合流四种。

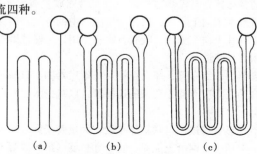

（a）　　　　　（b）　　　　　（c）

图5－7　管子重叠数不同的管圈型式

（a）单管圈；（b）双管圈；（c）三管圈

逆流布置的过热器温差大，传热效果好，因而可以减少受热面，节省金属。但是管壁温度较高，容易使金属过热，安全性较差。双逆流或混流布置的过热器，集中了逆流和顺流的优点，保证了过热器入口管壁的安全条件。其温差虽较逆流低，但比顺流高，安全又经济，因此获得了广泛的应用。

按照管子放置的方向，过热器可分为垂直式或水平式两种。我国设计的锅炉，水平烟道中的对流过热器都是垂直布置的，而当低温对流过热器布置在垂直烟道中时则采用水平布置。水平布置过热器的优点是不易积水，疏水排汽方便，但是容易积灰、结焦，影响传热；而且它的支吊件全部放在烟道内，容易烧坏，需要较好的材料。

立式过热器（见图5-8）支吊简单方便，而且安全，积灰、结焦可能性也小。这种过热器联箱在炉顶墙外，而管子吊在联箱上，炉内只要少量管夹固定管排即可。其缺点是疏水不易排出，停炉时管内积水容易腐蚀管壁金属。另外升火时，若管内空气排不尽，容易烧坏管子。

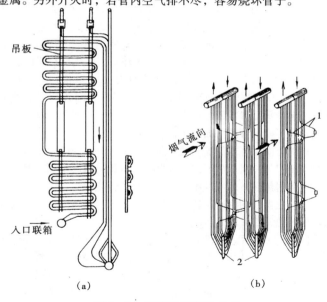

图5-8 过热器的布置方式

（a）水平布置；（b）立式布置

1—定位管；2—扎紧管

（2）辐射式过热器。布置在炉膛，直接吸收炉膛辐射热量的过热器，称为辐射式过热器。辐射式过热器的布置方式很多，除了可以布置成前屏式过热器外，还可以布置在燃烧室四壁，称为壁式过热器；布置在炉顶的称为顶棚过热器。在自然循环汽包锅炉中，通常可以垂直地布置在炉膛壁面上，这样可以较容易地与炉膛中蒸发受热面配合排列，或者布置在炉膛四壁的任何一面上。但是炉膛内受热面的热负荷很高，使得管壁温度很高，特别是升火过程中，没有蒸汽来冷却管壁，很容易使管壁超温。为了保证安全，必须采用外界引进蒸汽等特殊措施，这样就使系统和升火过程更为复杂。布置在炉膛上部的过热器可不受火焰中心的强烈辐射，对工作安全有好处，但这又会使得炉墙下部的水冷壁的高度缩短，影响水循环的安全。因此我国设计的自然循环汽包锅炉一般不采用壁式过热器。顶棚过热器的吸热量很小，其主要作用是构成轻型平炉顶。顶棚管是单排管，其节距 $s/d \leqslant 1.25$。在顶棚管上敷设耐火材料和保温材料就形成炉顶。

（3）半辐射式过热器。半辐射式过热器布置在炉膛出口处，半辐射式过热器一方面吸收烟气的对流传热，一方面又吸收炉膛中管间烟气的辐射传热。半辐射式过热器都做成挂屏型式，所以称为屏式过热器。

屏式过热器是悬吊在炉膛上部，位于燃烧室出口。为了防止结渣，相邻两管屏间有较大的距离，一般为 500～1500mm。屏式过热器的联箱置于炉外，管子吊在联箱上，每片屏间并联管数为 15～30 根，一般管间相对节距 $s/d = 1.1$。为了固定屏间距离，可在相邻两屏间各抽一根管子弯在中间夹在一起。每片屏本身也在中间抽出一根管子弯成包扎管将下部管子扎紧，使管子不能从管的平面凸出，以免烧坏。

有的锅炉有两组屏式热器，通常把靠近炉前的一组叫前屏式过热器，把靠近炉膛出口的一组叫后屏式过热器。两者传热情况不同，前屏式过热器主要吸收辐射传热，烟气冲刷不充分，对流传热较少，属于辐射式过热器。后屏式过热器，烟气冲刷较好，同时由于有折焰角的遮蔽，只有一部分吸收辐射传热，因此属于半辐射过热器。

（4）包覆管过热器。近代大型锅炉中常布置有包覆管过热器。这种过热器布置在水平烟道和垂直烟道的墙上，所以也叫墙式过热器。

装设墙式过热器的主要作用是简化烟道部分的炉墙。将包覆管过热器悬吊在炉顶的梁上，在包覆管上敷设炉墙，可以简化炉墙结构，并减轻炉墙的重量，我国设计的超高压、亚临界压力的锅炉都装有包覆管过热器。

二、再热器

1. 再热器系统

再热器系统是由汽轮机高压缸排汽管，再热冷段蒸汽管道，再热器进口事故喷水减温器，布置在不同烟温区域、性能各异的再热器，再热热段蒸汽管道等组成。高压缸排汽经过再热器冷段管道到再热器进口联箱，再依次经过各级再热器，被加热到预定温度并汇集到高温再热器出口联箱，通过再热蒸汽热段管道引入到汽轮机中压缸。

再热器的作用是将由锅炉送出、经汽轮机高压缸做功后返回锅炉的蒸汽重新加热至额定温度，然后再送回汽轮机中、低压缸继续做功。其目的主要是提高热力循环效率。

再热器一般布置在对流烟道内，与对流过热器的结构相似，也是由蛇形管组成，布置的位置因锅炉类型不同而异。根据不同蒸汽温度，一般可分成低温再热器和高温再热器，低温再热器一般水平布置在尾部烟道中，由两个或三个单独的部分组成。根据布置方式，再热器可分为墙式再热器、悬吊再热器。图5-9示出了两种典型的再热器系统布置图。

在低温烟气区的再热器一般都采用逆流布置，以增大温差，使较少的

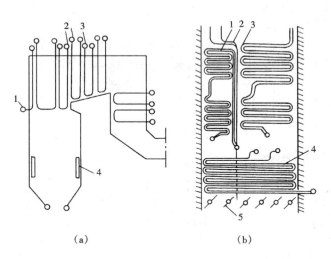

图 5-9 再热器系统

(a) 摆动式燃烧器调节再热汽温的系统；

1——次再热器；2—二次再热器；3—三次再热器；4—摆动式燃烧器

(b) 烟气挡板调节再热汽温的系统

1—过热器；2—烟道隔板；3—再热器；4—省煤器；5—烟气挡板

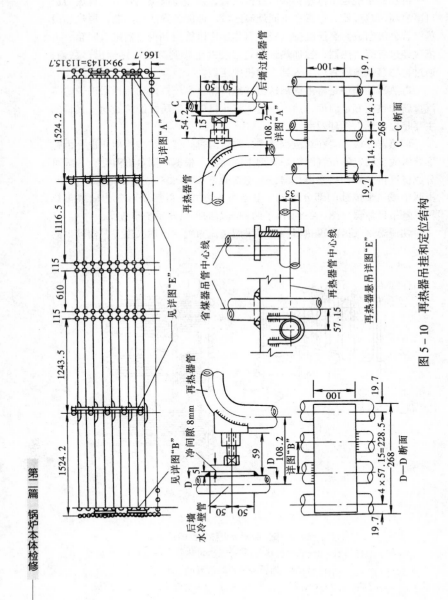

图 5 – 10 再热器吊挂和定位结构

受热面能吸收较多的热量。布置在高温烟气区的再热器为了降低壁温，一般采用顺流布置，以提高再热器运行安全性。

2. 再热器的结构

（1）布置在炉膛上方的墙式再热器与水冷壁的结构方式相似，水平烟道中装设的悬吊式再热器的结构与过热器相同。在尾部烟道的低温再热器，为了便于检修和吹灰，往往将低温段分成两组，每组高度不超过 3m，中间设有检修人孔。

低温再热器用省煤器引出管来悬吊并采用定位装置，详见图 5－10。

悬吊式再热器都采用顺列布置，烟温越高处横向节距越大，以防止堵灰。尾部烟道水平布置的低温再热器管束有错列布置和顺列布置两种方式。错列布置传热效果较好，但容易引起磨损。现在按新标准设计的锅炉，为了在适当提高烟气流速的同时不加剧磨损速率，采用横向节距较大的顺列布置方式，横向节距约 120～140mm。

（2）再热器悬吊管排都由蛇形管圈组成，由于再热器对热偏差敏感性较高，所以近来已开始发展一种单 U 型的管圈。从进口联箱引出的再热器管经过一个 U 型弯即通到出口联箱，有利于减少热偏差，同时又可通过调节再热器管管径，使内外圈水力阻力均衡，以减少水力偏差。

（3）目前国内生产的大型锅炉采用较新的设计技术，即根据管圈各段壁温来选用相应的材质，能大量节省高级的合金钢材。采用这种方法设计的过热器，同一管圈上有 5～6 种不同规格的钢材。

（4）再热器的管卡有两类。一类是目前采用得比较多的，由耐热钢制成的梳形管卡或波形管卡，运行中十分容易烧损，给检修带来不少麻烦。另一类是自冷式管卡，一般有三种，由于使用寿命长，很有发展前途，详见图 5－11，它们有以下几种处理方式：

1）自冷式管卡。如图 5－11 A－A 所示，运行工况与水冷壁上的鳍片相似，一端与受热面管子焊牢，当宽度控制在一定数值内时，不会发生烧损现象。图中所示，在管卡处将内外管圈间距缩小，将能作相对膨胀活动的铰接式管卡各自焊在内外管圈上，使整个管屏牢固地联成一片，管夹又能得到充分冷却，使用寿命较长。

2）水冷式定位管。图 5－11　B－B 所示为水冷式定位管，用来消除管圈在运行中因受烟气流动影响而发生整个管屏左右摆动的现象，对减小联箱与管子根部连接处焊口的交变应力有一定作用。

3）自身管卡。利用再热器上某一根管子将整个管屏夹牢，这种管卡既是夹紧装置，又是受热面，一举两得，可取得较好的效果。

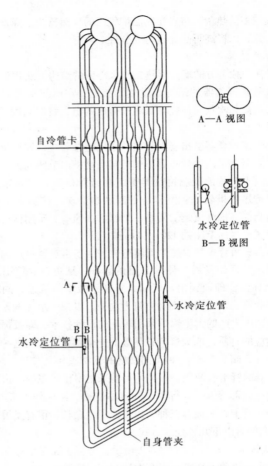

图 5 – 11　再热器自冷式管卡

（5）再热器的防磨装置表示在图 5 – 12 中，大体有以下几种：

1）防磨护板。顺列布置管束在烟气流向的第一排，错列布置管束在烟气流向的第一、二排装有半圆形防磨护板。圆弧要紧贴再热器管外壁，每块护板两头用夹子卡住，夹子再与护板点焊，既能防止脱落，又能保证护板与再热器管间自由膨胀。

再热器蛇形管弯头处往往形成烟气走廊，产生局部磨损，可用整体防磨板的结构形式来保护蛇形管的弯头。

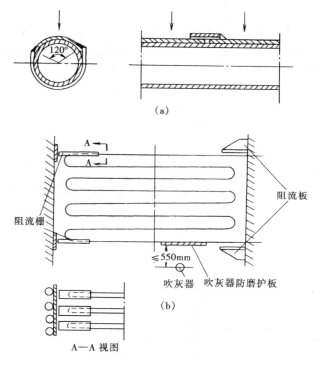

图 5 - 12　再热器的防磨装置

（a）防磨护板；（b）阻流板、阻流栅、吹灰器防磨护板

2）阻流板。阻流板主要用来防止再热器管与炉壁间间距过大形成的烟气走廊，使该部分烟气阻力较小，烟气流速增加，造成局部磨损。

3）阻流栅。将装在再热器管上的防磨板在蛇形管弯头处继续向前直伸，与炉壁管上的防护板保持一个较小的间隙，这样既保护了弯头处不致发生局部磨损，也不会打乱该处的烟气速度场，避免产生新的局部磨损处。

4）吹灰器处防磨护板，长期受到吹灰器作用的再热器管束，也会产生局部磨损。所以凡是与吹灰器距离小于 550 mm 的管子，应装有防磨护板，这可有效地防止吹灰器汽流吹坏管子。

三、调温设备

锅炉在运行中，过热汽温和再热汽温经常发生变化。为保持额定汽温，在蒸汽侧装有减温器，一般有表面式与喷水式（混合式）两种，如图

5 – 13 所示。

　　大型锅炉都采用喷水减温器。其优点是结构简单，调节灵敏，时滞小，汽温调节幅度大（可达 100～130℃）。但对引入的冷却水要求质量较高，以免污染蒸汽，一般情况下减温水来自锅炉的给水。

　　提示　本节内容适合锅炉本体检修（MU5 LE13、LE14），锅炉管阀检修（MU9 LE26），锅炉电除尘检修（MU6 LE13）。

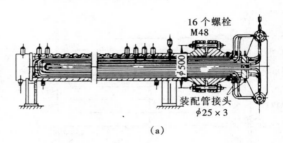

（a）

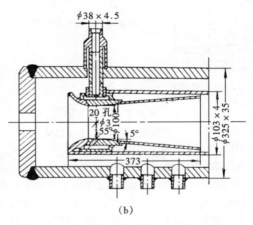

（b）

图 5 – 13　减温器

（a）表面式；（b）喷水式

第三节　燃　烧　设　备

　　锅炉的燃烧设备主要包括炉膛、燃烧器及点火装置。

一、炉膛

炉膛是由炉墙包围起来的、供燃料燃烧用的立体空间，其四周布满水冷壁。炉膛底部的结构随除渣方式不同而不同，有由前后水冷壁弯曲而形成的倾斜的冷灰斗（固态除渣），也有水平（或微倾斜的）的熔渣池（液态除渣）。炉膛顶部的结构有斜炉顶和平炉顶两种。高参数锅炉一般为平炉顶，其上布置顶棚过热器管，炉膛上部悬挂有屏式过热器。炉膛后上方为烟气流出炉膛的通道，叫做炉膛出口。为了改善烟气对屏式过热器的冲刷，充分利用炉膛容积，炉膛出口处下面设有折焰角。炉膛的容积随锅炉容量的不同而各不相同。

炉膛的形状示意见图 5－14，固态排渣炉和液态排渣炉的炉膛示意见图5－15。

二、燃烧器

煤粉燃烧器是煤粉炉的主要燃烧设备，其作用是使携带煤粉的一次风和不带煤粉的二次风喷入炉膛，并在炉膛中很好的着火和燃烧，故燃烧器的性能好坏

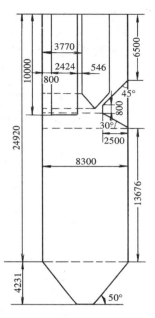

图 5－14　炉膛的形状示意

对燃烧的稳定性和经济性有很大影响。性能良好的燃烧器应具备以下要求：

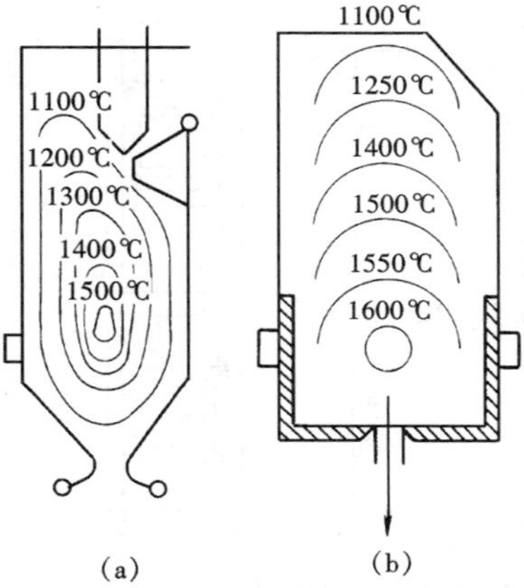

（1）一、二次风出口截面要保证适当的一、二次风速比；

（2）有足够的搅动性，即能使风粉很好地混合；

（3）煤粉气流着火稳定，火焰在炉膛中的充满度好；

（4）风阻小；

（5）扩散角在一定的范围内任意调整，以适应燃料种类的变化；

（6）沿出口截面的煤粉分布均匀。

图 5－15　炉膛类型示意
(a) 固态排渣炉；(b) 液态排渣炉

第五章　锅炉本体设备及系统

煤粉燃烧器一般可按气流形式分为直流燃烧器与旋流燃烧器两类。

（一）直流燃烧器

直流燃烧器的形状窄长（图 5 - 16 所示为其中一种），一般布置在炉

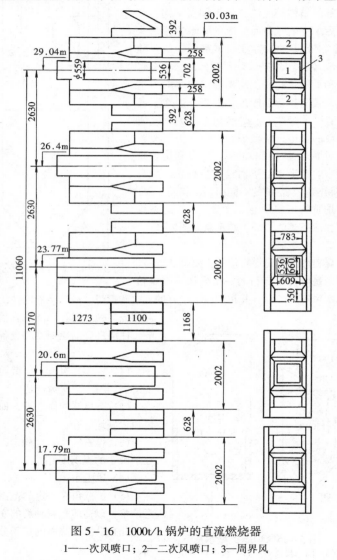

图 5 - 16　1000t/h 锅炉的直流燃烧器

1——一次风喷口；2—二次风喷口；3—周界风

膛四角，由四组燃烧器喷出的四股气流在炉膛中心形成一个切圆（见图5 –17),这种燃烧方法简称为切圆燃烧。我国采用直流燃烧器的锅炉很多，多采用此种切圆燃烧。

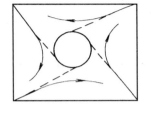

采用四角布置有直流燃烧器时，火焰集中在炉膛中心，形成一个高温火球，炉膛中心温度比较高，且气流在炉膛中心强烈旋转，煤粉与空气的混合较充分。

图 5 – 17　切圆燃烧方式及其气流的实际流向

直流燃烧器阻力小，结构简单，气流扩散角较小，射程较远。适于燃用挥发分在中等以上的煤种（烟煤、褐煤等），如采用适当的结构和布置方式，也可用于贫煤或无烟煤。

四角布置的燃烧器的倾角一般取最下部喷口保持水平，以防煤粉冲入冷灰斗造成燃烧不完全，或在液态排渣燃烧室中防止煤粉冲入熔渣池中，带来渣中析铁问题。上部喷口具有最大的向下倾斜度，中间的次之，以使火焰中心下移，保证火焰有足够的空间高度。

（二）旋流燃烧器

旋流式燃烧器分扰动式和轴向叶轮式两种。

（1）扰动式旋流燃烧器。常用的扰动式旋流燃烧器为双蜗壳燃烧器，结构见图5 – 18。

图中大蜗壳中是二次风，小蜗壳中是一次风，中间有一根中心管，中

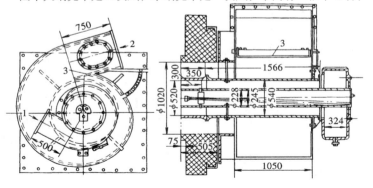

图 5 – 18　双蜗壳燃烧器
1——次风进口；2——二次风进口；3——舌形挡板

心管中间可以插入油枪。一、二次风切向进入蜗壳，然后经过环形通道，同方向旋转喷入炉膛。二次风进口处装有舌形挡板，用来调整二次风的旋流强度。

（2）轴向叶轮式旋流燃烧器。目前我国大型锅炉广泛采用轴向叶轮式旋流燃烧器，其结构如图5－19所示。

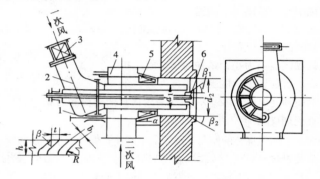

图5－19　轴向叶轮式旋流燃烧器
1—拉杆；2——次风管；3——次风舌形挡板；
4—二次风筒；5—二次风叶轮；6—喷油嘴

这种燃烧器有一根中心管，管中可插油枪。中心管外是一次风环形通道，最外圈是二次风环形通道。二次风经过叶轮后，由叶片引导产生强烈旋转；一次风由于舌形挡板的作用而稍有旋转。

叶轮式旋流燃烧器有以下优点：

1）能广泛适应不同性质的燃料燃烧要求。

2）由于调整方便，对锅炉负荷变化的适应性好。

3）由于二次风的引射作用，一次风阻力很小，有时呈负压，特别适用于风扇磨直吹系统。

4）结构尺寸较小，对大容量锅炉设计布置方便。

旋流式燃烧器多布置在炉膛前后墙，在燃烧室内空气动力场分布较均匀，火焰充满情况较好，后期混合作用也较好。但对于直吹系统，当停用部分磨煤机时，易产生温度不均和热偏差。

（三）新型燃烧器

我国电站锅炉燃用煤质普遍较差，大部分锅炉燃用着火困难、燃烧稳定性差的劣质煤，同时由于对发电机组调峰要求过高，迫使机组在低负荷下运行，锅炉燃烧工况变差。为了稳定燃烧，必须投油助燃，燃油量增加。因此为了强化劣质煤的着火，提高锅炉着火稳定性和负荷调节能力，降低助燃油量，各电厂都广泛引进和使用浓淡分离型燃烧器、"W"型火焰燃烧器、船形多功能燃烧器等新型燃烧器。

浓淡燃烧器分为水平浓淡燃烧器和垂直浓淡燃烧器两种，目前以水平浓淡燃烧器使用的居多。其原理是局部地提高一次风的煤粉浓度形成浓、淡燃烧，在水平方向上组织向火侧高煤粉浓浓烧，在背火侧则组织低浓度煤粉燃烧。从而充分发挥了向火侧的着火优势，提高了着火的稳定性。

船型燃烧器是在一次风喷口内加装一个像船一样形状的稳燃器，其作用是加强一次风的搅动能力，扩大一次风周围的卷吸区域，使高温烟气大量卷吸至一次风，从而达到稳定着火的目的。船型稳燃器由耐热、耐磨的高铬铸铁制造。为了保证煤粉气流在船型稳燃器四周均匀分配，要求在煤粉管道的最后一个弯头内加装均流板。

目前，在电站锅炉中研制和使用的新型喷燃器还有夹心风燃烧器、偏转二次风燃烧器、抛物线型燃烧器等。

三、点火装置

点火装置用于锅炉启动时引燃煤粉气流，另外，在运行中当负荷过低或煤种变化而引起燃烧不稳时，也可用来维持燃烧稳定。

目前，我国大型火力发电厂的煤粉炉、燃油炉的点火装置由点火油枪、主油枪及配风器组成，均采用电气点火装置。电气点火装置由引燃和燃烧两部分组成。引燃部分通常有点火花、电热丝和电弧点火三种类型，燃烧部分有燃气和燃油两种类型。也有的电厂使用无油（气）点火装置。

（一）点火油枪和主油枪

又称油雾化器或油喷嘴，其作用是将油雾化成极细的油滴。

常用的雾化器有机械雾化器、蒸汽雾化器和 Y 型雾化器。机械雾化器分简单机械雾化器和回油式机械雾化器两种。蒸汽机械雾化器分内混式和外混式两种。

（1）简单机械雾化器。其构造如图 5 - 20 所示，是由分流片（分配盘）、雾化片、旋流片、螺帽压盖等几部分组成。

分流片的作用是将油流均匀分配到周围分油孔，并引入雾化片的切向槽。雾化片的作用是将油从切向槽引入中间旋流室，使之产生强烈的旋转，然后通过端部喷油孔，扩散成伞形的油雾而喷入炉膛。

（2）回油式机械雾化器。其构造如图 5 - 21 所示，与简单机械雾化器不同的是在旋流室底部开了回油孔。

油从内、外套管间的环形通道流入，经过分流孔，使油均匀地经切向槽进入旋流室，并在旋流室内高速旋转。在回油调节门开启的情况下，一部分油从喷孔喷出，另一部分油经回油孔排往回油管道。

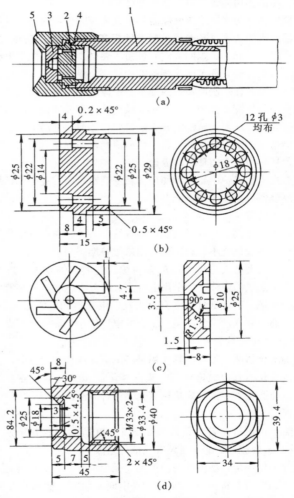

图 5-20　简单机械雾化器

(a)总体图；(b)分流片详图；(c)雾化片详图；(d)螺帽压盖详图

1—进油管；2—分流片；3—雾化片；4—垫圈；5—螺帽压盖

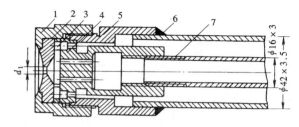

图 5-21　回油式机械雾化器

1—螺帽；2—雾化片；3—旋流片；4—分油嘴；
5—喷嘴座；6—进油管；7—回油管

（3）外混式蒸汽机械雾化器。RG-W-1型的结构如图5-22所示。

油经雾化筒转入雾化筒外的环形通道流入雾化器头部，经旋流室及喷口旋转喷出。蒸汽通过油管外的环形通道，经过旋流叶片，以相同方向旋转喷出，并与喷口出来的油雾相遇，使之进一步雾化。这种雾化器的油与汽在外部混合，可避免因高压油倒流而污染汽水系统。

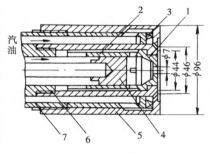

图 5-22　RG-W-1型外混式蒸汽机械雾化器

1—喷嘴头部；2—雾化筒；3—旋流叶片；4—活塞；5—套筒式螺帽；6—油管；7—汽管

（4）内混式蒸汽机械雾化器。目前广泛应用的是Y型雾化器，其结构如图5-23所示。

蒸汽通过内管分流至各汽孔，然后在混合孔内膨胀加速。油经内、外管之间的环形通道进入油孔，然后在混合孔内被高速汽流冲击，小部分被击碎随蒸汽喷出，大部分在混合孔的孔壁上形成油膜，在蒸汽推动下加速向喷口运动。离开喷口后，由于油膜与蒸汽在喷口外的高速冲撞，以及蒸汽再次膨胀的作用，将油膜破碎成细滴，完成油的雾化。

Y型喷嘴有如下优点：①油压和汽压都不高，油压为 0.7～2.1MPa。②汽耗率低，为 0.01～0.03kg/kg。③雾化质量好，且在任何喷油量下都能保证雾化质量。④调节比大。⑤喷油量变化的雾化角几乎不变。但也存在堵孔，头部积炭结焦及漏油等问题。

（二）配风器

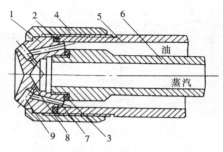

图 5 – 23　Y 型雾化器
1—喷嘴头部；2、3—垫圈；4—螺帽；5—外管；
6—风管；7—油孔；8—蒸汽孔；9—混合孔

　　配风器的作用是及时给火炬根部送风，使油与空气能充分混合，形成良好的着火条件，以保证燃油能迅速而完全地燃烧。油枪的配风应满足下列要求：

　　(1) 要有适量的一次风。燃油的一次风量应占总燃油风量的 15% ~ 30%，燃油的一次风速应为 25 ~ 40m/s。

　　(2) 要有一定的回流区。油雾着火时需要一定的着火热，着火热来源于高温烟气的回流，油枪的出口必须有适当的回流区，它是保证及时着火和稳定燃烧的热源。

　　(3) 油雾和空气的混合要强烈。油枪的配风器有两种，即直流配风器与旋流配风器。旋流配风器的一次风旋流叶片又叫做稳焰器，稳焰器的作用是使燃油一次风产生一定的扩散和旋转，在接近火焰根部形成一个高温回流区，点燃油雾并稳定燃烧。

　　提示　本节内容适合锅炉本体检修（MU2 LE3），锅炉辅机检修（MU2 LE3、LE4），锅炉管阀检修（MU3 LE4），锅炉电除尘检修（MU6 LE12）。

第四节　管式空气预热器及锅炉本体附件

一、管式空气预热器

　　空气预热器是一种烟气—空气热交换器，其作用是利用锅炉排放的热烟气将送入炉膛的助燃空气加热到预定的温度，以利于燃料的燃烧，提高锅炉运行的经济性。

　　空气预热器可以按传热方式分为两大类，即表面式和再生式。在表面式空气预热器中，热量连续地通过壁面从烟气传给空气。而在再生式空气预热器中，烟气和空气则是相互交替地流过受热面，当烟气与受热面壁面接触时，热量从烟气传给受热面，并积蓄起来。然后当空气流过受热面时，再把热量传给空气，多为现代化大型锅炉采用，由于采用回转式结构，故称为回转式空气预热器。

　　管式空气预热器（见图5－24）是表面式空气预热器中最常用的一种，它由许多平行有缝的薄型钢管制成，管子错列布置，它们的两端与管板焊接，形成正方形管箱。管箱外面装有密封墙和空气连通罩。在大多数管式空气预热器中管子垂直放置。

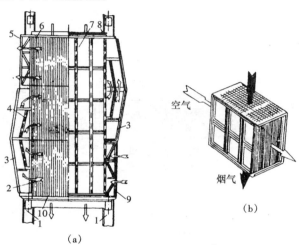

（a）

图5－24　管式空气预热器
（a）空气预热器组纵剖面；（b）管箱
1—锅炉钢架；2—空气预热器管子；3—空气连通罩；4—导流板；5—热风道的连续法兰；6—上管板；7—预热器墙板；8—膨胀节；9—冷风道的连接法兰；10—下管板

　　烟气在管内由上向下流动，空气在管外作横向流动。为了使空气能作多次交叉流动，装有中间管板，中间管板用夹环固定在个别管子上。整个空气预热器是通过它的下管板支持在预热器框架上的，框架再与锅炉构架相连。锅炉运行时，管子受热后的伸长量比预热器外壳的伸长量大得多，因此，上管板和外壳之间以及外壳和锅炉架之间都不应作固定连接，而应保证它们有相对移动的可能。为了这一目的，通常都在连接处加装由薄钢板制成的补偿器（膨胀节），这种补偿器不会阻碍各部分的相对移动，但能保证连接处的密封。

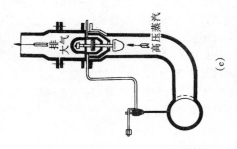

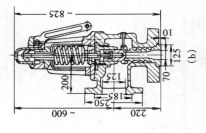

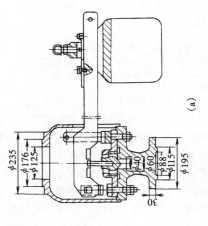

图 5 – 25 安全阀的类型
(a)重锤式;(b)弹簧式;(c)脉冲式

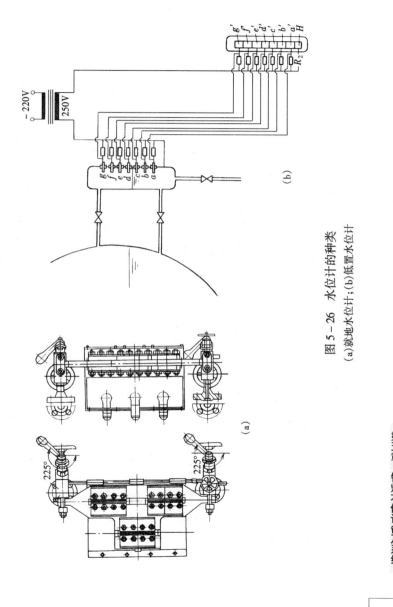

图 5 - 26 水位计的种类
(a)就地水位计;(b)低置水位计

为便于运输、安装、检修和清理堵灰，管箱高度一般不宜超过 5m，直接接触冷空气的低温段管箱，因其最容易堵灰，最容易损坏，因而更换较为频繁，故高度不宜超过 1.8～2.0m。

管式空气预热器管板上钻有大量管孔，装配时，管子两端分别插入上、下管板的相应管孔中，进行焊接。管板厚度是根据其强度条件来确定的，下管板承受管箱的全部重量，因此厚度较大，通常为 20～60mm，上管板的厚度可小到 10～20mm，中间管板的厚度只有 5～10mm，管子的规格多用 $\phi 40 \times 1.5mm$ 的有缝管。

二、锅炉本体附件

锅炉本体附件主要有安全阀、水位计、膨胀指示器及清灰装置等。

1. 安全阀

安全阀的作用是保障锅炉不在超过规定的蒸汽压力下工作，以免发生爆炸。它是保障锅炉安全运行的重要部件，必须定值准确，动作灵活、可靠。

安全阀一般装在汽包、过热器、省煤器及再热器等位置上，主要有重锤式、弹簧式、脉冲式及液压系统控制的活塞式等几种类型（见图 5－25）。

2. 水位计

水位计用以指示锅炉汽包内水位的高低。汽包水位是锅炉运行中的重要控制指标，水位过高会造成蒸汽带水，损坏过热器及汽轮机；水位过低会造成锅炉缺水，使受热面烧坏，甚至引起锅炉的爆炸。

每台锅炉控制盘上至少应装三个彼此独立的水位计，以防水位计故障时无法显示水位。

水位计的种类有就地水位计、低置水位计、电接点水位计、电气指示、记录水位计及双色水位计等多种型式。图 5－26 所示为就地水位计和低置水位计。

3. 膨胀指示器

膨胀指示器是用来监视汽包、联箱及受热设备在点火升压过程中的膨胀情况的，可以预防因点火升压不当或安装、检修不良引起的受热设备变形、裂纹和泄漏等事故。

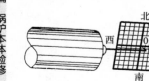

膨胀指示器如图 5－27 所示，它由标有刻度的方铁板和圆铁制成的指示针组成。方铁板固定在受热膨胀影响较小的地方，根据指针移动情况，即可知道联箱等设备的膨胀情况。

图 5－27　膨胀指示器

4. 清灰装置

常用的清灰装置主要是以蒸汽、水或空气为介质的各种吹灰器，现代大型燃煤锅炉往往要配备近百台。

吹灰器的作用是吹去受热面积灰，保持受热面清洁。一般分为蒸汽吹灰器、水吹灰器及压缩空气吹灰器，应用广泛的是蒸汽吹灰器。

蒸汽吹灰的汽压一般在 1.2～4.5MPa，在炉膛处可用饱和蒸汽，过热器处最好用过热蒸汽，对于省煤器和空气预热器的吹灰则不能用饱和蒸汽。

现代大型锅炉水冷壁常用的吹灰器为枪式吹灰器，其结构如图 5－28所示。

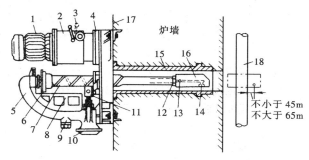

图 5－28　枪式吹灰器

1—电动机；2—齿轮箱减速器；3—电动切换手柄；4—传动装置；
5—鹅颈导汽管；6—导向盘；7—空心轴；8—导向轨；9—疏水器；
10—蒸汽入口法兰；11—极限装置；12—调整螺丝；13—固定螺
丝；14—喷嘴孔；15—生铁保护套筒；16—喷嘴头；17—墙皮；
18—水冷壁管

这种吹灰器一般采用压力小于或等于 3.0MPa、400～425℃的过热蒸汽，其作用半径为 2m 左右。使用时由电动机驱动，将枪头推入燃烧室，一边转动，一边吹灰，然后将枪头退出来，每次吹灰过程约 0.5～1min。

用于对流受热面的蒸汽吹灰器，其吹灰管长度相当于烟道的宽度或一半，吹灰管上开有一排小孔，以便对所有蛇形管受热面进行吹灰。吹灰时吹灰管的旋转运动由电动机经减速后带动。

提示　本节内容适合锅炉本体检修(MU5 LE14)，锅炉管阀检修(MU9 LE26)。

第五节　燃　烧　理　论

一、燃料的种类

所谓燃料，是指在燃烧过程中能够发出热量的物质。燃料必须具备两个条件：一是可燃；二是燃烧时发出热量，且在经济上是合算的。

火力发电厂锅炉是消耗大量燃料的动力设备。锅炉工作的安全性、经济性均与燃料的性质有密切的关系，燃料不同时，燃烧方式和燃烧装置也不同，所以了解燃料的成分与性质是十分重要的。

火力发电厂燃料按物态分有固体、液体、气体三类，固体燃料有煤、油页岩及木柴等；液体燃料有柴油、重油和渣油等各石油制品；天然气、油田伴生煤气和各种煤气是气体燃料。

根据我国燃料利用原则，火力发电厂应尽可能不占用其他工业部门所必须的优质燃料。因为把这些优质燃料用做火力发电厂的动力燃料时，只能取其热量，而做不到物尽其用。火力发电厂尽量利用劣质燃料，可以保证国家燃料资源得到充分利用。

由于各种煤的组成成分含量不同，因而各种煤的发热量也不同。为了统一计算与考核，标准规定收到基发热量为 29310kJ/kg（7000kcal/kg）的煤为标准煤，各种煤的消耗量可以通过下列公式折算成标准煤的消耗量，即

$$B_b = BQ_{ar,net}/29310(kg/h) \tag{5-1}$$

式中　B_b——标准煤的消耗量，kg/h；

B——实际消耗的天然煤量，kg/h；

$Q_{ar,net}$——实际煤的收到基低位发热量，kJ/kg。

二、煤的着火及燃烧过程

煤在炉内的燃烧过程大致可分为三个阶段。

1. 着火前的准备阶段

煤粉进入炉内至着火前的这一阶段为着火前的准备阶段。在此阶段内，煤粉中的水分蒸发，挥发分析出，煤粉的温度也要升高至着火温度。显然，着火前的准备阶段是吸热阶段。影响着火速度的因素除了燃烧器本身外，主要是炉内热烟气流对煤粉气流的加热强度、煤粉气流的数量与温度以及煤粉性质和浓度等。

2. 燃烧阶段

当煤粉温度升高至着火温度，而煤粉浓度又适合时，开始着火燃烧，进入燃烧阶段。开始时挥发分首先着火燃烧，并放出大量热量，这些热量对焦炭直接加热，使焦炭也迅速燃烧起来。燃烧阶段是一个强烈的放热阶段，这一段进行的快慢主要取决于燃料与氧气的化学反应速度和混合接触速度。当炉内温度很高，氧气供应足且气粉混合强烈时，燃烧速度就快。

在燃烧阶段中未燃尽而被灰包围的少量固定碳在燃尽阶段继续燃烧，

直到燃尽。此阶段一般是在氧气供应不足，气粉混合较弱，炉内温度较低的情况下进行的，因此此阶段时间较长。

三、强化燃烧的手段

（1）提高空气预热温度。

这种措施现在广泛使用。在烧无烟煤时，空气常预热到400℃左右，还希望更进一步提高，特别是一次风温度。这种情况下宜用高温热空气输送煤粉，而乏气可送入炉膛作为三次风。

（2）限制一次风的数量。

如煤粉的浓度降低，则用于加热煤粉气流至着火温度所需的热量相对增加，这将限制着火过程的发展，使着火离开喷口很远。

但一次风的数量必须保证化学反应过程的发展，以及着火区中煤粉局部燃烧的需要，一次风数量必须根据着火过程的具体条件选择。

（3）合理送入二次风。

二次风不要送入火焰根部，而需要与根部有一定的距离。使煤粉气流先着火，当燃烧过程发展到迫切需要时，再与二次风混合。

（4）选择适当的气流速度。

降低一次风速可以使煤粉气流在离开燃烧器不远处着火，但此速度必须保证煤粉气流和热烟气强烈混合。另外，当气流速度太低时，燃烧中心过分接近喷口，将使燃烧器烧坏，并在燃烧器附近结焦。

（5）选择适当的煤粉细度。

煤粉的挥发分越多，着火和燃烧条件也越好，所以同尺寸的煤粉褐煤比烟煤燃烧得快。如果炉膛容积相接近，则挥发分越高，煤粉可越粗些。

（6）在着火区保持高温。

加强气流中高温烟气的卷吸，使在一排火炬之间，或在火焰内部，或在火炬与炉墙之间形成较大的高温烟气涡流区，这是强烈而稳定的着火热源。火炬从这个涡流区吸入大量的热烟气，能保证稳定着火。当燃烧无烟煤时，得到广泛应用的措施是在燃烧器附近的水冷壁上涂以耐火材料，构成所谓的"卫燃带"。

（7）在强化着火阶段的同时，必须强化燃烧阶段本身。

通常焦炭燃烧速度决定于两个基本因素：温度因素和氧气向炭粒表面的扩散能力。根据具体情况，燃烧速度受其中一个因素的限制，或和两个因素都有关。在燃烧中心，燃烧可能在扩散区进行，而在燃尽区，由于温度降低，燃烧可能在动力区进行。

提示 本节内容适合锅炉本体检修(MU6 LE16)，电除尘检修(MU6 LE13)。

第六章

燃烧设备、管式空气预热器及锅炉炉墙与构架的检修

第一节 燃烧设备的检修

燃烧器常见的缺陷有设备损坏，风管磨损，喷嘴堵塞，挡板卡涩等。在大修中要对燃烧器进行认真的检修，以保证良好的空气动力场。根据 DL/T 838—2003《发电企业设备检修导则》，燃烧设备的标准项目如下：

(1) 清理燃烧器周围结焦，修补卫燃带；

(2) 检修燃烧器，更换喷嘴，检查、焊补风箱；

(3) 检查、更换燃烧器调整机构；

(4) 检查、调整风量调节挡板；

(5) 燃烧器同步摆动试验；

(6) 燃烧器切圆测量，动力场试验；

(7) 检查点火设备和三次风嘴；

(8) 检查或更换浓淡分离器；

(9) 检修或少量更换一次风管道、弯头，风门检修。

燃烧设备的特殊项目如下：

(1) 更换燃烧器超过30%；

(2) 更换风量调节挡板超过60%；

(3) 更换一次风管道、弯头超过20%。

大修时，当炉膛内已清焦完毕，炉膛架子已搭好，或炉膛检修平台已经安装好时，检修人员要对燃烧设备进行仔细检查，并进行有针对性的修理。

一、直流燃烧器的检修

直流燃烧器常见的故障有一次风喷嘴磨损、烧坏。当采用启停火嘴调整负荷时，停止运行的一次风喷嘴形成高温区域而结焦，严重时，会使一次风喷嘴堵死，煤粉气流喷不出去。直流燃烧器的调整挡板也存在卡涩现

象。

处理烧坏的一次风喷嘴时，应根据设备的结构情况采用适宜的方式。有的一次风圆形喷嘴是用一段管子制成的，方形的一、二次风喷嘴是用不锈钢板组焊而成的，或采用螺栓连接。如采用焊接连接，可将烧坏的喷口切除，重新焊一段即可；如果采用螺栓连接，则要拆开各连接螺栓与固定件，取下烧坏的喷嘴，将新的焊上。

同时，还应对各二次风、三次风喷嘴、风管、伸缩节、调整挡板进行检修，清除结焦、堵塞。对有船体的多功能燃烧器，还应检查船体的磨损，烧损变形情况，并做相应处理。

直流燃烧器检修的质量标准如下：

（1）一次风喷口固定牢固，内外光滑，无凸凹，风道磨损部分应补焊严密。

（2）一、二次风进入炉膛的角度符合图纸要求，以保证切圆直径。

（3）二次风、三次风喷嘴无变形，所修补的地方焊接牢固。各法兰连接严密，不漏风、粉。

（4）各喷嘴标高误差不大于±5mm；各喷嘴中心线应对齐，左右偏差不大于2mm。

（5）当二、三次风喷嘴设计为水平布置时，不水平度不大于2mm。当设计有下倾角时，角度误差不大于±1°。

（6）摆动式火嘴上下摆动角度应达到图纸要求，且刻度指示正确。调整挡板与连接轴连接牢固，轴封严密，开关灵活，方向正确，指示刻度内外一致。检视孔云母片完整明亮。

二、旋流燃烧器的检修

（一）二次风风碹

二次风风碹一般用特制的耐火砖砌成，运行中处在高温区域，很容易被烧坏，个别烧坏的耐火砖从风碹上掉下来，会使风碹产生缺口而加剧损坏。二次风碹也是容易结焦的区域，运行中除焦或停炉后的清焦很容易把耐火砖和上面的焦块一起打下来，使风碹遭到破坏。

如检查发现风碹有烧坏、脱落现象时，则应由瓦工重新砌耐火砖风碹，风碹的下半圈要依着一个样板砌砖，上半圈则要先装一个特制的模型，在模型上砌砖待灰缝结实后，再将模型拆除。风碹直径须保持原设计尺寸，误差不得大于20mm。

（二）一次风

一次风管或蜗壳由于煤粉气流的磨损，管壁蜗壳壁会被磨得很薄，其至磨透，造成煤粉泄漏。由于一次风喷嘴及内套管口处在高温区域，在运行中也极容易被烧坏，产生变形。

当双蜗壳燃烧器的一次风蜗壳的防磨内套筒被磨损时，可补焊或更新防磨内套筒。严重时必须更换。更换蜗壳时，抽出内套，拆下蜗壳和一次风连接的法兰螺丝、蜗壳和二次风连接的法兰螺丝，将旧蜗壳拆下，更换新蜗壳。若可调叶片式旋流燃烧器的一次风管磨损，应根据情况补焊或更换。

当一次风喷口和内套管口被烧坏时，可在炉膛内将烧坏的喷嘴切下，更换新的耐高温合金管，或用螺丝连接耐热铸铁短管。更换时应保证与二次风碹同心度，与二次风碹端面的尺寸应符合图纸要求，一般不允许伸出二次风碹端面，以免烧坏。

（三）挡板卡涩

双蜗壳形燃烧器的二次风量、风速挡板，轴向可调叶片旋流燃烧器的一次风舌形挡板及二次风调整拉杆在运行中常被卡死，不能开关和调整。挡板卡涩时挡板转轴在轴套内不能转动，这时要查明原因。若有脏物，应将轴套内的脏物、铁锈清理干净，并用汽油清洗，使之转动灵活。若是由于热态膨胀后间隙过小而卡死，则须拆出挡板，将其四周用锉刀锉去 3～5mm，以增大冷态时的活动间隙。

（四）旋流燃烧器检修质量标准

（1）一次风风管及其内套管无裂纹，内外面无凹凸。更换管口时，应满焊或上齐全部螺丝。

（2）内套管口、一次风喷嘴和二次风风碹应同心，不同心偏差不大于±5mm，三个端面间的距离应严格符合图纸要求。

（3）所有法兰连接处螺丝应上齐，所有焊缝应严密，运行中不得有漏风漏粉现象。

（4）二次风叶片完整无损，连接牢固。

（5）各挡板与轴连接牢固。轴封严密，开关灵活、正确，指示刻度内外一致。检视孔云母片完整明亮。

（6）各处防磨装置完整无损。二次风碹完整，无损、毁与断裂现象。

（7）各燃烧器中心线保持水平，左右倾斜角度与图纸一致。

三、油枪检修

油枪检修时，主要应检查分流片、旋流片及喷嘴的损坏情况。

将油枪从油枪套中拉出，拆下连接器，放掉积油，存入规定地方。用扳手将喷嘴接头取下，拿出旋流叶片及喷嘴，将顶针和弹簧从枪管中取出；将拆下的所有零件用煤油洗干净后，检查各零件的损坏情况。喷嘴有无烧坏变形，各零件的丝扣有无滑扣、拉毛，顶针头部和喷嘴结合面、旋流片和回油片结合面上有无油垢、沟槽、麻点等缺陷。如有上述缺陷，则应修理或更换。检修完毕后，按相反的顺序将油枪回装好，并确保不漏油。

检修时，还要检查油枪的配风器有无缺陷，并予以消除。

提示 本节内容适合锅炉本体检修（MU6 LE18）。

第二节 管式空气预热器的检修

管式空气预热器布置在锅炉尾部对流烟道中，属于尾部受热面或低温受热面。在运行中常见的缺陷有磨损、烟气侧腐蚀、管子堵塞等。根据DL/T 838—2003《发电企业设备检修导则》，管式空气预热器的标准项目如下：

(1) 清除空气预热器各处积灰和堵灰；

(2) 检查、更换部分腐蚀和磨损的管子、传热元件，更换部分防腐套管；

(3) 检查、修理进出口挡板、膨胀节；

(4) 检查、修理暖风器；

(5) 漏风试验。

管式空气预热器的特殊项目如下：

(1) 更换整组防磨套管；

(2) 更换管式预热器 10% 以上管子。

一、管式空气预热器的磨损检修

对于管式空气预热器，烟气在管内纵向流动，空气在管外空间作横向流动，其磨损情况要轻得多。但是实践证明，在距离烟气入口 20~100mm 处，经常产生严重磨损，甚至导致管子穿孔，使得大量热风漏向烟气侧，造成锅炉热风短路，引起锅炉运行中风量不足。从管子圆周方向看，磨损并不均匀，却很有规律，所有的管子都集中在几个方向有穿孔，见图 6-1。

管式空气预热器的这种磨损是因为在管子进口段气流尚未稳定，由于气流的收缩和膨胀，灰粒较多地撞击管壁的缘故。在以后的管段中，气流稳定，灰粒沿管子中心流动，对管壁磨损减少。

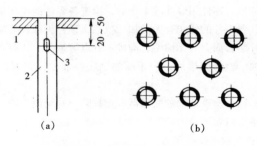

图 6-1 管子穿孔位置示意

(a) 孔的深度位置；(b) 孔的圆周位置

1—花板；2—管子；3—孔洞

防止磨损的措施是在烟气入口端加装防磨套管。防磨套管可用预热器管头制作，也可用钢板卷制而成，见图 6-2。也有的电厂采用在管口焊接附加短管使得强烈磨损的位置转移到附加的防磨短管上来，在附加短管之间，用耐火混凝土浇注、抹平。这样即使短管磨穿，还有混凝土起作用。近几年来部分电厂还采用喷涂耐磨涂料来防止预热器管子磨损的办法，其效果要比防磨套管明显。

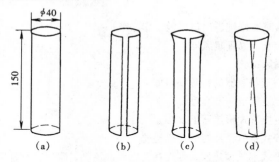

图 6-2 防磨套管制作示意

(a) 管段；(b) 开缝；(c) 卷边；(d) 卷管

二、管式空气预热器的腐蚀、堵灰及其检修

燃料中的硫分在燃烧后形成 SO_2 及 SO_3，与烟气中的水蒸气形成硫酸蒸汽。当烟气温度低于酸露点时，大量硫酸蒸汽凝结，使得受热面金属遭受严重的腐蚀。硫酸液与受热面上的积灰发生化学反应后引起积灰硬化，堵塞烟气通路造成管子堵塞。

另外，下列原因也可能引起预热器堵塞：

（1）管子里掉进杂物及保温材料等；

（2）省煤器漏水；

（3）检修时用水冲洗受热面后尚未干燥，便点火运行。

为了防止预热器腐蚀及堵塞，在锅炉结构、材料及运行技术上采取了很多措施，如运行中采用低氧燃烧，减少 SO_3 生成；使用填加剂，吸收、中和或抑制 SO_3 生成；提高预热器空气进口温度；采用新的抗腐蚀材料等都不同程度地减轻了预热器的腐蚀。

三、管式空气预热器的防振

有的锅炉在运行中，发现空气预热器产生严重的振动和噪声。严重时锅炉无法正常运行或只能降低负荷运行，预热器外壁钢板发生疲劳裂纹。这种现象的产生是由于在管壁气室中产生了共振，在管箱和连接罩内造成稳定的、强大的气压脉动和噪声。

当发现这种情况时，若预热器已无法改变，在处理时可采用加装隔板的方法。若要有效地消除振动和噪声，必须通过测试、计算，确定加装隔板的位置与数量。无条件试验时可采用每个管箱装一块防振隔板的方法。同时还要检查管子、焊口、风道、支吊架等有无裂纹、松脱等缺陷，并及时处理。

四、其他检修项目

在检修中，还要注意检查预热器的伸缩节有无损坏、裂纹及其他影响膨胀的缺陷；检查空气侧的连通罩、导流板等零部件有无开裂、脱落等缺陷，并认真处理。

对有吹灰挡板的预热器，还应检查开关是否灵活，开关方向是否正确，螺栓有无松动和脱落。若是轴弯曲引起的开关不灵活，则应将轴校直，挡板变形也要校直。对于个别螺栓松动的，应先将挡板关严，再紧固螺栓。经过修理的挡板，开关方向应正确一致，转动灵活，关闭严密。

五、空气预热器的漏风试验及消缺

预热器检修完毕，炉墙及其他检修工作结束后，应进行预热器漏风试验，检修人员检查漏风处。

检查时启动送风机，使空气侧保持一定风压，在烟气侧管口用小纸条逐根试验。如果纸条被吹动，说明有泄漏处。对于用加装防磨套管可消除的泄漏，应加装防磨套管；无法处理且数量不多的泄漏，可加堵头或用铁板将管板两头管口堵死；若管口焊缝开裂，则应补焊。

同时还应用火把对空气侧进行检查，伸缩节、连通罩、风道等都应仔细检查。若发现伸缩节密合缝处漏风，则应把积灰擦干净，抹上塑性膏。

漏风的风道则应补焊。

检修后的允许漏风量应不超过理论空气量的 0.05 倍。

六、检修注意事项

负责锅炉检修的工程技术人员及检修专责人员应在锅炉大修前的最后一次小修中，仔细检查预热器的磨损、腐蚀、堵灰情况。若发现预热器存在严重缺陷，已达到更换标准时，则应按规定的程序，将预热器更换列为特殊项目，及早进行材料的购置、管箱的制作等准备工作。

提示 本节内容适合锅炉本体检修（MU7 LE19）。

第三节 炉墙与构架的检修

根据 DL/T 838—2003《发电企业设备检修导则》，炉墙与构架检修的标准项目如下：

（1）检修看火门、人孔门、防爆门、膨胀节，消除漏风；

（2）检查、修补冷灰斗、水冷壁保温及炉顶密封；

（3）局部钢架防腐；

（4）疏通及修理横梁的冷却通风装置；

（5）检查钢梁、横梁的下沉、弯曲情况。

炉墙与构架检修的特殊项目如下：

（1）校正钢架；

（2）拆修保温层超过 20%；

（3）炉顶罩壳和钢架全面防腐；

（4）重做炉顶密封。

一、炉墙结构

大型锅炉的炉墙多采用敷管式炉墙。敷管式炉墙是将耐火材料和绝热材料直接敷设在锅炉受热面管子上，和受热面一起构成组合件，并和受热面一起进行组合安装。

（一）燃烧室炉墙

当受热面由光管组成时，管间有火焰、烟气流过，敷管式炉墙由三层组成，即耐热混凝土层、绝热材料层、绝热灰浆抹面层或金属罩壳。受热面为膜式水冷壁或是光管，但背面用钢板全密封时，因管间无烟气流过，炉墙结构取消了耐热混凝土层，而直接敷上保温制品和金属护板。

耐热混凝土层是以通过点焊在管面或鳍片上的方格铁丝网作骨架而固

定住的，绝热层是通过点焊在受热面管子上或鳍片上的带有压板和螺帽的钩钉固定在管排上的，钩钉既起承托作用，又起牵连作用。图6-3所示为燃烧室炉墙的两种结构。

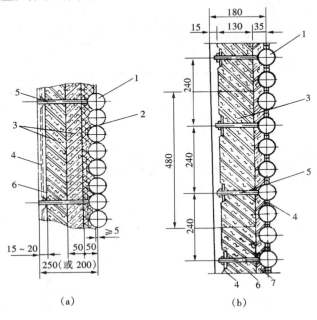

（a）　　　　　　　　　　　（b）

图6-3　燃烧室炉墙结构

（a）带有耐热层的炉墙；（b）不带耐热层的炉墙

1—水冷壁管；2—耐热混凝土；3—保温层；4—抹面；

5—保温钩板；6—铁丝网；7—超细玻璃棉

（二）炉顶及烟道竖井炉墙

由于沿道上部的四周及炉顶布置了密排的包墙管屏及顶棚管，且多是光管，管间尚有几毫米的间隙，所以包墙管及顶棚管外侧都需敷设耐热混凝土层。为了在浇注混凝土时不致从管隙中漏掉，同时为了加强管子的传热与密封，保护炉墙，在两管之间点焊 $\phi6 \sim 8$ 的圆钢。圆钢每段长 $500 \sim 1000$mm，两根圆钢的接头处留有 $1 \sim 3$mm 的间隙，以补偿管子与圆钢间的胀差，其他结构同燃烧室炉墙，只是燃烧室炉墙比包墙炉墙厚些。

（三）省煤器、预热器炉墙

省煤器部位或者管式空气预热器的烟道由于四周没有包墙管屏，故采用轻型框架式炉墙。见图 6-4。

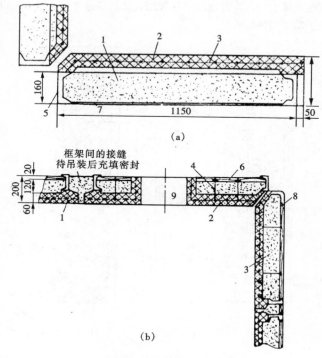

(a)

(b)

图 6-4 省煤器框架炉墙

(a) 采用护板；(b) 采用抹面

1—耐热混凝土；2—不锈钢网格；3—保温层；4—保温钩；

5—框架；6—铁丝网；7—薄铁皮；8—抹面层；9—门孔

二、炉顶密封

由于锅炉部件在热状态下的膨胀值很大，在结构上又有复杂的管束交叉穿插、各面炉墙的并靠，使得敷管式炉墙在结构上形成许多接头和孔缝，往往造成漏风。因此锅炉在结构上要采取各种密封措施，以减少漏风。以下介绍的密封结构仅是其中的几种。

（一）炉顶转角处（水平与垂直接头处）密封结构

为了保证顶棚管的自由膨胀，在顶棚管与水冷壁管屏间要预留一定的膨胀间隙 A，同时又要使间隙 A 处不致成为炉膛内外的泄漏通道，因此在间隙处采取了图 6-5 所示的密封结构。

（二）管子穿墙处密封结构

管子穿墙处的密封结构有多种形式。图6-6所示为管子穿炉顶处的密封，管子穿墙部位的盆状砖附在管子上，可与炉墙做相对滑动，滑缝间隙填以石棉板。在盆状砖中充填轻质石棉泥，石棉板和石棉泥都起密封作用。

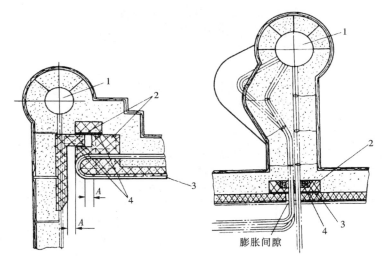

图6-5 炉顶转角处炉墙密封结构   图6-6 管子穿炉顶处密封结构
　　1—上联箱；2—不锈钢筋网格；　　　　　1—联箱；2—盆状砖；
　　　3—顶棚管；4—石棉板　　　　　　　　3—石棉板；4—石棉泥

数排管束穿过炉顶的密封结构还可使用图6-7所示的密封盒结构和图6-8所示的船形密封板结构，水平管束的穿墙结构如图6-9所示。

另外，有的"Ⅱ"形布置的锅炉还在炉顶设置了金属大罩壳，作为进一步的密封措施。炉顶大罩壳将炉顶所有的联箱和连接管道全部密封在内，外面仅留有集汽联箱和安全门。罩壳上开有门孔，供检修时出入。塔式布置的锅炉将锅炉大部分联箱及穿墙管装入联箱房，即一个几十米高的大密封箱里（预留检修人员出入的门），作为二次密封措施。

三、炉墙的检修

敷管式炉墙在正常运行情况下，检修工作量并不大，常常是由于检修受热面拆除了部分炉墙，在受热面检修完毕后，应按原结构恢复炉墙。恢复时先将固定炉墙的钩钉焊好，把炉墙穿孔四周清理干净。若原炉墙保温

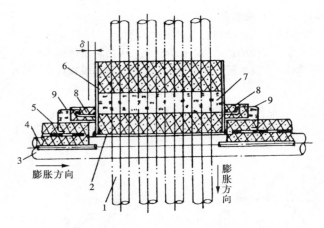

图 6-7　垂直管束穿墙处炉顶结构

1—穿墙管；2—托板；3—顶棚管；4—密封圆钢；
5—耐热混凝土；6—密封罩壳；7—高级绝热纤维；
8—压缝用耐热混凝土；9—小密封盒

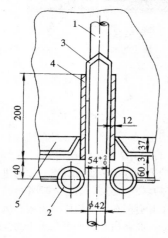

图 6-8　穿墙处船
形密封板结构

1—穿墙管；2—顶棚管；
3—梳形弯板；4—顶板；
5—船形密封板

材料为保温混凝土，则应在新旧结合面处洒上水，将配好并搅拌均匀的保温混凝土用力压实在水冷壁管上，待其稍干后铺上铁丝网，与原铁丝网连接，用螺帽或压板固定，最后抹密封面。若原炉墙为矿渣棉或硅酸铝纤维毡，则应注意结合面的搭接和压实。如拆除的炉墙处有刚性梁，则应将刚性梁按原结构恢复，再恢复炉墙。

在轻型框架式炉墙部分更换时，要注意在炉墙耐热层中铺好不锈钢网格后，要在浇灌混凝土之前，先在钢筋上涂 1～2mm 厚的沥青，以便高温时烧去沥青，在钢筋和混凝土之间形成一定间隙，以补偿钢筋和耐热混凝土的不同膨胀。同时沥青还有防锈作用，可减少因钢筋氧化后生成的铁锈体积增大，而使耐火层

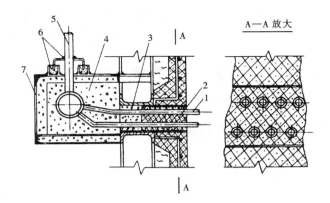

图 6－9　耐火混凝土炉墙水平管束穿墙处结构及密封

（上下框架组件中托架及拉钩未画出）

1—穿墙管束；2—耐火混凝土；3—绝热混凝土；4—散状

颗粒绝热材料；5—联箱进出管；6—砂封装置；7—密封箱壳

产生裂纹。

检修时，还应检查检视孔、吹灰孔、人孔等炉墙的附件。门盖与门框结合面须严密，间隙不得大于 0.5mm。门盖上的绝热材料或反射板必须完整，以免炉门盖被烧坏。所有炉门必须有牢固的栓扣，检视门的云母片应完整明亮，门框与炉应结合面严密。如检查中发现上述附件有损坏，或不符合以上要求时，则应更换。

大修时，还要注意检查炉墙各处密封装置是否完好，并通过本体漏风试验，找出漏风的地方，进行修补。

四、构架检修

支撑汽包、各个受热面、联箱、炉墙重量的钢结构或钢筋混凝土结构称为锅炉构架，锅炉的重量通过构架传递给锅炉基础或整个厂房基础。构架包括立柱、横梁平台、梯子。大型锅炉基本上都采用悬吊结构，立柱可采用钢筋混凝土，也可用型钢制作，而炉顶部分的大梁、次梁及过度梁则基本上都是用各种型钢及钢板组合而成的。构架在锅炉正常检修时检修工作量很小，但在检修时应注意对现场的立柱、横梁梯子、平台不得随便切割、挖洞、延长或缩短。若更换受热面时，确需割掉部分平台梯子及护栏，则应经安全、技术部门审批，并做好相应的安全措施，检修工作结束后立即恢复。

大修时应检查构件是否有弯曲、凹陷、下沉等缺陷，如有缺陷，应找出原因并消除。构件上有附件的焊接、铆接和螺栓连接之处均应完好无损。构架表面上的防腐如有锈蚀、斑驳脱落现象，应将锈蚀打磨掉，重新刷漆。

提示 本节内容适合锅炉本体检修（MU7 LE19）。

第七章

汽水系统设备的检修

第一节 受热面管子的清理

一、受热面的结焦与积灰

在煤粉炉中，熔融的灰渣粘结在受热面管子上的现象称为结焦。

运行中的煤粉炉炉膛中心温度高达 1500～1600℃，煤中的灰分大多为液态或呈软化状态。处于软化状态的灰粒，随烟气流动碰到水冷壁管上，就会粘结在壁面上形成焦渣。

受热面的积灰主要指高温对流过热器上的高温粘结灰及对流受热面上积聚的松灰。

灰分中的氧化钠、氧化钾升华后凝结在管壁上，与烟气中的氧化硫、灰中氧化铁反应生成液态复合硫酸盐，作为粘结剂捕捉飞灰，形成高温粘结灰。

灰粒依靠分子引力或静电引力吸附在管壁上，在管子的背风面旋涡形成松灰。

锅炉本体受热面管子的外壁结焦、积灰直接影响受热面的传热效果，使锅炉的出力降低。为保证锅炉的热效率，便于检修中对受热面管子外壁的检查，且保证炉内检修工作的安全，在停炉检修时，要首先将燃烧室的结焦和受热面管外壁积聚的浮灰或硬质的灰垢清除干净。

二、受热面管子积灰的清扫

受热面的清扫在温度较高时效果较好，若温度太低，灰粘在管子上，会影响清扫效果。故停炉后当炉内温度降到 50℃左右时，就应及时清扫积灰。

受热面的清扫，一般是用压缩空气吹掉浮灰和脆性的硬灰壳，而对粘在受热面管上吹不掉的灰垢，则用刮刀、钢丝刷、钢丝布及锅炉清洗机等工具来清除。

清扫受热面应掌握以下要点：

（1）清扫顺序应正确。应从水冷壁开始顺烟气流动方向清扫，一直到

第七章 汽水系统设备的检修

除尘器，此时引风机处于运行状态，以便将扬起的灰吸走。

（2）先清扫浮灰，后清除硬灰垢。

（3）在清扫过程中发现铁块等杂物时要捡出来，以免这些杂物影响烟气流动，使烟气产生涡流而磨损管子。

（4）在清扫中如发现有发亮或磨损的管子，应做好记号，以便测量和检修。

清扫后的受热面应达到以下要求：

（1）管子个别处的浮灰积垢厚度不超过 0.3mm，通常用手锤敲打管子，不落灰即为合格。

（2）对不便清扫的个别管子外壁，其硬质灰垢面积不应超过总面积的 1/5。

清扫受热面时要注意以下事项：

（1）需启动引风机时，工作人员必须先离开烟道，再开启引风机。待烟道内的灰尘减少并经清扫组长检查认为可以工作时，方可允许工作人员戴上防护眼镜和口罩进入烟道内工作。

（2）清扫烟道时应特别小心，应先检查烟道内有无尚未完全燃烧的燃料堆积在死角等处，如有这种情况须立即除掉。含有大量可燃物的细灰在猛烈拨动时，可能燃烧起来。

（3）进入烟道时，一般应用梯子上下。不能使用梯子的地方，可使用牢固的绳梯。放置绳梯的地点应注意不会被热灰将绳梯烧坏。

（4）清扫烟道时，应有一人站在外边靠近人孔门的地方，经常与烟道内工作人员保持联系。

（5）清扫烟道工作应在上风位置顺通风方向进行，清扫时不可有人在下风道内停留。

（6）清扫完毕后，清扫组长必须亲自清点人数和工具，检查是否有人和工具留在烟道内。

三、燃烧室的清焦

燃烧室的清焦是煤粉炉，尤其是液态排渣炉经常性的工作。停炉后，将燃烧室的人孔门及检查孔适当打开，使炉内通风。在冷炉过程中，可先将人孔门处炉管上的焦渣用撬棍捅掉。当炉温降至 70℃时，可用射水枪喷水，将水冷壁上的浮灰冲掉，并使管子上的硬质灰壳、焦块在水冲击下发生崩裂。

燃烧室内清焦一般只允许用风镐、大锤等工具去捶打。若结焦严重时，也可用少量炸药进行爆炸。

燃烧室清焦应把握以下要点：

（1）清焦时先将有掉下来危险的焦块捅掉，从上向下清除。对于炉壁四周的大焦块，可用大锤、钎子将其打碎，以免大焦块坠落时打伤下面的水冷壁。

（2）清除高处的结焦时，可用结实的梯子，也可采用吊篮，还可利用炉膛架子进行。

（3）清除结焦时，对管缝中的小块焦体也应清除干净，否则运行中很可能以此为基础再次结焦。

（4）在清焦过程中，要同时检查水冷壁管子和挂钩有无缺陷或断裂，对发现的缺陷和损伤应做好记号，以便进行处理。

（5）清焦时照明应充足。

燃烧室清焦应注意以下事项：

（1）清理燃烧室之前，应先将锅炉底部渣坑积灰、积渣清除。清理燃烧室时，应停止渣坑出灰，待燃烧室清理完毕，再从渣坑放灰。

（2）清除炉墙或水冷壁焦渣时，应从上部开始，逐步向下进行，不应先从下部开始。

（3）清焦时搭设的脚手架必须牢固，即使大块焦渣落下，也不致损坏。

（4）固态排渣炉除完焦后，应检查冷灰斗是否有打坏的水冷壁管，如有，要及时处理。若液态排渣锅炉在使用铁镐除焦时，要注意不能挖坏水冷壁管。

（5）在燃烧室上部有人进行工作时，下部不允许有人同时进行清理工作。

提示　本节内容适合锅炉本体检修（MU7　LE19）。

第二节　受热面的检修

一、水冷壁的检修

（一）水冷壁检修项目

在运行中，水冷壁常见的缺陷有结焦、磨损、焊口缺陷，光管水冷壁拉钩损坏、变形、过热、胀粗、爆管泄漏等。根据 DL／T 838—2003《发电企业设备检修导则》，水冷壁检修的标准项目如下：

（1）清理管子外壁焦渣和积灰，检查管子焊缝及鳍片；

（2）检查管子外壁的磨损、胀粗、变形、损伤、烟气冲刷和高温腐蚀，水冷壁测厚，更换少量管子；

（3）检查支吊架、拉钩膨胀间隙；

（4）调整联箱支吊架紧力；

（5）检查、修理和校正管子、管排及管卡等；

（6）打开联箱手孔或割下封头，检查清理腐蚀、结垢，清理内部沉积物；

（7）割管取样。

水冷壁检修的特殊项目如下：

（1）更换联箱；

（2）更换水冷壁管超过 5%；

（3）水冷壁管酸洗。

（二）水冷壁检修

（1）磨损检修。由于灰粒、煤粉气流漏风或吹灰器工作不正常时发生的冲刷及直流喷燃器切圆偏斜均会导致水冷壁的磨损。水冷壁管子的磨损常发生在燃烧器口、三次风口、观察孔、炉膛出口处的对流管，冷灰斗斜坡处的管子，因此对于这些地方周围的管子，要采取适当的防磨措施。常用的方法是在容易磨损的管子上贴焊短钢筋，有些电厂还采用电弧喷涂防磨涂料等措施。

在检修中应仔细检查上述各处的磨损情况，检查防磨钢筋是否被烧坏，如有损坏要修复。若检查水冷壁管子磨损严重，要查出原因，予以消除，当磨损超过管子的 1/3 时，应更换新管。

（2）胀粗、变形检查。由于运行中超负荷、局部热负荷过高或水冷壁内壁结垢，造成水循环不良、局部过热，会使水冷壁管胀粗、变形、鼓包。检查时可先用眼睛宏观检查，看有无胀大、隆起之处，对有异常的管子可用测量工具，如卡尺，样板来测量，胀粗超标的管子及鼓包的管子应更换，同时还要查胀粗的原因，并从根本上消除。

如水冷壁发生弯曲变形，有可能是正常的膨胀受到阻碍，管子拉钩、挂钩损坏，管子过热等原因。修复方法可分为炉内校直和炉外校直。如果管子弯曲不大，数量也不多，可采取局部加热校直的方法，在炉内就地进行。如弯曲值较大且处于冷灰斗斜坡处的管子，也可在炉内校直，方法是一边将弯曲的管子加热，一边用倒链在垂直于管子轴向的方向上施加拉力，使之校直。

如果有弯曲变形的管子较多，且弯曲值又很大，则应将它们先割下来，在炉外校直，再装回原位焊接。对所割的管子要编号，回装时要对号入座。如弯曲变形的管子属于超温变形，必然会伴随着胀粗，则必须更换。

（3）水冷壁吊挂、挂钩及拉固装置的检修。在检修时要详细检查非悬吊结构的水冷壁挂钩有无拉断、焊口开裂及螺帽脱扣等缺陷；拉固装置的波形板有无开焊、变形，拉钩有无损坏，膨胀间隙有无杂物，膨胀是否受阻；直流锅炉的悬挂是否损坏，螺丝松动等缺陷。每次停炉前后要做好膨胀记录，判断膨胀是否正常。如果发现异常，要及时检查原因。通过检修要保证水冷壁的各种固定装置要完好无损，并能自由膨胀。

（4）割管检查。为了了解掌握水冷壁和联箱的腐蚀结垢情况，在大修时要进行水冷壁的割管检查和联箱割手孔检查。水冷壁割管一般选在热负荷较高的位置，割取 400～500mm 长的管段两处，送交化学人员检查结垢量。

水冷壁联箱割开以后，用内窥镜对联箱内部的腐蚀结垢情况进行检查和清理，联箱内部应无严重的腐蚀结垢。如发现腐蚀严重，则应查明原因予以消除。

（5）水冷壁换管。当水冷壁蠕胀、磨损、腐蚀、外部损伤产生超标缺陷或运行中发生泄漏时，均需更换水冷壁管。

一般更换步骤如下：

1）确定水冷壁管的泄漏位置，并检查周围的管子有无泄漏造成的损伤。

2）根据泄漏位置拆除炉墙外部保温，并根据需要搭设脚手架或检修吊篮。

3）在管子上划好锯割线，把管子锯下来。膜式水冷壁先用割的方法把需要更换的管子两边鳍片焊缝割开，再把管子割下来。

4）领出质量合格的管子，按测量好的尺寸下料，分别割制好两端坡口，对口间隙保持在 2mm 左右。

5）配好管子后，用管卡子把焊口卡好即可焊接。焊接时先把两头焊口点焊，拆去管卡子后再焊接。

6）管子焊完以后，恢复鳍片，接头位置要严格要求，不可留空洞或锯齿，以免影响寿命。

7）焊完后可用射线检查焊口质量，合格后上水打压。如大小修时换管，则随炉进行水压试验。合格后恢复保温。

在水冷壁换管过程中，必须十分注意，防止铁渣或工具掉进水冷壁管子里面。一旦掉进去，应及时汇报有关领导，采取相应措施，设法将东西取出来，避免运行中发生爆管。

二、省煤器的检修

（一）省煤器的检修项目

省煤器在运行中最常见的损坏形式有磨损、管壁内部腐蚀。省煤器在A级检修中的标准项目如下：

(1) 清扫管子外壁积灰；

(2) 检查管子磨损、变形、腐蚀等情况，更换不合格的管子及弯头；

(3) 检修支吊架、管卡及防磨装置；

(4) 检查、调整联箱支吊架；

(5) 打开手孔，检查腐蚀结垢，清理内部；

(6) 校正管排；

(7) 测量管子蠕胀。

省煤器在A级检修中的特殊项目如下：

(1) 处理大量有缺陷的蛇形管焊口或更换管子超过5%以上；

(2) 省煤器酸洗；

(3) 整组更换省煤器；

(4) 更换联箱；

(5) 增、减省煤器受热面超过10%。

（二）省煤器检修

(1) 省煤器的磨损。省煤器的磨损有两种，一是均匀磨损，对设备的危害较轻；一种是局部磨损，危害较重，严重时只需几个月，甚至几周就会导致省煤器泄漏。

影响省煤器磨损的因素很多，如飞灰浓度，灰粒的物理、化学性质，受热面的布置与结构方式，运行工况，烟气流速等。一般来讲飞灰浓度大，烟气流速高，磨损严重；如果燃料中硬性物质多，灰粒粗大而有棱角，再加之省煤器处温度低，灰粒变硬，则灰粒的磨损性加大，省煤器的磨损就加剧。但是造成省煤器的局部磨损完全是由于烟气流速和灰粒浓度分布不均匀，而这又与锅炉的结构和运行工况有直接关系。

位于两侧墙附近的省煤器管弯头和穿墙管磨损严重，是由于烟气通过管束的阻力大，而通过一边是管子、一边是平直炉墙的间隙处阻力小，因此在此处形成"烟气走廊"。局部烟气流速很大，磨损是与烟气流速的三次方成正比的，所以在这个地方产生严重的局部磨损。如果省煤器管排之间留有较大的空挡，则在空挡两边的管子容易磨损。

锅炉运行不正常，如受热面堵灰、结焦而使部分烟气通道堵塞，使未堵的部分通道烟气流速很大，也会造成严重的局部磨损。锅炉漏风的增加，负荷增加，均会增加烟气流速，加剧磨损。因此，在锅炉设计、安装和检修中，都要注意设法减小烟气分配不均匀性，减小磨损程度。

（2）省煤器的防磨措施。为了减少磨损，在锅炉的设计、安装中采取了许多防磨措施。

实践证明，顺列布置比错列布置、纵向冲刷比横向冲刷磨损轻一些。因此国外对燃用多灰劣质燃料的锅炉有布置成"N"形的，这样的第二烟道（即下降烟道）中，受热面布置成纵向冲刷的屏式受热面，减轻了磨损。而在进入第三烟道之前，烟气直转向上流动时，由于惯性作用，一部分大灰粒掉落在下部灰斗中，不随烟气上升，这样也减轻了第三烟道中受热面的磨损程度，第三烟道中可以布置横向冲刷的省煤器。另外对于塔形布置的锅炉，烟气由炉膛出口垂直上升经过各对流受热面，不做转弯，也可以减轻磨损程度。

在锅炉结构中，要想完全避免局部烟气流速过高和局部区域飞灰浓度过高也是不容易的，所以要在易磨损部位加防磨装置或采取其他防磨措施。常用的防磨装置或防磨措施如下：

1）防磨罩。用圆弧形铁板扣在省煤器管子和管子弯头处，一端点焊在管子上，另一端使用抱卡，能保证其自由膨胀。有时为了使其牢固地贴在管子上，还用耐热钢丝将其缚扎住。装防磨装置时，要注意防磨罩不得超过管子圆周180°，一般以120°～160°为宜；两个罩之间不允许有间隙，应将两个罩搭在一起，或在上面加一短防磨罩，所有的弯头处均应加防磨罩，如图7－1所示。

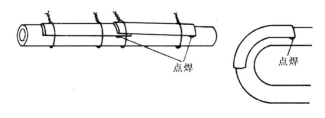

点焊　　　点焊

图 7－1　省煤器防磨罩

2）保护板或均流板。在"烟气走廊"的入口和中部，装一层或多层的长条护板，见图7－2，以增加对烟气的阻力，防止局部烟气流速过高。

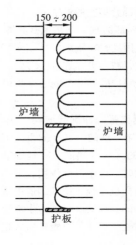

图 7-2 省煤器保护板

护板的宽度以 150~200mm 为宜，太窄起不到作用，太宽遮蔽流通截面过多，又会引起附近烟速和飞灰浓度增高。

3）护帘。见图 7-3，在"烟气走廊"处将整排直管或整片弯头保护起来，可防止烟气转折时由于离心力的作用，浓缩的粗灰粒对弯头的磨损。但是采用护帘保护弯头时蛇形管排的弯头必须平齐，否则会在护帘后面形成新的"烟气走廊"。

4）其他防磨措施。用耐火材料把省煤器弯头全部浇注起来，或者用水玻璃加石英粉涂在管子磨损最严重的管子表面。还可在管子磨损最严重处焊防磨圆钢，这种方法用料少，对传热影响小，对防磨很有效，如图 7-4 所示。另外近几年来，各电厂还广泛采用防磨喷涂技术，就是将管子表面打磨干净，然后在其表面喷涂一层防磨涂料。这种方法施工容易，且管子与涂料结合紧密，适用于各个部位的防磨，效果非常明显。

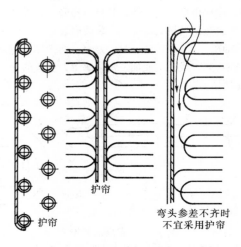

弯头参差不齐时
不宜采用护帘

图 7-3 省煤器护帘

（3）省煤器的磨损检修。大小修时要重点检查管排的磨损情况，主要是检查支吊架和管子接触处，弯头和靠近墙边的地方，出入口穿墙，每个管圈的一、二、三层容易发生磨损的部位。

磨损严重的管子从外观看光滑发亮，迎风面的正中间有一道脊棱，两侧被磨成平面或凹沟。如果刚刚发现有磨损现象，则可以加装防磨装置，以阻止管子的继续磨损。如果磨损超过管壁厚度的 1/3，局部磨损面积大于 $2cm^2$，则应更换新管。

检查时还应检查支吊架有无断裂、不正或影响管子膨胀的地方。如果支吊架移动或歪斜，则会使管排散乱、变形、间隙不均，从而形成严重的"烟气走廊"，在检修时要调整校正。

在检查时还应该重点检查放磨装置，各防磨装置应无脱落、损坏，若防磨装置脱落、破损、烧坏，则应及时修理或更换。在检修时还应捡出的所有杂物，以避免在这些物件旁边烟气流速增大，产生涡流或偏斜，加速局部磨损。

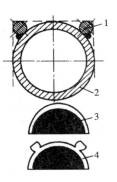

图 7-4 防磨
圆钢及效果
1—圆钢；2—管子；
3—无圆钢时的磨损情
况；4—加圆钢后的磨
损情况

（4）省煤器的腐蚀检修。当锅炉给水除氧设备运行不好时，给水中含有溶解氧，从而使给水管道和省煤器发生氧腐蚀。当腐蚀严重时，会使管子穿孔泄漏。因此，大修时，应根据化学监督的要求，在省煤器的高温段或低温段割管检查，掌握管子内部的腐蚀结垢情况，判断管子的健康状况。如果管子腐蚀严重，腐蚀速度不正常，则应查明原因，采取对策。当管子的腐蚀坑数量多、深度较深，且管子壁厚减薄 1/3～2/3 时，为避免管子在运行中频繁泄漏，造成临修，应更换这些管子。

（5）省煤器管子的更换。当局部更换磨损、腐蚀严重的省煤器管子时，应根据现场位置、支吊架情况，确定更换位置，焊口位置应利于切割、打坡口和焊接等操作。

为了节省检修费用，充分利用管排钢材的使用价值，还可以采用一种管排"翻身"的做法，即将省煤器蛇形管整排拆出，经过详细检查，再翻身装回去，使已磨损的半个圆周处于烟气流的背面，而未经磨损基本完整的半圆周处于烟气流的正面，承受磨损。这样翻身后的管子可使用相当于未翻身前使用周期 60%～80% 的时间，既保证了设备的健康水平，又节省了钢材。

在更换新管或翻身后，要及时加上防磨装置。

第七章 汽水系统设备的检修

（6）其他项目的检修。在大型锅炉中，为了减少省煤器蛇形管穿过炉墙造成的漏风，省煤器的进出口联箱多放置在烟道内，外包绝热材料和烟气隔绝。固定悬吊受热面的吊梁也位于烟道内，受烟气冲刷，为防止过热，支吊架的外面也用绝热材料包裹。因此，检修时还应注意检查支吊架和联箱的绝热层有无损坏、脱落。如有损坏，应予以恢复。

三、过热器和再热器的检修

（一）过热器和再热器的检修项目

在大型锅炉中，随着蒸汽参数的提高及中间再热系统的采用，蒸汽过热和再热的吸热量大大增加。过热器和再热器受热面在锅炉总受热面中占了很大的比例，必须布置在高温区域，其工作条件也是锅炉受热面中最恶劣的，受热面管壁温度接近于钢材的允许极限温度。因此过热器、再热器常见的损坏形式多为超温过热、蠕胀爆管及磨损。

在大修中要对过热器、再热器进行全面的检修，标准检修项目如下：

（1）清扫管子外壁积灰；

（2）检查管子磨损、胀粗、弯曲、腐蚀、变形情况，测量壁厚及蠕胀；

（3）检查、修理管子支吊架、管卡、防磨装置等；

（4）检查、调整联箱支吊架；

（5）打开手孔或割下封头，检查腐蚀，清理结垢；

（6）测量在450℃以上蒸汽联箱管段的蠕胀，检查联箱管座焊口；

（7）割管取样；

（8）更换少量管子；

（9）校正管排；

（10）检查出口导汽管弯头、集汽联箱焊缝。

特殊检修项目如下：

（1）更换管子超过5%，或处理大量焊口；

（2）挖补或更换联箱；

（3）更换管子支架及管卡超过25%；

（4）增加受热面10%以上；

（5）过热器、再热器酸洗。

（二）过热器、再热器的检修

（1）管排蠕胀检查与测量。管子的胀粗一般发生在过热器、再热器的高温烟气区的排管上（特别是进烟气的头几排上），并以管内蒸汽冷却不足者为最严重。

并列工作的过热器、再热器管子因管内蒸汽流动阻力不同（管程长短不同或弯头结构尺寸不同），或因管子外部结渣和内部结垢的程度不同都可引起管壁温度的显著差别。当个别管段传热恶化后，管壁温度会超过该金属材料所允许的限值，长时间的过热并在管内介质压力的作用下将引起金属蠕胀而使管径变粗。

对于每台锅炉过热器、再热器的高温段，都有规定好的固定检查点，每次检修都要重点检查、测量这些定点的胀粗情况。

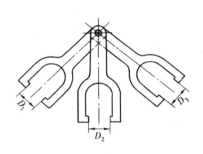

图 7-5　特制的外径卡规

测量管子的胀粗一般用游标卡尺，选择有代表性的管段（热负荷大的向火侧），从而判断管材的过热变形程度。也可用一种特制的外径卡规（见图7-5）来测量，从而提高测量工效。

这种卡规每三个为一套，分 $1^\#$、$2^\#$、$3^\#$ 卡规。

$1^\#$ 卡规：$D_1 = d$（d 为管子公称外径）

$2^\#$ 卡规：$D_2 = 1.01d$

$3^\#$ 卡规：$D_3 = 1.02d$

测量时，凡 $3^\#$ 卡规通不过的管子应更换。

过热器、再热器胀粗的检查标准为：

1）合金钢管胀粗不能大于原有直径的 2.5%。

2）碳钢管胀粗不能大于原有直径的 3.5%。

这种胀粗测量应编号建立档案（见表7-1），将测量结果记录并保存下来，以便观察这些管子的蠕胀情况。表7-1所示为屏式过热器蠕胀测量记录表。

表 7-1　　　　　　号炉屏式过热器蠕胀测量记录

测量次数	第一次	第二次	第三次
测量日期	年　月　日	年　月　日	年　月　日
间隔运行小时数（h）			
第_屏，第_管圈			
测量人姓名			

（2）管排的磨损检查与修理。锅炉燃料燃烧时产生的烟气中带有大量灰粒，灰粒随烟气流过受热面管子时会对过热器、再热器造成磨损，尤其使屏式过热器下端和折焰角紧贴的部分，水平烟道的过热器两侧及底部，烟道转弯处的下部，水平烟道流通面积缩小后的第一排垂直管段，管子处于梳形卡接触的部分（见图7-6）磨损特别严重。这是由于这些地方有"烟气走廊"，烟气流速特别高，有时可以比平均流速大3~4倍，因此磨损就增大几十倍。另外过热器、再热器穿墙管处、吹灰器通道也是磨损严

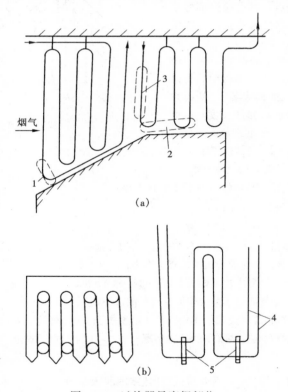

图7-6 过热器易磨损部位

（a）对流过热器飞灰磨损部位；（b）过热器梳形卡子及安装部位
1—烟道转弯处下部；2—水平烟道的下部；3—水平烟道流通
面积缩小后的第一排垂直管段；4—管子；5—卡子

重的部位。所以在检修中应着重检查以上部位的磨损情况。管子上的磨损

是不均匀的，当气流横向冲刷管束时，第一排管子磨损最严重处是偏离管子沿气流方向的中心线 30°~40° 的地方，如图 7-7 所示。检查管子的磨损应重点放在磨损严重的区域，必须逐根检查，特别注意管子弯头部位，顺列布置的管束要注意烟气入口第 3~5 排管子，错列布置时为烟气入口第 1~3 排管子。

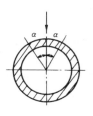

图 7-7 对流管热面管束第一排管子的磨损部位 $\alpha = 30°~40°$

检查时可用游标卡尺或特制的样板卡规，不便用卡规检查的地方，可用手摸检查。磨损严重的部位有磨损的平面及形成的棱角，这时应测量管子剩下的壁厚。若局部磨损大于 $2cm^2$，磨损厚度超过管壁厚度的 30% 或计算剩余寿命小于一个大修间隔期时，应更换新管。

为了减少磨损，在易磨损的部位，常采用防磨措施，如加防磨罩或防磨板（如图 7-8 所示）。加装防磨的管子要检查防磨装置是否完整，有无变形、磨破情况，吹灰器附近的管段也要检查防磨护板是否完好，有无吹薄现象，被飞灰磨损、吹灰器吹坏或脱落的防磨罩应更换。个别局部磨损严重，但尚不需要更换的管段要加装防磨罩，为了使防磨护罩得到较好的冷却，延长使用寿命，应使防磨护罩与管子尽量紧贴，间隙越小越好。

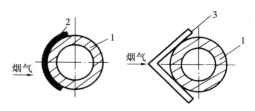

图 7-8 防磨护罩
1—管子；2—管形护罩；3—角铁护罩

（3）割管检查。大修时应有化学监督人员、金属检验人员、锅炉检修人员共同确定高温、低温段过热器、再热器的割管位置，割 1~2 个蛇形管弯头，以检查管子内部的腐蚀情况。割管长度可以从弯管算起，取 400~500mm。最好用锯割开，割开后先用眼睛检查内部，如没有腐蚀和结垢情况，可以再把这段管子焊上。如果腐蚀、结垢严重，就应把这段管子全部割开，进行详细检查，并检查合金钢的金属组织变化情况。对于所锯管段，应表明它的地点和部位，并进行记录。在管子割掉后，若不能立即焊接，应加管子堵头，以防杂物掉入管内。

为了作好过热器、再热器的金属监督工作，掌握其金属变化的规律和现状，在过热器和再热器温度最高处要设置监督管理段，每次大修时割管检查金相组织和机械性能的变化情况。割管时检修人员和金属监督人员应共同参加，用手锯或电锯割管，不要采用火焰割的方法，割下的管子交金相人员检验，并将检验的结果登记在台帐上，以便比较、鉴别、查实。

(4) 支吊架、管卡及管排变形的检查与修理。在运行中由于管卡烧损，过热器和再热器会发生变形。如屏式过热器的管子有个别管段会因卡子烧坏而伸长变形，跳出管屏外面；对流过热器也经常出现管排散乱，个别管子甩出、弯曲等缺陷。若管排发生变形，很容易发生过热、爆管、磨损加剧等故障。因此，在检修中要认真检查过热器、再热器的支吊架、梳形卡、夹板等零件。在检查时可用小锤敲打，根据声音来判断这些零件的完好情况。一般声音响亮的没有烧坏，声音沙哑或变了样的，往往是已烧坏或有了损伤。对于已经烧坏或有损伤的零件要进行更换，换上新的零件以后，调整好位置和间隙，并要注意能使管子自由膨胀。同时要对散乱变形的管排整理恢复，将变形的管子校正归位。若变形的管子蠕胀或磨损超标，则应更换新管。

在过热器，再热器全部修好后，要查看管子间隙是否均匀一致，对不均匀的要进行调整归位。校正的方法是调整梳形卡子。有时因管子变形、梳形卡的间隙不够而装不上去，为了把蛇形管束固定又不影响膨胀，可用电焊将梳形卡子切割合适后，再装上去。若蛇形管弯头不齐时，可以调整吊架螺丝。

图 7 - 9　管子端面偏斜示意

(5) 过热器、再热器管子的更换。在大型锅炉上，过热器和再热器一般都选用合金钢。根据工作温度的不同，各级过热器也选用多种钢种，如穿墙管选用13CrMo44，低温部分选用 10CrMo910，高温部分选用X20CrMoV121。所以，在更换管子时，必须根据不同钢种的焊接特性及热处理的特点，采用相应的正确的焊接和热处理工艺。领取新管后要打光谱，严防错用钢材。

更换新管时，要用机械的方法切割，锯后用直角尺校验端面是否与中心垂直，其偏斜值 Δf 不大于管子外径的 1%，且不超过 2mm，如图 7 - 9 所示。管子里的毛刺需用锉刀锉去。

焊接管子时应用专用的管夹对准两个需要焊接的管头，管子对口偏折度可用直角尺检查，在距离焊口 200mm 处应小于 1mm，如图 7 - 10 所示。

管头应用锉刀或专用的坡口机加工出（30±2）mm 的坡口，钝边（1±0.5）mm，对口间隙（1±0.5）mm，见图 7–11。距管口 10～15mm 内的管子外表面氧化皮除去，漏出金属光泽。焊接工作注意避免穿堂风，防止焊口冷却过快，发生蒸汽淬火脆性或产生裂纹。Ⅱ11 及 F11 焊接后脆性很大，很容易产生裂纹。如使用这两种钢材，施焊后要防止管排动荡或受外力冲击。

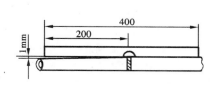

图 7–10 对口偏折度示意

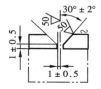

图 7–11 坡口加工

（6）联箱的检查与修理。每次停炉前要核对膨胀指示器，做好标记；待停炉冷却后再核对一次，以判断联箱管子有无妨碍自由伸缩的地方，检修完后定出基准点。投入运行后再去核定，如不能自由膨胀，必须找出原因，加以处理。

检修时应详细检查联箱各支托架、吊架是否完整牢固，焊口有无裂纹，有无妨碍联箱膨胀的地方。如发现问题，应设法消除。

大修中还应根据金属监督工作的安排，对高温段过热器出口联箱，减温器联箱、集汽联箱进行仔细检查，特别注意检查表面裂纹和管孔周围处有无裂纹，必要时进行无损探伤。若发现裂纹，则要进行返修处理。

大型锅炉联箱检查孔一般采用焊接结构，通常并不一定每次大修进行联箱内部的检查。但在运行多年后，应有计划地割开手孔堵头检查联箱内部是否清洁，有无杂物或氧化堆积物，联箱内部腐蚀是否严重，疏水管是否畅通。同时还要测量联箱的弯曲度，联箱的允许弯曲度一般在 3/1000 以下。若发现联箱弯曲变形严重，则要查找出原因并消除。

（7）减温器的检修。由于单喷头式减温器、旋涡式减温器、多孔喷管式减温器的喷嘴均为悬臂布置，在减温器中受高速汽流冲刷，发生振动，运行中易发生断裂。旋涡式喷嘴减温器还会产生卡门涡流，发生共振，产生断裂。喷嘴断裂后，减温水不是以细小的水流喷出，而是以大股水喷出。当这股水正溅到减温器内壁时，使壁温突然下降，停止喷水时，壁温又回升，使得壁温反复变化，极易造成减温器联箱内壁疲劳裂纹。水室式减温器也会由于温差应力产生裂纹。

减温器在运行中还会发生内套断裂、变形，隔板倾倒，支架螺栓断裂等缺陷。内套断裂后，被汽流推向里边，会堵死几根过热器管子的入口，阻止蒸汽的流通，造成几根过热器管子或再热器管子超温爆管，支架螺栓断裂、隔板倾倒也会产生类似缺陷。内套筒断裂还会由于未经雾化的减温水直接接触减温器联箱内壁，引起疲劳裂纹。

减温器一般在大修中是不解体的，只有在运行中发生过几次重复性的事故，经过分析，认为设备存在问题时，才解体检查。解体时可根据具体结构形式，检查来水管、手孔盖或端盖，找出问题，对症处理。由于减温器的喷头、隔板、螺栓、内套筒支架等零部件处于极复杂的应力状态，所以在修理、焊接喷嘴、螺栓、内套筒时一定要严格按照有关规定，切不可掉以轻心。有时还可以通过改变材质来避免同一故障的发生。如有的电厂，支架螺栓多次断裂，后将螺栓的材料有 20 号钢改为 25CrMo 后才消除了这一故障。

四、受热面管子的修复

受热面管子损坏以后，修复的方法主要是更换新管及焊补。

（一）更换新管

对于受热面管子的蠕胀、磨损、腐蚀超标、焊口泄漏或管子爆破后，均应更换新管。

首先应根据损坏情况确定换管的根数及每根管的长度，割下旧管后在炉外完成管子的配制，然后在炉内完成对口焊接，焊完后进行焊口检验，最后完成热处理工作。

换管的工艺要求与管子的配制基本相同，但在炉内进行换管时，由于管排较密，检修空间受到限制，需采取一些特殊措施，以满足制作管子坡口、对口、焊接、热处理等要求，甚至将一些没有损坏的、但妨碍换管的管子也换掉。

进行炉内焊接时，尽量不要通风，以免焊口急速冷却、淬火；管子两头有口时，最好用东西（如卫生纸等）堵起来，以免因穿堂风影响焊接质量。

在紧急处理事故情况下，如来不及配制蛇形管，可采用走短路换管的办法临时处理（见图 7 - 12，虚线表示临时加的管段），即可投入运行，等下次检修时再按正常换管。

（二）焊补

受热面管子焊口泄漏后，一般不允许采用焊补来修复，但在紧急事故

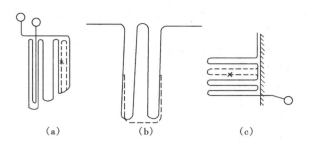

图 7 – 12　紧急处理事故时走短路换管

(a)、(b) 过热器；(c) 省煤器

情况下使用时，可节省很多时间。

　　焊补主要用于水冷壁管的泄漏。待停炉放水后，用角向磨光机或锉刀将漏的地方修成 35°～45° 的小坡口，并把漏点周围打磨干净。由合格焊工选用适当的焊条进行焊补，先薄补一层，再厚补一层，焊补时电流要调好。补完后其补焊部分要高出管壁 2mm 左右。用气焊进行热处理，将补焊处加热到适当温度（根据管材定），并保持约 10min，即用石棉布包好缓慢冷却，以消除应力，改善焊缝质量。焊好后应做水压试验。

　　另外，如水冷壁管段上有局部磨损，其面积小于 10cm²，磨损厚度又没超过管壁厚度的 1/3，也可用焊条进行堆焊补强，堆焊后要进行退火热处理。

　　提示　本节内容适合锅炉本体检修（MU7　LE19）。

第三节　汽包检修

一、汽包的检修项目

　　汽包在运行中常见的缺陷有汽水分离装置松脱移位，水渣聚集，加药管堵塞，保温脱落等。

　　汽包在大修中的标准检修项目有：

　　（1）检修人孔门，检查和清理汽包内部的腐蚀和结垢；

　　（2）检查内部焊缝和汽水分离装置；

　　（3）测量汽包倾斜和弯曲度；

　　（4）检查、清理水位表连通管、压力表管接头、加药管、排污管、事故放水管等内部装置；

（5）检查、清理支吊架、顶部波形板箱及多孔板等，校准水位指示计；

（6）拆下汽水分离装置，清洗和部分修理。

特殊检修项目有：

（1）更换、改进或检修大量汽水分离装置；

（2）拆卸 50% 以上保温层；

（3）汽包补焊、挖补及开孔。

二、汽包的检修

（一）汽包检修的准备工作

汽包内地方狭小，设备拥挤，是检修工作条件最困难的地方，且进出汽包很不方便，又耽误时间，因此，要求在检修前一定要做好准备工作，准备要用的工具、材料，并做好安全措施。

汽包检修常用的工具有：手锤、钢丝刷、扫帚、锉刀、錾子、刮刀、活扳手、风扇、12V 行灯和小橇棍等。常用的材料有：螺丝、黑铅粉、棉纱、纱布、人孔门垫子和煤油等。常用的其他物品还有开汽包人孔用的专用扳手，吹灰用的胶皮管和盖孔用的胶皮垫。

（二）汽包检修安全注意事项

（1）在确定汽包内部已无水后，才允许打开人孔门。汽包内部温度将到 40℃ 以下时才可进去工作，且要有良好的通风。

（2）进汽包以前，应把所有的汽水连接门关闭，并加锁，如主汽门、给水门、放水门、连续排污总门、加药门、事故放水门等。检查确已与系统割开后，才能进入工作。

（3）打开汽包人孔时应有人监护。检修人员应带着手套，小心地把人孔打开，不可把脸靠近，以免被蒸汽烫伤。

（4）进入汽包后，先用大胶皮垫把下降管管口盖住，以防东西掉进下降管里。

（5）汽包内有人工作时，外边的监护人员要经常同内部人员取得联系，不得无故走开。

（6）汽包内用 12V 行灯照明，但变压器不能放在汽包里。

（7）拿进汽包里的工具要登记，材料需要多少，拿多少。

（8）进汽包内的检修人员衣袋内不许带东西，如尺子、钢笔、钥匙等。最好穿没有扣子的衣服，用布条代替扣子，以防东西或口子脱落，掉入下降管内。

（9）在汽包内进行焊接工作时，人孔口应设有一专门刀闸，可以由监护人员随时拉掉。并注意不能同时进行电、火焊。

（10）离开汽包时，要用细密的铁丝网盖严，并在四周贴上封条。

（11）关人孔时要清点人数，仔细查看工具。

（三）汽包外部的检修

每次大小修停炉前，要检查汽包的膨胀指示器，并做记录，停炉冷却后复查能否自由收缩。如发现不能自由收缩，必须查找原因，并消除。检修完毕且炉子已完全冷却时，需把指针校正到中间位置，在锅炉投入运行时，检查点火启动过程中膨胀是否正常，有无弯曲等现象。

汽包弯曲最大允许值为长度的2/1000，且全长偏差不大于15mm。检查弯曲度时可以根据汽包中间的膨胀指示器指示情况判断，如发现异常，则应汇报有关领导，必要时剥去外部绝热保温层或打开人孔，从内部用钢丝绳拉线法来检查汽包的弯曲度。

当汽包采用支撑式构架时，汽包用支座支撑在顶部构架上，支撑支座一个为固定的，另一个为活动的。图7－13所示为汽包活动支座结构。支座下部装有两排滚柱，上排滚柱可以保证汽包的纵向膨胀，下排滚柱可以保证汽包的横向位移。

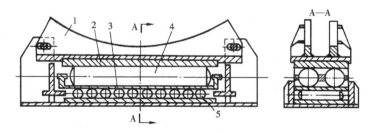

图7－13　汽包活动支座

1—支座；2—板；3—夹板；4—纵向位移滚柱；5—横向位移滚柱

当汽包采用悬吊式构架时，汽包则用两根"U"型吊杆吊在构架梁上，如图7－14所示。

大修时要检查汽包的支撑或悬吊装置。活动支座的滑动滚柱须光滑，不得锈住或被其他杂物卡住，汽包座与滚柱接触要均匀，座的两端须有足够的膨胀间隙。若为悬吊式，则要检查吊杆有无变形，销轴有无松脱，链板有无变形，球面垫圈与球座间是否清洁、润滑，与汽包外壁接触的连板吻合要良好，间隙要符合要求。如发现异常情况，要查明原因并消除。

大修时要检查汽包外部绝热保温材料是否完好，特别是靠燃烧室的部

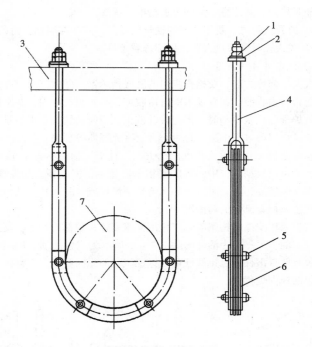

图 7 - 14　汽包的悬吊装置

1—球面垫圈；2—凹球座；3—大梁；4—吊杆；

5—销轴；6—链板；7—汽包

分，绝热层必须完整，避免汽包与烟气的直接接触。如绝热层有损坏的，必须予以修补。

（四）汽包内部的检修

（1）人孔门盖和汽包的接触面应平整。检修时在清理完接触面上的垫子后，抹上一层铅粉，两接触面要有 2/3 以上的面积吻合。接触面上不得有凹槽麻点，特别是横贯结合面的伤痕。如有上述缺陷时，要用研磨膏和刮刀配合，将其研磨平整。

（2）内部清扫和检查。汽包打开后，先请化学检修人员进入，检查采样，同时金属监督人员和检修人员也应做认真的检查。检查工作应在汽包内工作开展前进行。因为放水后原在裂缝中浓缩的盐分会渗出来，流下痕迹，有助于裂纹的发现。检查时应特别注意管孔间、给水管进口、水位线变动界线、焊缝、封头弧形部分等地方。如发现有可疑迹象，则应做进一步的检查判断。

如汽包壁不清洁，则要用钢丝刷或机械清扫水渣，清扫时，不要把汽包壁的黑红色保护膜清扫掉。因为这层水膜是汽包正常运行后形成的，对汽包壁起保护作用。如果把它刷掉，则汽包很快就会长锈。清扫完毕后，要用压缩空气吹干净，再请化学监督人员检查是否合格。清扫时还要注意不要把汽包壁划出小沟槽等伤痕。

（3）汽水分离器检修。检查汽水分离器的螺丝是否完整，有无松动；孔板上的小孔应畅通无阻。因为分离装置多用销钉、螺钉固定，在运行中由于流体的冲击，往往会出现松脱而使设备移位。分离器不一定每次大修都全部拆出，可视设备的具体情况而定。如果需要部分或全部拆下来检修时，则一定要做好记号，避免回装装错或装反。

（4）汽包内部管道检修。由于给水品质不良或其他原因，汽包在运行中会产生许多小渣，造成管子堵塞。检修时要仔细检查汽包内水位计管、加药管、给水管、事故放水管、排污管等有无堵塞现象，如有水渣堵塞，要清扫掉，加药管的笛形小孔也要检查清理。管道的连接支架应完整无损，管子应无断裂现象，各管头焊口完整，无缺陷。

（5）当汽水分离装置拆出后，还应对汽包内壁进行宏观检查，检查汽包内壁的腐蚀情况，焊缝有无缺陷，内壁有无裂纹。如果大修项目中有汽包焊蜂的监督检查，则应配合金相人员打磨焊缝，进行探伤、照相，必要时还须打开汽包外壁保温，以配合探伤。

（6）大修时还要对汽包内的其他装置进行检修，如清洗装置、多孔板、百叶窗、分段蒸发的隔板等，检查这些装置的螺栓有无松动、脱落；隔板连接是否牢固可靠，严密不漏；法兰结合面是否严密；有无蒸汽短路现象；各清洗槽间隙是否均匀，倾斜度是否一样；其金属壁腐蚀情况如何。如有上述缺陷，应消除，以保证这些装置的正常运行。

（7）在汽包所有检修工作完毕之后，应再详细地检查一次，将工具材料清点清楚。确实没有问题后，可请化学人员再看一次，然后再关人孔，并把现场清理干净。紧好人孔门螺丝后，在点火升压至 0.5～1.0MPa 时再热紧一次螺丝，此时应把人孔门保温盖装好。

提示 本节内容适合锅炉本体检修（MU7 LE19）。

第四节 锅炉本体受热面管子的配置

管子的配制是锅炉本体检修准备工作的一部分，包括管子配制前的检查、管子的焊接、管子的弯制及蛇形管的组焊。只有把上述环节掌握好，不出问题，才能保证锅炉本体的检修质量。

一、管子配制前的检查

管子在出厂前一般经过检验，但在运输和库存期间，难免会产生锈蚀、腐蚀等缺陷，故在管子弯制前要进行检查。通常的检查项目有：管子材质鉴定、管子外表宏观检查、管子几何尺寸的检验。

（一）管子的材质鉴定

领用管子时必须检查生产厂家填写的管子材质和化学成分检验单，并用光谱仪进行验证，甚至化验其成分，以免用错钢材，造成爆管。

（二）管子外表宏观检查

利用肉眼、灯光及放大镜可直接对管子内、外壁进行宏观检查，管子表面应光滑，无毛刺、刻痕、裂纹、锈蚀、褶皱和斑痕等外伤。

用直径为管内径的 80% ~ 85% 的钢球做通球试验，以检查管径局部内陷、弯头椭圆、焊口处焊瘤情况及管内有无杂物、垢块等。

（三）管子几何尺寸的检验

管子几何尺寸的检查包括检查管子的几何厚度、管径、椭圆度及弯曲度。

（1）检查管壁厚度。在管子两端面互相垂直的两个直径上，分别量出外径和内径，其两数之差除以 2 即为管壁厚度。可沿管端选取 3 ~ 4 个点来测量。测量计算后的四个壁厚的平均值和管子公称厚度的差值即厚度公差，其值不能大于公称厚度的 1/5 ~ 1/6。

（2）检查管子的外径。从管子的全长中选取 3 ~ 4 个位置测量管外径，将测量的四个外径的平均值与公差外径相比，其差值不得大于表 7 - 2 所列数值。

表 7 - 2　　　　　　　管子外径公差允许数值

钢　　种	外径（mm）	正公差（%）	负公差（%）
合金钢管	245 ~ 426	+ 1.5	- 1
	114 ~ 219	+ 1.25	- 1
	51 ~ 108	+ 1	- 1
碳钢管	159 以上	+ 1.5	- 1.5
	114 ~ 159	+ 1	- 1
	51 ~ 108	+ 1	- 1
	51 以下	+ 0.5	- 0.5

（3）检查管子的椭圆度。量取管子的四个断面相互垂直的两个直径，其平均差值即为管子的椭圆度。其值的允许范围为：直径为160mm以下的管子不大于3mm，管径为160mm以上的管子不大于5mm。

表 7 - 3　管子弯曲度允许值

管壁厚度	每米管长允许弯曲（mm）
20 以下	1.5
20 ~ 30	3
30 以上	5

（4）检查管子的弯曲度。管子的弯曲度不得超过表7-3所列数值。

二、对口的技术要求

管子的焊接包括制作管子坡口、对口、施焊、焊后热处理及焊缝检查。

（一）管子焊接坡口的制作

焊接前对管头坡口型式及对口要求见表7-4。

表 7 - 4　　　锅炉受热面管子坡口型式及对口尺寸

坡口型式简图	焊接种类	管壁厚度	对口结构尺寸		
			a（mm）	b（mm）	α（°）
	气　焊	≤6	1 ~ 3	0.5 ~ 1.5	30 ~ 45
	电弧焊	≤16	1 ~ 3	0.5 ~ 2	30 ~ 35
	氩弧焊	≤6	0 ~ 2	0.5 ~ 3	30 ~ 45

坡口表面及附近母材内、外壁的油、漆、垢、锈等必须清理干净，直至发出金属光泽。清理范围规定：手工电弧焊对接焊口，每侧各为10～15mm；埋弧焊接焊口，每侧各为20mm对壁厚大于或等于20mm的坡口，应检查是否有裂纹、夹层等缺陷。

对接管口端面应与管子中心线垂直，其偏斜度 Δf 不得超过表7-5的规定。

表 7 - 5　　　　　　管子端面偏差技术要求

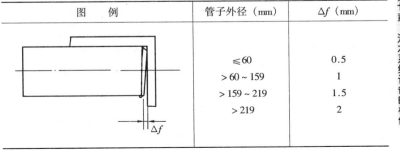

图　　例	管子外径（mm）	Δf（mm）
	≤60	0.5
	>60 ~ 159	1
	>159 ~ 219	1.5
	>219	2

焊件对口时一般应做到内壁齐平，如有错口，其错口值应符合要求：对接单面焊的局部错口值不应超过壁厚的 10％，且不小于 1mm；对接双面焊的局部错口值不应超过焊件厚度的 10％，且不大于 3mm。管子焊接角变形在距接口中心 200mm 处测量，其对口中心线的允许偏差 α 应为：当管子公称直径 DN < 100mm 时，$\alpha \leqslant 2mm$；当管子公称直径 DN $\geqslant$ 100mm 时，$\alpha \leqslant 3mm$。

管子接口位置应符合下列要求：管子接口距弯管起点不得小于管子外径，且不小于 100mm；管子接口不应布置在支吊架上，接口距支吊架边缘不少于 50mm，对于焊后需作热处理的接头，该距离不小于焊缝宽度的 5 倍，且不小于 100mm；管子两个接口间的距离不得小于管子外径，且不小于 150mm；疏水、放水及仪表管座的开孔位置应避开管道接头，开孔边缘距对接接头不应小于 50mm，且不应小于管子外径。

除设计规定的冷拉口外，其余焊口应禁止用强力对口，更不允许利用热膨胀法对口，以防引起附加应力。

（二）管子焊接时的注意事项

（1）管子的焊接工作必须由经过考试合格后取得资格证书的焊工进行施焊。

（2）两管中心对好后，沿管子圆周点焊 3～4 点，点焊的长度为壁厚的 2～3 倍，高度约为 3～6mm（不超过管壁厚度的 70％）。发现点焊处有裂纹时，应铲除疤痕，重焊。点焊好的管子不准移动或敲打。

（3）因点焊将作为管子焊缝中的一部分而存留，故点焊时的操作工艺、使用的焊条和焊工技术水平应与正式焊接是相同。

（4）一般的焊口要求一次完成，多层焊接时，焊完第一层后，要清除焊渣子，然后再焊第二层。

（5）管子对口时用的对口工具必须在整个焊接完成后可松掉。大管子在焊接时不要滚动、搬运、起吊、施加力或敲打。

（6）施焊过程中不能遭水击，管内应无水或汽，以免焊口急速冷却；冬季在室外焊接时，要根据管材成分、壁厚和环境温度，按表 7－6 对所焊接的管子进行预热。

（四）管子的焊后热处理

对于高合金钢管或壁厚大于 36mm 的低碳钢管的对接焊缝应进行焊后热处理，以改善焊口的质量。热处理的目的在于：

表 7 – 6		钢管焊接预热温度表					
钢 种	允许焊接的最低环境温度（℃）	管 壁 厚 度 （mm）					
		≤ 6	6 ～ 16	16 ～ 26		> 26	
				0℃以上	0℃以下	0℃以上	0℃以下
低碳钢	– 20	可不预热		可不预热	100 ～ 300℃	100 ～ 200℃	100 ～ 300℃
低合金钢	– 10	0℃以上 可不预热	0℃以下 150 ～ 300℃	200 ～ 450℃			
中、高合金钢（不包括奥氏体钢）	0	200 ～ 450℃					

注 1. 低合金钢指合金元素含量在 5% 以下者，中合金钢指合金元素含量在
　　 5% ～ 10% 者，高合金钢指合金元素含量在 10% 以上者。

　　2. 氧弧焊打底时不要求预热。

　　3. 表中温度均指环境温度。

（1）消除焊口残余应力，防止产生裂纹。

（2）改善焊口和热影响区金属的机械性能，使金属增加韧性。

（3）改善焊口和热影响区管壁的金属组织。

热处理的过程即把焊接接头均匀地加热到一定温度，先保温，然后冷却。其加热最高温度及冷却方式、冷却速度与钢种、焊口采用火焊或电焊有关，最高温度的保持时间与管壁厚度有关。

焊缝的热处理最好是在焊接后就紧接着进行，如无条件，应用石棉保温制品将焊口包好。热处理工序应由专职人员进行操作。

（五）焊缝检查

焊缝在热处理前应先进行外观检查及修整。先将焊缝及其两侧（20mm 内）管子表面上的焊渣、飞溅物清理干净，可用低倍放大镜观察。检查发现的缺陷及其修正方法见表 7 – 7。

第七章　汽水系统设备的检修

表 7－7　　　　　　　　　　焊缝缺陷状况及其修正方法

缺 陷 状 况	修 正 方 法
焊缝尺寸不符合标准	焊缝高、宽不够要补焊，多余的应铲除
焊　瘤	铲　除
咬边深度大于 0.5mm，宽度大于 40mm	清理后，进行补焊
焊缝表面弧坑、夹渣和气孔	铲除缺陷，进行补焊
焊缝及热影响区表面裂纹	割除焊口，重新对口焊接
对口错开或弯折超过允许值	割除焊口，重新对口焊接

焊缝在热处理后，要进行机械性能试验、金相检查、γ 射线透视或超声波探伤。热处理后，焊缝与原材料的硬度差应在 20％以内。热处理后焊缝的硬度，一般不超过母材布氏硬度加 100，且不超过下列规定：

合金总含量小于 3％时　　　　　HB≤270

合金总含量小于 3％～10％时　　HB≤300

合金总含量大于 10 时　　　　　HB≤350

硬度检查的数量是：

锅炉受热面管子焊口 5％；Ⅰ、Ⅱ类管道焊口 100％。

三、管子的弯制

管子弯制前需制作弯曲形状的样板，其制作方法为：按图纸尺寸以 1:1 的比例放实样图，用细圆钢按实样图的中心线弯好。若是管径较大的管子，可用细钢管做样板，并焊上拉筋，以防样板变形。由于热弯管在冷却时会产生伸直的变化，故热弯样板要多弯 3°～5°。

（一）冷弯管工艺

管子的冷弯制即是在常温下，管子不装砂子和加热，通常用手动弯管器、电动弯管机或手动液压弯管机弯制。常用于弯制管子直径小于 100mm、规格相同且数量很多的场合，这样弯制的管子质量较好，且效率也高。

管子冷弯时，弯曲半径不小于管子外径的 4 倍。用弯管机冷弯，其弯曲半径不小于管子外径的 2 倍，要弯制不同弯曲半径或不同直径的管子时，只要更换适于不同弯曲半径或不同直径的胎轮就可以了。

在弯管过程中，管子除产生塑性变形外，还存在着一定的弹性变形，所以，当外力撤除后，弯头将弹回一角度。弹回角的大小与管子材料、壁厚以及弯曲半径有关，一般约为 3°～5°。因此，除设计动胎轮时使其半径较管子的弯曲半径小 3 ~ 5mm 外，弯管时还要过弯 3° ~ 5°以补偿回弹量。

为了防止弯管时产生过大的椭圆变形，常采用管内加芯棒的办法（多用于直径大于 60mm 的管子），芯棒直径比管子内径小 1 ~ 1.5mm，放在管子开始弯曲面的稍前方，芯棒的圆锥部分过渡为圆柱部分的交界线，要放到管子的开始弯曲面上。如果芯棒位置过于向前，管子将产生不应有的变形甚至破裂；如果芯棒位置过于向后，又会使管子产生过大的椭圆度。芯棒的正确位置可用试验的方法获得。为了减少管壁与芯棒的摩擦，弯管前除对管内进行清扫外，还应涂以少许机油。

另一种防止椭圆度过大的办法是在设计定胎轮时，使轮槽与管子外径尺寸一致，让其紧密接合。设计动胎轮时，应使其弯管轮槽垂直方向直径与管子直径相等，而水平方向半径较管子半径略大 1 ~ 2mm，使轮槽成半椭圆形。这样弯管时，管子上、下侧受轮槽限制只能向动胎轮径向变形，呈半椭圆的预变形，动胎轮继续转动，当管子离开动胎轮时，管子则向上下方向变形。但已有的半椭圆预变形可同管子此时要发生的变形抵消一部分，使弯曲后的管子椭圆度较小，这就是所谓"欲圆先扁"的道理。实践证明这种方法是行之有效的。

（二）热弯管工艺

管子的热管即是预先在管子里装好干砂，然后用加热炉或氧 – 乙炔焰进行加热，待加热到管材的热加工温度（一般碳钢为 950 ~ 1000℃；合金钢为 1000 ~ 1050℃）时，再送到弯管台上进行弯制。管子直径在 60mm 以内的用人力直接扳动弯制。直径在 60 ~ 100mm 的可用绳子滑轮拉动；直径在 100 ~ 150mm 的可用倒链带动；直径在 150mm 以上的可用卷扬机牵引。一般碳素钢管弯制后不进行热处理，合金钢管弯制后应对其弯曲部位进行热处理。

管子热弯时，弯曲半径不得小于管子外径的 3.5 倍。弯管的工序为砂粒准备、灌砂振实、均匀加热、弯制、除砂及质量检查。

（1）砂粒准备。管内充填用的砂子应能耐 1000℃ 以上的高温，经过筛分、洗净和烘干，不得含有泥土、铁渣、木屑等杂物，其粒度大小应符合表 7 – 8 的规定。

表 7 – 8　　　　　钢管充填砂子的粒度

钢管公称直径（mm）	< 80	80 ~ 150	> 150
砂子粒度（mm）	1 ~ 2	3 ~ 4	5 ~ 6

第七章　汽水系统设备的检修

（2）灌砂震实。灌砂前先将管子的一端用堵头堵住，可用木塞和铁堵。将管子立起，边灌砂子边震实，直至灌满震实为止。充砂工作可利用现场已有的适合高度的平台，亦可在特制的充砂架上进行。为使砂子充得密实，可用手锤敲击管子或电动、风动振荡器来震实，无论采用哪种方法都不要损伤管子表面。经过震动，管中砂子不继续下沉时则可停止震动，封闭管口。最后封口的堵头必须紧靠砂面。封闭管口用的是木塞或钢质堵板。木塞用于公称通径小于 100mm 的管子，木塞长度为管子直径的 1.5 ~ 2 倍，锥度为 1:25。钢质堵板（图 7 – 15）用于公称通径大于或等于 100mm 的管子，堵板直径比管子内径小 2 ~ 3mm。

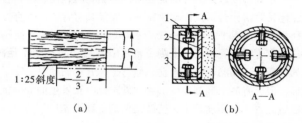

(a)　　　　　　　　　(b)

图 7 – 15　木塞与铁堵

(a) 木塞；(b) 铁堵

1—管子；2—圆铁板；3—钢管套

（3）均匀加热。管子加热前应准备好弯管平台、地炉、鼓风机、起吊工具弯管样板及其他工具，如水壶、钳子、撬棍等。按图纸计算出管子弯头长度，其公式为

$$L = \pi \alpha R / 180 \approx 0.0175 \alpha R \qquad (7 – 1)$$

式中　L——管子弯头长度，mm；

　　　α——管子弯曲角度，(°)；

　　　R——管子弯曲半径，mm。

将计算好的弯头长度及弯曲起点、加热段用粉笔在管子上标出记号，一般小管径的管子用火焊烤把加热，较大管径的管子用火炉加热。火炉加热时，用木炭和焦炭生火，将管子的待弯段放在炉火上，上面再盖层焦炭，并用铁板铺盖，在加热过程中要翻转管子使其受热均匀。加热温度为：碳钢 950 ~ 1000℃，合金钢 1000 ~ 1050℃。可用热电偶温度计或光学高温计来测量温度。在要求不高的情况下，亦可按管壁颜色的变化来判断大致的温度（参见表 7 – 9）。

表 7 – 9　　　　　钢的加热温度与颜色对照

温度 （℃）	500 ~ 580	580 ~ 650	650 ~ 730	730 ~ 770	770 ~ 800	800 ~ 830	830 ~ 900	900 ~ 1050	1050 ~ 1150	1150 ~ 1250	1250 ~ 1300
颜色	深棕	红棕	深红	深鲜色	鲜红	淡鲜红	淡红	橙黄	深黄	淡黄	白色

（4）弯管。将加热好的管子放置在图 7 – 16 所示的弯管平台上，有缝管的管缝应放置在管子的正上方。用水冷却加热段的两端非弯曲部位（仅限于碳钢管子，对合金钢不能浇水，以免产生裂纹），以提高此部位的刚性，然后弯制。再将样板放在加热段管子的中心线上，均匀施力，使弯曲段沿着样板弧线弯曲。弯制过程中要随时用样板检查其弯曲度，对已弯曲到位的弯曲部位可浇少量水冷却，以防继续弯曲。弯制过程中管子温度逐渐降低，当降为 800℃ 以下时便不可继续弯制，应重新加热后再继续弯制。若一次未能成性，可二次加热，但次数不宜过多，碳钢管弯好后可放在地上自然冷却。

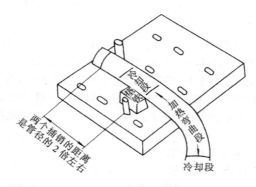

图 7 – 16　热弯管示意

（5）除砂。管子稍冷却后即可除砂。加热段的管子在高温作用下，砂粒与管内壁常常烧结在一起，很难清理干净。清理时可用手锤敲打管壁，必要时可用电动钢丝刷进行绞洗，或用喷砂工具冲刷。管子的喷砂冲刷工作要从两头反复进行，直到将管子喷出金属光泽。

（6）质量检查。主要检查弯曲处的椭圆度，椭圆度可用"mm"表示（最大直径－最小直径），也可用百分数表示 [（最大直径－最小直径）/原有直径×100％]。表 7 – 10、表 7 – 11 给出了弯管椭圆度和壁厚减薄量的允许值，弯管时要控制弯管的椭圆度和壁厚减薄量在标准范围内。制作出

第七章　汽水系统设备的检修

的弯头角度要与实样角度进行复核，弯头两端留出的直管段长度不得小于70mm。此外要求弯曲管段无裂纹、折皱及鼓包等缺陷，且弯曲弧形与弯曲半径符合图纸要求，并抽样锯管或用测厚仪检查弯曲部分的外侧厚度。检查椭圆度可用卡尺或卡钳进行。

表 7 – 10　　　　　　　　弯管椭圆度的允许值

弯曲半径 R	$R \leqslant 1.4 D_{NW}$	$1.4 D_{NW} < R < 2.5 D_{NW}$	$R \geqslant 2.5 D_{NW}$
椭圆度 a	≤14%	≤12%	≤10%

注　$a = (D_{max} - D_{min}) / D_{NW} \times 100\%$，其中 D_{max} 为弯头横断面上最大外径，mm；D_{min} 为弯头横断面上最小外径，mm；D_{NW} 为管子公称外径，mm。

表 7 – 11　　　　　　　　弯管壁厚减薄量的允许值

弯曲半径 R	$R \leqslant 1.8 D_{NW}$	$1.8 D_{NW} < R < 3.5 D_{NW}$	$R \geqslant 3.5 D_{NW}$
椭圆度 b	≤25%	≤15%	≤10%

注　$b = (S_0 - D_{min}) / S_0 \times 100\%$，其中 S_{min} 为弯头横断面上最薄处壁厚，mm；S_0 为管子实际壁厚，mm。

碳素钢管弯制后不进行热处理，只有合金钢管弯制后才对其弯曲部位进行热处理。热处理包括正火和回火两个过程，正火和回火的温度、冷却速度和保温时间随管子材质的不同而各异，可查找有关的金工手册。

控制冷却速度和保温时间的方法可用自动调节降温速度的热处理炉，亦可用石棉绳（或石棉灰）把正火和回火的部位裹起来这样简易的方法。

合金钢的热弯有其特殊要求：

（1）加热时必须严格控制温度，不得超过 1050℃，不能仅凭颜色推测，还应用热电偶温度计或光学温度仪进行测温，并定时测试、记录。

（2）管子的加热段必须均匀升温，并要求温度一致。

（3）在弯管过程中严禁向管子浇水，否则会使金属组织发生变化和引起管子裂纹。

（4）当温度下降到 750℃ 以下时，应停止弯管，需重新加热后再弯。

（5）弯好后的管子，必须放在干燥的地方。

（6）对管子的弯曲部位应进行正火或回火热处理，还要做金相或硬度检查。正火热处理即把管子加热到约 930℃，管壁厚度每 1mm 要维持此温度 0.75min，然后在静止空气中冷却到 650℃；回火处理即将管子在 650℃

下每 1mm 厚保持 2.5min，然后缓冷至 300℃，冷却速度每分钟不超过 5℃。在实际工作常对 φ42 以下的管子采用简单的热处理方法，当弯好管子以后正好是 750℃左右，这时可用事先准备好的干石棉灰把管子埋起来，让其缓冷至室温即可。

（三）中频弯管

中频热弯管是一种在中频弯管机上进行的弯管工艺，尤其适合弯制大口径钢管。中频弯管采用在管子断面上局部电磁感应加热的工艺。它不像常规方法那样从外壁向内加热，而是在管子断面上自行产生热量加热。中频是指 1000Hz 左右的频率。

弯管机辅以一套传动机械装置，有油压式（液动）或其他机械传动装置施加弯矩力，通过感应器电功率调整和高温计监测温度和自动记录，能准确地达到所要求的弯管温度。对于合金弯管，另配备一套热处理装置。

为使厚壁管的温差梯度减小，施以很小的推进速度，而薄壁管则选用较高的推进速度。这种弯管工艺能保证钢材材质不受损伤（温控可靠），且弯管的形体尺寸准确，更重要的是对弯管的椭圆度和壁厚减薄率两大质量指标可达到满意程度。

弯管的过程为：把钢管穿过中频感应圈，再放置在弯管机的倒向滚筒之间，用管卡将钢管的端部固定在转臂上。随后启动中频电源，使在感应圈内部宽约 20～30mm 的一段钢管受感应发热。当钢管的受感应部位温度升到 1000℃时，启动弯管机电机，减速轴带动转臂旋转，拖动钢管前移，同时使已红热的钢管产生弯曲变形。管子前移、加热、弯曲，是一个连续同步的过程，直到弯到所需的角度。

此弯管机由于管子加热只在一小圈的管段上，故加热快，散热也快，不需要类似冷弯机的大轮。改变弯曲半径，只需调整管卡在转臂上的位置（改变旋转半径）和倒向滚筒的位置即可。

四、蛇形管的组焊

锅炉本体受热面管子，如过热器、再热器、省煤器等均为立式或卧式布置的蛇形管组，在运行中，这些管子会因磨损、蠕胀、腐蚀等多种原因造成损坏，须整组或部分更换蛇形管。

（一）放大样

由于各组管子损坏面积不同，需更换的长度也不一样，一般的方法是先将要更换的部分用钢锯锯下或用气割割下，然后按原样平放在工作台板上，放蛇形管"大样"（也叫放实样）。工作台板可由一块平整的大铁板代用，也可由宽敞的水泥地板代用。

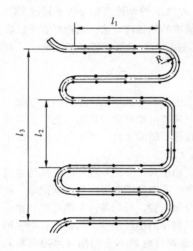

图 7 – 17　蛇形管大样

放"大样"就是把要组焊的蛇形管按原样大小（制图比例为1:1）画在工作台板上，并在边缘线上打上印痕（錾冲眼），以防在工作中擦掉（如图 7 – 17 所示）。

画大样图时，应先画中心线，再画弯管部分的边缘线，后连接直线。图中 R、l_1、l_2、l_3 等尺寸必须严格保证。

（二）组焊

大批蛇形管的组焊是以"大样"为准进行的，故组焊成的蛇形管尺寸与更换的管组一致，形状正确，便于安装。

将弯制好的管子与直管依"大样"进行管排组合，然后制好各管子头的坡口，编上号以便进行焊接。焊接可在特制的组合架子上进行，如图 7 – 18 所示。这样可省去翻转管子，还可以多人同时进行焊接。

图 7 – 18　蛇形管排组合焊接
1—弯头；2—组合架子；
3—限位角钢；4—焊口

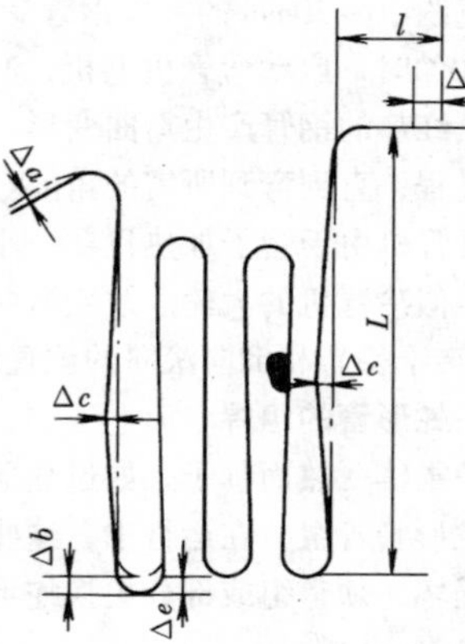

图 7 – 19　单根蛇形管偏移（Ⅰ）

组焊完毕的管排应放在实样上面进行检查，其外形与实样线的偏移应满足以下要求。

1）单根蛇形管偏移值规定如图 7－19、图 7－20 所示。

管端偏移 Δa，当 L 不大于 400mm 时，Δa 小于或等于 2mm；L 大于 400mm 时，Δa 小于等于 $L/200$。

管端长度偏移 Δl 不得超过 $^{+4}_{-2}$mm。最外边管子的管段沿宽度方向偏移 Δc 不大于 5mm，相邻弯头沿长度方向偏移 Δe 不大于 $D_w/4$，弯头沿长度方向偏移 Δb 应符合表 7－12 的规定。

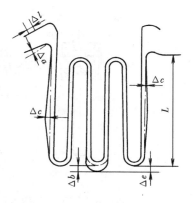

图 7－20　单根蛇形管偏移（Ⅱ）

表 7－12　　　　弯头沿长度方向偏差的允许量　　　　　　　mm

蛇形管长度 L	$L \leqslant 6000$	$6000 < L \leqslant 8000$	> 8000
弯头偏移 Δb	$\leqslant 6$	$\leqslant 8$	$\leqslant 10$

2）多根套蛇形管偏移值规定如图 7－21 所示。除按单根蛇形管规定进行检查外，还需检查管子间的间隙，应不小于 1mm。

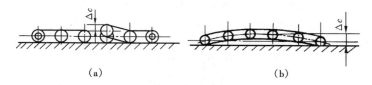

（a）　　　　　　　　　　　　　（b）

图 7－21　多根蛇形管偏差

平面蛇形管的个别管圈和蛇形管总的平面之差 Δc（见图 7－21，a），及装上管夹后平面蛇形管的平面度 Δc（图 7－21，b），应不大于 6mm。

（三）水压试验

蛇形管组合焊接后，由于焊口很多，为检查管子焊接质量，需进行 1.25 倍工作压力的水压试验。常用的是内塞式和外夹式两种水压试验工具，如图 7－22 所示。蛇形管水压试验系统图如图 7－23 所示。

水压试验时，先将管排内充满水，待水溢出空气门时将空气门关严，缓慢升压，当压力升至工作压力时停止升压，检查各焊口有无漏泄。若未发现问题，可继续升压至试验压力，保持 5min。如压力没有下降，再将压

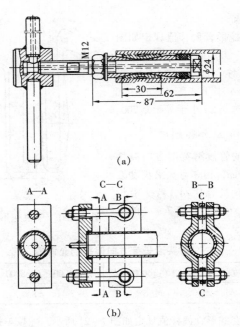

(a)

(b)

图 7－22　常用单管水压试验工具

(a) 内塞式；(b) 外夹式

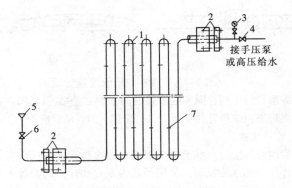

接手压泵
或高压给水

图 7－23　蛇形管水压试验系统

1—蛇形管；2—外夹式水压试验工具；3—压力表；

4—阀门；5—漏斗；6—空气门；7—管子焊口

第二篇　锅炉本体检修

力降至工作压力，仔细检查各焊口。

水压试验合格后，放尽管内水，用直径按表 7 – 13 选取小木球，以压缩空气吹动，做过球试验。对于通球检查不合格的部位要进行换管。管排通球试验合格后，两端管口要做好可靠的封闭措施，保管好待用。

表 7 – 13　　　　　　　　　　　　**通球试验的球径**

管子外径　　　　弯曲半径	$D_1 \geqslant 60$	$32 < D_1 < 60$	$D_1 \leqslant 32$
$R \geqslant 3.5D_1$	$0.9D_0$	$0.85D_0$	$0.75D_0$
$2.5 < R < 3.5D_1$	$0.9D_0$	$0.85D_0$	$0.75D_0$
$1.8D_1 \leqslant R < 2.5D_1$	$0.80D_0$	$0.80D_0$	$0.75D_0$
$1.4D_1 \leqslant R < 1.8D_1$	$0.75D_0$	$0.75D_0$	$0.75D_0$
$R < 1.4D_1$	$0.70D_0$	$0.70D_0$	$0.75D_0$

注　D_0—管子内径；D_1—管子外径；R—弯曲半径。

如是合金钢管的组焊，则要求对组成蛇形管的每一段都打光谱，以鉴定材质，进行检验，确保不发生错用钢材事件。

检验合格的蛇形管组，两头装以木塞，平整地放好待用。

提示　本节内容适合锅炉本体检修（MU7 LE21）、（MU10 LE36），锅炉管阀检修（MU5　LE13）。

第五节　受热面管排和集箱的更换

一、管排的更换

在更换受热面管排时首先要确定好新旧管排的起吊、运输方案，设置临时起吊设备。管排可从炉顶、炉侧开孔或从炉底部进出炉膛。

在割除旧管排时要注意保护好管座、悬吊管、管卡等。旧管排拆除完毕后，要对连接管排的联箱内外部进行仔细检查和清理，对准备与新管排连接管头进行仔细的尺寸校核和坡口加工。

安装新管排可从一侧到另一侧，或从中间向两侧进行。先装的 1、2 排为标准管排，标准管排要力求装得准确，其他各排应以标准管排为准。以先装的标准管排为基准，陆续装上几排后，要进行尺寸复查，确认无误后把所有的管排顺序装上。焊口全部焊完后，即可进行管排的校正及合金钢焊口的热处理和检验工作。防磨装置和固定卡等要按原设计装好。

有的锅炉受热面管排由悬吊管支吊，两根悬吊管中间夹一排受热面管排，且悬吊管同时支吊多种受热面。这样更换时，整排拆装就很困难。在这种情况下可采取在现场安装散件的方法，即在新管排的准备工作中只进行管排的局部组焊或不组焊，组焊工作在现场进行。同样旧管排的拆除也得割成散件进行。

过热器、再热器管排的组合安装允许误差见表 7 – 14。

表 7 – 14　　　　过热器、再热器管排的组合安装允许误差　　　　mm

序　号	检查项目	允许偏差
1	蛇形管自由端	± 10
2	管排间距	± 5
3	个别管不平整度	≤20
4	边缘管与炉墙间隙	符合图纸

省煤器管排组合安装允许误差见表 7 – 15。

表 7 – 15　　　　　　省煤器管排的组合安装允许误差　　　　mm

序　号	检　查　项　目	允许偏差
1	组件宽度	± 5
2	组件对角线差	≤10
3	联箱中心距蛇形管弯头端部长度	± 10
4	组件边排管不垂直度	± 5
5	边缘管与炉墙间隙	符合图纸

二、集箱的更换

(一) 新集箱的检查及画线

对集箱进行外观检查，有无表面缺陷，对其直径、壁厚、弯曲度和椭圆度也要检查，检查弯曲度的方法是拉线法。检查联箱管接头（或管孔）中心距离，其误差应符合表 7 – 16 规定。

表 7 – 16　　　　联箱管接头（或管孔）中心距离的允许偏差　　　　mm

管接头（或管孔）中心距离	允许偏差	管接头（或管孔）中心距离	允许偏差
≤260	± 1.5	1001 ~ 3150	± 3.0
261 ~ 500	± 2.0	3151 ~ 6300	± 4.0
501 ~ 1000	± 2.5	> 6300	± 5.0

集箱画线的程序和方法如下：

（1）沿多数管接头（或管孔）两侧拉两条线，做这两条线间距离的中心线，此即是沿联箱纵向的管接头中心线（见图7－24）。

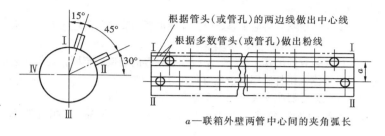

图7－24 集箱画线示意

（2）以做出的这条线中点为基点，沿集箱纵向量取相等距离得两端基准点（一般都在边管外一段距离），过这两点用划规作管接头纵向中心线的垂线，并将垂线延长，则得围绕集箱圆周的两个圆。

（3）根据图纸上规定的管接头轴线到集箱水平面的夹角；算出集箱外壁处所对应的弧长，并用钢卷尺从管接头中心线起沿圆圈周量取该段弧长，则得出集箱水平点。从这点开始可把集圆周四等分，得四等分点（集箱的上，下和前，后水平点）。

（4）将集箱垫平，用U型管水平仪测量集箱两端四个水平点是否水平。其目的是为了检查集箱有无扭曲，如有扭曲，则应向扭曲相反的方向移动四点的位置（移动距离为扭曲值的1/2），重新定出四等分点。再用弹粉线的办法将集箱两端对应点连接起来，则得集箱的四等分线。

（5）根据集箱四等分线便可画出集箱支座位置的十字线或吊环位置线。并把安装找正时需要测量的各基准点准确地打上清晰的冲痕，用白铅油作出明显标记备查，用手捶把无用的冲痕打平。

（二）集箱的更换

更换集箱需要把与集箱连接的所有管道和受热面管排在管座焊口处割开，有时需要更换集箱处的部分连接管。在拆除旧集箱前要在支撑钢架上做好原始位置的标记，尤其是标高和中心。将旧集箱的原始位置做好标记，与其连接的管子全部割开后，即可拆开其支持托架或吊架，把旧集箱拆除吊走。对割开的管道和管排要进行坡口加工，准备与新集箱焊接。对支持托架或吊架要进行仔细检查和清理。将画好线的新集箱吊运至现场，按原始标高和中心就位、找正，标高和水平可用U型管水平仪测量。找正调整完毕，要将集箱固定好，然后进行与其连接的管道和管排的焊接工作。更换后的集箱应符合下列要求：

（1）集箱的支座和吊环在接触角 90° 内，圆弧应吻合，接触应良好，个别间隙不大于 2mm。

（2）支座与横梁接触应平整严密。支座的预留膨胀间隙应足够，方向应正确。

（3）吊挂装置的吊耳、吊杆、吊板和销轴等的连接应牢固，焊接工艺应符合设计要求。吊杆紧固时应注意负荷分配均匀。

（4）膨胀指示器应安装牢固，布置合理，指示正确。

（5）集箱的安装允许误差为：标高 ±5mm，水平 3mm，相互距离 ±5mm。

提示　本节内容适合锅炉本体检修（MU7　LE21）、（MU10　LE36），锅炉管阀检修（MU5　LE13）。

第三篇

锅炉辅机检修

锅炉辅机一般包括：磨煤机、给煤机、给粉机、送风机、引风机、排粉风机、回转式空气预热器、空压机、强制再循环泵和其他锅炉辅机及附属设备。

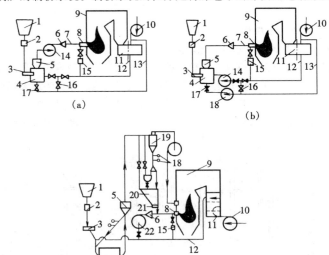

第八章

锅炉辅机设备及系统

第一节　制粉系统及设备

一、锅炉的制粉系统

磨煤机、给煤机、煤粉分离器、煤仓及煤粉管道组成的煤粉制备系统称为锅炉的制粉系统。制粉系统的任务是将煤仓中的煤块通过给煤机均匀

（a）

（b）

（c）

图 8-1　制粉系统的分类

（a）负压式直吹系统；（b）正压式直吹系统；（c）仓储式制粉系统
1—原煤仓；2—自动磅秤；3—给煤机；4—磨煤机；5—粗粉分离器；
6—一次风箱；7—去燃烧器的煤粉管道；8—燃烧器；9—锅炉；10—送
风机；11—空气预热器；12—热风管道；13—冷风管道；14—排粉机；
15—二次风箱；16—冷风门（调温）；17—冷风门（磨煤机密封）；18—
密封风机；19—旋风分离器；20—煤粉仓；21—给粉机；22—排粉机

地送入磨煤机，煤块在磨煤机中磨成粉状，经煤粉分离器分离出合格的颗粒后，由热风通过煤粉管道送入炉膛，参加燃烧。制粉系统分为直吹式和仓储式两大类（见图8－1）。

在直吹式制粉系统中，由磨煤机磨出的煤粉直接吹入炉膛燃烧，而仓储式制粉系统中磨出的煤粉先储存在煤粉仓里，然后再根据锅炉的需要，从煤粉仓送入炉膛。直吹式制粉系统按磨煤机所处的压力分为正压系统和负压系统，制粉系统一般布置在炉后，也可布置在炉前。

二、磨煤机

磨煤机是制粉系统中的主要设备，其作用是把给煤机送入的煤块通过撞击、挤压和研磨，磨制成煤粉，并由热风携带走。

磨煤机按其工作有原理可分为低速磨、中速磨及高速磨三种类型。低速磨煤机常用于仓储式制粉系统，中速磨煤机与高速磨煤机常用于直吹式制粉系统。

（一）低速磨煤机

1.低速磨煤机的分类及优缺点

低速磨煤机又叫钢球磨煤机，按外壳形状分为筒型球磨机和锥型球磨机。大型锅炉常采用引进的双进双出球磨机。低速磨煤机的最大优点是能磨各种不同的煤，包括劣质硬煤，且磨出的煤粉可达到很高的细度；结构可靠性强，能安全可靠地长期连续工作。缺点是设备庞大笨重，金属消耗

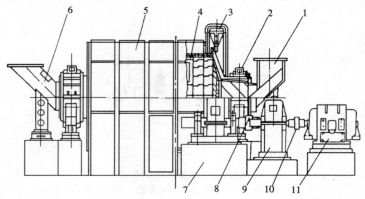

图8－2　DTM350/600型钢球磨煤机结构示意

1—进料口；2—主轴承；3—传动机构；4—筒体；5—隔音罩；

6—出料口；7—基础；8、10—联轴器；9—减速机；11—电动机

第三篇　锅炉辅机检修

量多，占地面积大，投资较大，运行耗电率高，运行时噪声大。

2. 低速磨煤机的构造及工作原理

低速磨煤机通常是指筒式钢球磨煤机。筒式钢球磨煤机转速一般在
16～25r/min。磨煤机的型号一般采用三组字码，例如：DTM350/600 型钢
球磨煤机，DTM 表示磨煤机型式为低速筒式磨煤机，350 表示筒体有效直
径为 3500mm，600 表示筒体有效长度为 6000mm。

DTM350/600 型钢球磨煤机的结构如图 8-2 所示。

低速磨煤机的工作原理是在转动筒体内，装有一定数量的钢球，筒壁
上装有波浪形护甲。当原煤由进料口落入旋转的筒体内部时，在离心力和
摩擦力的作用下将钢球和煤沿筒体提到一定高度，在重力的作用下钢球落
下，撞击煤块。煤在筒体中一方面受到钢球的撞击，一方面也受到钢球间
的挤压和研磨，被粉碎成煤粉。在此过程中，热风将不断地对原煤和煤粉

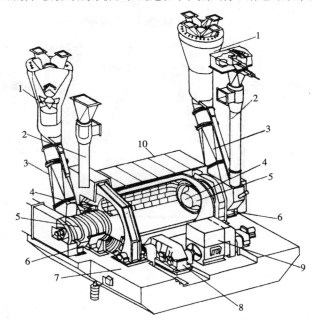

图 8-3 双进双出钢球磨煤机构造

1—分离器；2—下煤管；3—出粉管；4—出粉口；5—下煤螺旋槽；
6—主轴承；7—基础；8—减速器；9—电动机；10—隔音罩

进行干燥，并把磨制的煤粉从出料口带出。低速磨煤机的最佳转速与筒体的直径有关。

双进双出钢球磨煤机一般用于正压直吹式制粉系统。此种磨煤机的工作原理与低速筒式钢球磨煤机基本相同，但在结构和工作方式上与前者有所差别，如图8－3所示。

双进双出球磨煤的结构特点是包括两个对称的研磨回路。其工作方式是煤从给煤机的出口落入混料箱内，经过旁路热风干燥后，靠螺旋槽使煤进入磨煤机内，然后通过旋转筒体内部的钢球运动对煤进行研磨。

一次风通过中空轴内的中心管进到磨煤机内，把煤干燥之后，按原煤进入磨煤机的相反方向，通过中心管与中空轴之间的环形通道把煤粉带出磨煤机。图8－4为风、煤流程图。

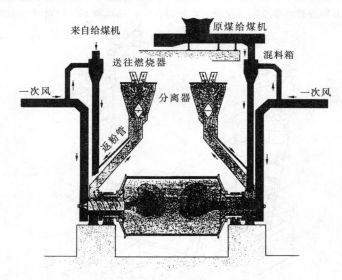

图8－4　风、煤流程

（二）中速磨煤机

1. 中速磨煤机的分类及优缺点

中速磨煤机常见的有球式和辊式两种。其优点是单位耗电量少，设备结构紧凑，金属消耗量少，占地小，噪声较低，运行经济性高，调节较灵敏。缺点是结构较复杂，对煤种的适应性窄，定期维修频繁。

2. 中速磨煤机的结构

中速磨煤机转速在 50～300r/min 之间。所有中速磨煤机共同点是：碾磨部件都是由相对运动着的碾磨盘和磨辊或磨球碾压物料，进行研磨。它们的主要差别在于碾磨部件的结构不同，常见的有以下几种：

（1）辊与盘式磨煤机，简称平盘磨。碾磨件由圆形平盘和辊子组成，如图 8－5 所示。

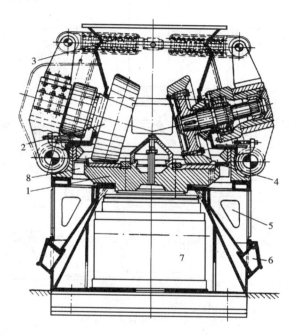

图 8－5　平盘磨煤机

1—转盘；2—辊子；3—弹簧；4—挡环；

5—风室；6—矸石箱；7—减速箱；8—环形风道

（2）辊与碗式磨煤机，简称碗式磨。碾磨件由碗形磨盘和辊子组成，如图 8－6 所示。

（3）球与环式磨煤机，简称 E 型中速磨。碾磨件由上、下磨环和处在中间的滚动钢球组成，如图 8－7 所示。

（4）辊与环式磨煤机，简称 MPS 磨。碾磨件由磨环和近于轮胎形的磨辊组成，如图 8－8 所示。

3. 中速磨煤机的工作原理

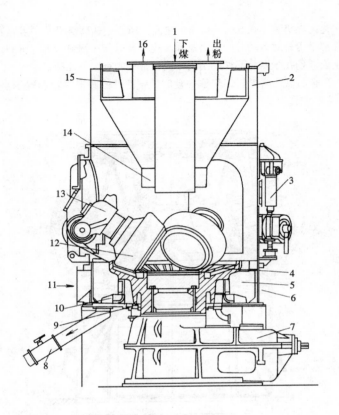

图 8-6　RP 型碗式磨煤机

1—煤进口；2—分离器；3—加压系统；4—磨盘衬板；5—进风导流
叶片；6—磨室底部；7—传动装置；8—排矸石门；9—密封；10—矸
石刮板；11—热风入口；12—磨辊；13—辊套；14—粗粉返回管；
15—分离器调节门；16—煤粉出口

原煤从磨煤机上面的落煤管进入旋转的磨盘，在相对运动的磨辊与磨盘之间受到挤压和研磨，而被粉碎。与此同时，进入磨煤机的热风将煤干燥，并将粉碎的煤粉送到分离器中，粗粉返回重复研磨，合格的细粉由热风送至锅炉燃烧室。

（三）高速磨煤机

1. 高速磨煤机的优缺点

高速磨煤机又称锤击式或风扇磨煤机，其主要优点是磨煤机直接与锅

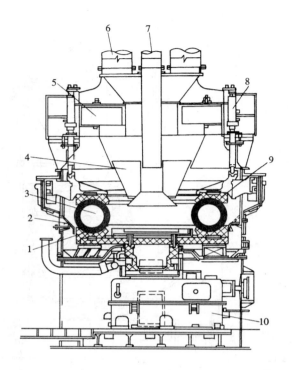

图 8 - 7　E 型磨煤机

1—下磨环；2—磨室；3—空心钢球；4—防磨套；5—粗粉
回粉斗；6—出粉管；7—下料管；8—加压缸；9—上磨环；
10—减速箱

炉配合，不要很多附属设备，金属消耗量少，投资很低，单位耗电率少。缺点是极易磨损，对煤的适应性更窄。高速风扇磨煤机的结构如图 8 - 9 所示。

2. 高速磨煤机的结构及工作原理

高速磨煤机的转速为 500 ~ 1500r/min，但现代大型风扇磨的转速已降低至 300 ~ 500r/min。

风扇磨的工作原理是原煤由热空气吹进磨煤机，叶轮高速旋转时打击煤块，并使之与壳体之间强烈撞击，完成研磨过程。

三、煤粉分离器

煤粉分离器分为粗粉分离器与细粉分离器。煤粉分离器的作用是将不

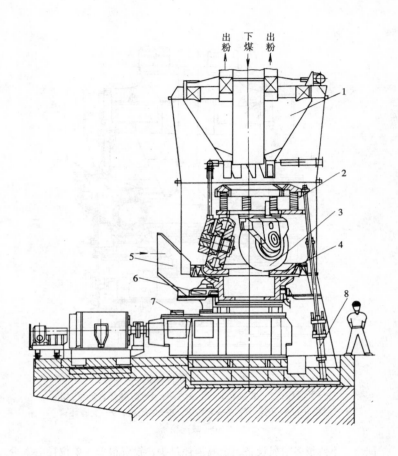

出粉　下煤　出粉

图 8 – 8　MPS 型中速磨

1—分离器；2—弹簧；3—磨辊；4—磨盘；5—热风入口；

6—矸石刮板；7—减速机；8—加压油缸

合格的粗粉分离出来，送回磨煤机重新磨制。细粉分离器又叫旋风分离器，其作用是将风粉混合物中的煤粉分离出来，储存在煤粉仓中。粗粉分离器有离心挡板式和回转式两种形式。

　　锅炉制粉系统所用的煤粉分离器有两种。对于直吹系统，均采用磨煤机、分离器一体的结构，图 8 – 10 所示为 RP – 1043XS 型磨煤机分离器结构示意图。

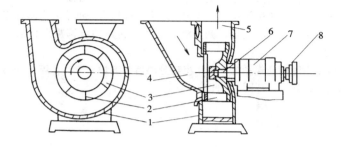

图 8 - 9 风扇式磨煤机

1—外壳；2—冲击板；3—叶轮；4—风、煤进口；

5—煤粉出口；6—轴；7—轴承箱；8—联轴节

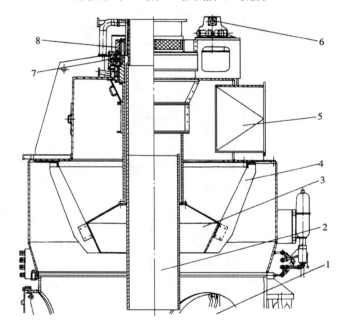

图 8 - 10 RP - 1043XS 型磨煤机分离器

1—研磨室；2—落煤管；3—分离器本体；4—分离器叶片；5—出粉管；

6—分离器液压马达；7—分离器轴承；8—分离器齿形传动皮带

此种分离器构造复杂。整个装置由一盘大直径的轴承吊在磨煤机上部，落煤管由轴承中间穿过，伸到研磨室。外形为圆锥形，中间有三个腔室。是旋转离心式分离器，调整液压马达的转速即可调整出粉细度与出力。

对于中间储仓式系统，采用粗粉分离器和细粉分离器。煤粉分离器多用轴向型，其构造如图 8－11 所示。

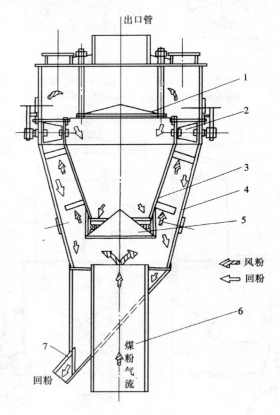

图 8－11　轴向型粗粉分离器

1—可调锥形帽；2—折向门；3—内圆锥体；4—外圆
锥体；5—锁气器；6—进口管；7—回粉管

细粉分离器与粗粉分离器结构基本相同，但煤粉为径向进入，轴向输

第三篇　锅炉辅机检修

出。其构造如图 8 - 12 所示。

粗、细粉分离器的工作原理相同，是依靠煤粉气流旋转产生的离心力进行分离的。但细粉分离器要求气粉混合物进入分离器的速度较高，在外圆筒与中心管之间高速旋转，产生较大离心力，很快使煤粉气流中的煤粉分离出来。

四、给煤机、给粉机及输粉机

（一）给煤机

给煤机的作用是将原煤斗的原煤按要求数量均匀地送入磨煤机。按工作原理，给煤机分为圆盘式、电磁振动式、刮板式和皮带式四种类型。目前圆盘式给煤机已淘汰，电磁振动式给煤机已很少采用。现代大型机组常用的是刮板式给煤机和皮带式给煤机。

（1）刮板式给煤机。刮板式给煤机又分单链条和双链条两种，可通过调节板的高度改变煤层厚度或通过无级变速装置改变链轮转速来进行煤量调节。其优点是不易堵煤，较严密，有利于电厂布置；缺点是当煤块过大或煤中有杂物时，易卡死。

埋刮板式给煤机的构造如图 8 - 13 所示。

（2）皮带式给煤机。目前 $300 \sim 600MW$ 机组锅炉的给煤机多采用耐压式计量皮带给煤机，如图 8 - 14 所示。与计量称配套的电子重力式皮带给煤机，可通过改变皮带上面的煤闸门开度或改变皮带速度来调节给煤量。其优点是可适用于各种煤，不易堵，并可准确地测定送到磨煤机的煤量；其缺点是装置不严密，漏风较大。

（3）电磁振动式给煤机。这种给煤机主要由进煤斗、给煤槽、电磁振动器、给煤管、消振器五部分组成，如图 8 - 15 所示。

原煤由煤斗进入给煤槽，在振动器作用下，给煤槽以每秒 50 次频率振动。振动器与给煤槽平面之间的夹角为 α，所以煤槽中的煤就以 α 角呈抛物线向前跳动，并均匀地下滑到落煤管中。

（二）给粉机

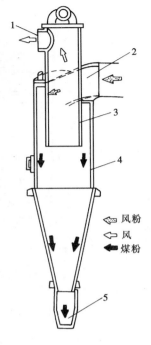

图 8 - 12　细粉分离器结构
1—空气出口；2—风粉进口；3—中心管；4—外壳；5—煤粉出口

⇦ 风粉
⇦ 风
◀ 煤粉

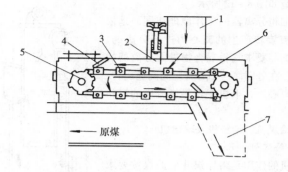

图 8 - 13　埋刮板式给煤机简图

1—进煤管；2—煤层厚度调节板；3—刮板链条；
4—导向板；5—链轮；6—止链导轨；7—出口

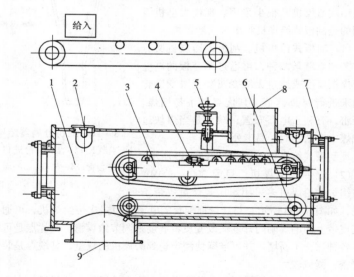

图 8 - 14　耐压式计量皮带给煤机

1—耐压壳体；2—照明灯；3—输送机构；

5—煤层调节器；6—清扫刮板；

7—检修门；8—进料口；9—出料口

　　给粉机的作用是将煤粉仓中的煤粉按照锅炉负荷的需要均匀地送至一次风管，送入炉膛。常用的给粉机是叶轮式给粉机。

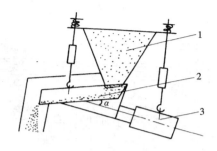

图 8 - 15　振动式给煤机
1—煤斗；2—给煤槽；3—电磁振动器

叶轮式给粉机给粉量的调节可通过改变叶轮的转速来实现。这种给粉机的优点是供粉较均匀，不易发生煤粉自流，并可防止一次风冲入粉仓。缺点是结构复杂，易被煤粉中的木屑杂物堵塞，电耗也较大。

给粉机的构造如图 8 - 16 所示（GF 系列），主要由轴、上叶轮、下叶轮、刮板、减速机、外壳、上孔板、下孔板等组成。其工作过程为当开启上部体闸板后，煤粉进入刮板处，刮板将煤粉由壳体处的缺口送到测量叶轮处，再由测量叶轮将煤粉通过出粉管送到一次风管内。煤粉在给粉机内走了一个"Ω"型，这样既可以连续、均匀地输送煤粉，还可以防止停机时煤粉的自流现象。

（三）输粉机

输粉机的作用是将细粉分离器落下来的煤粉送入邻炉煤粉仓，或将邻炉经细粉分离器分离的煤粉送入本炉煤粉仓，以达到各炉煤粉互相支援的目的。输粉机有链式输粉机、螺旋输粉机等类型。

链式输粉机的工作原理。煤粉各微粒之间存在着相互的内摩擦力和内压力，在机槽内受到输送链带来的与运动方向相同的拉力作用，使煤粉间的内摩擦力、内压力增大。当内摩擦力大于煤粉与机槽的摩擦力后，煤粉在输送链的带动下向前移动，而增大了的内压力，保证了煤层之间的稳定状态，形成整体连续流动。

螺旋输粉机的是由螺旋输粉机由外壳、装于外壳内的螺旋杆、固定于外壳上的轴承、端部支座、推力轴承及进粉管等构成，如图 8 - 17 所示。其工作原理是由带有螺旋片的转动轴在一封闭的料槽内旋转，使装入料槽的煤粉由于本身的重力及其对料槽的摩擦力的作用，而不与螺旋片一起旋转，只沿料槽向前运送，形成连续流动。

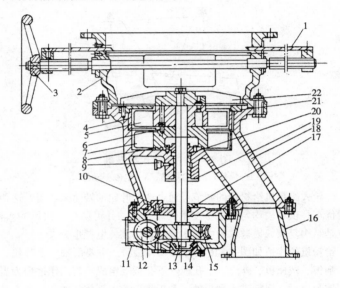

图 8-16 给粉机的构造

1—闸板；2—上部体；3—手轮；4—供给叶轮壳；5—供给叶轮；6—
传动销；7—测量叶轮；8—圆盘；9—黄干油杯；10—放气塞；11—
蜗轮壳；12—蜗杆；13—主轴；14—圆锥滚子轴承；15—蜗轮；16—
出粉管；17—蜗轮减速机上盖；18—下部体；19—压紧帽；20—油
封；21—衬板；22—刮板

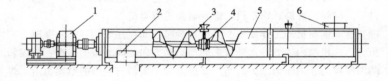

图 8-17 螺旋输送机结构示意

1—驱动装置；2—出料口；3—旋转螺旋轴；

4—中间吊挂轴承；5—壳体；6—进料口

五、煤粉管道及其附件

煤粉管道是制粉系统输送煤粉—空气（风—粉）混合物的通道，由于煤粉的冲刷能力较强，且泄漏后易对环境造成污染，故管道的严密性和管件耐磨性是衡量其质量的重要指标。

煤粉管道弯头是使风粉混合物转折变向的部件，弯头外侧是承受冲刷的主要部位，目前常采用弯头外侧厚壁铸造及涂抹贴补耐磨材料来延长弯头的更换周期。

煤粉分配器布置在磨煤机的出口，可将磨煤机来的风—粉混合物由一条管道均匀地分配到四角喷布置的四条管路中去，保证四管中的煤粉浓度大致相等。

节流孔板布置在煤粉管道通往燃烧器的入口处，其作用是均衡四根煤粉管道中风—粉混合物的流量，四根管的孔板直径大小不同，孔径的大小与管道的长短有关。

插板位于节流孔板附近，其作用是在锅炉运行时，保证与该插板对应的磨煤机等设备检修安全，以防锅炉正压时火焰喷入磨煤机。

提示 本节内容适合锅炉本体检修（MU12 LE39），锅炉辅机检修（MU5 LE10）、（MU6 LE14）、（MU7 LE18）、（MU8 LE20）。

第二节　风烟系统及设备

一、锅炉的风烟系统

引、送（排）风机及风道、烟道、烟囱组成的通风系统称为锅炉的风烟系统。

风烟系统的作用在于通过送风机克服风流程（包括空气预热器、风道、挡板等）的阻力，并将空气预热器预热的空气送至炉膛，以满足燃料燃烧的需要。通过引风机克服烟气流程（包括受热面、除尘器、烟道、脱硫设备、挡板等）的阻力，将燃料燃烧后的烟气送入烟火囱，排入大气。

风烟系统主要布置于炉后，典型流程如图 8 - 18 所示。

二、风机

风机是锅炉的主要辅助设备，根据用途不同，有送风机、引风机和排粉风机等。

（一）风机的作用

送风机用于保证供给锅炉燃烧时需要的空气量。由于所输送的介质为冷风，且其中含有的飞灰很少，故对送风机结构无特殊要求，只要风机出力能满足锅炉负荷需求即可。

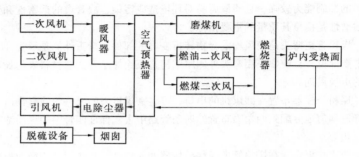

图 8 - 18　风烟系统

引风机用来将炉膛中燃料燃烧所产生的烟气吸出，通过烟囱排入大气。由于通过引风机高温（150～200℃）和具有灰粒等杂质的烟气，故应采取叶片、壳体防磨和轴承冷却的措施，并要具有良好的严密性。

排粉风机是把磨制好的煤粉输送至煤粉仓或直接送入炉膛燃烧。因为流经排粉风机的是煤粉、空气混合物，风机叶轮、防磨衬板、外壳、铆钉极易磨损，所以必须采用耐磨或磨损后易更换的部件。

（二）风机的类型、构造及工作原理

风机的型号一般有九组字码组成，例如：G4 - 73 - 1　1NO20D 右 90°，G 表示锅炉通风机，4 表示压力系数 0.4 左右，73 表示比转数为 73，1 表示单吸，1 表示第一次设计，NO20 表示叶轮外径为 2000mm，D 表示单吸、单支架、悬臂支撑、联轴器传动，右表示由电机端看为顺时针转向。90°表示出风口为竖直方向。

风机按按其工作特点有离心式和轴流式两大类。离心式风机按吸风口的数目可分为单吸或双吸两种型式。轴流式风机按叶片开度的调整方式分为静叶调整式和动叶调整式两种。

（1）离心式风机的构造及工作原理。风机主要由叶轮、外壳、进风箱、集流器、调节门、轴及轴承组成，如图 8 - 19 所示（G4 - 73 型）。

叶轮由 12 片后倾机翼斜切的叶片焊接于弧锥形的前盘与平板形的后盘中间。由于采用了机翼形叶片，保证了风机高效率、低噪声、高强度，同时叶轮又经过动、静平衡校正，因此运转平稳。

机壳是用普通钢板焊接而成的蜗形体。单、双吸入风机的机壳作成三种不同形式，即：整体结构、两开式、三开式。对于引风机，蜗形板进行了加厚，以防磨损。

进风口为收敛式流线型整体结构，用螺栓固定在风机入口侧。

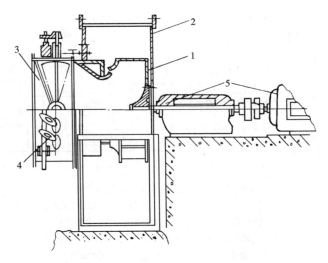

图 8 – 19　离心式风机结构简图（G4 – 73 型）

1—叶轮；2—机壳；3—进风口；4—调节门；5—传动部件

调节门轴向安装在进风口前面，由花瓣形叶片组成。调节范围由 90°（全闭）到 0°（全开）。

传动轴由优质碳素钢制成，采用滚动轴承。轴承座上装有温度计和油位指示器。

离心式风机是利用惯性离心力原理对气体做功的，如图 8 – 20 所示。在叶轮内充满流体，分不同方向取 A，B，C，…，H 几块流体。当叶轮旋转时，各块流体也被叶轮带动，一起旋转。这样每块流体将受到一个离心力作用，而从叶轮的中心向外缘甩去，于是叶轮入口中心 O 处形成真空。外界流体在大气压力的作用下从 O 处连续补充，于是动能转变为压力能沿管道排出，形成风机的连续工作。

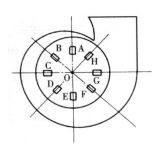

图 8 – 20　离心式风机工作原理示意

（2）轴流式风机的构造及工作原理。轴流式风机主要由外壳、轴承进气室、叶轮、主轴、调节机构、密封装置等组成，如图 8 – 21 所示（AN 型）。

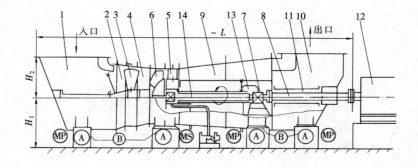

图 8 - 21　轴流式风机结构（AN 型）

1—肘形弯管入口；2、4—管状导流器；3—可调式导向板；

5—插入式导向叶片；6—转子叶轮；7—主轴承；

8—带中间轴的联轴节；9—扩压器；10—肘形弯管出口；

11—轴套；12—驱动电动机；13—主轴承的

润滑系统；14—主轴承的冷却系统

肘形弯管入风口的作用是使空气介质气流改为沿风机轴线进入风机，如图 8 - 22 所示。

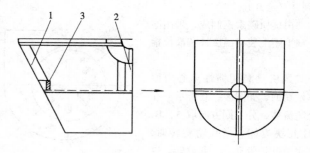

图 8 - 22　风机肘形进风口

1—使介质气流导向的拼合式钢板；

2—紧固螺栓固定处；3—薄筒

管状导流器是为了更好地将通过其中的气流引向转子叶片，改变通风截面，使流速增加。管状导流器为平截头圆锥体，它由薄钢板卷焊而成。

可调式导向装置如图 8 - 23 所示。

转子叶轮用螺栓固定在衬套上，衬套与轴是焊成一体的，轴由无缝钢

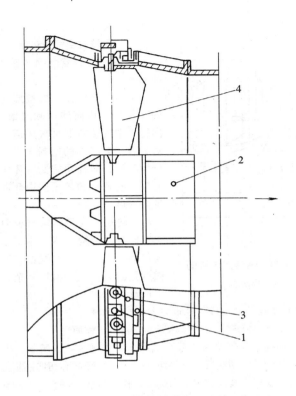

图 8 - 23　可调式导向板装置

1—机壳；2—中心部件；3—调整装置；4—插入式叶片

管制成。主轴承固定在扩压段内中心筒中的基座上，中间轴用钢板卷焊而成，两头为齿形联轴节。扩压段壳为钢板卷制成的圆锥形筒状结构。

轴流式风机是按叶栅理论中升力原理进行工作的，如图 8 - 24 所示。

当叶轮受力旋转时，气体沿轴向进入叶轮，在流道中受到叶片的推挤作用而获得能量，压力分别由叶轮和导向叶片产生，然后经导流叶片由轴向压出。

（3）风机叶轮的静平衡。风机叶轮由叶片和轮毂组成，由于叶片制造不良或运行中磨损、磨蚀不均，会使叶轮转子质量不平衡。在静止时，叶轮不能在任意位置保持稳定，这一现象称为叶轮的静不平衡。静不平衡的叶轮在转动中会产生不平衡的离心力，会造成风机的振动，故风机叶轮在

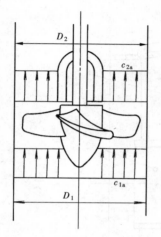

图 8-24 轴流式风机的
工作原理

安装前应找静平衡。

三、回转式空气预热器

(一) 回转式空气预热器的分类及优缺点

回转式空气预热器按旋转部件的不同可分为受热面旋转和风罩旋转两类。回转式空气预热器烟气风道与受热面相对旋转，有特殊的密封要求。密封装置分为三种，即径向密封、环向密封（中心轴环向密封和转子围板环向密封）及轴向密封。

回转式空气预热器与表面式空气预热器比较，结构紧凑，体积小，金属消耗量小，传热元件的腐蚀、磨损小，但缺点是漏风量大，结构复杂，运行维护工作量大。

(二) 回转式空气预热器的构造及工作原理

(1) 受热面旋转式空气预热器的结构及工作原理。

受热面空气预热器为三分仓式结构，如图 8-25 所示，由圆筒形转子、固定外壳及传动装置等部件组成。转子由径向和切向隔板分隔为许多扇形仓格，仓格内装满波浪形蓄热板，作为传热元件。外壳的扇形板把转子流通截面分为三个部分，即烟气流通部分、空气流通部分和密封区。转子的烟气流通部分与外壳上、下部烟气道相通，转子的空气流通部分则与外壳上、下部空气道相通。这样转子的一部分通空气，另一部分通烟气，还有一段为烟、风截面的密封区。转子转动一圈就完成了一次热交换循环。蓄热板转到烟气流通部分，吸收烟气流中的热量，而当这部分蓄热板转到空气流通部分时，再把热量放出来加热空气。

(2) 风罩旋转式空气预热器的构造及工作原理。

风罩旋转式空气预热器也称风道回转式空气预热器，如图 8-27 所示。空气预热器中装蓄热板的圆柱体不转动，称为静子，旋转的是空气风道或称上、下风罩。上、下风罩是盖在烟气通道里的，空气由穿过烟道的风道引入引出风罩。上、下风罩与蓄热板的静子相联处均有密封装置，上、下风罩由穿过静子中心的主轴联接，以同步转动。风罩由外围上装的环形齿条所带动，而齿条由减速机上的小齿轮带动。

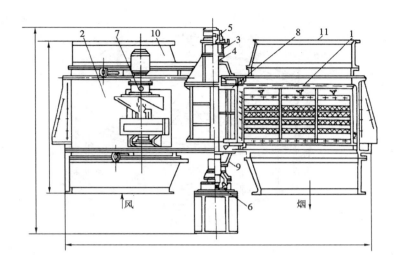

图 8 – 25　受热面旋转式空气预热器

1—转子；2—外壳；3—支承结构；4—主轴；5—上轴承座；6—下轴承座；
7—传动装置；8—上端板；9—下端板；10—风道；11—烟道接口处框架

风罩式空气预热器与受热面旋转式空气预热器原理一样，都是蓄热式。从烟气侧吸热，在空气侧放热。由于上、下风罩与静止端面呈"8"字形接触，因此转子旋转一圈，受热面就进行了二次加热和放热过程。

四、风、烟道及其附件

风道、烟道是风烟系统的重要组成部分，是保证空气、烟气顺利流通的通道。严密性是衡量风烟道质量的重要指标。风道的漏风会影响锅炉运行的经济性，甚至影响制粉系统的正常运行；烟道的漏风会增大引风量，迫使引风机低效率运行。

挡板门按用途可分关断挡板和调整挡板两类，按结构分翻板门和插板门两种。关断挡板用来隔离系统通道，多用插板门。调整挡板通过改变通道的流通面积来整定风的流量，多用翻板门。

支吊架及伸缩节是保证风烟道可靠运行的关键附件，必须合理布置，保持完好。锅炉运行时，热风道及烟道内的介质温度可达 300～380℃，风烟道长达近百米，其热膨胀是较复杂的。不合理的支吊会造成风烟道异常伸缩，最终导致伸缩节的严重破损。

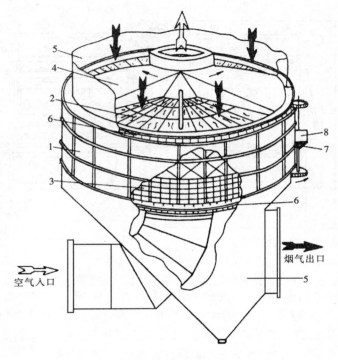

空气入口

烟气出口

图 8 - 26 风罩旋转式空气预热器

1—预热器外壳；2—静子上部的传热元件；3—静子下部的传热元件；

4—风罩；5—烟道；6—风罩外圈上的环形传动齿带；

7—传动小齿轮；8—减速传动装置

第九章

辅机基础检修工艺

第一节　锅炉辅机一般检修工艺

一、螺纹连接拆装

螺栓连接主要用于被连接件都不太厚并能从连接件两边进行装配的场合，螺纹按用途可分为连接螺纹和传动螺纹。

（一）螺纹连接的拧紧

1.螺纹的紧固

螺栓的紧固必须适当。拧得过紧会使螺杆拉长、滑牙（滑丝），甚至断裂，还会使连接的零件产生变形。如没有一定的紧力，则起不到应有的紧固作用，还会因受振而自动放松。

现场工作时主要根据经验来紧螺栓。表9－1列出了M30以下的普通碳钢螺栓的允许力矩。

表9－1　　　　　普通碳钢螺栓允许力矩

螺纹直径 (mm)	允许力矩 (N·m)	举 例		螺纹直径 (mm)	允许力矩 (N·m)	举 例	
		扳手长度 (mm)	用力 (N)			扳手长度 (mm)	用力 (N)
M4	2	100	20 (2kgf)	M14	87	250	350 (35kgf)
M6	7	100	70 (7kgf)	M16	130	300	430 (43kgf)
M8	16	150	110 (11kgf)	M20	260	500	500 (50kgf)
M10	32	200	160 (16kgf)	M24	440	1000	440 (44kgf)
M12	55	250	220 (22Kgf)	M30	850	2000	430 (43kgf)

2.成组螺栓的拧紧

在拧成组螺栓时不能一次拧得过紧，应分三次或多次逐步拧紧，这样才能使各螺栓的紧度一致。同时被连接的零件也不会变形，长方形及圆形布置的成组螺栓的拧紧顺序见图9－1。

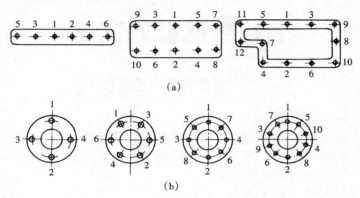

(a)

(b)

图9－1　成组螺栓的拧紧顺序

(a)方形布置；(b)圆形布置

3. 螺纹连接的防松装置

(1) 锁紧螺帽。也称并紧螺帽。其防松原理是靠两个螺帽的并紧作用，先装的主螺帽拧紧后，再将后装的副螺帽相对于主螺帽拧紧。

(2) 弹簧垫圈。通常用65Mn钢制成，经淬火后富有弹性。结构简单，使用方便。

(3) 开口销。只能使用一次，不能用铁钉或铁丝代替。

(4) 串联铁丝。用一根铁丝连续穿过各螺钉上的小孔，并将铁丝两头拧在一起。

(5) 止退垫圈。此装置只能防止螺帽转动，不宜重复使用。

(6) 圆螺母止退垫圈。垫圈内耳揿入螺杆槽中，外耳扳弯卡入螺帽槽中，可将螺帽与螺杆锁成一体。螺纹连接的防松装置示意见图9－2。

(二) 螺纹连接的拆卸及组装注意事项

1. 螺纹连接的拆卸

在拆卸螺纹连接件时，常遇到螺纹锈蚀、卡死、螺杆断裂及连接段滑牙等情况，因而不能按正常方法进行拆卸。对于一般锈蚀的螺纹连接件，可先用煤油或螺栓松动剂将螺纹部分浸透，待铁锈松软后再拆卸。若锈得过死，可用手锤敲打螺帽的六角面，振动后再拆。当上述方法均无效时，可根据具体情况选用下列方法进行拆卸（见图9－3）。

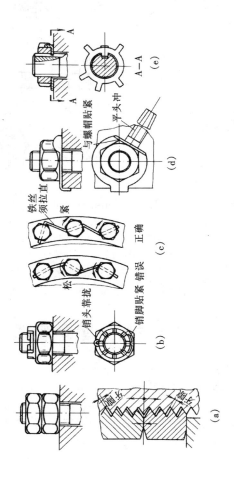

图 9 - 2　螺纹连接的防松装置

(a) 并紧螺帽; (b) 开口销; (c) 串联铁丝; (d) 止退垫圈; (e) 圆螺帽止退垫圈

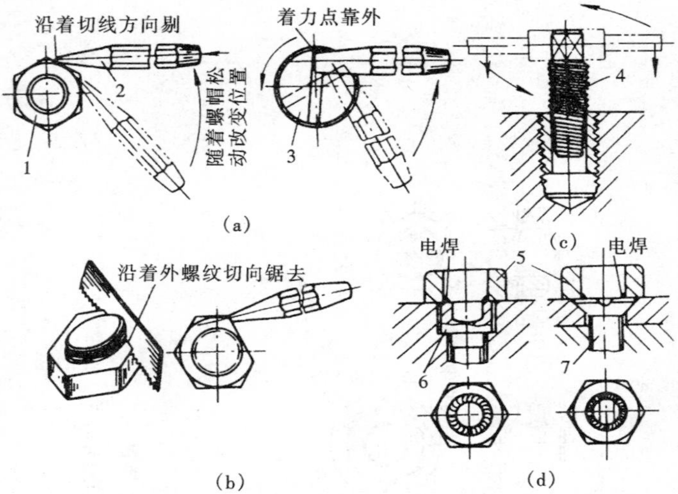

图 9-3 螺纹连接件锈死后的拆卸

(a) 用平口錾錾剔；(b) 锯后再剔；(c) 用反牙丝攻；(d) 焊六角螺帽

1—六角螺钉或螺帽；2—平口錾；3—圆基螺钉；4—反牙丝攻；

5—六角螺帽；6—内六角螺钉；7—平基螺钉

（1）螺帽用喷灯或乙炔加热，边加热边用手锤敲打螺帽，加热要迅速，并不得烧伤螺杆螺纹。待螺帽热松后，立即拧下。若螺杆已无使用价值，可用气割或电焊将其割掉。

（2）用平口錾子剔螺帽。此法用于扳手已无法拆卸的情况，被剔下的螺帽不许再使用。

（3）用钢锯沿外螺纹切向将螺帽锯开后，再剔除。

（4）对于已断掉的螺栓，可在断掉部分的中心钻一适当直径的孔，再用反牙粗齿丝攻取出。

（5）对于内六角已被扳圆的螺钉或平基、圆基螺丝刀口已被拧滑的螺钉，可在螺钉上焊一六角螺帽进行拆卸。

（6）对于小螺钉，可用电钻钻去拧入部分，再重新攻丝。

2. 螺纹组装注意事项

（1）在组装前应对螺纹部位进行认真的刷洗，清除牙隙中的锈垢，有缺牙、滑牙、裂纹及弯曲的螺纹连接件不许再继续使用。

（2）螺纹配合的松紧应以用手能拧动为准，过紧容易咬死，过松容易滑牙。重要的螺纹连接件应用螺纹千分尺检查螺纹直径，以保证螺纹的配合间隙。

（3）组装时为了防止螺纹咬死或锈蚀，对一般的螺纹连接件在螺纹部分应抹上油铅粉（机油与黑铅粉的混合物），重要的螺纹连接件则应采用铜石墨润滑剂或二硫化钼润滑剂。

（4）设备内部有油部位的螺纹连接件在组装时不要用铅粉之类的防锈剂。

（5）室外设备或经常与水接触的螺纹连接件最好用镀锌制品。

（6）锅炉辅机安装中地脚螺栓的不垂度不得大于其长度的 1/100。

二、键、销连接的装配与取出

键连接主要用于轴与轴上旋转零件（齿轮、联轴器等）之间的周向固定。

用铜冲冲出，不要用钳子夹，也不要用起子撬

图 9-4　半圆键的取出

（一）键连接的装配与取出

（1）平键的装配。键在轴上的键槽中必须与槽底接触，与键槽两侧有紧力。装键时用软材料垫在键上，将其轻轻打入镇定键槽中。键与轴孔键槽两侧为滑动配合，并要求受力一方紧靠，无间隙，键的顶部与轴孔键槽间隙为 0.1～0.2mm。

（2）半圆键（月牙键）的装配。半圆键是松键的一种。键在键槽中可以滑动，能自动适应轴孔键槽的斜度。取键方法如图 9-4 所示。

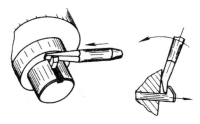

图 9-5　楔键的取出

（3）楔键（斜键）的装配。楔键通常是装在轴端头。当套装件在轴上并使键槽对正后，将楔键抹上机油敲入键槽中。在装入前应检查键与孔槽的斜度是否一致，不符合要求时必须修整。拆法如图 9-5 所示。

（4）花键与滑键的装配。这两类键多用于套装件可以在轴上滑动的结构上，装配前应将拉毛处磨光。键上的埋头螺钉只起压紧作用，而不能承受剪切应力。装配后，用手晃动套装件不应有明显的松动，沿轴向滑动的松紧度应一致。

（二）销连接的装配与取出

销有圆柱形和圆锥形两种。销与孔的配合必须有一定的紧力，销的配合段用红丹粉检查时，其接触面不得少于80%。销孔必须用铰刀铰制，孔的表面粗糙度不得大于 $\sqrt{1.6}$ 。

（1）销连接的装配。应在零件上的紧固螺栓未拧紧前将销装上。装时先将零件上的销孔对准，再把销子抹上机油后装入。不许利用销子的下装力量使零件达到对位的目的，因这样会使销子与下销孔发生啃伤。锥销的装配紧力不宜过大，一般只需用手锤木把敲几下即可。打得过紧不仅取销困难，而且会使销孔口边胀大，影响零件配合的精度。

（2）销连接的取出。取销的方法如图9-6所示。

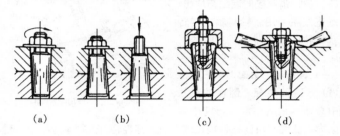

图9-6　销子的取出

（a）拧螺帽拔取；（b）取下紧固螺帽后，用木锤打出；
（c）用丝对拔取；（d）撬取

三、垫的制作及密封的拆装

（一）垫的制作

密封垫的制作方法如图9-7所示。

在制作中应注意以下几点：

（1）垫的内孔必须略大于工件的内孔。

（2）带止口的法兰垫应能在凹口内转动，不允许卡死，以防产生卷边，影响密封。

（3）对重要工件用的垫不允许用手锤头敲打做垫，以防损伤工件。

（4）垫的螺孔不宜做得过大，以防垫在安放时发生过大的位移。

（5）做垫时应注意节约，尽量从垫料的边缘起线，并将大垫的内孔、边角料留作小垫用。

（二）密封的拆装

辅机的密封有静密封和动密封。齿轮箱上下盖结合面的密封、油箱人

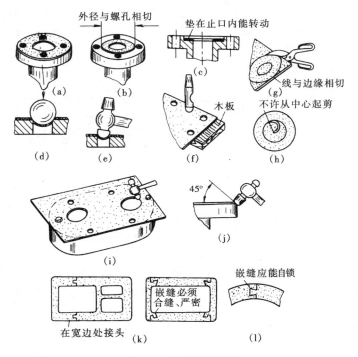

图 9-7 密封垫的制作

(a) 带螺孔的法兰垫；(b) 不带螺孔的法兰垫；(c) 止口法兰垫；(d) 用
滚珠冲孔；(e) 用手锤敲打孔；(f) 用空心冲冲孔；(g) 用剪刀剪垫；
(h) 剪内孔的错误作法；(i) 用手锤敲打内孔；(j) 用手锤敲打外缘；
(k) 方框形垫的镶嵌方法；(l) 圆形垫的镶嵌方法

孔的密封及液压系统管接头的密封属静密封，轴承箱的轴封属动密封。

齿轮箱上下盖结合面的密封一般采用耐油胶皮垫或密封胶。结合面的粗糙度较高时，选用较厚的垫子；粗糙度较低时，选用较薄的垫子或只用密封胶。垫子厚度一般为 0.5～5mm 不等。

做好的垫子应将其上下表面清理干净，安放密封时要将上下盖结合面清理干净，扣盖后螺丝紧力要适当、均匀、以防垫没压紧或局部过紧。

液压系统管接头的密封有刚性密封和"O"型密封。刚性密封要注意密封面不得有损伤，紧力要适当；"O"型密封安装时"O"型圈不得有损伤。规格要适当，富有弹性。

常见的轴封有毛毡式轴封、皮碗式轴封、油沟式轴封、迷宫式轴封及迷宫—毛毡式轴封，如图9-8所示。除此之外，较常用的轴封还有填料密封、机械端面密封。

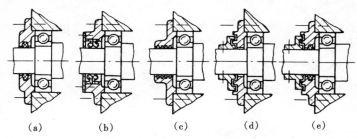

图9-8　常见的轴封
(a) 毛毡式轴封；(b) 皮碗式轴封；(c) 油沟式轴封；
(d) 迷宫式轴封；(e) 迷宫-毛毡式轴封

毛毡是以两半式安装，新的毛毡应在更换前泡在热油里，或者泡在粘度比轴承中使用油稍高一点的润滑剂里，或是泡在机油与动物油成2:1比例、温度80~90℃的混合油里。捞出后将多余的油甩掉，安装后要确定毛毡无间隙，刚好轻绕轴径，并无受到挤压。

皮碗式轴封是国家标准件，有各式规格，安装时使用专用工具。

迷宫—毛毡式轴封密封性能很好。组装时在迷宫中应填润滑脂。

填料密封加时要求填料规格要合适，性能要与工作液体相适应。填料的接头要斜切45°，每圈填料接口要错开90°~180°，注意每一圈填料装入填料箱中都是一个整圆，不能短缺。遇到填料箱为椭圆时，应在较大一边多加一些填料，否则容易造成渗漏。施加填料时要特别注意填料环（水封环）要对准来水口，以免漏水或烧坏盘根。压兰盖四周的缝隙要相等，压兰盖与轴之间的间隙不可过小，以防压盖与轴相摩擦。

四、联轴器的检修

联轴器是用来传递扭矩的部件，主要用来使两轴相互联接，并能一起回转而传递扭矩和转速。

（一）维护检修项目

在日常维护中，对于弹性柱销联轴器及木销、尼龙柱销联轴器，应注意检查柱销及弹性圈不应有缺损，销孔不应磨损，弹性圈与销孔间应有一定的间隙。对于齿轮联轴器，应注意联轴器螺栓不应松动、缺损，并要经常加油润滑。

联轴器应着重进行下列项目的检修：

（1）用探伤仪检查半联轴器，不应有疲劳裂纹，如发现裂纹应及时更换新件。也可用小锤敲击，根据敲击声和油的浸润来判断裂纹。

（2）两半联轴器的联接螺栓孔或柱销孔磨损严重时，通常采用加工孔的方法，再配上合适的螺栓；也可以补焊孔，再重新加工。

（3）对于齿轮联轴器应检查齿形，用卡尺、公法线千分尺或样板来检查齿形。齿厚磨损超过原齿厚的15％～30％时要更新。

（4）对于齿轮联轴器还应检查密封装置、挡圈、涨圈、弹簧等有无损坏、老化，如有，应及时更新。

（5）对于半联轴器以及齿轮联轴器的轴套与轴的配合，如不符合图纸要求，或由于键的松动，轴上有较大的划伤要及时检修。修理时一般只修理半联轴器或轴套，不修轴，以防止发生断轴事故。

（二）联轴器的拆装

（1）从轴上拆卸联轴器应使用专用工具进行，必要时可用火焰加热到250℃左右（齿轮联轴器应用矿物油加热到90～100℃）。

（2）检查联轴器有无变形和毛刺，新联轴器应检查各处尺寸是否符合图纸要求。

（3）用细锉刀将轴头、轴肩等处的毛刺清除掉，用0＃砂布将轴与联轴器内孔的配合面打磨光滑。

（4）测量轴颈和联轴器内孔、键与键槽的配合尺寸，符合质量标准后，方可进行装配。

（5）为便于装配，在装配时轴颈和联轴器内孔配合面上涂上少量的润滑油。

（6）装联轴器时不准直接使用大锤或手锤敲击，应当垫上木板等软质材料进行。紧力过大时，应采用压入法或温差法进行装配。

（7）重要场合联轴器的轴颈与轴孔配合过松时，不准使用打样冲眼、垫铜皮的方法解决。应当采用焊补、镀铬、喷涂、刷镀和联轴器内孔镶套等方法解决。

（8）拆前应在对轮上做好装配记号，以便在配螺丝时，螺丝孔不错乱，保证装配质量。拆下的螺丝和螺母应配装在一起，以便装配螺丝时不错乱。

（三）常用联轴器的技术要求

（1）刚性联轴器。刚性联轴器按结构形式分平面的和止口的两种。有止口的刚性联轴器两对轮借助于止口相互嵌合，对准中心。止口处按 H7/

h6 配合车制，螺栓孔用铰刀加工，螺栓按 H7/h6 配制。螺栓只需与一边对轮配准即可，另一边可留 0.10～0.20mm 的间隙［如图 9－9（a）所示］。刚性联轴器可分为套筒联轴器和凸缘联轴器。

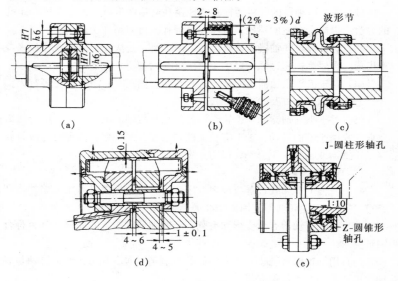

图 9－9　联轴器的类型

（a）刚性联轴器；（b）弹性柱销联轴器；（c）波形联轴器；
（d）蛇形弹簧联轴器；（e）齿式联轴器

（2）弹性柱销联轴器。弹性柱销联轴器的结构如图 9－9（b）所示。在装配时应注意以下几点：

1）螺栓与对轮的装配有直孔和锥孔两种。直孔按 H7/h6 配制，锥孔要求铰制并与螺栓的锥度一致，螺栓的紧固螺帽必须配制防松垫圈。

2）弹性皮圈的内孔要略小于螺栓直径，装配后不应松动。皮圈的外径应小于销孔直径，其间隙值约为孔径的 2%～3%（径向间隙）。装于同一柱销上的皮圈，其外径之差不应大于皮圈外径偏差的一半。

3）在组装时两对轮之间不允许紧靠，应留有一定间隙，其值小型设备为 2～4mm，中型设备为 4～5mm，大型设备为 4～8mm，具体数值可查阅有关规范。

（3）波形联轴器。波形联轴器是半挠性联轴器的一种，其结构如图 9－9（c)所示。

波形节与两边对轮的连接螺栓的要求与刚性联轴器相同，利用螺栓的精密配合保证两对轮和波形节的同心度。

(4) 蛇形弹簧联轴器。蛇形弹簧联轴器属挠性联轴器 [见图 9-9 (d)]。必须由邻近的轴瓦供给润滑油，通过联轴器上的小孔在离心力的作用下送到牙齿和弹簧上。检修时应用压缩空气将所有的油孔吹通。

组装时拧紧双头螺栓的力要适当，以外罩不产生变形为准，若过紧会使螺栓内部应力过大，运行中易断裂。

(5) CL 型和 CLZ 型齿轮联轴器。

1) 为了保证联轴器的正确装配，在联接两个内齿圈及半联轴器（CLZ 型联轴器）上，加工时要有定位线或定位孔，装配或拆卸时，定位线或定位孔必须重合，以保证其精确性。见图 9-9 (e)。

2) 当两轴中心线无径向位移时，在工作过程中因两联轴器的不同轴度所引起的每一外齿套线对内齿圈轴线的歪斜不应大于 30′。

3) 当两轴中心线无倾斜时，CL 型联轴器允许径向位移 y 值见表 9-2。

表 9-2　　　　　CL 型联轴器的允许径向位移数值　　　　　mm

编　　号	1	2	3	4	5	6	7	8	9	10
径向位移 y	0.40	0.65	0.8	1.0	1.25	1.35	1.6	1.8	1.9	2.1
编　　号	11	12	13	14	15	16	17	18	19	
径向位移 y	2.4	3.0	3.2	3.5	4.5	4.6	5.4	6.1	6.3	

五、对轮找中心

联轴器找中心是泵、风机、磨煤机等辅机设备检修的一项重要工作，转动设备轴的中心若找得不准，必然要引起机械的超常振动。

（一）找中心的目的及原理

找中心的目的是使一转子轴的中心线与另一转子轴中心线重合，即要使联轴器两对轮的中心线重合。具体要求：

(1) 使两对轮的外圆面重合。

(2) 使两个对轮的结合面（端面）平行。

测量时先在一转子的对轮外圆面上装一工具（通称桥规），供测外圆面偏差之用（见图 9-10）。转动转子，每隔 90°测记一次，测出上、下、左、右四处的外圆间隙 b 和端面间隙 a，将结果记录在图 9-10 所示的方格内。

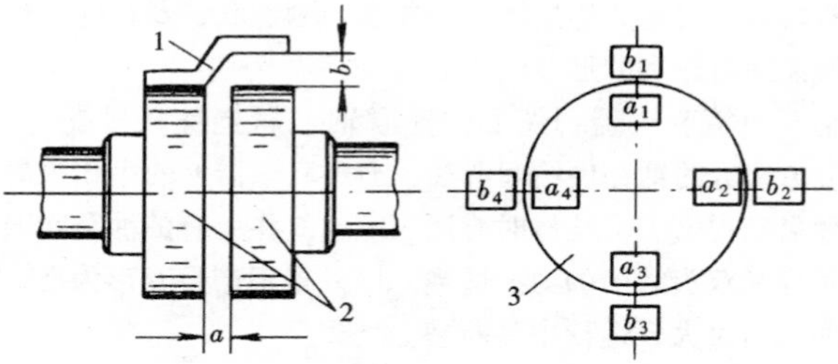

图 9 – 10 对轮找中心的原理

1—桥规；2—联轴器对轮；3—中心记录图

在测得的数值中，若 $a_1 = a_2 = a_3 = a_4$，则表明两对轮的端面平行；若 $b_1 = b_2 = b_3 = b_4$，则表明两对轮同心。若同时满足上述两个条件，则说明两轴的中心线重合；若所测得的数值不等，则需对两轴进行调整。

找中心的任务为：一是测量两对轮的外圆面和端面的偏差情况；二是根据测量的偏差数值，对轴承（或机器）作相应的调整，使两对轮中心同心、端面平行。

（二）找中心的方法及步骤

1. 找中心前的准备工作

（1）准备找正用的量具和工具：钢板尺、塞尺、千分尺、百分表、找正卡或桥规、专用扳手、撬棍、千斤顶、皮老虎、扳手。

（2）检查轴承座、台板及轴承紧固螺丝，松动者应紧固。

（3）将电动机地脚与基础台板的结合面清理干净，并把垫片清理干净。

（4）将电动机就位，进行初步调整，用塞尺检查电动机座的接触情况。如一处或几处有间隙时，应用铜片或钢片加垫来消除。

（5）将对轮端部及外圆处的毛刺、油垢、锈斑去掉，以使读数准确。

（6）准备桥规时，既要有利于测量，又有足够的刚度。

2. 校正中心

（1）用钢板尺将对轮初步找正，将对轮轴向间隙调整到 5~8mm。

（2）将两个对轮按记号用两条螺丝连住。

（3）初步找正后安装找正用的卡子或桥规。

（4）将卡子的轴向、径向间隙调整到 0.5mm 左右。

（5）将找正卡子转至上部，作为测量起点。

（6）按转子正转方向依次转 90°、180°、270°，测量径向、轴向间隙值

a、b，记入图 9 – 10 中（测轴向间隙时应用撬棍消除电动机窜动，防止造成测量误差）。

（7）转动对轮 360°至原始位置，与原始状态测量记录对比，若相差很大，应找出原因。

（8）应转动两圈，对比测量结果，取得较正确的值。

（9）调整间隙时，电动机地脚或轴瓦移动量的计算（图 9 – 11）为：

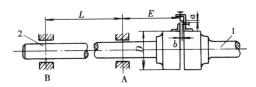

图 9 – 11 电动机找正计算
移动量的有关尺寸示意
1—找正依据的轴；2—需要找正的轴

1）A 点左右移动量 X_A 为

$$X_A = (b_2 - b_4)E/D + (a_2 - a_4)/2 \qquad (9-1)$$

2）B 点左右移动量 X_B

$$X_B = (b_2 - b_4)(E + L)/D + (a_2 - a_4)/2 \qquad (9-2)$$

3）A 点升降量 Y_A

$$Y_A = (b_1 - b_3)E/D + (a_1 - a_3)/2 \qquad (9-3)$$

4）B 点升降量 Y_B

$$Y_B = (b_1 - b_3)(E + L)/D + (a_1 - a_3)/2 \qquad (9-4)$$

（10）电动机左右移动靠顶丝，升降靠加减垫。

3. 找中心的质量要求

（1）对轮间隙。吸、送、排粉机风机为 4～6mm，磨煤机为 5～7mm，大、中型泵为 4～6mm，小型泵为 2～4mm。

（2）找正误差（轴向、径向）。回转设备对找正误差的要求与设备转速、联轴器连接方式有关，具体要求见表 9 – 3。

表 9 – 3   联轴器找中心偏差范围   mm

转速（r/min）	刚性连接	弹性连接	转速（r/min）	刚性连接	弹性连接
≥3000	≤0.02	≤0.04	<750	≤0.08	≤0.10
<3000	≤0.04	≤0.06	<500	≤0.10	≤0.15
<1500	≤0.06	≤0.08			

第九章 辅机基础检修工艺

（3）一般回转设备对振动值的要求转速有关，具体要求见表 9-4。

表 9-4　　　　　　　　　　回转设备振动范围

转速（r/min）	≤3000	≤1500	≤1000	≤750
振幅（mm）	≤0.05	≤0.085	≤0.10	≤0.12

4．注意事项

（1）测量时数据因桥规的固定端不同而有变动，而实际上中心状态是不变的。

（2）测端面间隙时桥规的测位不同，所测的数值也不同。

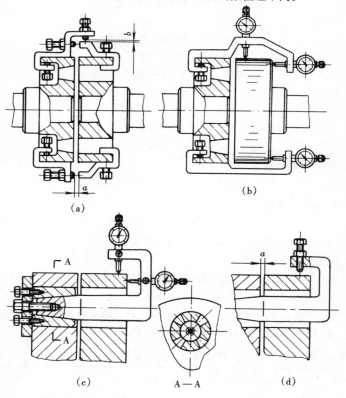

图 9-12　桥规结构

（a）、（d）用塞尺测量的桥规；（b）、（c）用百分表测量的桥规

（3）用百分表测量与用塞尺测量相比，其数值往往相反。

（4）若用百分表测量，要固定牢固，但要保证测量杆活动自如。测量外圆值的百分表测量杆要垂直轴线，其中心要通过轴心；测量端面值的两个百分表应在同一直径上，并且离中心的距离要相等。装好后试转一圈，并转回到起始位置，此时测量外圆值的百分表读数应复原。为了测记方便，将百分表的小指针调到量程的中间，大针对到零。

（5）若使用塞尺测量，在调整桥规上的测位间隙时，在保证有间隙可塞的前提下，尽量将测量间隙调小，塞入力不应过大。桥规结构见图9-12。

（6）先进行上、下偏差的调整，根据计算的调整量垫高或降低轴瓦，再测量联轴器的偏差值，如上、下偏差符合要求后，即可进行左、右差的调整，直到联轴器的上、下、左、右偏差落在允许的范围之内。

（7）记录图及中心状态图中左、右的划分必须以测记时的视向为准，而且在整个找正过程中视向不变。

（8）每次测量间隙前都要把联轴器推向一边（即将两个半联轴器紧靠到最小距离），再进行测量。

（9）电动机的移动不应用大锤敲打。

（10）调整加垫时，厚的在下边，薄的在中间，较薄的在上边，加垫数量不允许超过3片。

提示 本节内容适合锅炉本体检修，锅炉辅机检修，锅炉管阀检修（MU4 LE9）、电除尘设备检修、除灰设备检修。

第二节 轴承的检修

轴承是辅机设备的重要组成部件，它承受来自回转机械转子的径向、轴向负荷，直接影响回转机械的稳定运行。轴承检修就是要对轴承进行检查，找出缺陷，分析出其损坏的原因，修复并进行正确的装配，提高轴承的使用寿命。

一、滚动轴承的检修

（一）滚动轴承的损坏及原因

滚动轴承的常见损坏形式有锈蚀、磨损、脱皮剥落、过热变色、裂纹和破碎等。

锈蚀是由轴承长期裸露于潮湿的空间所致，故轴承需上油脂防护。

磨损则是由于灰、煤粉和铁锈等颗粒进入运转的轴承，引起滚动体与滚道相互研磨而产生。磨损会使轴承间隙过大，产生振动和噪声。

脱皮剥落是指轴承内、外圈的滚道和滚动体表面金属成片状或颗粒状碎屑脱落。其原因主要是内圈与外圈在运转中不同心，轴承调心时产生反复变化的接触应力而引起。另外振动过剧、润滑不良或制造质量不好也会造成轴承的脱皮剥落。

过热变色是指轴承工作温度超过了170°，轴承钢失效变色。过热的主要原因是轴承缺油或断油、供油温度过高和装配间隙不当等。

轴承的内外圈、滚动体、隔离圈破裂属恶性损坏，是轴承发生一般损坏时，如磨损、脱皮剥落、过热变色等未及时处理引起的。此时轴承温度升高，振动剧烈，并发出刺耳的噪声。

温度、振动和噪声是滚动轴承运转情况的监测因素，滚动轴承的早期故障识别借助轴承故障检测仪来完成。

（二）滚动轴承

滚动轴承的使用温度不应超过70℃，如果发现轴承温度超过允许值，可检查轴承的润滑情况，轴承内是否有杂质，安装是否正确。

滚动轴承正常运转的声音应是轻微均匀的。当听到断续的哑声，则说明轴承内部有杂质；有研磨声，则说明滚动体或保持架有损坏。

一般滚动轴承检修时应检查下列各项：

（1）内、外圈和滚动体表面质量，如发现裂纹疲劳剥落的小坑和碎落现象，应及时更换新轴承。

（2）因磨损轴向间隙超过允许值可以重新调整，重新调整达不到要求应更换轴承。

（3）对于向心推力轴承，径向间隙和轴向间隙有一定的几何关系，所以径向间隙和轴向间隙检查一项即可。

（4）对于单列向心球轴承间隙测量，可只测量径向间隙。测量时可把被测的轴承平放在平板上，把内圈固定，用力向一侧推轴承的外圈，在另一侧用塞尺测量外圈与滚动体的间隙，即为径向间隙。

（5）检查密封是否老化、损坏，如失效时应及时更新，新毡圈式密封装置，在安装前要在溶化的润滑脂内浸润30～40min，然后再安装。

（6）轴承应始终保持良好的润滑状态。重新涂油之前，应当用汽油洗净，控制涂油量为轴承空隙的三分之二。

（7）轴承中滚动体数量不够时，应更换新轴承。

（三）滚动轴承的拆装

1. 拆卸

（1）拆卸轴承需要专用工具，以防损坏轴承。为了便于拆卸轴承，内圈在轴肩上应露出足够的高度，以便拆卸工具的钩头能够伸入到轴承内圈与轴肩处，轴肩的高度一般为轴承内圈厚度的 1/2~2/3。如果轴承内圈与轴颈配合很紧时，为了不损坏配合面，可先用 100℃ 的热油浇在轴承的内圈上，使内圈膨胀后再行拆卸。

绝对禁止用手锤直接敲击轴承外圈来拆卸轴承。使用套筒法，施力应四周均匀。如果用这些专用工具还拆不下来时，就要用压力机进行拆卸。

（2）拆卸时施力部位要正确，从轴上拆下轴承时要在内圈施力，从轴承室取出轴承时要在外圈施力。施力时应尽可能平稳、缓慢。

2. 安装

（1）安装前的准备。①按照所安装的轴承，准备好所需要的量具和工具。②在轴承安装前应按照图纸的要求检查与轴承相配合的零件，如：轴、外壳、端盖、衬套、密封圈等的加工质量（包括尺寸精度、形状精度和表面光洁度）。不合要求的零件不允许装配。与轴承相配合的表面不应有凹陷、毛刺、锈蚀和固体微粒。③用汽油或煤油清洗与轴承配合的零件，所有润滑油路都应清洗、检查清除污垢。

（2）安装。最简单的安装轴承方法是用手锤和金属套管，把轴承打入轴颈上。锤击套筒的力作用在轴承的内圈上，使轴承慢慢在轴颈上就位。安装时，禁止用手锤直接敲击内圈，更不能敲击外圈。

热装时，可先把轴承放在 80~100℃ 的热油中加热或置于蒸箱中（蒸汽温度 100℃）加热及采用感应电预热 15~20min。用油箱加热时，使轴承膨胀后再安装，应将轴承悬在油中，避免轴承与箱底直接接触而产生过热退火。

轴承内套与轴是紧配合、外套与壳体为较松配合时，可将轴承先装在轴上，然后将轴连同轴承一起装入壳体中。轴承外套与壳体孔为紧配合、内圈与轴为较松配合时，可将轴承先装入壳体中再装轴。

（四）滚动轴承的间隙调整

滚动轴承的滚动体和内外圈间要有一定的间隙。间隙过大，轴承在运动中容易发生振动，轴承发出噪声；间隙过小，滚动体容易卡住，轴承要剧烈的发热和磨损。这两种情况都会缩短轴承的使用寿命。

对于向心轴承，内部间隙已由轴承制造厂确定好了，用户安装时无需调整。对于向心推力轴承和推力轴承，内部间隙要由用户在安装时加以调

第九章 辅机基础检修工艺

整。表 9 - 5 是向心推力轴承在正常工作时所需要的轴向间隙。表中 I 型是指一个轴承座中安装两个轴承的数据，如图 9 - 13 所示，II 型是指一个轴承座中只安装一个轴承的数据，如图 9 - 14 所示。表 9 - 6 是圆锥滚子轴承轴向间隙表。

表 9 - 5 向心推力轴承的轴向间隙

轴承内径 （mm）	允许轴向间隙的范围 M（μm）						II 型轴承 允许的间距
	$\alpha = 12°$				$\alpha = 26°$ 及 $\alpha = 36°$		
	I 型		II 型		I 型		
	最小	最大	最小	最大	最小	最大	
≤30	20	40	30	50	10	20	$8d$
>30~50	30	50	40	70	15	30	$7d$
>50~80	40	70	50	100	20	40	$6d$
>80~120	50	100	60	150	30	50	$5d$
>120~180	80	150	100	200	40	70	$4d$
>180~260	120	200	150	250	50	100	$(2~3)d$

注 d 为轴的直径。

表 9 - 6 圆锥滚子轴承轴向间隙

轴承内径 （mm）	允许轴向间隙的范围 M（μm）						II 型轴承 允许的间距
	$\alpha = 10° ~ 16°$				$\alpha = 25° ~ 29°$		
	I 型		II 型		I 型		
	最小	最大	最小	最大	最小	最大	
≤30	20	40	40	70	—	—	$14d$
>30~50	40	70	50	100	20	40	$12d$
>50~80	50	100	80	150	30	50	$11d$
>80~120	80	150	120	200	40	70	$10d$
>120~180	120	200	200	300	50	100	$9d$
>180~260	160	250	250	350	80	150	$6.5d$
>260~360	200	300					
>360~400	250	350					

注 d 为轴的直径。

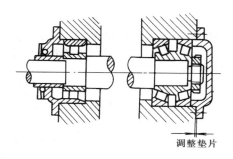

图 9 - 13 Ⅰ型安装图

1. 轴向间隙的调整

轴承内部的轴向间隙可以借助移动外圈的轴向位置来实现。

（1）调整垫片法。这种方法在轴承端盖与轴承座端面之间填放一组软材料边（软钢片或弹性纸）垫片，调整时先不放垫片装上轴承端盖。一边均匀地拧紧轴承端盖上的螺钉，一边用手转动轴，直到轴承滚动体与外圈接触

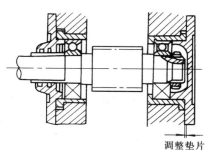

图 9 - 14 Ⅱ型安装图

而轴承内部没有间隙为止。这时测量轴承端盖与轴承座端面之间的间隙，再加上轴承在正常工作时所需的轴向间隙（表 9 - 5 或表 9 - 6），这就是所需填放垫片的总厚度。然后把准备好的垫片填放在轴承端盖与轴承座端面之间，最后拧紧螺钉。

（2）调整螺栓法。这种方法是把压圈压在轴承的外圈上，用调整螺栓加压。在加压调整之前，首先要测量调整螺栓的螺距，然后把调整螺栓慢慢旋紧，直到轴承内部没有间隙为止。这时根据表 9 - 5 或表 9 - 6 中允许的数值算出调整螺栓相应的旋转角。例如螺距为 1.5 mm，轴承正常运转所需要的间隙为 0.15mm，那么调整螺栓所需旋转角为 $360° × 0.15/1.5 = 36°$。这时把调整螺栓反转 36°，轴承就获得 0.15mm 的轴向间隙，然后用止动垫片加以固定即可。

2. 滚动轴承的游隙

由于轴在温度升高时，会引起轴的伸长，这就不可避免地使轴承内圈与外圈沿轴向相对移动。为了防止轴承滚动体卡死，必须在结构上采取措

施，其方法是：

（1）对于内部间隙不能调整的各种向心轴承，在安装时，通常一端轴承固定，另一端的轴承是可移动的，用轴承盖来实现轴承外圈的轴向固定。在轴承盖与轴承外圈间，留出一定的间隙，一般是 0.25 ~ 0.5mm。当轴较长、温度较高时，轴向间隙可在 0.5 ~ 1mm。

（2）对于向心推力轴承和推力轴承，可适当调整轴承内部间隙来补偿轴的伸长量。

（3）对于多支点结构的轴，可采用一个轴承固定，其余轴承都可以游动的措施。

（五）质量标准及验收

（1）滚动轴承上标有轴承型号的端面应装在可见的的部位，以便将来更换。

（2）装配时施力要均匀适当，力的大小、方向和位置应符合装配方法的要求，以免轴承滚动体、滚道、隔离圈等变形损坏。

（3）应保证轴承装在轴承座孔中，没有歪斜和卡住现象。

（4）为了保证轴承工作时有一定的热胀余地，在同轴的两个轴承中，必须有一个的外套可以在热胀时产生轴向移动，以免轴或轴承没有这个余地而产生附加应力，以致急剧发热而被烧毁。

（5）轴承内必须清洁，严格避免钢、铁屑及杂物进入轴承内部。

（6）装配后的轴承外套不得松动转圈，当与轴套式轴承座配合时，应视其直径大小有 0.01 ~ 0.03mm 的紧力。内套配合标准，一般为 0.02 ~ 0.05mm，具体可根据表 9 - 7 和表 9 - 8 选取。轴承外套与轴承座的配合可参考表 9 - 9，一般为 0.05 ~ 0.1mm，大型轴流式风机的轴承外圈倾斜度不能大于 0.03 ~ 0.05mm。

表 9 - 7　　　　　　　　　轴承内圈与轴的配合公差

向心轴承	短圆柱滚子轴承	双列球面滚子轴承	配合等级	
轴承内径（mm）			新标准	旧标准
≤ 18 ~ 100 > 100 ~ 200	≤ 40 > 40 ~ 140 > 140 ~ 200	≤ 40 > 40 ~ 100 > 100 ~ 200	mb kb jsb	gb gc gb

表 9-8　　　　　　　内圈与轴的配合　　　　　　　　　　　　　μm

公称直径 (mm)	轴的极限偏差					
	gb (mb)①		gc (kb)①		gd (jsb)①	
≤18 ~ 30	+ 23	+ 8	+ 17	+ 2	+ 7	- 7
> 30 ~ 50	+ 27	+ 9	+ 20	+ 3	+ 8	- 8
> 50 ~ 80	+ 30	+ 10	+ 23	+ 3	+ 10	- 10
> 80 ~ 120	+ 35	+ 12	+ 26	+ 3	+ 12	- 12
> 120 ~ 180	+ 40	+ 13	+ 30	+ 4	+ 14	- 14

①括号内为新的配合标准符号。

表 9-9　　　　　　　　轴承外圈与外壳的配合

公称直径 (mm)	壳体孔径极限偏差 (μm)	公称直径 (μm)	壳体孔径极限偏差 (μm)
≤30 ~ 50	+ 18 ~ - 8		
> 50 ~ 80	+ 20 ~ - 10	180 ~ 260	+ 30 ~ - 16
> 80 ~ 120	+ 23 ~ - 12	260 ~ 360	+ 35 ~ - 18
> 120 ~ 180	+ 27 ~ - 14	360 ~ 500	+ 40 ~ - 20

（7）装配后，轴承运转应灵活，无噪声，工作时的温度不应超过 70℃。

（8）轴承各部隙应符合要求。

滚动轴承原始游隙见表 9-10。

表 9-10　　　　　　　　滚动轴承原始游隙

与轴承装配的轴径 (mm)	新轴承在与轴装配前滚动体与座圈的游隙 (mm)	
	滚珠轴承	滚柱轴承
50 ~ 80	0.013 ~ 0.025	0.025 ~ 0.070
80 ~ 100	0.013 ~ 0.029	0.035 ~ 0.080
100 ~ 120	0.015 ~ 0.034	0.040 ~ 0.090
120 ~ 140	0.017 ~ 0.040	0.045 ~ 0.100
140 ~ 180	0.018 ~ 0.045	0.060 ~ 0.125
180 ~ 225	0.021 ~ 0.055	0.065 ~ 0.150
225 ~ 280	0.025 ~ 0.065	0.090 ~ 0.180

二、滑动轴承的检修

滑动轴承俗称轴瓦，广泛用于锅炉辅机中的钢球磨煤机，离心式引、送风机，排粉机，液力耦合器及变速齿轮箱等。

（一）滑动轴承的损坏及原因

滑动轴承的损坏形式主要是烧瓦和脱胎。

烧瓦即轴瓦乌金剥落、局部或全部熔化，此时轴瓦温度及出口润滑油温度升高，严重时熔化的乌金流出瓦端，轴头下沉，轴与瓦端盖摩擦，划出火星。烧瓦的主要原因是缺油或断油，装配时工作面间隙过小或落入杂物也是烧瓦的一个原因。

脱胎是指轴瓦乌金与瓦壳分离，此时轴瓦振动加剧，轴瓦温度升高。轴瓦浇铸质量不好或装配时工作面间隙过大是造成脱胎的重要原因。

温度升高和振动加剧是滑动轴承在运行时发生损坏的征兆，因此在巡回检查时发现两者超标时应立即汇报，采取措施。滑动轴承有关振动和温度的规定见表 9 – 11。

表 9 – 11　　　　　　　滑动轴承的振动、温度标准

转速（r/min）	振动值不允许超过（mm）	温度不允许超过（℃）	
		滑动轴承	滚动轴承
3000	0.06	60	70
1500	0.10	60	70
1000	0.12	65	70
750	0.15	85	70

（二）滑动轴承的检修内容

（1）检修油道是否畅通，润滑是否良好。

（2）检查滑动轴承的磨损情况，磨损超过标准时应更换。

（三）滑动轴承缺陷的检查

轴承解体后，用煤油、毛刷和破布将轴瓦表面清洗干净，然后对轴瓦表面做外观检查，看乌金层有无裂纹、砂眼、重皮和乌金剥落等缺陷。

将手指放到乌金与瓦壳结合处，用小锤轻轻敲打轴瓦，如结合处无振颤感觉且敲打声清脆无杂音，则表明乌金与瓦壳无分离。还可用渗油法进行检查，即将轴瓦浸于煤油中 3 ~ 5min，取出擦干后在乌金与瓦衬结合缝处涂上粉笔末，过一会儿观察粉末处是否有渗出的油线。如无，则表明结合良好，乌金与瓦壳没有分离。

（四）滑动轴承的检修工艺

滑动轴承分整体式（轴套）和剖分式（轴瓦）两种。

1. 整体式滑动轴承的拆卸与组装

滑动轴承的磨损超过标准时，应进行更换。先将要换下的轴承从机体上拆下，然后按下列程序进行装配。

（1）清理机体内孔，疏通油道，检查尺寸。

（2）压入轴承。根据轴承套的尺寸和结合的过盈大小，可以用压入法、温差法或手锤加垫板将轴承敲入。压入时必须加油，以防发生轴套外圈拉毛或咬死等现象。

（3）轴承定位。在压入之后，对负荷较重的滑动轴承、轴套还应固定，以防轴套在机体内转动。

（4）轴套孔的修整。对于整体式的薄壁轴套，在压入后，内孔易发生变形，如内径缩小或成为椭圆形、圆锥形等，必须修整轴套内孔的形状和尺寸，使与轴配合时符合要求。修整轴套可采用铰削、刮研、研磨等方法。

2. 剖分式滑动轴承的拆卸与组装

（1）拆卸。

1）拆除轴承盖螺栓，卸下轴承盖。

2）将轴吊出。

3）卸下上瓦盖与下瓦座内的轴瓦。

（2）组装前。组装前应仔细检查各部尺寸是否合适，油路是否畅通，油槽是否合适。

（3）轴瓦与轴颈的组装。

1）圆形孔。上、下轴瓦分别和轴颈配刮，以达到规定的间隙。要求轴瓦全长接触良好。剖分面上可装垫片以调整上瓦与轴颈的间隙。

2）近似于圆形孔（其水平直径大于垂直直径）。轴承经加工后，抽去剖分面上的垫片，以保证上瓦及两侧间隙。如不符合要求，可继续配刮直至符合要求为止。

3）成形油楔面由加工保证，一般在组装时不宜修刮。组装时应注意油楔方向与主轴转动方向一致。

4）薄壁轴瓦，不宜修刮。

5）主轴外伸长度较大时，考虑到主轴由于自身重量产生的变形，应把前轴承下瓦在主轴外伸端刮得低些，否则主轴可能会"咬死"。

（4）轴瓦与轴承座的组装。要求轴瓦背与座孔接触良好而均匀，不符合要求时，厚壁轴瓦以座孔为基准修刮轴瓦背部，薄壁轴瓦不修刮，需进行选配，其过盈量应仔细检测。各部配合间隙达到要求后，将上瓦、下瓦分别装入上盖和下座内，并将上瓦盖、下瓦座与轴组装在一起。

3. 轴瓦的配刮

轴瓦的刮研就是根据轴瓦与轴颈的配合要求来对轴瓦表面进行刮研加工。重新浇铸乌金的轴瓦在车削之后、使用前要进行刮研，机加工后的刮削余量不易太大，一般为 0.1～0.4mm。

(1) 准备好三角刮刀、红丹粉和机油等必用的工具、量具和材料。测量出滑动轴承与轴的间隙，确定刮削余量、部位和刮削的方式。

(2) 检查轴瓦与轴颈的配合情况。将轴瓦内表面和轴颈擦干净，在轴颈上涂薄薄一层红油（红丹与机油的混合物），然后把轴瓦扣放在轴颈处，用手压住轴瓦。同时周向对轴颈做往复滑动，往复数次后将轴瓦取下。

(3) 查看瓦面。此时瓦表面有的地方有红油点，有的地方有黑点，有的地方呈亮光。无红油处表明轴瓦与轴颈没有接触，间隙较大；红点表明二者虽无接触，但间隙较小；黑点表明它比红点高，轴瓦与轴略有接触；而亮点表明接触最重，亦即最高点，经往复研磨，发出了金属光泽。

(4) 根据配合情况，将滑动轴承放稳进行刮削。现场多用手工方法对轴瓦进行刮削，使用工具为柳叶刮刀或三角刮刀。刮削是针对瓦面上的亮点、黑点及红点，无红油瓦无须刮削。对亮点下刀要重而不僵，刮下的乌金厚且呈片状；对黑点下刀要轻，刮下的乌金片薄且细长；对红点轻轻刮挑，挑下的乌金薄且小。刮刀的刀痕下一遍要与上一遍呈交叉状态，形成网状，使轴承运行时润滑油的流动不致倾向一方。

(5) 刮削时采用刮刀前角等于零，如图 9 – 15 (a) 所示，刮削的切屑较厚，容易产生凹痕，能消除表面较大缺陷，适用于粗刮。有较小的负前角，如图 9 – 15 (b) 所示，刮削的切屑较薄，能把点子很好地刮去，把表面集中的点子改变成均匀的点子。有较大的负前角，如图 9 – 15 (c) 所示，刮削的切屑极薄，不会产生凹痕，使刮削表面很光滑。

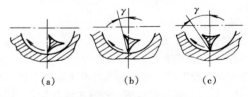

(a)　　　　　(b)　　　　　(c)

图 9 – 15　三角刮刀的位置

（6）最大最亮的重点全部刮去，中等的点子在中间刮去一小片，小的点子留下不刮。经第二次用显示剂研磨后，小点子会变大，中等点子分成两个点子，大点子则分为几个点，原来没有点子的地方会出现新点子，这样经过几次反复，点子就会越来越多。

（7）重复上述过程，直到轴承的瓦面符合配合要求。

（8）在刮削过程中，应随时注意测量轴承与间隙。刮削后，滑动轴承中间一段的接触点刮稀一些，两端的接触点刮密一些，这样可使轴承中间间隙略大些，两端配合较紧密些，有利于润滑。

（9）滑动轴承刮好后，应用煤油进行清理。

4．轴瓦瓦面的要求

（1）在接触角范围内的接触面上，轴瓦与轴颈必须贴合良好，要求接触点不少于 2 点/cm² （见图 9 – 16）。

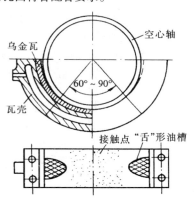

图 9 – 16　轴瓦瓦面的要求

（2）接触角 60° ~ 90°，两侧要加工出舌形油槽，小型轴承凿出油沟即可，以利于油的流动。

5．滑动轴承的配合

（1）轴瓦与轴颈的配合。因为轴要在轴瓦里面旋转，配合偏松一些好。实践证明，一般情况宜取旧标准的四级精度基孔制的第三种动配合，即 D4/dc4，或进行简单的计算。其计算方法如下：

侧间隙 $\qquad a = d/1000 - 0.02$ （mm） $\qquad$ （9 – 5）

或 $\qquad a \approx d/1000$ （mm） $\sim 3d/1000$ （mm） $\qquad$ （9 – 6）

式中　　d——轴颈的直径，mm。

顶间隙 $\qquad b = 2a$ （mm） $\qquad$ （9 – 7）

承力轴承中的轴向间隙 f 是为了在运行中保证轴的自由膨胀，可用下式计算，即

膨胀间隙 $= 1.2$ （$t + 50$） $L/100\text{mm}$ $\qquad$ （9 – 8）

式中　　t——通过转子的介质温度，℃；

　　　　L——两轴的颈中心距，m；

　　　　50——考虑到受热面不洁的附加值。

第九章　辅机基础检修工艺

轴向间隙 f 也可以从表 9－12 中查出。

表 9－12   轴受热伸长量

温度（℃）	0～100	100～200	200～300
延伸量 f（mm/m）	1.2	2.51	3.92

（2）径向间隙。径向间隙的检查可用塞尺直接测量或用压铅丝的方法测量。若是整体式轴承，可用内、外径千分尺分别测量轴瓦内径和轴颈直径，二者之差即是顶间隙 b。压铅丝时，对铅丝的要求是：长度为 10～20mm，直径约为顶部间隙的 1.5～2 倍，如图 9－17 所示。

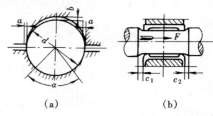

（a）   （b）

图 9－17   轴瓦与轴颈的径向间隙
a—瓦口间隙；b—瓦顶间隙；$c_1 + c_2$—侧间隙

当测出的径向间隙小于所要求的规定值时，可通过瓦口加垫片来调整瓦顶间隙，但要注意瓦口的密封。垫片只能加一片，厚度为要求值与测量值之差，加垫后要再测一次间隙值。如不合适，需重垫，直到间隙值落在要求范围之内。

（3）轴向间隙。轴瓦端面与轴肩留有间隙，称轴向间隙，分为推力间隙和膨胀间隙（见图 9－18）。推力间隙是为保证推力轴承形成压力润滑油膜而必须有的间隙，而膨胀间隙是承力轴承为保证转轴自由而留的间隙。

轴向间隙的测量可用塞尺或百分表进行。轴向间隙可通过推力瓦块的调整螺丝或车削推力面的方法来调整。

（4）轴瓦与瓦座的配合。

1）轴瓦外壳的缺陷检查及修补。在轴承解体检查中，如轴瓦外壳（一般是铸铁件）在不重要的位置有轻微裂纹、断口、凹陷等缺陷时，可用电焊或气焊焊补损坏处，焊后用煤油检查外壳的严密性。如轴承座或上盖在重要地点有较大裂纹或其他缺陷时，则必须更换。

2）轴瓦与瓦座的配合及调整。轴瓦与瓦座的结合面为球面形或柱面

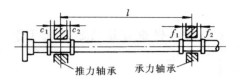

图 9 – 18 轴瓦的轴向间隙

$c_1 + c_2$—推力侧间隙；$f_1 + f_2$—承力侧间隙

形，前者可实现轴心位置的自动调整。当轴瓦经过重浇乌金或焊补乌金后及更换轴承时，结合面必须予以检查并重新研磨合格，要求不少于 2 点/cm²。禁止在结合面上放置垫片。

轴瓦与其座孔（瓦座与上盖合成的内孔）之间以 0.02～0.04mm 的紧度配合最为适宜，但球形轴瓦应为 ± 0.03mm。紧力过大会使轴瓦产生变形，球形轴瓦推动失去自动调心作用；配合过松轴瓦就会在轴承座内发生颤动。

测量轴瓦与其座孔配合紧度的方法采用压铅丝法，铅丝分别放在轴背结合面上的轴承壳的上下部分的水平结合面上。

若结合面间隙过大，可采用对轴瓦背面喷镀金属层或用堆焊方法处理，不能修复时更换新瓦。若紧力过大，可采用在瓦座与上盖结合面上加合适的垫片来调整。

（五）轴瓦的装配及注意事项

整个轴承经解体、检查和修理后，须重新把它装配起来，就是把轴承的各组成部分，如轴瓦、瓦座（轴承下部壳体）、上盖（上部壳体）、油环、填料轴封、剖分面上下连接螺丝等都按原先的位置装配起来，并达到配合的要求。

轴瓦在装配中应注意以下几点：

（1）轴承在设备上的位置必须重新找正。

（2）带油环不允许有磨痕、碰伤及砂眼，装好后应为精确的圆形。

（3）填料油封的压紧力要适当，窝槽两边的金属孔边缘同转轴之间间隙应保证 1.5～2mm。

（4）壳内冷却器应水压检查，校正凹处小于 5mm，并用压缩空气吹扫。

提示 本节内容适合锅炉辅机检修、除灰设备检修。

第九章 辅机基础检修工艺

第三节 锅炉辅机特殊检修工艺

一、转子热套

要求传递很大的力矩，在运行时又不能松动的转体，与轴配合时由于其过盈量大，故在装配时均需采用热套的方法。

1. 热套前的检查

仔细检查、清除干净装配部位的毛刺、伤痕及锈斑，并检查、磨去边缘的尖角。新换的零件，各部尺寸应与原件一致，尤其是要精确测量零件的孔径与轴套装配部位的直径要符合热套的要求。如过盈值过小，就达不到紧配合的要求；过盈值过大，在热套冷却后零件的轮毂收缩应力可能增大而使其破裂。还需检查键槽与键的配合要符合要求，若是新零件或新开制的键槽，应检查键槽与零件（或轴）中心的平行偏差。

2. 热源选择

套装件上加热可根据零件的结构与要求，选用氧乙炔焰加热、工频感应加热、电炉加热及热油加热等，其中以氧乙炔焰加热最为普遍。对于直径很大与重量很重的工件，最好采用柴油加热。柴油加热效率高，一个柴油加热火嘴，可代替三个氧乙炔焰火嘴。无论采用哪种方法加热，都必须满足：套装件受热、升温、膨胀要均匀，不许发生变形；加热时间要短，配合面不允许产生氧化皮。

套装件在加热前，应规定对加热的要求，包括：加热姿势（便于加热、起吊、又不会变形）；用几个多少号的火嘴，每个火嘴的移动路线，分几个加热区等。如套筒、联轴器等，一般将工件竖放（孔的中心垂直于地平面）。加热时用几个火嘴沿筒形体的圆周、上下及顶部同时加热。为使加热均匀和减轻劳动程度，可将筒件放在能旋转的台架上，让筒件转动，这样火嘴只需上下移动，如图 9－19（a）所示。对于一般小件，只需将工件放在型钢上用一两个火嘴进行加热，如图 9－19（b）所示。

为保证加热均匀，防止局部变形，各火嘴与套装件表面的距离及火嘴的移动速度应一致，各加热区间应重叠一部分，并要避免白色火焰触及工件表面。

3. 热套方法

根据套装件的形状、大小及重量，套装方法可分为：套装件水平固定，轴竖立套装，见图 9－20（a）；轴竖直固定，套装件向轴上套装，见

图 9 – 20 （b）；轴横放套装，见图 9 – 20 （c）。

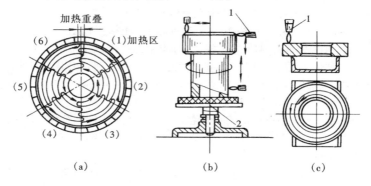

图 9 – 19　套装件的加热方法

（a）盘形件加热法；（b）筒形件加热法；（c）小件加热法

1—火嘴；2—旋转工作台

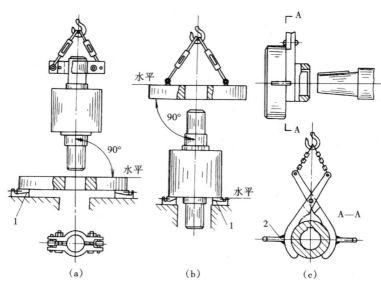

图 9 – 20　热套方法

（a）套装件水平固定；（b）轴竖直固定；（c）轴横放套装

1—可调垫铁；2—夹具把手

热套应注意以下几点。

1）必须认真检查轴和套装件的垂直与水平。

2）将键按记号装入键槽，并在轴的套装面上抹上油脂。

3）用事先做好的样板或校棒检查加热后的孔径。

4）加热结束后，应立即将孔与轴的中心对准，迅速套装。有轴肩的套装件应紧靠轴肩。若无轴肩或需要与轴肩留有一定间隙，应事先做好样板或卡具，精确定出套装部位。

5）套装时起吊应平稳，不要晃荡，尽量做到套装件不要与轴摩擦。套装过程中如发生卡涩，应停止套装，立即将套装件取出，查明原因后再重新加热套装。

6）套装结束后，应测量套装件的瓢偏与晃动。如测量值超过允许值，须查明原因，若是套装工作引起的差错，则应拆下重新热套。

二、晃动与瓢偏测量

旋转零件对轴心线的径向跳动，即径向晃动，一般称晃动。晃动程度的大小称为晃动度，旋转零件端面与轴线的不垂直度，即轴向晃动，称为瓢偏，瓢偏程度的大小称为瓢偏度。

1. 晃动测量

将所测转体的圆周分成八等份，并编上序号。固定百分表架，将表的测量杆安在被测转体的上部，并过轴心，如图 9－21 所示。被测处的圆周表面必须是经过精加工的。

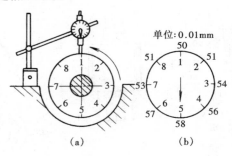

图 9－21　测量晃动的方法

(a) 百分表的安置；(b) 晃动记录

把百分表的测杆对准图 9－21（a）的位置"1"，先试转一圈。若无问题，即可按序号转动转体，依次对准各点进行测量，并记录下读数，如图 9－21（b）所示。

根据测量记录，计算出最大晃动值。图 9 – 21（b）所示的测量记录，最大晃动位置为 1 – 5 方向，最大晃动值为 0.58 – 0.50 = 0.08mm。

在测量工作中应注意：

1）在转子上编序号时，按习惯以转体的逆转方向顺序编号。

2）晃动的最大值不一定正好在序号上，所以应记下晃动的最大值及其具体位置，并在转体上打上明显记号，以便检修时查对。

2. 瓢偏测量

测量瓢偏必须安装两只百分表，因为测件在转动时可能与轴一起沿轴向移动，用两只百分表，可以把这移动的数值（窜动值）在计算时消除。装表时，将两表分别装在同一直径相对的两个方向上，如图 9 – 22 所示。

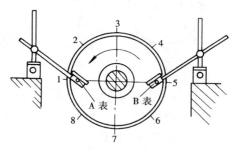

图 9 – 22　瓢偏测量方法

将表的测量杆对准位置 1 点和 5 点，两表与边缘的距离应相等。表计经调整并证实无误后，即可转动转体，按序号依次测量，并把两只百分表的各点测量读数记录在各表记录图上，如图 9 – 23（a）所示。

计算时，先算出两表同一位置的平均数，见图 9 – 23（b），然后求出同一直径上两数之差，即为该直径上的瓢偏度，如图 9 – 23（c）所示。其中最大值为最大瓢偏度，从图 9 – 23（c）可看出最大瓢偏位置为 5 – 1 方向，最大瓢偏度是 0.08mm。该转体的瓢偏状态如图 9 – 23（d）所示。

求瓢偏度除用图记录外，也可用表格来记录和计算，见表 9 – 13。

三、轴的校直

辅机设备如磨煤机、风机、水泵等的转子轴在使用前应进行详细的检查测量，如轴的弯曲值超过允许范围，就要进行校直。

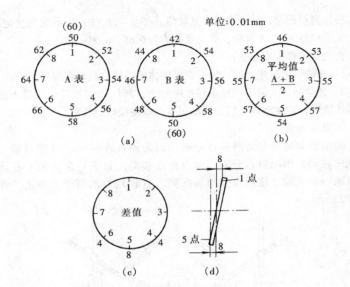

图 9 - 23　瓢偏测量记录

(a) 记录；(b) 两表的平均值；(c) 相对点差值；(d) 瓢偏状态

表 9 - 13　　　　　　瓢偏测量记录及计算举例　　　　　　1/100mm

位置编号		A 表	B 表	A－B	瓢　偏　度
A 表	B 表				
1 - 5		50	50	0	
2 - 6		52	48	4	
3 - 7		54	46	8	
4 - 8		56	44	12	瓢偏度 $= \dfrac{\text{最大的}（A－B）－\text{最小的}（A－B）}{2}$
5 - 1		58	42	16	
6 - 2		66	54	12	$= \dfrac{16-0}{2} = 8$
7 - 3		64	56	8	
8 - 4		62	58	4	
1 - 5		60	60	0	

（一）轴的弯曲测量

测量应在室温下进行。在平板或平整的水泥地上，将轴颈两端支撑在滚珠架或 V 形铁上，轴的窜动限制在 0.10mm 以内。测量步骤为：

（1）将轴沿轴向等分，应选择整圆没有磨损和毛刺的光滑轴段进行测量。

（2）将轴的端面八等分，并作永久性记号。

（3）在各测量段都装一个千分表，测量杆垂直轴线并通过轴心。将表的大针调到"50"处，小针调到量程中间，缓缓盘动轴一圈，表针应回到始点。

（4）将轴按同一方向缓慢盘动，依次测出各点读数并做记录。测量时应测两次，以便校对。每次转动的角度应一致，读数误差应小于0.005mm。

（5）根据记录计算出各断面的弯曲值。取同一断面内相对两点差值的一半，绘制相位图，如图9-24所示。

单位：0.01mm

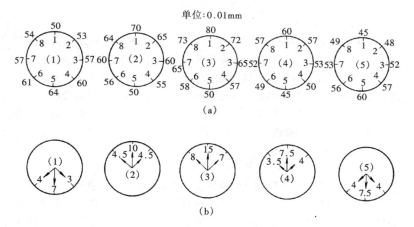

（a）

（b）

图9-24　测量记录与相位图

（a）测量记录；（b）相位

（6）将同一轴向断面的弯曲值，列入直角坐标系。纵坐标为弯曲值，横坐标为轴全长和各测量断面间的距离。由相位图的弯曲值可连成两条直线，两直线的交点为近似最大弯曲点，然后在该两边多测几点，将测得点连成平滑曲线与两直线相切，构成轴的弯曲曲线，如图9-25所示。

如轴是单弯，那么自两支点与各点的连线应是两条相交的直线。若不是两条相交的直线，则有两个可能：在测量上有差错或轴有几个弯。经复测证实测量无误时，应重新测其他断面的弯曲图，求出该轴有几个弯、弯曲方向及弯曲值。

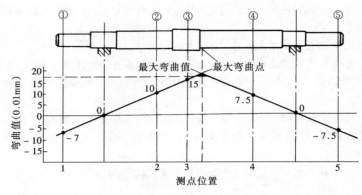

图 9 – 25　轴的弯曲曲线

(二) 直轴前的准备

(1) 检查最大弯曲点区域是否有裂纹。轴上的裂纹必须在直轴前消除，否则在直轴时会延伸扩大。如裂纹太深，则考虑该轴是否报废。

(2) 如弯曲是因摩擦引起，则应测量、比较摩擦较严重部位和正常部位的表面硬度。若摩擦部位金属已淬硬，在直轴前应进行退火处理。

(3) 如轴的材料不能确定，应取样分析。取样应从轴头处钻取，质量不小于 50g，注意不能损伤轴的中心孔。

(三) 直轴的方法

1. 局部加热法直轴

对于弯曲不大的碳钢或低合金钢轴，可用局部加热法直轴。

将轴的凸起部位向上放置，不受热的部位用保温制品隔绝，加热段用石棉布包起来，下部用水浸湿，上部留有椭圆形或长方形的加热孔。加热要迅速均匀，应从加热孔中心开始，逐渐扩展至边缘，再回到中心。当温度达到 600 ~ 700℃时停止加热，并立即用石棉布将加热孔盖上。待轴冷却到室温时，测量轴的弯曲情况，可重复再直一次。最后的轴校直状态，要求过直值 0.05 ~ 0.075mm。此过直值在轴退火后将自行消失。轴校直后，应在加热处进行全周退火或整轴退火。局部加热法直轴示意见图 9 – 26。

2. 内应力松弛法直轴

将轴最大弯曲处的整个圆周加热到低于回火温度 30 ~ 50℃，在轴的凸起部位加压，使其产生一定的弹性变形，并在高温作用下逐渐转变为塑性变形，将轴较直。用此法校直后的轴具有良好的稳定性，尤其适合高合金钢锻造焊接轴的校直，其总体布置如图 9 – 27 所示。

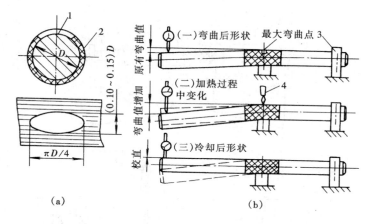

图 9-26 局部加热法直轴

(a) 加热孔尺寸；(b) 加热前后轴的变化

1—加热孔；2—石棉布；3—固定架；4—火嘴

直轴步骤为：

(1) 设置加压装置、测量装置及加热设备。

加压装置由拉杆、横梁、压块及千斤顶组成，测量装置由百分表及吸附架组成，加热设备采用工频感应加热装置最好，也可用氧乙炔加热装置，但只限于小容量转子轴。

(2) 计算加力。

实际操作中通过监测轴的挠度来验证外加力是否恰当。计算时把轴当作一个双点的横梁，公式为

加力 $$p = \frac{\sigma W L}{ab} \quad (N) \qquad (9-9)$$

轴挠度 $$f = \frac{Pa^2 b^2}{3EJL} \quad (mm) \qquad (9-10)$$

式中 L、a、b——支点间和支点至最大弯曲点的距离，mm；

W——轴的抗弯矩（断面模数），$W = 0.1 d^3$，mm^3；

I——轴的惯性矩，$I = 0.05 d^4$，mm^4；

σ——直轴时所采用的应力，$\sigma = 50 \sim 70 MPa$，MPa；

E——弹性模量（弹性系数），$E = 15 \times 10^4 MPa$，MPa。

(3) 直轴。用顶丝将承压支架顶起，使轴颈离开滚动支架 2mm，以 80 ~ 100℃/h 的速度升温至 650℃左右恒温，用油压千斤顶压轴的最大弯曲

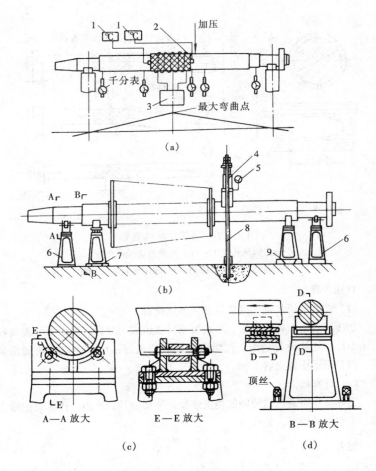

图 9-27 内应力松弛法直轴

（a）总体布置；（b）支承与加压装置；

（c）滚动支架；（d）承压支架（膨胀端）

1—热电偶温度表；2—感应线圈；3—调压器；4—千斤顶；5—油压表；

6—滚动支架；7—承压支架（活动）；8—拉杆；9—承压支架（固定）

点并加力，到预定压力后恒压。当轴的挠度变化极其缓慢或不变时，停止加压，松开千斤顶和顶丝，使轴落在滚动支架上，缓慢地将轴转动，待上下温度均匀后，再测轴弯曲。如需再次校直，应在允许范围内适当提高加热温度或压力，否则效果不好。最后轴应过直 0.04 ~ 0.06mm，进行稳定的热处理，其温度要控制在比轴运行状态下的温度高 75 ~ 100℃。

（4）直轴后的检查。

直轴后应检查加压、加热部位表面是否有裂纹，还应测量加压、加热部位表面的硬度是否有明显下降。因直轴后的剩余弯曲值及方向与轴弯曲有差异，故应对转子进行低速动平衡试验或找静平衡。

3. 锤击法

用手锤敲打弯曲的凹下部分，使锤打处轴表面金属产生塑性变形而伸长，从而达到直轴的目的。此法仅用于轴颈较细、弯曲较小的轴上。

四、喷涂与喷焊

采用喷涂或喷焊工艺，按所喷材料的不同，可以获得耐磨、耐腐蚀、耐热、抗氧化等各种性能的表面层，以修复在各种不同条件下工作的零件。在普通基体材料上喷上耐磨合金，可以使零件的使用寿命成倍增长。

各种喷涂或喷焊工艺各具特点，具有不同的适用对象，所用的设备和工具也有差异，但原理和工艺过程大致相近。由于所用设备简单及各种复合合金粉末生产技术的发展，使用氧乙炔焰合金粉末喷涂、喷焊工艺在旧件修理中得到越来越广泛的使用。

（一）金属线材冷喷涂

1. 原理

利用金属喷涂枪，把用电弧或氧乙炔火焰高热熔化的金属线材，在 0.6 ~ 0.7MPa 的压缩空气吹动下雾化，以 140 ~ 300m/s 的速度喷到零件磨损或损伤的表面。这样连续不断地喷射、铺展和堆积起来就成为涂层。

2. 工艺特点和适用对象

金属线材喷涂属于一种冷喷涂工艺。因此喷涂时工件温度较低（仅 70 ~ 80℃），不会引起基体金属组织改变和零件变形，所以适合细长轴和截面悬殊的零件的修复。铸铁或铝合金的零件也都可以喷涂。

（二）等离子喷焊、喷涂

1. 原理

等离子喷涂是依靠非转移弧的等离子射流进行的，如图 9 – 28 所示。

合金粉末进入此高温射流区后，立即溶化并随同射流调整喷射到工件表面，炽热的熔珠立即产生剧烈的塑性变形并迅速冷却，形成牢固结合的等离子喷涂层。等离子射流具有温度高、流速快和能量集中等特点，有利

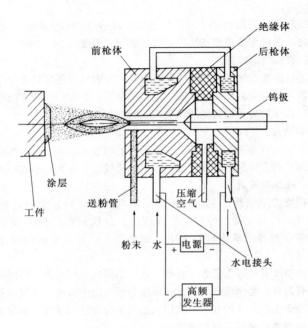

图 9 - 28　等离子喷涂原理

于获得质量良好的涂层。等离子喷焊也称等离子粉末堆焊。

这种工艺除在喷枪中形成等离子弧（非转移弧）外，在喷枪与零件间同时存在着另一个电弧（转移弧），此弧使零件局部熔化，并使送入喷枪等离子束中的粉末与基体冶金结合，形成所需性能的堆焊层。

2. 等离子喷焊、喷涂的工艺特点和适用对象

等离子喷焊工艺的堆焊层与金属基体间为冶金结合，有较低的合金稀释度（指材料温升后组织中合金成分的丧失程度，可限制在 5% 之内），堆焊层成分均匀、组织均匀、成形而平整。可以根据需要选择合金粉末以满足各种特殊需要，喷焊层厚度可控制在 0.25 ~ 6mm 之间。堆焊层与基体间的结合强度很高，喷焊层具有致密的组织，适于受高冲击、高负荷（如点接触或线接触）零件表面的修复。

（三）氧乙炔焰金属粉末喷焊、喷涂

1. 氧乙炔焰金属粉末喷焊、喷涂原理

（1）喷焊原理。

氧乙炔焰金属粉末喷焊，是利用特制的喷枪，将具有较高结合强度的

复合粉末高速喷射到经过严格处理的零件表面。依靠金属复合粉末的物理化学反应，在基体金属表面产生一定的原子扩散，形成结构致密、表面光滑的冶金结合层（俗称打底层）。并在此层基础上再喷射具有各种特性的工作层，来满足零件在各种工作情况下的性能要求。

（2）喷涂原理。

氧乙炔金属粉末喷涂，是使粉状材料在高速氧气流的带动下由喷嘴射出，穿过氧乙炔焰时被加热到熔化或接近熔化的高塑性状态，高速撞击在已准备好的零件表面上，沉积为喷涂层。喷涂微粒与基体金属之间，以及喷涂微粒之间通常是依靠"物理—化学"连接和由相互镶嵌作用构成的机械连接。

2. 工艺特点和应用场合

氧乙炔焰金属粉末喷焊工艺修复的零件，喷焊层与基体结合牢固。它不仅可以经受机械上摩擦副之间的切力作用，而且可以承受较大的冲击负荷。由于基体金属在喷焊过程中不会熔化，因而喷焊合金不会被基体金属稀释，有利于喷焊合金性能的发挥。喷焊层的厚度易于控制，少则0.05mm，多则可达2.5mm，而且表面成形好，加工余量小。但零件受热影响区较大（约与手工电弧焊相当），易使零件热变形。

氧乙炔焰金属粉末喷焊工艺适于修复各种轴颈、凸轮、非渗碳齿轮、轮键轴等机械零件，但不适于维修一些结构复杂的薄壁件及长杆件。

（四）各种喷涂与喷焊的一般工艺过程

几种喷涂与喷焊的工艺过程都要经过被喷零件表面预处理→喷涂（如喷焊）金属或合金粉末→喷后机加工修整等步骤。

1. 零件表面的预处理

零件表面在喷前应作必要的处理，以保证结合强度和得到合理厚度的涂（焊）层。如轴类零件，喷涂前需将轴头的几何形状做一些处理，见图9-29。

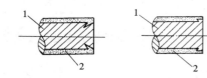

图9-29　喷涂前轴头的处理
1—工件；2—喷涂层；3—电焊圈

当待喷表面有键槽时，可以用软钢、铜或铝等材料做一个假键装入，如图 9 - 30（a），并锤成向外铺展的形状，如图 9 - 30（b）。这样在喷涂后[见图 9 - 30（c）]，在装配带轮或齿轮时，键的侧面不会与喷涂层接触，避免破坏键槽涂层的边口，见图 9 - 30（d）。

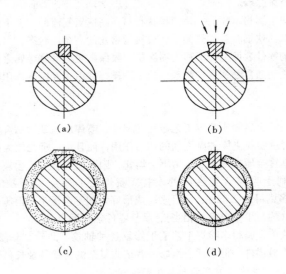

图 9 - 30　键槽的处理

当遇到表面上有油孔时，可用碳棒、木塞或石膏等堵塞，并使堵塞块高出欲喷涂层的厚度。喷涂磨光后除去堵塞块，然后用尖头砂轮、锉刀或油石修去锐边毛刺。

待喷表面应根据所需最合理的涂（焊）层厚度，经机械加工预先切除一层。有的甚至还要经过拉毛、喷砂或车出螺纹，来增加涂层与基体间的接触面和结合强度，然后依靠喷涂（焊）补偿到需要的尺寸。

经机械方法处理后的表面必须彻底除油，非喷涂表面要做妥当的保护。

2. 喷涂（焊）金属或金属合金粉末

根据各种工艺本身所需要的参数进行喷涂或喷焊。其中氧乙炔焰喷涂（焊）工艺要先喷结合层粉（打底层），再喷工作层粉。几种氧乙炔焰喷涂粉末的性能及用途见表 9 - 14。

表 9-14 **氧乙炔焰喷涂粉末的性能及用途**

类别	牌号	合金类型	硬度 (HB)	熔点 (℃)	特 性 及 应 用 场 合
工作层粉	粉 111	镍基	130~170	1400	专用轴承设计的，加工性能良好。用于水压机活塞套，各类泵的套、轴承座、轴类、填料箱表面
	粉 112	镍基	200~250	1400	专为化学、造纸工业中泵类、轴设计的，耐蚀性好。还可用于填料箱表面、轴承表面、电枢、勾具
	粉 113	镍基	250~300	1100	硬度高、耐磨性好。专用于水压面活塞，还可用于机床主轴、曲轴轴颈、偏心轮、填料箱表面等
	粉 313	镍基	250~350	1250	镀层坚实、致密。专用于轴类的保护涂层，还可用于压缩机活塞、柱塞表面、机壳等
	粉 314	铁基	200~300	1250	
	粉 411	铜基	120~150	1050	专为受压力缸体的内表面喷涂用；也可喷修铸铁模型，机床导轨止推轴瓦等。硬度高，易加工
	粉 412	铜基	80~120	1000	
结合层粉	镍包铝铝包镍	镍 80 铝 20	137	粉末 650℃左右放热反应，镀层 1650℃熔化	喷镀过程中镍和铝发生放热反应，使得涂层与基体间形成冶金结合，故常作为结合层使用，也可作为抗高温氧化镀层单独使用。耐磨性相当于 ZGB 钢，铝包镍喷涂时，冒烟少，结合强度高
		镍 90 铝 10			

注 工作层粉粒度为 150~320 目，结合层粉粒度为 140~235 目。

第十章

制粉系统设备检修

第一节 钢球磨煤机检修

一、检修项目

钢球磨煤机 A 级检修的标准项目：

(1) 检修大小齿轮、对轮及其传动、防尘装置。

(2) 检查筒体及焊缝，检修钢瓦、衬板、螺栓等，选补钢球。

(3) 检修润滑系统、冷却系统、进出口料斗螺旋管及其他磨损部件。

(4) 检查轴承、油泵站、各部螺栓等。

(5) 检修变速箱装置；

(6) 检查空心轴及端盖等。

钢球磨煤机 A 级检修的特殊项目：

(1) 检修、修理基础。

(2) 修理滑动轴承球面、乌金或更换损坏的滚动轴承。

(3) 更换球磨机大齿轮或大齿轮翻身，更换整组衬瓦、大型轴承或减速箱齿轮。

二、质量标准与技术要求

(一) 本体

(1) 钢球数量正确，无直径小于 25mm 的小球以及铁辊，铁环、碎球等；

(2) 防磨衬板安装牢固，磨损不超过原厚度 2/3，无断、裂衬板；

(3) 本体水平误差不大于 0.20mm；

(4) 空心轴内的防磨套与端部防磨衬板之间最少留有 5mm 以上的间隙；

(5) 本体、端盖等部位无裂纹；

(6) 给煤管、出粉管与空心防磨套的径向间隙为 5~8mm，出粉管应与磨煤机中心线成 45°安装。

(7) 给煤管、出粉管应伸入空心轴防磨套内 8~10mm。

（二）钢甲瓦紧固

（1）装好钢甲后紧螺丝，在内锤打的同时，在外边紧。

（2）空转 1~2h 后检查紧固螺丝。

（3）装球后第一次运转不许超过 30min 检查紧固螺丝，再转 4h 后再检查，8h 后又一次热紧。运行一周后停下来再次检查紧固螺丝。

（三）主轴瓦

（1）主轴的推力间隙对于新瓦应在 0.8~1.2mm 间，如系旧瓦，应小于 3mm。

（2）主轴的承力瓦的膨胀间隙为 15~20mm。

（3）空心轴的轴颈面不得有麻面、伤痕及锈斑等，表面光滑，轴面不平度及圆锥度不超过 0.08mm，椭圆度不超过 0.05mm。

（4）空心轴与大瓦接触角一般为 60°~90°。且轴与瓦接触均匀，用色印检查，不少于 3 点/cm²。轴瓦两侧瓦口间隙总和应为轴径的 1.5/1000~2/1000，并开有舌形下油间隙。

（5）轴瓦乌金面应完好无缺，不应有裂纹、损伤脱胎，表面呈银乳色。如在接触角度内 25% 的面积有脱胎或其他严重缺陷，必须焊补修理，或重新浇铸新瓦。

（四）大小齿轮

（1）大小齿轮的工作面不得有重皮、裂纹、毛刺、斑痕及凹凸不平现象。用样板或齿轮游标卡尺检查牙齿磨损时，牙齿齿弦厚度磨损量应小于 5mm。

（2）用色印检查大小齿轮工作面的接触情况，一般沿齿高不少于 50%，沿齿宽大不少于 60%，印痕居中。

（3）齿侧间隙沿齿宽两侧偏差应小于 0.15mm，其齿侧间隙应符合表 10-1。测量齿轮咬合时，最少沿大齿环等分测 8 点，大小齿轮在节圆相切情况下测量。

表 10-1　　　　　　　齿侧间隙表

中心距离 齿侧间隙	800~1250	1250~2000	2000~3150	3150~5000
最小	0.85	1.06	1.40	1.70
最大	1.42	1.80	2.18	2.45

（4）小齿轮齿面淬火硬度为 HB350~HB450，大齿轮齿面淬火硬度为

HB280～HB300。

（五）传动系统

（1）齿轮磨损量不得超过原齿轮弦厚度的20%；工作面不得有裂纹、砂眼、重皮、毛刺等缺陷。

（2）主、从动齿轮咬合应良好。沿齿宽两侧、齿顶间隙和齿背间隙误差应小于0.15mm；印色检查咬合面时，沿齿高、齿宽方向均不少于75%。

（3）主、从齿轮的不平行度和不水平度均应小于0.4mm，主动轮轴弯曲度小于0.03mm，从动轮轴弯曲度小于0.05mm。

（4）箱体、部件、轴承应清理干净，更换合格的机油，且油量适宜。各部结合面及轴封处不漏洞。

（六）油、水系统

（1）大瓦水膛和冷油器需做水压试验，试验压力为工作压力的1.25倍，5min不漏。

（2）油管路及冷油器应清理干净，严密不漏。

（3）油泵外观无缺陷，工作平稳；转动声音良好、出力合格，严密不漏。

（七）台板

（1）平整光洁，无裂纹、砂眼、翘曲变形。

（2）每30mm×30mm平面上，接触点不少于1点，且分布均匀。

三、大齿轮的更换工艺

当大齿轮的磨损量超标时，应更换新的大齿轮。这项工作工艺复杂，劳动强度大，且往往受检修场地、起吊设备的限制，所以在开工之前应制定出完整、正确的技术措施和安全措施，以确保施工的安全与检修质量。

1. 准备工作

（1）对新齿轮进行尺寸校对并做好质量检查工作。备好所用螺栓、销钉等。

（2）检查、备好起吊及转动大罐的工具。

（3）做好必要的记号或编号。

（4）拆除所有妨碍工作的零部件。

（5）清理大齿轮。

2. 大齿轮吊装

（1）将大齿轮对口转到水平位置，拆除法兰的销钉和螺丝（留好保安螺丝）。

（2）拆除对口销钉和螺丝，并吊出上半个齿轮。

（3）将大齿轮转动180°，按如上方法吊出另一半大齿轮。

（4）吊上一半新齿轮，对好销孔后装好法兰螺丝，并进行初紧。

（5）将大齿轮转动180°，用上方法装好另半个新齿轮。

（6）将对口销钉打牢，紧固好对口螺丝。

（7）紧固好全部法兰螺丝，扩孔、绞孔、配销并打牢。

（8）对大齿轮进行轴、径向摆动，检查、调整。

3. 质量要求

（1）各部螺丝、销钉应装齐并均匀紧固。

（2）对口结合良好，0.10mm 塞片塞入深度（沿结合面）小于 100mm。

（3）大齿轮轴向摆动误差不大于 0.85mm，径向摆动误差不大于 0.7mm。

（4）调整轴、径向摆动的垫片必须使用不锈钢片，且不得多于 2 片。

（5）销孔应绞制光滑，无阶梯、无拉痕。销钉应贯穿全部销孔且不松动，使用手锤用力敲打而入。

4. 注意事项

（1）起吊工作必须由专人指挥。

（2）大齿轮拆除一半后，或新齿轮安装一半后转动时，一定要做好防止因不平衡而自转的措施。

（3）大齿轮进行轴、径向摆动的检查工作最好与大小齿轮调整咬合间隙结合在一起进行。

（4）当旧齿轮全部吊出后，应进行筒体与端盖法兰结合面的检查。如有杂物，应进行清理，否则影响大齿轮的安装质量（焊接端盖除外）。

（5）多片组合齿环的更换步骤与此基本相同。

提示　本节内容适合锅炉辅机检修（MU5 LE11、LE12）。

第二节　中速磨煤机的检修

一、中速磨煤机的 A 级检修项目

（一）标准项目

（1）检查本体，更换磨损的磨环、磨盘、磨碗、衬板、导流板、磨辊、磨辊套、喷嘴环等，检修传动装置。

（2）检修煤矸石排放阀、风环及主轴密封装置。

（3）调整加载装置，校正中心。

（4）检查、清理润滑系统及冷却系统，检修液压系统。

（5）检查、修理密封电动机，检查进出口挡板、一次风室，校正风室衬板，更换刮板。

（二）特殊项目

（1）检修、修理基础。

（2）修理滑动轴承球面、乌金或更换损坏的滚动轴承。

（3）更换中速磨煤机传动蜗轮、伞形齿轮或主轴。

二、中速磨煤机检修

（一）RP 型中速磨煤机检修

1. 磨辊检修

（1）注意轴与轴承的装配，当轴承采用铜衬时，要保持轴与铜衬之间具有合适的间隙。间隙过小，易发生粘着磨损或抱轴损坏；间隙过大，则不利于油循环，并可能引起振动。

（2）采用滚动轴承时，必须充分注意到轴承的工作环境，按照可能达到的上升温度，确定配合尺寸。

（3）密封装置应良好严密，以防止辊筒内润滑油被抽吸流失或煤粉窜入其中，应确保密封装置工况良好，如大气平衡孔畅通。密封涨圈应具有良好的弹性。

（4）安装时必须注意到磨套的紧固防护螺帽与辊筒螺帽要全面吃实，紧力足够，将止推螺丝等防松动的零件装配牢固、齐全。

（5）将碾磨间隙整定到预定值（RP 为 5~15mm，平盘磨为 3mm），盘动磨辊，应转动灵活。

2. 衬板检修

（1）新的碾磨衬板和垫片在安装前应测量锥度等尺寸，必须保证其锥度与钢碗相同。

（2）在地面进行模拟组合，并标上连接顺序数字，安装时按顺序进行。

（3）将新衬板压紧在固定环上，施加一定的压力，保证装配严密，但压力太大可能造成衬板损坏。

（4）新的碾磨衬板装好后，衬板之间的间隙应填充 RTV732 或"Gun - Gun"密封填料。

（5）磨辊加载压下后，辊套与碾磨衬板的间隙应为 5~15mm，与喷嘴环的间隙至少为 5mm，如图 10-1 所示。

（二）MPS 磨煤机检修

1. 磨辊卸压及检修

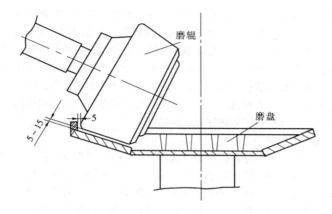

图 10 - 1　磨辊套与衬板间隙

　　检查磨辊胎，应无裂纹。当磨损一侧的磨损量小于 50mm 时，可将磨辊翻面使用。若磨损量大于 50mm 时，则应更换。磨辊毂轴封应严密、不漏油，如发现渗漏或轴封老化，应更换轴封。密封室及通道应通畅，无堵塞、积粉、积灰及杂物。辊胎及各部位连接应牢固、无松动，如松动或更换时，应使用力矩扳手，按要求紧固。需要拆除磨辊时，应用固定卡将磨辊固定在筒壁上，拆除下压环与磨辊之间的连接板，吊出下压环，将磨辊吊住并充分吃紧后，拆去固定卡，然后吊出磨辊。更换辊胎时要将磨辊吊住，转动磨辊，使放油丝堵处于最低位置，打开丝堵，将油放净，磨辊探油孔朝上放置。拆除辊胎固定环，用专用拉拔装置拉出辊胎，如直接拔不出，可加热 65 ℃左右后，即可拔出，但严禁用烤把加热。将新辊胎吊起找平后，加热至温度小于或等于 65℃时，即可回装。

　　2. 上下压环、弹簧检修

　　测量上下压环的切向间隙，上压环应为 3 ± 0.5mm，下压环为 5 ± 1mm。检查弹簧变形、磨损情况，弹簧磨损应不大于 3mm，应定期调换磨损面。更换弹簧时，应拆除液压拉杆的螺母，依次吊出上压环及各个弹簧，放在指定地点。弹簧安装后，应承力均匀，即上下压环间隙均匀，误差小于或等于 3mm。

　　3. 磨盘检修

　　用样板检查磨盘衬瓦磨损情况，衬瓦磨损应不大于 50mm，若超过 50mm，应更换。衬瓦还应固定牢固，无裂纹、无破碎现象。检查磨盘毂，如磨盘毂外缘磨损大于 3mm，应更换。局部磨损时可补焊，但补焊后应打磨平整。拆除支架与推力盘连接螺栓，拆除磨盘支架上的杂物刮板，测量迷宫密封环与支架间隙，迷宫密封间隙应均匀，数值为 $6 \pm 0.2mm$，两点误差不大于 $0.1mm$。吊出磨盘支架，更换迷宫密封的碳精石墨环。回装时注意保持杂物刮板间隙为 $6 \sim 8mm$。更换衬瓦时，先拆去衬瓦压环，将磨盘放平，拆除楔头螺栓，用顶丝顶出第一块衬瓦。由于长期挤压，衬瓦可能较难拆下，可用大锤振打，使其松动，然后用专用三爪分别吊出。装上新衬瓦后，应按检修工艺规程要求固定好。

4. 喷嘴环检修

拆除扇形护板，分段拆出上喷嘴环，拆除磨辊磨损测量装置及切向支架，吊出下喷嘴环。喷嘴环是易磨损部件，应仔细检查其磨损情况，磨损超过 1/2 厚度时应更换。对于上喷嘴环与磨盘间隙，径向为 $5mm$，轴向也是 $5mm$。喷嘴环与筒壁间隙应充填耐高温密封料，以防漏风磨损。下喷嘴环安装时应放置水平，并用楔子紧后固定。当下喷嘴环如有局部磨损时，可补焊，补焊前应均匀加热，以防脆裂。

5. 减速箱检修

减速箱检修时应在专用检修间中进行，以保证良好的检修环境，避免灰尘、杂物进入。推力瓦表面应无拉痕、毛刺、裂纹、局部熔化等现象，与推力盘接触良好，接触点应达到 $3 \sim 5cm^2$，接触面应达到 75% 以上。齿轮啮合要良好，齿长应有 60%、齿宽应有 40% 的接触面。

(三) E 型中速磨煤机检修

1. 碾磨装置

为了检查碾磨件的磨损速度，必须做好碾磨元件的原始记录（尺寸、硬度），从磨煤机一投入运行时，定期测量磨环与钢球的磨损量。尤其在运行初期，测量间隙间隔尽可能缩短，一般每隔 300h 左右测量一次。由于在煤种一定，磨煤压力近于不变的情况下，球环的磨损量与运行时间几乎呈线性关系，初期若干次测量结果可作为掌握碾磨元件的磨损率，并因此确定检修时间隔的参考资料。以后的测量工作可以结合磨煤机检修进行，并列为检修常规项目。测量时用一般量具或特制样板来进行，测出钢球的最大、最小直径，取其平均值记录于专用记录表中。对于磨环，可在滚道弧形面上分取 $4 \sim 6$ 点或用样板取几点测量圆弧形状及最薄处尺寸，一并记入。与此同时测量出上磨环的下降尺寸，该尺寸实际上是磨环、钢球磨损量的总和。对于弹簧加载的装置，在两次压紧弹簧的间隔中，下降量即为弹簧松弛高度，也是需要压缩的数值。

整理出上述测量结果，即可绘制出磨损曲线，用以推算更换钢球的时间。

几种型号 E 型磨的有关数据如表 10－2 所示。

表 10－2　　　　　　　　　各种型号 E 型磨参数表

序号	项　　目	单位	E－44	EM－70	8.5E	10E
1	钢球原始直径	mm	ϕ261	ϕ530	ϕ654	ϕ768
2	空心钢球壁厚	mm	—	75	89	100
3	初装钢球数量	只	12	9	10	10
4	填充钢球直径	mm	ϕ240 或 ϕ250	ϕ480	ϕ584	ϕ698
5	钢球更换时直径	mm	ϕ220	ϕ445	ϕ550	ϕ610
6	钢球允许磨损量	mm	41	85	104	158
7	磨环滚道最小厚度	mm		128（上环）/ 115（下环）	127	127
8	磨环容许剩余厚度	mm	50	40	50	60
9	上磨环容许的下降量	mm		230	230～250	250～290

由表中所列数据可以看出，E 型磨在容量增大时，其磨环和钢球允许的磨耗量均相应增大。

为尽量延长球、环的使用寿命，填充球直径应稍小于初装球直径，否则既会造成碾磨装置不能有效、平稳地工作，又会加剧填充球的磨损。一般应选择填充球直径比滚道中已有钢球直径小 1～5mm 为宜。若原钢球直径彼此不一样，钢球在磨环滚道上的顺序应这样安排：最大的球编为 1 号，置于中间；其次为 2 号，置于其右侧；再次为 3 号，置于左侧；第 4 号在右侧，第 5 号在左侧，依此类推，如图 10－2 所示。

球径从最大的 1 号球逐渐向右或向左减小，因此最小的球就在最大球的对面。若顺序排错，

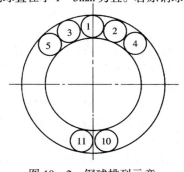

图 10－2　钢球排列示意

有的球就接触不到磨环，会造成不规则的磨损，磨煤出力将会下降。

2. 转盘

1）检查转盘与下磨环的接合面是否平整，转盘与下磨环结合面的圆柱镗孔应完整，如镗孔成椭圆，必须另行加工。

2）转盘刮板磨损至刮板高度的2/3时，应进行修补。

3）转盘晃动度不大于0.20mm。

4）转盘与风室间隙为3~5mm，超过标准应锉内环。

5）迷宫顶部的间隙为2~3 mm。

3. 上下磨环与压盖

1）新加钢球后，上下磨环间隙不小于50mm，下磨环的圆弧深度为钢球直径的1/3，大于1/3的下磨环应当割去，钢球的总间隙不小于80mm，否则钢球运行中要轧刹。

2）上磨环圆柱销孔与圆柱销应紧配合。

3）上磨环与压盖的结合面装复后不得有间隙，上磨环与压环的连接螺栓应打紧，并把螺栓与螺帽用电焊点焊，防止在运动中松动。

4）上下磨环圆弧面上磨出凹凸不平或发生波形纹路时应更新。

5）上下磨环使用到钢球增加到16只时应调新。

6）上下磨环的吊装螺丝孔应用石棉等保温材料塞紧，以便下次拆装时不损坏螺丝牙齿。

4. 风环

1）风环上的活页小门应灵活，小门两边应有2mm的间隙，活页小门轴磨损到2/3时必须调新，防止脱落。

2）风环与上、下磨环的间隙为8~12mm，超过12mm，应进行封堵。

3）风环不得有裂纹，四周间隙一致。风环应紧密地贴在磨煤机外壳上，与下磨环的中心应保持一致。

5. 压紧弹簧

弹簧应完整无裂纹，压力根据钢球的数量及燃料可磨性系数而定。检修时弹簧压紧螺丝拧紧后，全长弯曲不应超过0.5mm，丝扣应完整，并进行防松处理。

三、中速磨煤机的日常维护

（1）定期检查贮油器的预先充氮气压力，在运行后的头两个月，每个星期检查一次，以后每个星期检查一次，保持压力在规定范围内。

（2）每日检查堵塞指示仪是否在正常运行范围内，并且清理一次过滤器。

（3）经常检查压力设备，如阀门、液压缸、液压马达及管路系统的温度（运行温度应在 40～50℃之间）。如超过限度，应找出缺陷，并修理。

（4）每日检查油箱油位，油往下降时，应补加。

（5）经常检查油泵、液压缸及管路系统运行是否有不正常噪声、振动等情况。

（6）检查阀门、油泵、管道软管接头是否泄漏。

（7）经常测量磨辊出入口处的油温、油压，及时发现磨辊油路是否堵塞。

（8）检查油箱的油是否正常，要定期换油。如油为黑褐色，是由于煤粉的污染所至；如果油起乳白色泡沫，则油里有一定的空气；油无光泽并出现粘状，说明油里含水，应检查冷油器是否泄漏。

（9）压力检查。把所有的压力值与标准值进行比较（指减压阀、截止阀、流量调节阀和节流/止回阀）。检查压力继电器的预定值和功能是否正常。

（10）液压油和润滑油对于磨煤机的可靠性是至关重要的，因此应按规定牌号使用各种液压油和经常检查油的质量。一般运行 500h（或半年）后，必须检查油的纯度。简单滴定分析可以在现场进行，把一个干净的棒插入油中，然后滴几滴在干净的吸干纸上，通过油滴的渗展就可以判断油是否干净。若渗展后颜色不均匀，且含有煤粉尘粒（中心发暗），这就说明油必须更换。这只是临时检验措施，准确的断定要通过化验室的检定。

四、中速磨煤机常见故障、原因分析及处理

排除故障前，首先要停止该磨煤机运行，冷却后再进行。表 10-3 为中速磨煤机常见的故障、原因及处理方法。

表 10-3　　　　　　　中速磨煤机常见的故障及处理

故　障	原　因	处　理
磨煤机发出变化的噪声及振动	1. 废铁块与煤一起进入磨煤机； 2. 套筒式磨盘衬板损坏； 3. 进煤量不均匀； 4. 磨辊轴承损坏； 5. 磨辊加载压力不正常； 6. RP 型磨煤机旋转式分离器驱动装置运行不正常； 7. 分离器转子失去平衡	1. 检查输煤除铁器，使其可靠运行； 2. 更换损坏的部件； 3. 调整给煤机闸板门； 4. 修理、更换； 5. 调整加载压力； 6. 调整检查液压马达及分离器转速； 7. 重找平衡

故　障	原　因	处　理
磨煤机出力降低，煤矸石增多	1. 通风量不足； 2. 加载系统压力太低； 3. 磨煤机出口后的煤粉管道不畅通； 4. 煤质不正常，风环磨损，排矸机不正常	1. 检查磨煤机通风机及风机挡板开度； 2. 加载到规定值； 3. 检查分配器及管道，使其畅通； 4. 更换风环，修理排矸系统
煤粉细度不合格	1. 分离器叶片磨损； 2. 分离器挡板开度不对； 3. 对于旋转式分离器，转速调定不合适	1. 挖补、更换磨损叶片； 2. 调整挡板开度； 3. 重新调定转速
磨煤机堵塞（不出粉）	1. 磨辊和磨盘衬板的间隙不合适； 2. 碾磨件严重磨损、失真； 3. 个别磨辊不转（轴承内进入煤粉，卡涩，严重时损坏）； 4. 磨煤机通风量不足； 5. 下煤量过多	1. 调整偏心套筒，调整制动器位移量； 2. 更换； 3. 更换密封或清洗轴承，更换损坏的轴承； 4. 检查风机、风道或调整喷嘴环挡板； 5. 减少给煤量
磨煤机马达耗电量增加	1. 磨煤系统异常； 2. 减速器异常； 3. 磨煤机过负荷	1. 检查； 2. 检查； 3. 检查通风系统、分离器、进煤量、控制系统
磨煤机漏煤粉	1. 密封件螺丝松动； 2. 密封填料不足或磨损； 3. 密封风和磨煤机通风的压差调整不当	1. 紧固； 2. 填加密封材料或更换； 3. 调整压差或密封风机挡板

第三节　高速磨煤机检修

高速磨煤机分为风扇式磨煤机、锤击式磨煤机两大类，现以1600/400型风扇磨来说明其检修内容。

一、风扇式磨煤机的A级检修项目

1. 标准项目

（1）补焊或更换轮锤、锤杆、衬板、叶轮等磨损部件。

（2）检修轴承及冷却装置、主轴密封、冷却装置。

（3）检修膨胀节。

（4）校正中心。

2. 特殊项目

（1）检修、修理基础。

（2）修理滑动轴承球面、乌金，或更换损坏的滚动轴承。

（3）更换高速磨的外壳或全部衬板。

二、叶轮检修

（1）检查叶轮所有铆钉、防磨板螺丝磨损情况，正常时无严重磨损，所有撑筋板与旁板的焊缝应无脱焊、裂纹。

（2）叶轮冲击片磨损 2/3 时，应更换。

（3）冲击片若磨损不均匀，运行中振动超过 0.10mm，应拆下重校平衡。

（4）旁板表面磨损不超过 10mm，边缘磨损不超过 15mm，超过的应镶环，且必须焊牢。

（5）防磨板磨损 1/2 应更换。

三、磨煤机本体检修

（1）大护甲标准厚度为 140mm，随叶轮一起更换。

（2）中护甲标准厚度为 140mm，磨损 1/2 以上时应更换。

（3）小护甲标准厚度为 80mm，磨损 2/3 以上时应更换，中护甲及中护甲后 15～20 块小护甲随叶轮一起更换。

（4）出口衬板、机壳衬板、大门衬板甲板磨损 2/3 以上时必须更换，衬板装复后应平稳，无凹凸现象，平面误差不超过 1mm，接缝之间的间隙最大不超过 3mm。

（5）护甲装复后应平整，无阶梯形，护甲搁在搁板上不少于 10mm。

（6）叶轮装复后，叶轮后筋与机壳衬板间隙为 3～8mm，转动时无碰壳声。

（7）叶轮与大护甲的间隙为 25～40mm。

（8）轴的锥度与叶轮的锥度一致，接触在 75% 以上。

四、分离器检修

（1）折向门必有必须灵活，开度应一致，关闭时应留有 40mm 间隙。

（2）粗细筒厚度磨损 2/3 时应更换，不得磨穿。否则将影响煤粉细度。

（3）分离器内胆易磨损，装有 20mm 厚的防磨衬板，当衬板磨损 2/3 以上时，必须更换，衬板装复牢固。衬板的缝隙不 2～3mm，衬板表面平整，圆弧一致。

五、轴承箱

风扇磨悬臂式叶轮的转轴支承在轴承箱上，起支持风轮重量与推力的作用，见图 10－3。

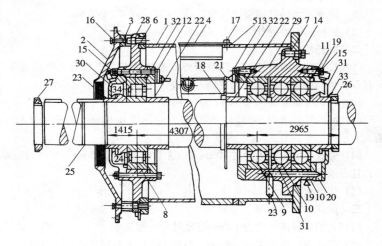

图 10－3　轴承箱

1—轴承箱体；2—迷宫轴封；3—迷宫轴承支撑；4—箱体检查孔盖；5—检查孔盖密封垫片；6、7—轴承箱与轴承壳的密封垫片；8—滚柱轴承；9—滚珠轴承；10—止推滚珠轴承；11—压力弹簧；12～18—螺钉；19—振动脉冲波测定计的接头；20—1/2″塞子；21—甩油板；22—定位圈；23—密封件；24—螺钉；25—主轴；26、27—并帽；28—滚柱轴承外壳；29—轴承外壳；30、31—轴承外端盖；32—轴承内端盖；33—溅油圈；34—挡油板

（1）测量 113634 型轴承间隙，新轴承应为 0.10～0.15mm，用过的轴承最大间隙不能超过 0.30mm，隔离圈无油垢，且内外圈应无裂纹、剥皮、锈蚀，个别麻点深度小于 0.50mm，直径小于 2mm。

（2）轴承四周间隙应均匀，最大误差不超过 0.02mm。

（3）轴承座与外壳配合间隙适当，最大不超过 0.20mm。

（4）轴承与轴承座配合松紧适当，用专用工具压入，不准用手锤敲打。

（5）启动后，轴承箱振动不超过 0.10mm。

提示 本节内容适合锅炉辅机检修（MU6 LE15、LE16）。

第四节 给煤机、给粉机、输粉机检修

给煤机、给粉机、输粉机 A 级检修的标准项目：

（1）检修给煤机、给粉机、输粉机；

（2）修理或更换下煤管、煤粉管道缩口、弯头、膨胀节等处的磨损；

（3）清扫及检查煤粉仓，检查粉位测量装置、吸潮管、锁气器、皮带等；

（4）检修防爆门、风门、刮板、链条及传动装置等；

（5）清扫、检查消防系统；

（6）检查风粉混合器；

（7）检查、修理原煤斗及其框架焊缝。

特殊项目有：

（1）更换整条给煤机皮带或链条；

（2）更换煤粉管道超过 20%；

（3）工作量较大的原煤仓、煤粉仓修理：

（4）更换输粉机链条（钢丝绳）

一、给煤机检修

（一）皮带式给煤机检修

（1）机架检查，无外力碰撞变形，焊接良好，无锈蚀。

（2）皮带无大面积脱胶，无老化、断裂。

（3）各清扫器、逆止器零部件完好，安全有效。

（4）各部滚筒、托辊组轴承完好，转动灵活，修理清洗后将油脂加足。

（5）张紧装置应灵活、有效，修后应加油脂。

（6）减速器应完好，各轴承符合技术要求，齿轮及联轴器完好并符合安装技术要求，箱内更换符合要求的新油，各部轴封及箱体结合面应无漏油。

（7）下料口挡板应灵活有效。

（8）机体各部位螺栓紧固，严密不漏。

（9）检修后的给煤机应运行平稳，无撞击声和摩擦声，胶带紧力适

中，不跑偏打滑。

（10）检修后的给煤机还要进行电控部分的试验和称重部分的校验工作。

（二）刮板式给煤机检修

（1）刮板应平整，刮板与下部底板的间隙应符合技术要求，运行应无卡磨现象。

（2）链条轨道应平直，两轨道间应平行，距离偏差不大于 2mm，水平偏差不大于长度的 2‰。

（3）链轴的后轴承应能顺利滑动，调整链条紧度的丝杆不得弯曲，并带有锁紧螺母，检修后应留有 2/3 的调节余量。

（4）调整煤层厚度的闸板应升降灵活。

（5）如采用保险销的对轮，不得随意加粗保险销的直径或更换材质，采用弹簧保险的对轮，应按图纸调整压紧长度。

（6）驱动装置应按要求检修后，更换合格的新油，联轴器找中心时应符合技术要求。

（7）各种易磨损件都应进行检查，超过磨损要求的更换或修补。

（8）各部位螺丝应按规定紧固。

（9）修后设备试运时应运行平稳，不得有卡涩及跳链现象。

（10）电控部分应按规定进行试验检修工作。

（三）给煤机的日常维护

1. 维护内容

（1）检查设备出力是否正常。

（2）检查驱动部分运行工况，应无碰撞、摩擦等杂音，驱动电动机外壳温度、机械振动值、运行电流正常。

（3）进出料斗、机本体、挡板、闸门、法兰等不得漏煤。

（4）对各传动部分定期加油。

（5）按规定检查各部螺栓是否松动。

（6）定期检查胶带、链条、刮板及各部分保护装置。

（7）定期对称重系统进行校验。

2. 常见故障及处理

（1）出力不足。振动式给煤机应检查给煤槽的角度，检查板簧、铁芯、衔铁。皮带式给煤机检查张紧力（是否慢转），入口闸板是否卡涩，是否跑偏撒煤。刮板式给煤机应检查刮板是否脱落，入口闸板是否卡涩，煤层闸板是否合适。另外无论哪种给煤机，如原煤斗蓬煤，都会造成出力不足或断煤。

（2）连接法兰漏或煤筒外壳漏。先放松法兰，加密封材料后再紧固，挖补或采取暂时措施堵漏，停机后再处理。

（3）皮带跑偏。调整拉紧器，调整托辊组支架；调整落煤点位置（针对性处理）。

（4）链条有卡涩现象或有跳动及碰撞声。调整链条的平行度和松紧度。若是新链轮或新链，可考虑有无不"合槽"之处，如有，应打磨或加工链轮，使之"合槽"。

（5）入口挡板开关不灵活。在框架无变形的情况下，应考虑以下几点：轴承损坏或油质干枯后有煤粉卡涩；锁紧螺母调整不当；操作传动杆卡涩；执行电动机损坏等，根据情况针对性处理。

（6）振动给煤机吊杆断。应进行更换。如情况不允许，需进行暂时性焊接时，不得对杆焊接，应在接口处最少加上 150mm 的同径钢材加固（双侧加固更好），焊后应进行热处理，消除焊接应力。

（7）整机振动。检查地脚螺丝是否松动；地脚垫铁是否松动腾空；传动部分是否正常，这些情况有时可能同时发生。

二、给粉机检修

（一）检修程序、方法

（1）检修前进行煤粉仓的清理工作。将余粉全部放净，将闸板关闭。

（2）拆除闸板与给粉机的法兰连接螺栓，用专用小车将给粉机拖至适合检修的地方。

（3）由刮板处开始，自上而下地拆除上部衬板、供给叶轮壳、供给叶轮、传动销、测量叶轮、圆盘座、油封等。

（4）将电动机地脚螺丝拆除，取下电动机进行检修（此工作由电工负责）。

（5）拆除轴封压紧帽螺丝和上部体与下部体法兰连接螺丝，将下部体解出。

（6）进行蜗轮、蜗杆、主轴的解体工作。

（7）解体时应将需要打印做记号的部位做好印记，如连接法兰、端盖等。

（8）拆下的部件应堆放整齐、有序，全部清理干净，进行全面的检查和修理工作。

（9）更换部件时，应将尺寸校对好。

（10）更换轴承时，除核对好型号外，还应对轴承间隙内环、外环、滚珠（柱）进行检查，并核对好与主轴、壳体的配合尺寸。

（11）组装时，步骤与拆时相反，由下而上装配。在紧固各法兰结合面螺栓时，应对称均匀紧固，并使各部位转动灵活。

（12）蜗轮箱及轴套处加好机油及油脂。

（13）装复电动机。进行对轮找正工作。

（14）手动盘车轻快，然后可进行单机试运。

（二）质量标准

（1）外壳须完整，没有裂纹、砂眼等缺陷。

（2）蜗轮及蜗杆齿的磨损度不应大于原始厚度的1/3，超过此数值时应予以更换。更换新品时，其齿面接触须在50%以上，并且必须使中心对正。

（3）主轴弯曲度不超过0.05mm，磨损量不得超过1.5mm。

（4）轴承清理后转动声音正常，无损坏情况，且内、外滚道及滚珠（柱）表面光滑、无伤损。

（5）轴承间隙小于0.20mm，轴承内环与轴的配合、轴承外环与壳体的配合应符合要求。

（6）轴压兰密封毡要严密，不得漏粉。

（7）油位表须清晰，并须标有油位线。

（8）搅拌器及叶轮须完好，不得有裂纹、缺损及附着煤等现象。与轴配合需牢固，不得松动，轴头锁母须牢固。

（9）隔板安装要牢固，不得有断裂。

（10）叶轮与外壳的径向间隙应小于或等于0.5mm，与上、下隔板间隙应在0.5~0.8mm之间，轴与壳体隔板等径向间隙应不大于1.5mm，推力间隙为0.05~0.10mm。

（11）挡板开关要灵活、可靠，指示正确。

（12）对轮找正误差应小于0.10mm（轴、径向）。

（13）试运时，蜗轮箱声响正常、无杂音，轴承不发热，电流正常，电动机振动在0.05mm以下。

（三）给粉机的日常维护

（1）不准带负荷启动。应在给粉机启动后，再缓慢打开闸板，不要用闸板控制给粉量。

（2）停给粉机时，先关闸板，待机内煤粉流尽后再停机。如停机时间较长，应涂油防腐。

（3）油杯内定期注入2#钙基润滑脂，防止轴瓦缺油。

（4）减速箱内应注入合格的 $40^\#$ ~ $50^\#$ 机油。如为新安装设备，应在安装试运后，清洗减速箱，更换新油。如为老设备应在小修中清洗、换油。

（5）运行中，要经常检查减速箱机油，保持正常油位。油温不高于 50℃。

（6）运行中如发现电流忽大忽小摆动，给粉量不均匀或电器、机械有异常现象时，应及时停机检查，排除故障。

（7）各机械零件保持齐全，紧固件应紧固，密封部位应密封良好。

（8）及时消除漏油、漏粉，保持设备完好、洁净。

三、螺旋输粉机检修

螺旋输粉机的检修内容及质量标准为：

（1）螺旋叶片与杆的焊接口须完好，不得有裂纹。

（2）螺旋轴的弯曲度不应大于 0.2mm/m，但每段的弯曲度不应超过 1mm。

（3）整个外壳在宽度方向的平面误差不应大于 ±1mm，外壳内部表面各节的接口处不得有凹凸及折线状态，在全长上的偏差不得大于 2mm。

（4）外壳中心线与螺旋轴中心最大允许位移为 2 ~ 3mm。

（5）整个螺旋杆水平误差不应大于 ±3mm。

（6）螺旋叶片与外壳间隙允许在 2 ~ 3mm（每侧）间，但不得有碰触摩擦现象。

（7）当两块轴瓦接合面之接触很严密时，轴承应按轴颈刮好，其径向间隙应为 0.2 ~ 0.3mm。但靠轴瓦两端的间隙应尽量缩小以免煤粉跑入轴承内。上轴瓦应有润滑油槽，轴瓦与其外壳应有 0.05 ~ 0.15mm 的紧力，以免轴瓦随轴径回转。

（8）安装螺旋轴时，必须由减速机侧开始，第一节轴的一端放置在推力轴承的下轴瓦上，而另一端则支持在垫上，然后按推力轴承调正其水平度。同时应检查推力轴承的推力间隙，此间隙应在 0.10 ~ 0.25mm 间，第一个间段轴承端部之间的间隙应相等。

（9）第二节轴的一端与第一节靠背轮的法兰盘相连接，而另一端则放在第二间段轴承内，然后对此节轴调整其水平，并按照轴的总膨胀量调整第二间段，轴承靠减速机侧的端部间隙。各节轴核准后均应检查其在轴承内的旋转是否轻便。

（10）在螺旋槽内各节螺旋杆装配好后，必须进行检查轴是否水平，轴的旋转是否轻便，轴在轴承内的轴向间隙是否符合膨胀的要求，各轴颈法兰接合螺丝是否牢固。当用手旋转轴时，不得有碰触、螺旋晃动及任何卡住轴的现象，若整个轴能轻松地旋转，则螺旋径向晃动量的允许偏差为±2mm。

（11）螺杆与减速机的靠背轮端部间隙、减速机与马达的靠背轮端部间隙为 5～6mm。

（12）对轮找正其径向及轴向允许偏差不应大于 0.08mm。

（13）安装靠背轮的安全罩及螺旋杆槽壳上盖时须注意检查槽内是否有螺帽及其他杂物，所有槽壳接合处均须严密。

（14）吸潮管挡板须严密，挡板开关与外面指示一致，下粉挡板亦必须严密。

（15）所有检修工作完毕及马达空负荷试转合格后，开始准备启动试运。

（16）在试运中减速机应没有漏油及甩油现象，响声须均匀。温度应在 50℃以下，振动量应在 0.08mm 以下，螺旋杆不许有摩擦现象，间段轴承不允许有随螺旋轴回转现象。

提示 本节内容适合锅炉辅机检修（MU7 LE19）、（MU8 LE21）。

第十一章

通风系统设备检修

风机大修的标准检修项目：

（1）检查、修补磨损的外壳、衬板、叶片、叶轮及轴承保护套；

（2）检修进出口挡板、叶片及传动装置；

（3）检修转子、轴承、轴承箱及冷却装置；

（4）检查、修理润滑油系统及检查风机、电动机油站等；

（5）检查、修理液力耦合器或变频装置；

（6）检查、调整调节驱动装置；

（7）风机叶轮校平衡。

风机大修的特殊检修项目：

（1）更换整组风机叶片、衬板或叶轮、外壳：

（2）滑动轴承重浇乌金。

第一节　离心式风机的检修

一、叶轮的检修

检修叶轮时，用卡尺、测厚规等测量工具检查其磨损情况，若叶片局部磨损超过原厚度的1/3时，应进行焊补或挖补叶片；若超过原厚度的1/2时，则要更换新叶轮。叶轮焊口如有裂纹，需要将该处焊口铲除，重新焊接，焊接不允许有裂纹、咬边、夹渣、凹凸及未焊透等缺陷，所用焊条性能与叶轮钢材应适应。各部位尺寸、角度、形状应符合图纸要求，叶轮应经过静平衡校正。

二、叶轮与轮毂

检查叶轮与轮毂的结合情况，小型离心式风机叶轮与轮毂是铆钉连接的，若磨损1/3，应更换新铆钉。大型风机的轴和轮毂形成了整体，其轮毂已被热装套在轴上。新风机叶轮和轮毂组装后，轮毂的轴向、径向晃动不应超过0.15mm。

三、机轴

机轴的弯曲度不得大于0.10mm，全轴不得大于0.2mm。超过时必须调直或更换。机轴的水平度用精密水平仪检测，要求小于或等于 0.1mm。轴不得有裂纹，如发现，必须更换（检修时做探伤试验）。

四、轴瓦与轴径

用塞尺检查轴瓦与轴径的配合间隙，径向间隙一般为轴径直径的 1%～3%。或按厂家规定值选用，无规定时参照表 11－1。

表 11－1　　　　　　　**滑动轴承轴瓦间隙表**

轴径直径 （mm）	50～80	80～120	120～180	180～250	250～360
轴瓦的每一侧之侧方向间隙 （mm）	0.08～0.15	0.1～0.2	0.12～0.25	0.15～0.25	0.2～0.3
轴瓦内轴与上轴瓦的间隙 （mm）	0.1～0.2	0.2～0.28	0.2～0.35	0.3～0.45	0.35～0.67

轴瓦与轴颈肩要留有一定的轴向间隙。推力轴承的推力间隙一般为 0.3～0.4mm，承力轴承的膨胀间隙按式（9－8）计算。用色印检验轴颈和轴瓦接触面、接触角。接触面为轴瓦表面积的 80%，且每平方厘米不少于一点，接触角度为 60°～75°。

五、可调式导向器（挡板）

可调式导向器装置应开关灵活，指示清楚，并要有限制开、关过头的限位器。特别注意导向板开启时的方向应能使气流的旋转方向与叶轮的旋转方向一致。挡板磨损超过原厚度的 2/3 时，必须更换；挡板轴磨损超过原直径的 1/3 时，必须更换，导向器挡板之间的间隙为 2～3mm，挡板与外壳的径向间隙 2～5mm。拐臂与外圆小轴是可拆联接，不得焊死。各法兰联接处严密不漏。

六、风壳

内护板磨损超过原厚度的 2/3 时须更换。护板螺栓要完整牢固，机壳和转子各处间隙应符合设备要求，一般叶轮前轮盘与风壳间隙为 40～50mm，风壳与轴间隙为 2～3mm。风机外壳是由普通钢板焊接而成的，因此钢板应保证化学成分和冷弯性。

提示　本节内容适合锅炉辅机检修（MU9 LE23、LE24）。

第二节　静叶调整式轴流风机的检修

由于各个电厂使用的轴流风机性能参数有所不同，检修方法也不尽相同。现以波兰制造 BP1025 锅炉所配 AN30e6 型静叶可调式轴流风机（结构见图 8－21）为例，简述其检修方法与质量标准。

一、转子叶轮的检修

先从管状导流器旁把转子套管上的保温层去掉。拆除转子套的上半部分及管状导流器的半边，从可调节导向轮中心筒体的开口处拆开，准备安装起吊工具。从衬套上拧松转子叶轮，用转子叶轮的顶出螺栓将叶轮从衬套中顶出，通过管状导流器的开口端抽出转子叶轮。用检侧工具检查转子叶轮磨损、腐蚀情况，焊缝是否出现裂痕等缺陷。当叶片磨损超过原厚度的 1/2 时，一般需要换新的风轮。安装顺序与拆卸相反进行。紧固风轮用 12 条 M30×80 的螺栓，须用 300N·m 的扭矩扳手拧紧，并要上齐弹簧垫圈。转子与转子中心轴套之间的轴向间隙，如图 11－1 所示。

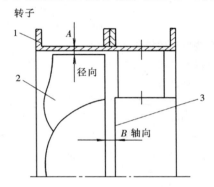

图 11－1　转子叶轮的径向、轴向间隙

1—外壳；2—转子叶片；3—中心轴套

A 径向 $= 8.5\text{mm}$；　B 轴向 $= 12\text{mm}$

二、轴及主轴承检修

轴由无缝轧制钢管和另外焊接的轴径组成，须进行整体的平衡试验。在风机运行时，主轴承是由冷却风机吹入的空气进行冷却的，因此，冷却风机的作用很重要，尤其是入口进风道要选在阴凉的地方。轴承上装有感应式温度传感器，监测主轴轴承温度，每次检修时要查其是否完好。轴承内部密封用橡胶圈，外部用毡，检修时要更换密封。轴承加换油时间为 1 个月一次，主轴承和中间轴的圆筒形防护罩起隔热和防止烟气对轴的腐蚀、冲刷作用。检修时一定要注意修后密封良好，保证不使烟气漏到防护罩内。主轴承内须充满要求的油脂，各部件要紧固，各部位间隙如图

11－2所示。

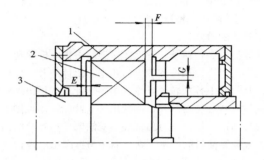

图 11－2　主轴承各部位间隙

1—轴承外壳；2—轴承；3—转轴

$E = 20\text{mm}$；$F = 8\text{mm}$；$G = 2\text{mm}$

三、插入式导向叶片的检修

拆卸插入式导向叶片时，只能同时拆下对应位置的两个叶片。由于叶片较重，要用起吊工具拆装。导向叶片是最易磨损的部件之一，主要是由于运行时烟气不均匀流动所造成。更换磨损的叶片时，要注意先将销轴插入套筒中心的孔中。一般导向叶片每运行 600h 要检测一次。叶片安装时应编号，并记录更换的叶片磨损情况及位置，以便在检修时可以分辨各不同位置导向叶片的使用差异，有计划地更换叶片。

四、耦合器的检修

AN 型风机采用了有中间传动轴的齿形耦合器，检修时应将所有密封表面清洗干净（不能用煤油）。对于有保持环的耦合器，在内衬套表面的键槽要密封，防止油渗漏。安装时衬套、法兰、键槽保持环等重要部件须采用热装配。现场常用油煮，使其温度均匀上升，油加热温度不能超过200℃，且部件须经过硬化处理。在热装时要把胶圈密封件拆下，防止受热损坏。耦合器装好后应找平，在 E 处允许有 ±0.5mm 的定位误差（轴向误差 ±0.5mm），如图 11－3 所示。

当耦合器连续运行 8000h 后，应对其进行检测，主要检查轴向移动位置。检查时要拧开耦合器套筒上的装有"O"型密封圈的盖。若间隙不合格，则要重新找正调整。为了防止损坏密封圈，拆卸时不能用改锥等利器。耦合器中的油脂最多两年就应更换。

五、可调式导向轮叶角度位置的整定

导向轮叶角度位置的调整由叶片相连的操作杆和中间齿轮机构来完

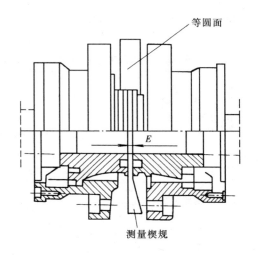

图 11-3 *E* 处间隙

成。适当地调整连接杆的长度和铰链的位置角可改变控制环的环向转动，从而改变叶片的转动角度，达到调整风机负荷要求。此调整必须看着叶片实际的转动角度来进行，调整范围为 0°～-75°。

-75° 接近极端位置

0° 导向控制装置定点位置

+45° 最大开启状态，极限位置，如图 11-4 所示。

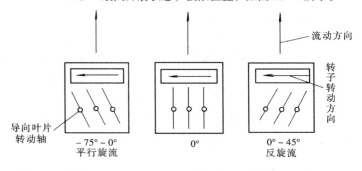

图 11-4 可调导向叶轮的定位示意

整定时导向叶片转动角度不允许超过 45°，否则会造成将使风机的损坏。因此要重点检查、验收其限位装置是否正确可靠。

六、静叶可调式风机运行故障及排除方法

首先检查仪表本身是否工作正常，然后按表 11 – 2 检查、排除。

表 11 – 2 静叶可调式风机故障及排除方法

序号	故　障	原　因	排除方法
1	轴承温度高	1. 轴承间隙小； 2. 轴承磨损； 3. 缺少润滑油	1. 重新调整间隙； 2. 更换轴承； 3. 填加润滑油
2	运行声音不正常	1. 轴承间隙大； 2. 叶片摩擦转子套筒	1. 检查、更换轴承； 2. 停机检查摩擦原因
3	风机运行中发生周期性不稳定振动	1. 轴承间隙磨损变大； 2. 粉尘进入轴承，破坏润滑，损坏轴承； 3. 地脚或轴承座螺栓松动； 4. 转子系统不平衡所引起的受迫振动或基础共振	1. 更换轴承； 2. 换密封； 3. 紧固各部件螺丝； 4. 在转子系统平衡上找原因
4	风机运行中晃动	1. 转子配重不均衡； 2. 叶片单侧不均衡的腐蚀造成运行时偏心； 3. 找正不准确或基础螺栓松动	1. 重新配重； 2. 更换叶片； 3. 重新找正并紧固螺栓
5	并列运行时，风机电流不同	可调式导向叶片位置不同步	调整同步
6	风机负荷不能调整	1. 导向叶片调整装置卡涩或损坏； 2. 伺服机构损坏； 3. 叶片变形	1. 检查摆杆及连杆的绞接处是否松动； 2. 检查控制环的悬吊装置； 3. 更换叶片

提示 本节内容适合锅炉辅机检修（MU10 LE26、LE27）。

第三节　动叶调整式轴流风机的检修

动叶调整式轴流风机能在运行中改变叶片的角度，从而调节风量，具有良好的调节性能，在大型锅炉上被广泛采用。检修的重点在叶片及液压

调节机构上。

一、动叶片的检修

动叶片结构如图 11 - 5 所示。

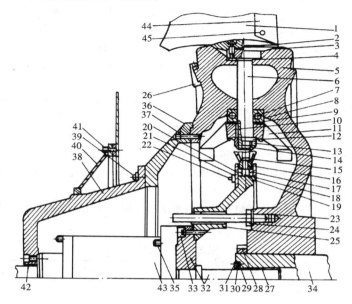

图 11 - 5 动叶片的结构

1—叶片；2—叶片螺钉；3—密封环；4—衬套；5—轮毂；6—叶柄；7—推
力轴承；8—紧圈；9—衬圈；10—键；11—调节臂；12—垫圈；13、15—
锁帽；14—锁紧垫圈；16—滑块销钉；17—滑块；18 - 锁片；19、20—导
环；21—螺帽；22—双头螺钉；23—衬套；24—导向销；25—调节盘；
26—平衡重块；27—衬套；28—锁帽；29—密封环；30—毡圈；31、33、
35、37、39、41、42、45—螺钉；32—支持轴颈；34—主轴；36—轮毂罩
壳；38—支承罩壳；40—加固圆盘；43—液压缸；44—叶片防磨层

（1）分别拆下支承罩壳、液压缸、轮毂罩壳、支持轴颈和调节盘。

（2）检查滑块与导环间的磨损情况，间隙在 0.1～0.4mm 之间。

（3）检查导向销的固定是否牢固及表面磨损的程度。

（4）拆下叶片叶柄的连续螺钉，取下叶片。对叶片作外观及着色或探
伤检查，叶片如有缺口、裂纹、严重磨损及损伤等缺陷，要更换。紧固叶
片的螺钉在使用前应作探伤检查，螺纹应正常，长短要一致，只作一次性

使用。

（5）松开锁紧垫圈，取下锁帽，分别将垫圈、调节臂、键、衬圈、紧固圈和轴承拆下。检查轴承应无剥皮，无斑点，不变色。

（6）将叶柄拔出轮毂，对叶柄作探伤检查，表面应无损伤，不弯曲。

（7）检查叶柄孔内的衬套，应完整，不结垢，不起毛，不符合要求时要更换。在取出和装入衬套时，要用专制铜棒，不能用铁锤等工具。

（8）检查叶柄孔中的密封环是否老化脱落，如是，重新安装时要全部更换新密封件。

（9）叶片组装好后，应保持 1mm 的窜动间隙（由锁帽调整），各片要相同。

（10）叶片表面应光滑、无缺陷，且各片重量一致。叶柄端面的垂直度不同心度偏差不大于 0.02mm。键槽、螺纹要完好。

（11）滑块清洗干净后，先放在 100℃ 的二硫化钼油剂中浸泡 2h 左右，待干后再安装使用。

（12）各点的紧固螺钉都要使用要求的力矩，用扭力扳手进行。扭力扳手力矩值见表 11 - 3。

表 11 - 3 扭力扳手力矩值 N·m

级别[1]	螺钉	4.6	8.8	12.9	12.9
	螺帽	4.6	4.6	4.6	8.8
M6		5.88	8.82	11.8	14.7
M8		14.7	21.6	28.4	37.2
M10		27.4	43.1	53.9	72.5
M12		49	73.5	93.1	122.5
M16		117.6	181.3	230.3	303.8
M20		235.2	352.8	441	588
M24		392	588	735	980

[1]级别中数字为与实物一致，仍为工程单位制数据，如 4.6 表示最小抗拉强度 $\sigma_{b,min} = 40kgf/mm^2$（400MPa），0.6 表示屈服极限 $\sigma_s = 0.6\sigma_{b,min} = 24kgf/mm^2$（240MPa）。

二、叶片与叶轮外壳间隙的调整

叶片与外壳的间隙是指经过机械加工的外壳内径与叶片顶端之间的间隙，调整时先用楔形木块将叶片根部垫足，如图 11 - 6 所示。

在叶轮外壳内径顺圆周方向等分八点，作为测量点，找出最长和最短的叶片，做好记号。用最长及取短的叶片测量间隙，并作好记录。当达到下列要求时为调整合格：

（1）最长的叶片在外壳内转动到各测量点间隙的最大值与最小值相差不大于 1.4mm。

（2）最短叶片在最小处与最大处的增加值，引风机不超过 1.9mm，送风机不超过 1.5mm。

（3）对于最长和最短叶片在八点的平均间隙，引风机为 6.7mm，送风机为 3.4mm。

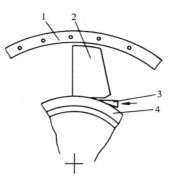

图 11-6　叶片与外壳间隙调整示意

1—叶轮外壳；2—叶片；
3—楔形木块；4—轮毂

（4）引风机最小间隙不小 5.7mm，送风机最小间隙不小于 2.6mm。

在调整时，为保持叶轮平衡不受影响，必须对每个叶柄的螺帽进行调整。调整时朝轴心方向不应超过 0.7mm，离轴心方向不超过 0.8mm。调整结束后，将锁紧垫圈锁住调节螺帽，同时用小螺钉将叶柄键紧固。

三、动叶片角度的调整

叶片的间隙调整好后，组装好滑块，将调节盘套到导向销上，用螺帽拧紧调节盘及导环，将支持轴颈装入主轴孔中。装好液压缸，接通液压油系统，开动油泵，使液压缸带动动叶片动作。然后根据动叶片角度在 +10°～+55°的范围内变化，依下列步骤调整：

（1）在轮毂上拆除一块叶片，将带刻度的校正指示表装在叶柄上。

（2）转动叶片，使仪表指示在 32.5°。将调节轴限位螺钉调到离指示销两边相等（即指示销位于中间），调整传动臂至垂直位置，再调节传动臂上的刻度盘，使其上的刻度指示 32.5°对准指示销。继续转动叶片，使指示表的指针分别对准 10°、55°，此时指示销的指针也分别对准 10°、55°，如有偏差，需移动刻度盘的位置，并把限位螺钉分别在 10°、55°的位置上和指示销相碰，使 10°及 55°刚好是极限。反复几次，如无变化，则可将叶片位置固定。调节机构见图 11-7。

四、风机的日常维护

（1）建立检查、维护记录本，将每台风机的缺陷及处理情况详细记录，每台风机的加油时间及数量一定要准确、详细。

第十一章　通风系统设备检修

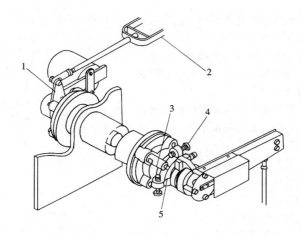

图 11 - 7 动叶片调整示意
1—传动臂；2—传动叉；3—指示销；
4—限位螺钉；5—刻度盘

（2）每日检查风机运行中的噪声、振动值、各仪表指示是否正常。

（3）每日检查油系统的工作情况，压力、流量是否正常，并记录滤油器的污染堵塞指示器的数值，以便及时更换滤芯。

（4）每月至少更换清洗一次油过滤器，并做油化验，检查油中是否含水或变质。如发现油中含水或油已变质，应立即将风机停止运行，进行彻底换油，同时要查清带水或变质的原因（是否油冷却器漏水）。这一点对动叶可调式风机尤为重要。

五、动叶可调式轴流风机的故障及排除方法

首先检查各仪表的工作是否正常，然后按表 11 - 4 检查排除。

表 11 - 4　　　动叶可调式轴流风机的故障及排除方法

序号	故　障	原　因	排除方法
1	轴承温度高	1. 油温太高； 2. 油稀薄变质； 3. 轴承间隙太小或损坏； 4. 油量不适当	1. 加冷却水量，停止油箱加热，检查温控开关； 2. 换油； 3. 调整、更换轴承； 4. 重新调整节流阀

序号	故　障	原　因	排除方法
2	油系统压力下降	1. 油过滤器脏污； 2. 系统泄漏； 3. 油泵故障； 4. 溢流阀松弛	1. 转换到另一个过滤器，更换脏污滤芯； 2. 排除泄漏； 3. 检修油泵； 4. 换新弹簧并调整，开始时将阀门全部打开，再慢慢旋紧调压螺钉，直到恢复正常
3	油压波动	1. 控制回油管上无孔板； 2. 蓄能器不起作用	1. 在回油管上加节流孔板； 2. 检查氮气压力，重新充氮或更换蓄能器
4	油中含水	油冷却器漏水	检修更换并换油
5	液压伺服马达高压软管破损	控制滑阀卡住	更换控制滑阀并检查润滑活塞杆与活塞同心度
6	压力油进入伺服马达后损失	伺服马达密封有缺陷	更换内、外密封，必要时更换密封环
7	风机轴功率不能调整	1. 控制滑阀与驱动装置的连杆断开； 2. 倾角控制机构卡住	1. 检修恢复； 2. 用手动操作控制机构，看其是否转动，重点查叶片的轴承
8	运行中风机有噪声	1. 转子由于积灰而失去平衡； 2. 轴承磨损； 3. 叶片磨损，失去平衡； 4. 地脚螺栓松动	1. 停机清除； 2. 更换轴承； 3. 更换叶片； 4. 重新找正后，紧固螺栓
9	振动大	1. 地脚螺栓松动； 2. 被迫振动或基础共振	1. 紧固； 2. 在转子系统平衡上找原因

在静叶、动叶可调风机的振动大的原因中，都提到是受迫振动还是基础共振。检查的方法是将振动表放在机座上，测量风机的转速对振动的影响。当转速减低时，振动消失，一般是由基础共振产生的。若当转速减低时振动也随之减少，一般为受迫振动。若振动频率是转动频率的两倍，则可能是联轴器找正不对，应重新找正。

第十一章　通风系统设备检修

提示　本节内容适合锅炉辅机检修（MU10 LE26、LE27）。

第四节　回转式空气预热器的检修

一、回转式空气预热器 A 级检修项目

（一）标准项目

（1）清除空气预热器各处积灰和堵灰。

（2）检查、修理和调整回转式预热器的各部分密封装置、传动机构、中心支承轴承、传热元件等，检查转子及扇形板，并测量转子晃度。

（3）检查、修理进出口挡板、膨胀节。

（4）检查、修理冷却水系统、润滑油系统。

（5）检查、修理吹灰装置及消防系统。

（6）检查、修理暖风器。

（7）漏风试验。

（二）特殊项目

（1）检查和校正回转式预热器外壳铁板或转子。

（2）更换回转式预热器传热元件超过 20%。

（3）翻身或更换回转式预热器转子围带。

（4）更换回转式预热器上下轴承。

二、受热面回转式空气预热器的检修

（一）检修

回转式空气预热器漏风大的主要原因是预热器变形，引起密封间隙过大。装满传热元件的空气预热器的转子或静子热态时由于热端温度高，转子或静子径向膨胀大；转子或静子冷端温度低，径向膨胀小。同时由于中心轴向上膨胀，热端相对膨胀得多，中心部上移多，外缘小；再加上自重下垂，形成蘑菇状变形，以致扇形密封板与转子、静子端面密封间隙，热端外缘比冷态增大很多，形成三角形状的漏风区。而冷端则相反，比冷态时减少，如图 11－8 所示。左侧表示冷态时转子外形，右侧为热态时转子蘑菇状变形。

如转子直径为 8.5m、高 2.5m 的空气预热器，当冷、热端平均温度差为 300℃ 时，其变形值达 13mm。为适应热态时转子的这种变形，冷端径向密封面的外侧必须先留有足够间隙，使转子受热面下垂时，此预留间隙正好消失。而热端径向密封面冷态时预留转子转动时的安全间隙即可，热态

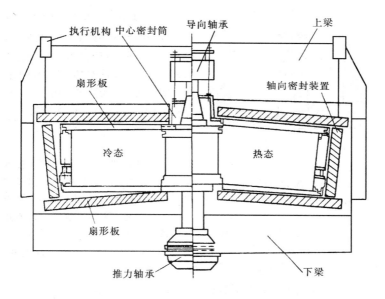

图 11 – 8 转子受热膨胀变形情况

时转子下垂会使间隙变大。图 11 – 9 所示为波兰制 BD27/1800 型空气预热器的预留间隙。

　　轴向密封由装在转子外壳侧的轴向密封与装在外壳内侧弧形密封板构成，其作用是防止空气从转子与外壳间的环形通道向烟气侧泄漏，轴向密封片的位置与径向密封片的位置一一对应。弧形密封板的宽度与扇形密封板外侧宽度相等，它们的中线用销轴定位，保证运转时轴向密封正确发挥作用。冷态安装时，在轴向

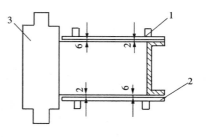

图 11 – 9　径向密封示意
1—上部密封板；2—下部密封板；3—转子

密封片与轴向弧形密封板之间预留一个间隙，间隙值的大小由转子与外壳的径向膨胀量而定，热端大些，冷端小些，使热态时保持理想的密封紧贴状态。由于轴向密封长度由转子高度而定，而不由转子的直径所决定，故它能大大缩短空气与烟气侧的密封长度。

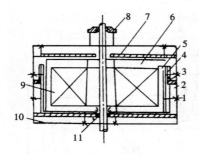

图 11-10 密封系统简图

1—轴向弧形板调节螺栓；2—托架；3—销轴；4—轴向弧形板；5—轴向密封片；6—上部径向密封片；7—上部径向扇形板；8—菱形轴套；9—转子；10—外壳；11—中心密封

为了补偿热变形，一般在空气预热器轴向密封和径向密封设计时，使轴向和径向密封可以在预热器外壳进行调节。但只要冷态时密封板定位正确，密封间隙符合要求，运行时一般不必要调节。图 11-10 为密封系统简图。

（二）验收及质量标准

（1）轮毂轴的垂直度。使用框式水平仪（0.02mm/m），将框式水平仪水平位置于轴的上端面，观察水平仪水平方向读数。取得数据后，再将水平仪转动 180°，再测量一次，看其数值是否一样。然后将水平仪转动 90°（十字形），重复以上测量方法，以检验轮轴是否垂直，是否符合要求。从理论上讲，下轴承座端面到上部轴端测量线所允许的组装偏差如图 11-11 所示。

（2）转子。距回转体切向板和径向板的线性偏差每米不应超过 1mm，

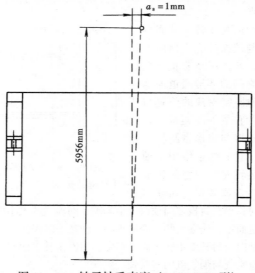

图 11-11 转子轴垂直度（BD27/1800 型）

整个板的长度不超过 ±2mm，回转体的钻孔的公差对于相邻孔间的节距不应超过 0.5mm，对孔的整个长度不超过 ±1mm。转子的椭圆度应符合下列要求：用百分表测量时，如直径小于或等于 6.5mm，其值不大于 2mm；当 6.5m< 直径 ≤10m 时，不大于 3mm；当 10m < 直径 ≤15m 时，不大于 4mm。

（3）密封装置。

对任选点的测量平面，对于上、下端板组装的不平整度为 ±1mm。密封装置的调整螺栓应灵活好用，并有足够的调整余量，如图 11 – 12 所示。

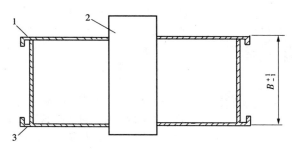

图 11 – 12　经机械加工后的上、下端面允许偏差
1—上端板面；2—转子轴；3—下端板面

（4）外壳。转子安装应垂直，外壳应与转子同心，不同心度不大于 3mm，且圆周间隙应均匀。

（5）驱动装置。传动围带（以销轴为准）的椭圆度不大于 2mm，销轴与传动齿的安装间隙应符合设备技术文件规定，测量时用百分表进行，且表一定要对准销轴。

（6）上、下轴承。轴承在开始安装前，必须仔细检查，不允许有锈蚀、凹坑、凹痕，或用眼看得见的其他缺陷。特别是对珠子和滚道的外表面，确认无损后方能装配。

（7）横梁。上、下梁的不平度不大于 2mm。

（8）紧固体和辅助元件。紧固必须连接可靠，辅助元件如冲洗装置的喷嘴及吹灰器等，必须齐全有效。

（9）传热元件（蓄热极）。传热元件装入扇形仓内不得松动，否则应增插波形板或定位板。转子传热元件安装应在试转合格后进行，施工中应注意转子的整体平衡，并防止传热元件间有杂物堵塞。

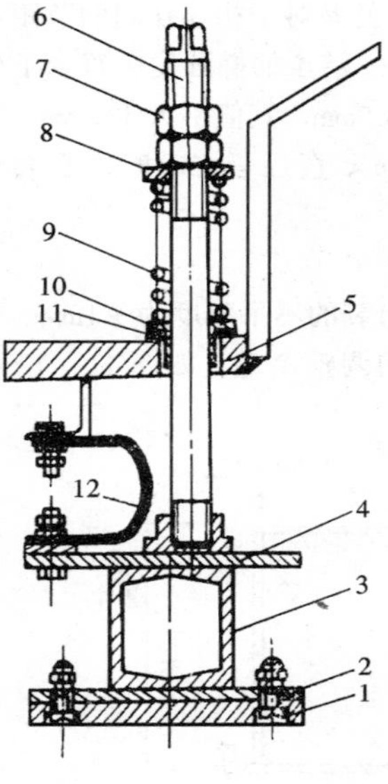

图 11 - 13 风罩与转
子间的密封

1—铸铁摩擦板；2、4—钢板；
3—密封件；5—8字风道端板；
6—吊杆（螺杆）；7—调节螺
母；8—压紧簧板；9—弹簧；
10—密封套；11—石棉垫板；
12—U型密封伸缩节

三、风罩旋转式空气预热器的检修

（一）检修特点

风罩式旋转空气预热器的检修程序、验收项目及验收方法与受热面旋转式空气预热器基本一样，所不同的是风罩刚性差，当烟、风静压差约为 4.9kPa 时，作用于风罩及密封板上，产生浮力，使风罩随风压波动而晃动，进而增大密封板与静子端间隙，并影响与其相连的密封框架正常工作。个别预热器上、下风罩不同步，相差约 40mm，减小了密封惰性区范围，增大了漏风，如图 11 - 13 所示。

针对风罩式预热器，常采用以下检修方法：加固风罩、增强刚性，风罩框架由吊簧改为压簧，将 U 形密封片向烟气侧外移，使密封框架上、下两面均接触空气，实现风力自平衡。运行时密封框架不受风压波动的影响，减少跳动，工作稳定，密封片交接用氩弧焊接，还可采用两种金属自动调节机构，如图 11 - 14 所示。

其工作原理是利用两种不同金属材料线膨胀系数的差值产生一个相对位移，然后通过一个机构（传动连杆），将此相对应位移放大至所需要的调整值。然后作用于密封框架上，使之补偿静子蘑菇状变形，达到热态自动调节，再将颈部密封板改成图 11 - 15 所示结构。

（二）质量标准

（1）风道框架上伸缩节安装时，应使伸缩连接角钢与密封面的距离均匀一致（见图 11 - 16），其允许误差为：当直径 ≤6.5m 时，a 不大于 6mm；6.5m＜直径≤10m 时，a 不大于 8mm；10m＜直径≤15m 时，a 不大于 10mm。伸缩节连接角钢距离定于端面 b 值应符合设计技术要求，一般不大于 4mm。

（2）上、下风罩彼此对正后，再固定在轴上，必须保证同步回转，在风罩圆周上测量，误差不大于 10mm。

（3）回转风罩外圆与烟道内壁间隙均匀，转动时无摩擦现象。

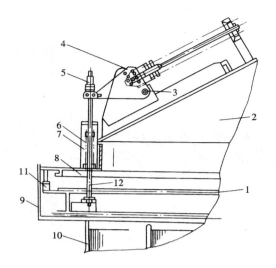

图 11 - 14　自动调节机构

1—密封框架；2—上风罩；3—转轴；4—热补偿装置；
5—弹簧杆；6—弹簧；7—弹簧罩；8—风罩框架；9—
外壳；10—静子；11—径向同步装置；12—U 型膨胀节

（4）风道动、静部分的颈部接口应同心，不同心度不大于 3mm。

（5）颈部密封装置安装应准确可靠，密封面接触的紧度以刚好接触为宜。

（6）吹灰及冲洗的动、静接合处应符合设备技术文件规定，并不卡、不漏。

四、回转式空气预热器的日常维护

（一）维护内容

为确保空气预热器的正常运行和保证机械部件的使用寿命，应按时向轴承减速箱等转动部件更换或添加规定的润滑油脂。更换减速箱内润滑油时，将里面的油排完以后，再用 70℃ 的热油清洗里面的油污，当排出的热油干净后，按规定加入新油。更换上、下轴承和其他点的润滑脂时，应清除旧的油脂，清理干净后再加入规定的新油脂。所有的油塞、润滑油嘴和润滑点均应涂以红色油漆。

一般转子轴承和传动齿轮的第一次换油时间应在运行大约 500h 进行，正常投入运行后，轴承的换油时间在 8000h 进行。传动齿轮箱油及电

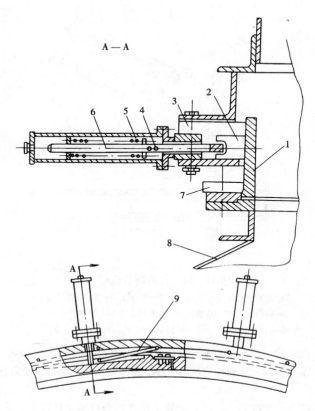

A — A

图 11 – 15　喉口密封结构

1—密封筒；2—弧形铁块；3—盖板；4—开口销；5—弹簧；
6—弹簧杆；7—周向连板；8—上风罩；9—拉杆

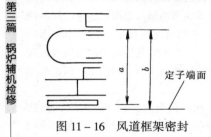

图 11 – 16　风道框架密封

动机轴承润滑油的周期应按其技术要求进行，但各润滑部位的油位应有计划地进行检查。另外，空气预热器运行电流、振动值以及漏风情况也在日常维护检查之列。

（二）常见故障的原因分析及处理

（1）空气预热器着火。由于在传热间隙内积聚着大量的可燃物质，会发生着火现象，因此回转式空气预热器装有着火探测系统和信号装置。当空气预热器着火时，不能停止其运行，锅炉要紧急停炉，送、吸风机停运，关闭空气预热器之后的热风挡板，关闭空气预热器之前的烟气挡板，打开空气预热器下面风道上排泄阀，紧急开启消防灭火系统，进行灭火工作。

（2）传动装置断销轴。由于空气预热器轴向、径向的晃动或传动装置找正不合格，经过一段时间运行，会发生传动销轴断裂损坏，听到响声不正常时应检查是否断销轴，以便处理更换。更换时要看销轴围带是否变形。另外，传动轮、减速机等因啮合不良或组装不好也可引起传动系统故障。

（3）风、烟气侧挡板卡涩。因安装调整不当，或长期运行不加润滑油脂，在高温及烟尘影响下，转轴卡涩、开关不灵活或转不动，影响运行。因此，要定期转动下挡板轴，并添加润滑脂。

（4）密封间隙变大。由于密封件摩擦转子部件，长期运行会造成密封间隙变大。必要时要调整径向密封、轴向密封装置。在空气预热器外壳体均有测量间隙装置，用于在运行当中测量轴向、径向密封间隙数值大小。轴向密封翼板可通过弹簧压力系统或找正系统重心位置来调整（杠杆原理），径向板用螺栓调整，一般顺时针旋转螺杆为缩小间隙，反时针为扩大间隙。调整时可通过测量孔监测，使间隙调整到规定的数值。

（5）吹灰器。吹灰器要按规定时间间隔进行吹扫，不能长期不用。若停运时间较长，则应保持本体干净，并定期操作，使吹灰器来回运动几次，以免灰尘污堵、卡涩，在需要启动时不能投运。

提示 本节内容适合锅炉辅机检修（MU11 LE29）。

第四篇

锅炉管阀检修

第十二章

锅炉外部汽水循环系统

第一节 给水及疏排水系统

一、给水系统

（一）系统的作用及工作特点

从除氧器给水箱经给水泵、高压加热器到锅炉省煤器的全部管道系统称为锅炉给水管道系统，按其压力不同可划分成低压和高压给水管道系统两部分。由除氧器给水箱下降管至给水泵进口之间的管道称低压给水管道系统，一般布置在汽机房，属汽轮机管辖的给水管道。由给水泵出口经高压加热器至锅炉省煤器入口联箱之间的管道称高压给水管道系统。

大容量锅炉都装有数级喷水减温器，用来调整过热汽温和再热汽温。提供喷水减温器用水的管道及设备称为减温水管道系统。由于减温水多采用给水，其工作特点和参数与给水管道相同，可以将其视为锅炉给水系统的一部分。

给水管道系统的工作特点是高压、低温（压力可达 23.0MPa，温度不超过 250℃），因此都采用碳钢制造，为厚壁管道。减温水管道靠近减温器的管子和一些连通管也有用合金管的。

（二）系统的配置方式

给水管道上的阀门比较多，包括关断用的闸阀和用于调节流量的调节阀。系统的配置一般有两种类型。

1. 使用调速给水泵的系统

这样的系统多用于大容量机组，使用调速给水泵控制主给水流量，不设主给水调节阀，只安装有一台闸阀。由于锅炉启动初期给水量非常小，因此设有用于锅炉启动时给水的旁路，设有调节阀和前后闸阀或截止阀。

2. 采用定速泵或集中母管制给水系统

采用此系统的锅炉给水压力较为恒定，给水管道设有主给水管道，用于小负荷的给水旁路管道，对于高压锅炉还配备有启动用的给水小旁路管道。每条管路都安装有调节阀和闸阀或截止阀。

通常锅炉减温水都取自给水，因此给水系统还装设供减温水的闸阀和调节减温水压力用的调压阀。

(三) 系统的型式

1. 集中母管制系统

一般高、中参数发电厂的给水管路系统多数是集中母管制系统。它设有三根给水母管，即给水泵入口的低压吸水母管、给水泵出口侧的压力母管和锅炉给水母管。

在图 12-1 的集中母管制给水管道系统中，低压吸水母管采用单母管分段；由于给水泵台数远大于锅炉台数，压力母管也采用单母管分段；锅炉给水管道为切换母管，并且是单路进水至锅炉省煤器。备用给水泵位于吸水母管和压力母管两分段阀之间的位置。单母管分段即是用 2 个串联的关断阀将母管分为 2 个以上的区段，以保证在母管本身或与母管直接联通的任一关断阀检修时，不致造成全厂运行的停顿，影响全厂的工作可靠性。

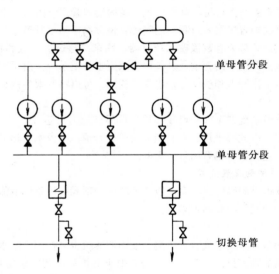

图 12-1　集中母管制给水系统

在这种给水系统中，给水泵台数多，各给水泵的给水都送到压力母管中，再由母管分配给各加热器，故系统的可靠性较高。但系统复杂，钢材消耗量大，阀门较多。当给水泵的出力与锅炉容量不配合时，采用集中母管制比较合适。

2. 切换母管制系统

图 12-2 所示是切换母管制给水系统，低压吸水母管采用单母管分段，压力母管和锅炉给水管路均为切换母管。给水泵出口的压力水可以直接经过高压加热器进入锅炉，也可以先送入切换母管，再进入高压加热器。因此，切换母管制可使给水泵、高压加热器、锅炉等设备相互切换运行，运行上较集中母管制灵活。

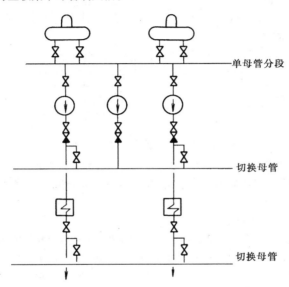

图 12-2　切换母管制给水管道系统

切换母管制系统原则上应能按单元系统运行，采用这种系统要求给水泵的出力与锅炉的容量相配。

3. 单元制系统

现代大功率、超高压参数发电机组为了节省投资，便于机，炉、电集中控制，蒸汽管道采用单元制系统，因此已无必要再设置锅炉给水母管，给水系统当然也是单元制的。图 12-3 所示是引进型 300MW 机组单元制给水系统图。

这种系统最简单，管路最短，管道附件最少，投资最省，尤其对于大功率、超高压参数机组，必须采用昂贵的合金钢管，因而，单元制系统的

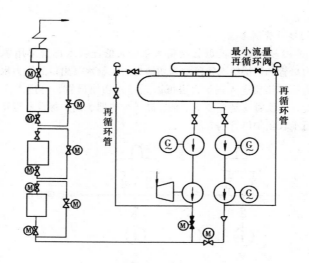

图 12 – 3　单元制给水管道系统

这些特点显得尤为重要。另外，该系统本身事故的可能性也最少，便于集中控制．但缺点是相邻单元不能相互切换，运行灵活性差，并要求设有单独的备用给水泵。

4.扩大单元制系统

在主蒸汽采用单元制系统时，给水系统也可采用两个相邻单元组成的扩大单元制，如图 12 – 4 所示。吸水母管为单母管，压力母管为切换母管，锅炉给水不设母管。与单元制相比，这种系统的可靠性较高；两个基本单元共用一台备用给水泵，投资省，运行灵活，在变负荷时有利于节省厂用电，但系统较复杂。

二、疏水排污系统

（一）疏排水系统的作用及工作特点

为排除汽包、水冷壁、过热器、省煤器和各种联箱的积水，或设备检修时排尽锅内凝结水，并为减少工质损失而回收，设置了用于排放和收集全厂疏水的管道系统及设备，称为疏放水系统。这个系统的工作特点是：正常运行情况不疏水，其中的蒸汽停滞不动，有时会变成凝结水。疏水时，先排走凝结水，而后排走蒸汽，管壁温度会急剧上升，属于高温高压管道，多采用小直径合金钢管。

为了保证蒸汽品质，锅炉水的质量要控制在允许范围之内，所以以对自

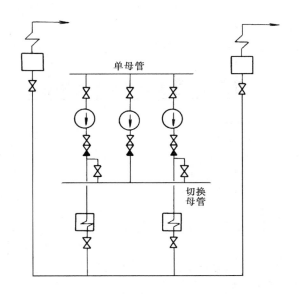

图 12 - 4 扩大单元制给水系统

然循环汽包锅炉要进行排污。排污水管道系统包括从汽包引出的连续排污管和从水冷壁下联箱引出的定期排污管及其附件。其工作特点是高压、低温，故这一部分管道多采用小直径的碳钢管道（DN 为 28～38mm）。

（二）系统布置要求

1. 排污系统

锅炉排污分连续排污和定期排污。连续排污是将锅筒内含盐量较高的锅水连续排出锅外，定期排污是为了将锅炉内最低点处聚集的泥渣定期排出。锅炉排污系统由排污管道、阀门、截流孔板、扩容器、热交换器、流量计和压力表等组成。

连续排污从炉水含盐量最高点引出，在凝汽式电厂中，锅炉连续排污量不大，为确保连续排污顺利进行，系统中需配备调节灵敏的小流量排污装置，除截流孔板外还配有调节阀。定期排污引出点一般在水冷壁下联箱或下降管下端。为防止定期排污时对水冷壁水循环的影响和排污门的磨损，排污管上配有截流孔板。

2. 疏水系统

疏水管自锅炉受热面下联箱引出，包括疏水管道、阀门、疏水联箱、扩容器等。由于疏水管道中经常出现汽水两相流，因此管道应按照压力管道的要求采用厚壁管。

提示 本节内容适合锅炉管阀检修（MU5 LE11）。

第二节 主蒸汽及再热蒸汽系统

一、主蒸汽系统

（一）系统的作用及工作特点

锅炉与汽轮机之间连接的蒸汽管道及其母管通往各辅助设备的支管都属于发电厂的主蒸汽管道系统。从锅炉主汽门起或从过热器出口（大容量机组锅炉多无主汽门）至锅炉房与汽机房的隔墙为止，属于锅炉管辖的主蒸汽管道系统。

这段管道系统的工作特点是高汽压（超临界压力 25.4MPa），高汽温（可达 540℃以上）、大管径（DN 在 400mm 左右），因此，多采用含有铬、钼、钒等微量金属元素合金钢制造，为厚壁管道。

（二）系统型式

锅炉侧主蒸汽管道上一般在过热器出口安装主蒸汽阀，主蒸汽阀通常为电动控制。为保证主蒸汽阀在锅炉启动中便于开启，主蒸汽阀还设有电动旁路阀。主蒸汽管道有的采用一条管线，有的采用左右两条管线。这一般取决于最后一级过热器的出口联箱布置方式。如果过热器出口联箱上未设置安全阀，则在主蒸汽管道上设有过热器安全阀，安全阀的数量不少于两台。

火力发电厂的主蒸汽管道输送的工质流量大、参数高，所以对管道的金属材料要求很高，对电厂运行的安全可靠性和经济性影响也很大。一个最佳的管道系统方案可以通过改变主管道的连接点和改变管道部件的布置来确定。管道系统的设计应根据总布置图充分考虑局部条件和各种连接的可能性。此外，还必须考虑机组启停，备用设备的管道、安全保护装置等。管道系统的设计除了必须符合和满足热力系统中的各项给定条件和运行要求外，还应考虑系统简单、安全、可靠，运行方便，便于切换，安装维修方便；投资和运行费用节省。

1. 集中母管制系统

集中母管制系统是将全厂数台锅炉产生的蒸汽引往一根蒸汽母管，再由该母管引往各台汽轮机和用汽处，如图 12-5 所示。它的主要优点是系统中的各个汽源可以互相协调，其缺点是当与母管相连的任一阀门发生故障时，全部机组必须停止运行，严重影响全厂工作的可靠性。为此，一般用阀门将母管分隔成两个以上区段，以便母管分段检修。此外，该系统管道较复杂，相应投资也较大。这种系统过去在低参数小容量机组上得到广泛采用，目前大型机组上已不再采用。

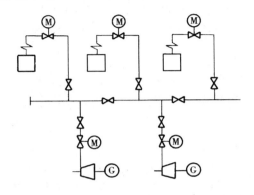

图 12 - 5　集中母管制主蒸汽系统

2. 切换母管制系统

这种系统是将每台锅炉与其相对应的汽轮机组成一个单元，各单元之间有母管相连接。这样，机炉既可按单元运行，也可切换到蒸汽母管上由相邻锅炉供汽。运行方式的切换可通过单元机组与母管相连接的阀门来实现，如图 12 - 6 所示。

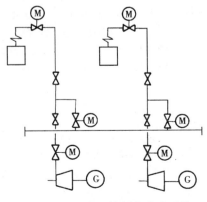

图 12 - 6　切换母管制主蒸汽系统

这种系统的主要优点是：既有足够的运行可靠性，又有一定的运行灵活性，并可充分利用锅炉的蒸汽裕量进行各锅炉之间的最佳负荷分配。其主要缺点是系统复杂、阀门多、投资大、事故可能性比单元制要大。当蒸汽参数不太高，机炉容量不完全配合，管道系统投资不太高时，其缺点尚不突出。所以，中参数机组或供热式机组的发电厂中被广泛应用。切换母管的管径按通过一台锅炉的最大蒸发量来选择。正常运行时，切换母管应处于热备用状态。

3. 单元制系统

这种系统是将每台锅炉直接向所匹配的 1 台汽轮机供汽，组成 1 个单元。各单元之间没有横向联系的母管，各单元需用主蒸汽的各辅助设备的用汽支管与各自单元的蒸汽母管相连，如图 12－7 所示。

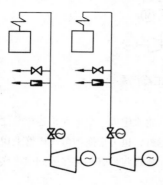

图 12－7　单元制主蒸汽
管道系统

这种系统的优点是：系统简单、管道短，阀门等附件少，不仅可以节省大量的高压高温管道和阀门等附件及其相应的保温材料和支吊架，降低投资；而且也有利于蒸汽管道本身的运行安全可靠性的提高。单元制系统的缺点是：当任何一台主要设备发生故障时，整个单元都要被迫停止运行，运行灵活性差；而且机炉必须同时安排检修，在负荷变动时，对锅炉燃烧控制的要求很高。

现代高参数大容量机组的主蒸汽管道必须采用昂贵的合金钢管，这样，单元制系统的优点就显得极为重要。特别对中间再热机组来说，当再热蒸汽的参数不一致时，就无法并列运行。所以，当今高参数大容量的中间再热式机组的主蒸汽管道系统一般均采用单元制系统。

二、再热蒸汽系统

（一）系统的作用及工作特点

对于中间再热式机组，连接汽轮机与锅炉再热器之间的管道系统称为再热蒸汽管道系统。再热蒸汽管道分为热段和冷段，冷段即为汽轮机通往锅炉再热器入口的管段，热段即为锅炉再热器出口至汽轮机中压缸的管段。

冷段由于压力、温度较低，一般采用优质锅炉碳素钢制造，为大直径管道。热段的工作特点是高温、中压、大管径，因此，也采用合金钢管。

（二）系统的型式

由冷段和热段管道构成，分左右各 2 条管线。通常每条管线都设有再热器安全阀，以保证再热器不超压。也有的只在热段管道安装有再热器安全阀，冷段不装，其目的是为了保证再热器超压安全阀动作时，再热器内有足够的介质流过，防止再热器超温。

拥有再热蒸汽系统的机组均为单元制，因而系统比较简单。由于锅炉再热器与汽轮机之间没有隔离的阀门，因此再热器冷热段的管道上设有用于再热器水压试验用的堵阀或加装堵板用的法兰。

提示　本节内容适合锅炉管阀检修（MU5 LE11）。

第三节　管道阀门基本知识

一、阀门的种类

阀门按功能和结构，可分为：

（1）关断阀类。用于切断或接通介质流动，如闸阀、截止阀、球阀、蝶阀、隔膜阀等。

（2）调节阀类。用来调节介质的压力、流量、温度、水位等，如调节阀、减温减压阀、节流阀等。

（3）保护阀类。用于保护设备的安全，如超压保护、截止倒流保护、事故工况保护等，如安全阀、泄压阀、止回阀、高加保护阀等。

（4）分流类阀。用于分配、分离或混合介质，如分配阀、疏水阀、三通阀。

阀门按公称压力可分为：

（1）低压阀，PN ≤ 1.6MPa 的阀门。

（2）中压阀，PN = 2.5～6.4MPa 的阀门。

（3）高压阀，PN = 10.0～80.0MPa 的阀门。

（4）超高压阀，PN ≥ 100.0MPa 的阀门。

阀门按介质工作温度可分为：

（1）常温阀，用于介质工作温度为 - 40～120℃的阀门。

（2）中温阀，用于介质工作温度为 120～450℃的阀门。

（3）高温阀，用于介质工作温度大于 450℃的阀门。

阀门按操作方式可分为手动阀、气动阀、电动阀、液动阀、电液阀、

第十二章　锅炉外部汽水循环系统

電磁阀。

二、阀门的基本参数

（1）阀门的公称通径和接管尺寸。阀门的公称通径是指符合有关标准规定系列、用来表征阀门口径的名义内径，用符号 DN 表示，单位为 mm。

电站阀门常用的公称通径和接管尺寸见表 12－1。

表 12－1　　　　　　　　焊接阀门的接管尺寸

DN10	PN10.0	PN20.0 P5410	PN25.0 P5414	PN32.0 P5417	P3722	P5420
10	φ16×3	φ6×3	φ16×3	φ16×3		
15	φ18×2				φ22×4	φ22×4
20	φ25×2.5	φ28×4	φ28×4	φ28×4		
25	φ32×3				φ32×5	φ32×5
32	φ38×3	φ2×3.5	φ42×5	φ42×5		
40	φ45×3				φ51×6.5	φ51×7.5
50	φ57×3					φ76×12
60		φ76×6	φ76×7.5	φ76×10	φ76×10	
80	φ89×4.5				φ108×14	φ108×16
100	φ108×5	φ133×10	φ133×13	φ133×16	φ33×16	φ133×18
125		φ168×13	φ168×16	φ168×20	φ168×20	φ168×24
150	φ159×7	φ194×15	φ194×18	φ194×22	φ194×22	φ194×26
175	φ219×10	φ219×16	φ219×20	φ219×26	φ219×26	φ219×30
200				φ245×28	φ245×30	φ273×36
225		φ273×20	φ273×26	φ273×30		
250	φ273×12	φ325×24	φ325×30	φ325×36	φ325×40	φ377×50
300	φ325×14		φ377×36	φ377×42	φ377×45	φ426×56
350			φ426×40	φ426×50	φ426×50	φ426×60

对于工程压力 PN≤10MPa 的阀门，阀门与管子的连接多采用法兰连接，法兰标准按 JB82；对于 PN＞10MPa 的电站阀门，阀门与管子的连接大都采用焊接连接，焊接坡口的尺寸形状基本上按图 12－8。

（2）阀门的公称压力、工作压力和试验压力。阀门的公称压力是指符

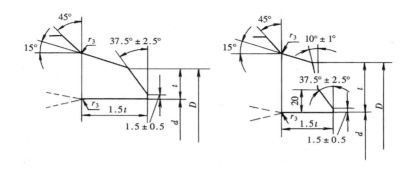

图 12-8　坡口的形状及尺寸

合有关标准规定系列、用来表征特定材质阀门在一定温度范围内所允许的工作压力值。按我国的标准，阀门的工作温度等于或小于阀体、阀盖材料基准温度时，阀的公称压力就是阀门的最大工作压力。公称压力用符号PN 表示，单位为 MPa。

钢制阀门的基准温度为 200℃，当温度高于 200℃时，阀的允许工作压力 P_t 和相应的工作温度关系见表 12-2。

表 12-2　　　　　　　　阀门温压表

20、25 ZG230~450	基准温度（℃）					工作温度（℃）				
20、25 ZG230~450	200	250	300	350	400	425				
15CrMo ZG20CrMo	200	320	450	490	500	510	515	525	535	545
12Cr1MoV 15Cr1MoV ZG20CrMoV ZG15Cr1Mo1V	200	320	450	510	520	530	540	550	560	570
PN (MPa)	p_s (MPa)	允　许　工　作　压　力　p_t（MPa）								
1.0	1.5	0.98	0.88	0.78	0.69	0.63	0.55	0.49	0.44	0.39	0.35
1.6	2.4	1.57	1.37	1.23	1.08	0.98	0.88	0.78	0.69	0.63	0.55
2.5	3.8	2.45	2.16	1.96	1.76	1.57	1.37	1.23	1.08	0.98	0.88

PN (MPa)	p_s (MPa)	允 许 工 作 压 力 p_t (MPa)									
4.0	6.0	3.92	3.53	3.14	2.74	2.45	2.16	1.96	1.76	1.57	1.37
6.3	9.5	6.27	5.49	4.90	4.41	3.92	3.53	3.14	2.74	2.45	2.1 6
10.0	15	9.80	8.82	7.84	6.96	6.27	5.49	4.90	4.41	3.92	3.53
16.0	24	15.68	13.72	12.25	10.98	9.8	8.82	7.84	6.96	6.27	5.49
20.0	30	19.60	17.64	15.68	13.72	12.25	10.98	9.80	8.82	7.84	6.96
25.0	38	24.50	22.05	19.60	17.64	15.68	13.72	12.25	10.98	9.80	8.82
32.0	48	31.36	27.44	24.50	22.05	19.60	17.64	15.68	13.72	12.25	10.9S
42.0	58	41.16	37.04	32.93	28.81	25.73	23.15	20.58	18.52	16.46	14.41
50.0	70	49.00	44.10	39.20	35.28	31.36	27.44	24.50	22.05	19.60	17.64
63.0	90	62.72	54.88	49.00	44.10	39.20	35.28	31.36	27.44	24.50	22.05
80.0	110	78.40	69.58	62.72	54.88	49.00	44.10	39.20	35.28	31.36	27.44
100.0	130	98.00	88.20	78.40	69.58	62.72	54.88	49.00	44.10	39.20	35.28

注　p_s 表示阀门的强度水压试验压力。

三、阀门的型号

阀门的种类繁多，需要一个阀门型号的统一编制方法，以便使用者根据型号，选用阀门。我国现使用原第一机械工业部标准 JB 308《阀门型号编制方法》和中国阀门行业标准《一般工业用阀门型号编制方法》（CVA2.1），电力行业还使用 JB 4018《电站阀门型号编制方法》

阀门型号主要表明阀门的类别、作用、结构特点及所选用的材料性质等。一般用七个单元组成阀门型号，其排列顺序如下：

类别代号 1	传动方式代号 2	连接方式代号 3	结构型式代号 4
密封面或衬里材料代号 5	公称压力 PN 数值 6	阀体材料代号 7	

（1）第一单元用汉语拼音字母表示阀门类别，如表 12－3 所示。

表 12 – 3 　　　　　　　　　　　阀门类别代号

阀门类别	闸阀	截止阀	逆止阀	节流阀	球阀	蝶阀
代　号	Z	J	H	L	Q	D
阀门类别	隔膜阀	安全阀	调节阀	旋塞阀	减压阀	疏水器
代　号	G	A	T	X	Y	S

（2）第二单元用一位阿拉伯数字表示传动方式，对于手动、手柄、扳手等直接传动或自动阀门无代号表示，如表 12 – 4 所示。

表 12 – 4 　　　　　　　　　　　阀门传动方式代号

驱动方式	蜗轮传动	正齿轮传动	伞齿轮传动	气动传动	液压传动	电磁传动	电动机传动
代　号	3	4	5	6	7	8	9

（3）第三单元用一位阿拉伯数字表示连接方式。如表 12 – 5 所示。

表 12 – 5 　　　　　　　　　　　阀门连接方式代号

连接形式	内螺纹	外螺纹	法兰①	法兰	法兰②	焊接	对夹式	卡箍	卡套
代号	1	2	3	4	5	6	7	8	9

① 用于双弹簧安全阀；
② 用于杠杆式安全阀、单弹簧安全阀。

（4）第四单元用一位阿拉伯数字表示结构型式。结构型式因阀门类别不同而异，不同类别的阀门各个数字所代表的意义不同。常用阀门结构型式代号如表 12 – 6 所示。

表 12 – 6 　　　　　　　　　　　阀门结构型式代号

闸阀	结构型式	明杆楔式单闸板	明杆楔式双闸板	明杆平行式双闸板	暗杆楔式单闸板	晴杆楔式双闸板	暗杆平行式双闸板	
	代号	1	2	4	5	6	8	
截止阀（节流阀）	结构型式	直通式（铸造）	直角式（铸造）	直通式（锻造）	直角式（锻造）	直流式	无填料直角式	无填料直通式	压力表计	无填料直流式
	代号	1	2	3	4	5	6	8	9	0
止回阀	结构型式	直通升降式（铸造）	立式升降式	直通升降式（锻造）	单瓣旋启式	多瓣旋启式		
	代号	1	2	3	4	5		

第十二章　锅炉外部汽水循环系统

（5）第五单元用汉语拼音字母表示密封面或衬里材料，见表 12-7。

表 12-7　　　　　　　　　阀门密封面或衬里材料

密封面或衬里材料	铜	不锈钢	硬质合金	橡胶	硬橡胶	渗氮钢	密封面由阀体加工	聚四氟乙烯	聚三氟乙烯	聚氯乙烯	酚醛塑料	尼龙	皮革	塑料	巴氏合金	衬胶	衬铅	衬塑料	陶瓷
代号	T	H	Y	X	J	D	W	SA	SB	SC	SD	SN	P	S	B	CJ	CQ	CS	TC

（6）第六单元用公称压力数字直接表示，并用短线与前五单元分开。

（7）第七单元用汉语拼音字母表示阀体材料。对于 PN≤1.6MPa 的灰铸铁阀门或 PN≥2.5MPa 的铸钢阀门，及工作温度 $t > 530℃$ 的电站阀门，则省略本单元。如表 12-8 所示。

表 12-8　　　　　　　　　阀门阀体材料代号

阀体材料	灰铸铁	可锻铸铁	球墨铸铁	铜合金	铅合金	铝合金
代　号	Z	K	Q	T	B	L
阀体材料	铬钼合金钢	铬镍钛钢	铬镍钼钛钢	四铬钼钒钢	碳钢	硅铁
代号	1	P	R	V	C	G

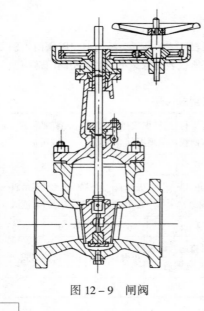

图 12-9　闸阀

四、阀门的结构、用途和工作原理

1. 闸阀

闸阀的构造如图 12-9 所示，主要由阀体、阀盖、支架、阀杆、阀座、闸板及其他零件构成。

其他零件还有：阀杆螺母，与阀杆形成螺纹副，用来传递扭力；填料，在填料箱内通过压兰，在阀盖和阀杆间起密封作用的材料；压盖，通过压盖螺栓或压套螺母，压紧填料；垫片，在静密封面上起密封作用。

闸阀零件较多，结构长度较短，但高度较高。使用的压力温度和通径范围较广（DN50～1800mm，PN0.1～40.0MPa，$t \leqslant 570℃$），具

第四篇　锅炉管阀检修

有密封性能好，流体阻力小，全行程启闭时间长，操作扭矩小等特点。

闸阀一般用于公称直径 DN40～1800 的管道上，作切断用。在蒸汽管道和大直径供水管道中，由于流动阻力要求小，故多采用闸阀。

2. 截止阀

最常用的截止阀为直通式截止阀，其构造如图 12-10 所示。各个零部件的形状与闸阀的有所不同，但其作用相同，这里不再赘述。截止阀的阀瓣有平面和锥面等密封形式。

按阀杆螺纹的位置分为外螺纹式和内螺纹式，按通道方向分为直通式（见图 12-10）、直流式（见图 12-11）和角式（见图 12-12）。

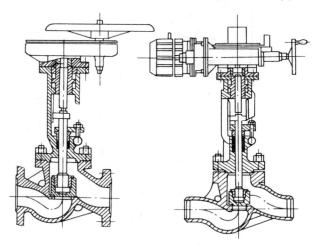

图 12-10　直通式截止阀

截止阀开启高度小，关闭时间短，密封性较好，但流体阻力大，开启、关闭力较大，且随着通路截面积的增大而迅速增加，制成通路截面积较大而又十分可靠的截止阀是很困难的。因此截止阀一般口径在 DN 为 200mm 以下，主要用来切断管道介质用。

3. 节流阀

节流阀的构造类似截止阀，只是阀瓣形状不同。节流阀的阀瓣下部有起节流作用的凸起物，大多采用圆锥流线形，如图 12-13 所示。

节流阀因结构限制，调节精度不高，不能作为调节阀使用，也不能用来切断介质。

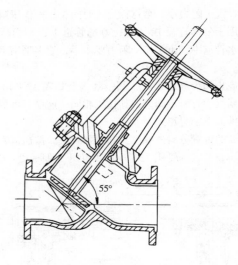

图 12 - 11 直流式截止阀

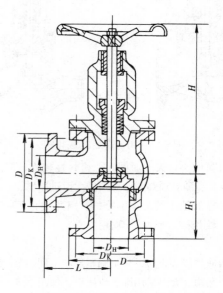

图 12 - 12 角式截止阀

| 圆锥形 | 窗形 | 沟形 |

图 12 – 13　节流阀阀瓣

4．调节阀

通过阀瓣的旋转或升降改变通道截面积，从而改变流量和压力的阀门叫做调节阀。可分为回转式调节阀和升降式调节阀。

回转式调节阀的结构见图 12 – 14。

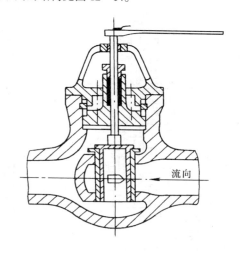

流向

图 12 – 14　回转式调节阀

圆筒形阀座上开有两只对称的长方形窗口，在可以回转的筒形阀瓣上对称地开有一对如图 12 – 15 所示的流通截面。阀门的流量调节借圆筒形的阀瓣和阀座的相对回转以改变阀瓣上窗口面积，即流通截面来实现。阀门的开关范围由阀门上方的开度指示板指示，指示计所指示的开关范围与阀门的开关范围一致。回转式调节阀应安装在水平管道上，且必须垂直安装，阀杆向上，并注意指示介质流向的箭头。

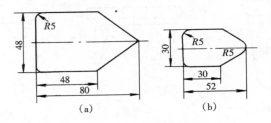

图 12-15　回转调节阀阀瓣流通截面
(a) 主给水调节阀；(b) 启动给水调节阀

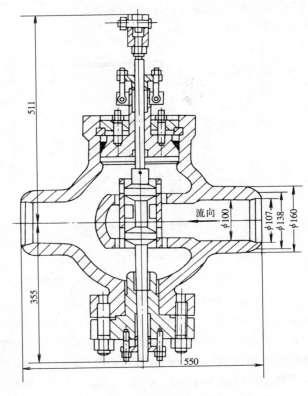

图 12-16　升降式调节阀

第四篇　锅炉管阀检修

升降式调节阀如图 12 - 16 所示，可分为套筒式、针形式、柱塞式、闸板式等。阀门为套筒柱塞式结构，阀瓣和阀杆用销连为一体，由上下两只导向套导向，靠阀瓣在阀座中做垂直式升降运动，改变阀座流通面积，进行调节。

5. 止 回 阀

止回阀的阀瓣能靠介质的力量自动关闭，防止介质倒流。由于没有传动装置，所以构造较简单。止回阀按结构可分为升降式、旋启式和蝶式，如图 12 - 17、图 12 - 18 所示。

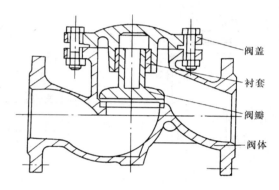

阀盖

衬套

阀瓣

阀体

图 12 - 17 升降式止回阀

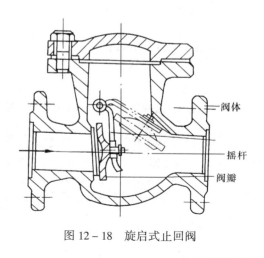

阀体

摇杆

阀瓣

图 12 - 18 旋启式止回阀

6. 安全阀

安全阀是用于锅炉、容器等有压设备和管道上作为防超压的安全保护装置。安全阀的技术发展从排量较小的微启式发展到大排量的全启式，从重锤式发展到杠杆重锤式、弹簧式，继直接作用式之后又出现非直接作用的先导式，经过了漫长的过程。

常用的安全阀按其结构形式有直接载荷式安全阀、带动力辅助装置的安全阀、带补充载荷的安全阀和先导式安全阀（见图 12 – 19 ~ 图 12 – 22）。

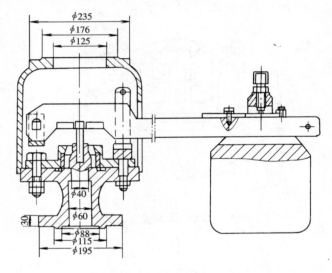

图 12 – 19　杠杆式安全阀

7. 球阀

球阀是利用一个中间开孔的球体作阀芯，靠旋转球体来控制阀的开启和关闭，该阀也作成直通、三通或四通的，是近几年发展较快的阀型之一。球阀分为浮动球阀和固定球阀两类。

球阀结构简单，体积小，零件少，重量轻，开关迅速，操作方便，流体阻力小，制作精度要求高，但由于密封结构及材料的限制，目前生产的阀不宜用在高温介质中。按其结构形式基本上分为浮动球阀和固定球阀两类。球阀在管路中做全开或全关用，可安装在管路的任何位置，开闭靠水平旋转手柄来达到。

8. 堵阀

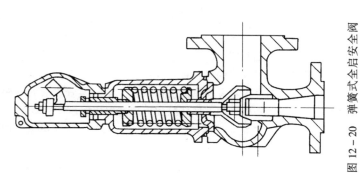

图 12 - 22　先导式安全阀　　图 12 - 21　弹簧式微启安全阀　　图 12 - 20　弹簧式全启安全阀

第十二章　锅炉外部汽水循环系统

由于锅炉再热器出、入口一般不装设阀门，锅炉再热器水压时依靠安装在其出、入口管道上的法兰加堵板，来实现系统与其他设备的隔离。由于再热器出、入口管道管径大（一般在 $\phi300 \sim \phi600mm$ 之间），法兰口径也较大，堵板安装和拆除显得困难。为此近年来阀门生产厂设计制造了专用于再热器水压安装堵板用的堵阀。

第四节　阀门驱动装置

对于驱动阀门的执行机构，机械部规定一律称为阀门驱动装置。阀门驱动装置根据使用能源的不同，可分为电动、气动及液动装置。

一、阀门手动装置

手动阀门即通过人力转动手轮或手柄，完成阀门启闭动作。对于中小口径的阀门（DN < 100mm），一般都是手轮或手柄直接安装在阀杆或阀杆螺母上。电站阀门一般都要求手轮安装在阀杆螺母上，这样在阀门动作时，阀杆只做轴向运动，不产生旋转，这样阀杆阻力和对填料的磨损最小。对于大口径阀门（DN ≥ 100mm）一般都采用配有减速机构，减速机构分为正齿轮减速机构、伞齿轮减速机构和蜗轮蜗杆减速机构。使用了驱动机构，阀门操作力矩大为减小，操作省力，但操作时间延长。

二、阀门电动装置

阀门电动装置是由电动机传动的，使用起来比较灵活，适用于分散的和远距离的场合，是火电厂中使用得最广泛的一种阀门驱动装置。但是，它对于要求输出高转矩、高推力和高速度的场合和工作环境恶劣的场合则较难适应。

（1）主传动装置。阀门电动装置由电动机、传动机构和控制部件等组成，其典型结构原理如图 12 - 23 所示。电动机通过一对正齿轮和一对蜗轮副带动输出轴。当阀门电动装置在阀门上时，电动装置的输出轴就可以带动阀杆螺母去控制阀门的开启和关闭了。

（2）转矩限制机构。为了保证关严阀门，电动装置设有转矩限制机构。开阀方向的转矩弹簧的工作情况和上述过程相似，仅运动方向相反。它是在出现事故性过转矩（阀门被卡住不能开启）时切断电动机的电源的，以保护电动装置。

（3）行程控制机构。为了保证阀门开启到要求的位置，电动装置设有行程控制机构，行程控制机构是一个多转圈数的角行程行程开关。输出轴

第四篇　锅炉管阀检修

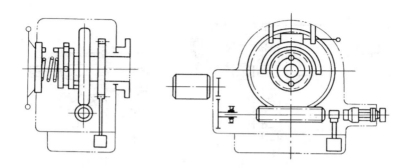

图 12 – 23　阀门电动装置典型结构原理

旋转的角行程通过齿轮组 8 送入行程控制机构。当阀门开启的行程（输出轴的转圈数）达到规定值时，行程开关动作，切断电动机的电源。最常见的行程控制机构是计数进位齿轮传动的，它的结构见图 12 – 24。

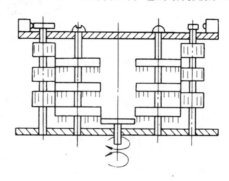

图 12 – 24　行程控制机构

　　（4）手动—电动切换机构。在电动装置发生故障时，必须依靠人力直接操作阀门。这时可先扳动手柄，使拨叉将输出轴上的离合器与蜗轮脱开并与手轮啮合，这时就可以利用手轮 1 通过输出轴直接操作阀门了。

　　（5）电动机。电动装置配用的电动机是专门设计的阀用电动机。

　　（6）状态显示。电动装置的转矩限制机构和行程控制机构除了用来保证准确启闭阀门外，还可以通过其开关触点提供阀门和电动装置工作情况的信息。

三、阀门气动装置

　　阀门气动装置使用压缩空气作能源，对于恶劣工作环境的适应能力较

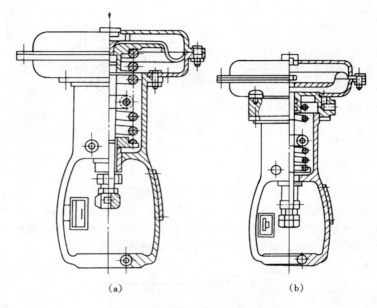

图 12 – 25　薄膜式气动执行机构

强，也容易实现高推力和高速度的要求。

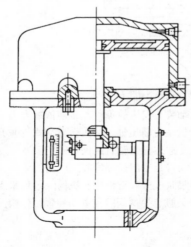

图 12 – 26　活塞式气动执行机构

（1）薄膜式气动装置。结构如图 12 – 25 所示，由薄膜气室、薄膜、弹簧和推杆组成。薄膜在气压下产生的推力和弹簧的反推力一起加在推杆上，推杆是和阀门的阀杆连接的。阀门的初始状态靠弹簧压力维持。薄膜上产生的推力必须克服弹簧的压力和阀门的阻力，才能使阀门转换到另一个状态。

（2）活塞式气动装置。当阀门的工作压差和公称通径较大时，开启和关闭阀门时阀杆所需的推力也跟着增大，可以使用具有更大推力的活塞式气动装置，其结构如图 12 – 26 所示。它由气缸、活塞和推杆即活塞杆所组成,一般不设弹簧。执行机构的活塞杆随着活塞两侧压力差值做无定位的移动,活塞两侧的气室均有进气孔。当向上部气室供气时,活塞向下移动并排出下部气室的空气;相反地,当向下部气室供气时,活塞向上移动并排出上部气室的空气。

四、阀门液动装置

阀门液动装置适用于高推力和高速度的场合。但是其能源的供应较复杂,特别是使用压力油作能源时,需要专门的供油装置和特殊的抗燃油,还有用压力水作能源的液动装置,因为火电厂中可以很容易取得作能源的

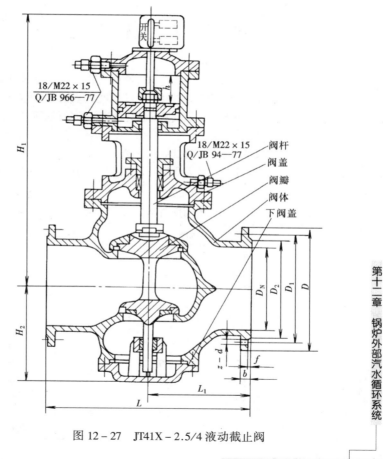

图 12-27　JT41X-2.5/4 液动截止阀

压力水。

液动装置适用于高参数、大直径的阀门。液动装置辅助设备较复杂，还存在着漏油问题。图 12 - 27 所示为青岛电站阀门厂生产的 JT41X - 2.5/4 液动截止阀，图中液动装置未画出。

五、电磁阀

电磁阀是利用电磁原理控制管道中介质流动状态的电动执行机构，所控制的介质可以是气、水或压力油。电磁阀利用电磁产生的吸引力直接带动阀芯或使压力油进入液压缸，推动活塞杆带动阀杆动作。电磁阀通常是按"通"和"位"分类的，如二位三通，三位四通等。

第五节 管 道 附 件

一、弯管

弯管工艺是对钢管的再加工，无缝钢管或有缝钢管均可采用热弯法或冷弯法弯制出平滑圆弧曲线的弯管。其中，以中频热弯制最能适应各种管径、壁厚与材质的钢管弯制，且因其具有稳定的产品质量保证而被广泛采用。

弯管制作若不采用加厚管，应选取管壁厚度带有正公差的管子。弯管弯曲半径应符合设计要求，设计无规定时，弯曲半径可按表 12 - 9 的数值选用。

表 12 - 9　　　　　　　　弯管的弯曲半径 R

DN	PN≥20MPa		PN≤10MPa	
	D_W（mm）	R（mm）	D_W（mm）	R（mm）
10	16	100	14	100
15	—	—	18	100
20	28	150	25	100
25	—	—	32	150
32	42	200	38	150
40	48	200	45	200
45	60	300	—	—
50	76	300	57	300
65	89	400	73	300

DN	PN≥20MPa		PN≤10MPa	
	D_W （mm）	R （mm）	D_W （mm）	R （mm）
80	108	600	89	400
100	133	600	108	600
125	168	650	133	600
150	194	750	159	650
175	219	1000	194	750
200	245	1300	219	1000
225	273	1370	245	1300
250	325	1370	273	1370
300	377	1500	325	1370
350	426	1700	377	1500
375	480	1900 或 2400	—	—
400	—	—	426	1700
450	—	—	480	1900 或 2400
500	—	—	530	2100 或 2400
600	—	—	630	2400

二、热压弯头

PN≤6.4MPa 的碳素钢管道，一般都有热压弯头的系列产品。热压弯头弯曲半径按压力等级取值如下：

PN > 10MPa 时　　　　$R = 2D_W$

PN = 10 ~ 4MPa 时　　$R = 1.5DN$

4 > PN > 2.5MPa 时　　$R = 1.5D_W$

PN≤2.5MPa 时　　　　$R = DN + 50$

式中　PN——公称压力，MPa；

DN——公称直径，mm；

D_W——管子外径，mm。

三、斜接弯头

用两个或两个以上的直管段，在等分其弯角的平面内焊接在一起的弯头叫斜接弯头，又叫焊接弯、虾米弯、坡口弯等。斜接弯头的组成形式应符合设计要求，否则可按照图 12 - 28 所示形式配制。公称通径 DN > 400

的斜接弯头可增加中节数量，但其内侧的最小宽度不得小于50mm。高压管道禁止使用斜接弯头。

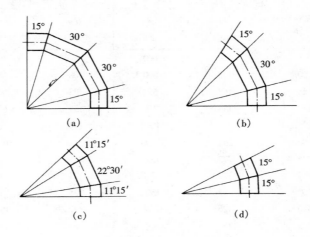

图 12 - 28　斜接弯头

斜接弯头周长偏差应符合设计规定，当设计无此规定时应符合：

DN > 1000 时，不应超过 ± 6mm；

DN ⩽ 1000 时，不应超过 ± 4mm。

斜接弯头对于超大口径的低压管道是惟一简便的转弯管件，它不但便于现场制造，而且形体紧凑，便于管道的安装尺寸布置。由于斜接弯头以折线转弯，刚性大，对流体的局部阻力较大，总的焊缝长度大，存在峰值应力等，故限用于常温低压管道。

四、三通

三通是改变介质流向的分岔管异形管件，是管道流通方向总体性结构的不连续部位，它处于受力与应力复杂的状态下工作，是管系中易损管件和薄弱环节。现代大型机组的高压管道力求减少这种异形管件的使用量，例如以联箱和兼三通作用的多功能阀件取代三通等措施。现场中很多三通是由安装人员在现场自制或开孔直插的，在工艺方面应予以高度重视。

三通的分类见图 12 - 29 ~ 图 12 - 31。

五、管道附件表示方法

管道附件在管道安装图中的表示方法见表 12 - 10。

第四篇　锅炉管阀检修

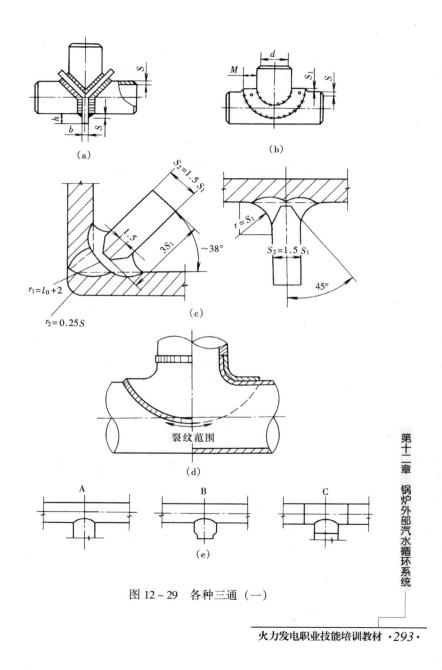

图 12-29 各种三通（一）

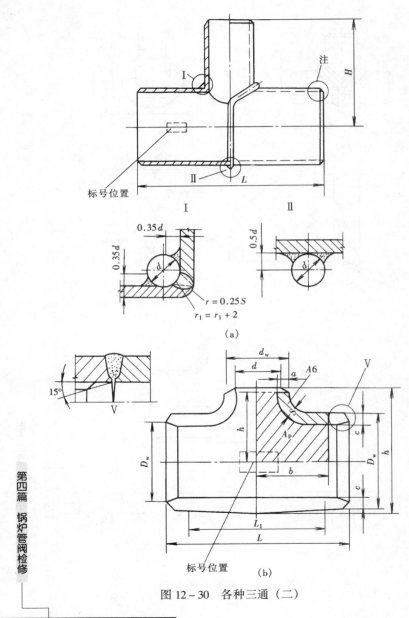

图 12-30 各种三通（二）

第四篇 锅炉管阀检修

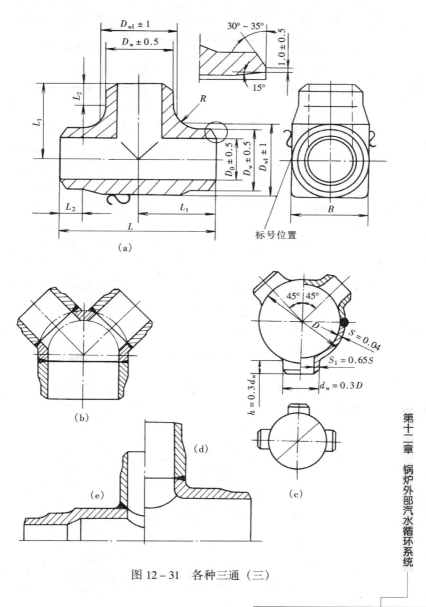

图 12 - 31 各种三通 (三)

表 12 – 10　　　　　　　　常用管道附件图例

序号	名　　称		双线管路安装图图例符号	单线管路安装图图例符号
1	支吊架	固定支架		
		滑动支架		
		弹簧吊架		
		刚性吊架		
2	管道焊缝位置			
3	大小头	焊接大小头		
		法兰大小头		
4	法兰			
5	法兰流量喷嘴			
6	阀门	法兰阀门		
		丝扣阀门		
7	三通	焊接三通		
		丝扣三通		
		法兰三通		

序号	名 称		双线管路安装图图例符号	单线管路安装图图例符号
8	弯头	弯头		
		焊接弯头		
		丝扣弯头		
		法兰弯头		

提示 本节内容适合锅炉管阀检修（MU4 LE8）、（MU5 LE12）。

第十三章

汽水管道检修

第一节　管　道　检　修

一、管道检查及检验

1. 中低压管道的检查

大修时应有计划地对各种中低压汽水管道进行检查。有法兰连接的管道可将法兰螺栓拆开，用灯和反射镜检查管道内部的腐蚀、积垢情况。对于没有法兰的管子，可根据运行及检修经验选择腐蚀、磨损严重的管段，钻孔或割管检查，并把检查结果认真记入检修台帐。若管道腐蚀层厚度超过原壁厚的1/3，截门以后的疏水排污管道超过原壁厚的1/2时，该管应进行更换。原则上，管道实际壁厚小于理论计算壁厚时，该管即应进行更换。汽水管道检查的另一个内容是保温。大修时应检查保温有无裂缝、脱落，膨胀缝石棉是否完整，最外层的白铁皮有无开裂、损坏。如有缺陷时，应及时修复。

2. 高压管道的检查

高压管道的检查内容与要求除与中低压管道相同的支吊架、保温、管道健康状况等项目以外，最重要的一点就是要实施金属监督项目，应根据DL438—91《火力发电厂金属技术监督规程》的规定进行检查。检查可用以下几种方法：

（1）表面裂纹的检验。检修人员应配合金属监督人员首先对管道、阀门及其他附件、焊缝等进行表面裂纹的检验，常用的方法有着色探伤、磁粉探伤法。由于许多裂纹都是从部件表面开始发展的，实践经验表明，有90%的损伤都可由表面探伤检验出来。

（2）内部检查。内部检查不管是用肉眼还是用仪器，都是一种重要的辅助手段，它可以用来确定内壁上存在的缺陷，或者用来判断内壁上有无沉积物或异物附着以及检查内壁的冲蚀或腐蚀。管道内壁可通过打开专用的封头、附件上的盖子，或拆除阀门附件等办法来检查。

检查内部时，应有足够亮度的照明。检验小直径钢管时，会遇到影响观察的阴影，可用在另一个部位放置第二个照明源的方法解决。作为观察用的辅助工具可以是光学检验仪器和内窥镜。值得注意的是由于内部检验位置往往很别扭，检验人员感到费劲，所以检验观察时定位要准，判断要确切，避免出错。

（3）外部目检。如怀疑管材存在着较大的缺陷，可先用目检法检查焊缝以外区域氧化层外部形态，把氧化层清除后，再用放大镜或显微镜仔细检查有无疲劳裂纹。这种方法常用于弯管的外侧和热挤压支管的颈部。

（4）超声波检验。用超声波探伤不仅可以检验出部件表面的缺陷，而且也能探测出内部深处的缺陷，因此超声波探伤是检修中最常用的一种方法。超声波检验由有资格的无损探伤人员操作，检修人员配合。

（5）壁厚的测量及透视检验。在检查过程中一般都要用测厚仪测量管子的壁厚，以对管子经过若干运行小时后的壁厚状况心中有数，并决定个别壁厚减薄超标的管子是否更换。

检查中，必要时还可采用 X 射线或 γ 射线对管子进行透视检验，此时检修人员应按金属检验人员的要求，做好清理、打磨、搭架等工作。

另外，在机组检修时，还要特别注意检查导向装置和各种支吊架。应在热态时对每个支吊架的状态进行测量和记录，停机后再进行冷态的检查，确定其是否卡死或处于正常的工作状态。如吊架松弛，意味着设计错误或管道发生了位移，则应根据管道测量的有关规定和方法，进行校验调整。

二、管道的拆除

拆除旧管道时应注意以下几个问题：

（1）管道拆除前应先做好系统隔离的安全措施，与运行系统的隔离应采取可靠的方式，如加装堵板或盲板。如管道有保温，须先将保温拆除。

（2）如局部拆除管线，应先将断口处保留的管道可靠地固定好。如果拆除的管道为高温大口径管道，如主蒸汽管，需在断口处的保留管道上制作标记，将管道原始的绝对位置和相对位置做好记录。

（3）如整条拆除管线，应做好管道割断后的支吊，防止割下的管子或未割的管子发生坠落或翻转。

（4）如割除管道后需更换恢复，应复检管道材质，对于局部更换的合金管，应根据材质确定割管的工艺。

（5）局部更换管子应尽可能从焊口处割管，并将焊口去除，以减少管道焊口数量。

（6）拆除下的管道应注意检查管子内外腐蚀、磨损情况，如需取样化验，一定要将管子保存好。以便积累经验，对该部位管子的运行情况做到心中有数。

（7）对于拆除后保留管道的开口，应及时做好临时封堵措施。

三、管道更换

1. 中低压管道的更换

中低压管道一般使用碳钢管，焊前不需预热，焊后也不需要热处理，更换工作比较简单。但在更换时应注意以下几个问题：

（1）所更换的水平管段应注意倾斜方向、倾斜度与原管段一致。

（2）管道连接时不得强力对口。

（3）管子接口位置应符合下列要求：管子接口距离弯管起点不得小于管子外径，且不少于100mm；管子两个接口间的距离不得小于管子外径，且不少于150mm；管子接口不应布置在支吊架上，接口距离支吊架边缘不得少于50mm。管子接口应避开疏、放水及仪表管等的开孔位置。

（4）应将更换的管段内部清理干净。中途停工时，应及时将敞开的管口封闭。

（5）管子更换完毕后，应恢复保温并清理工作现场，按要求刷色漆。

2. 高压管道的更换

更换高压管道及附件时，除了与中低压管道相同的要求外，应该注意高压管道的特点，制定切实可行的施工方案，保证检修质量。

（1）对口。更换管道或管件，特别是大直径厚壁管子或管件时，吊到安装位置时，应对标高、坡度或垂直度等进行调整。管子对口时可在管端装对口卡具，依靠对口卡具上的螺丝调节管端中心位置（使两管口同心），同时依靠链条葫芦和人力移动，使对口间隙符合焊接要求。对口调节好后即可进行对口焊接，这时应注意两端管段的临时支承与固定，避免管子重量落在焊缝上，避免强力对口。

（2）焊接。高压管道及附件的焊接应符合国家或主管部门的技术标准要求，并特别注意以下几点：

焊件下料宜采用机械方法切断，对淬硬倾向较大的合金钢材，用热加工法下料后，切口部分应进行退火处理。所有钢号的管子在切断后均应及时在无编号的管段上打上原有的编号。

不同厚度焊件对口时，其厚度差可按图13-1的方法处理。

焊接时应注意环境温度，低碳钢允许的最低环境温度为-20℃，低合金钢为-10℃。工作压力大于6.4MPa的汽水管道应采用钨极氩弧焊打底，以保证焊缝的根层质量。直径大于194mm的管子对接焊口应采取二人对

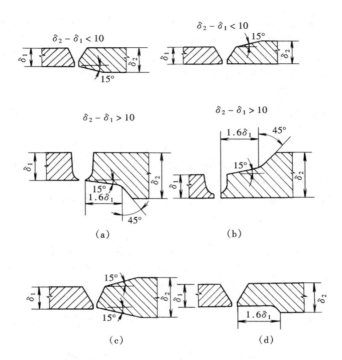

图 13 – 1　不同壁厚的对口型式

称焊，以减少焊接应力与变形。

壁厚大于 30mm 的低碳钢管子与管件、合金钢管子和管件在焊后应进行热处理，并注重焊前的预热。

（3）检验。焊接工作完成后，应按有关标准要求进行焊缝表面质量、无损探伤、硬度等项目的检查，并应符合 SDJ51—82《电力建设施工及验收技术规范》（火力发电厂焊接篇）中焊接质量标准的要求。

提示　本节内容适合锅炉管阀检修（MU5 LE13）。

第二节　管道及支吊架安装

一、支吊架的型式

1. 固定支架

固定支架是一种承重支架，它对承重点管线有全方位的限位作用，是管线上三维坐标的固定点。它用于管道中不允许有任何位移的部位。除承重以外，固定支架还要承受管道各向热位移推力和力矩，这就要求固定支架本身是具有充足的强度和刚性的结构。固定支架的生根部位应牢固可靠。固定支架是管道热胀补偿设计计算的原点，是管道内压和外力作用产生叠加应力的部位。

在安装中，固定支架的非固定和非固定支架的固定是绝对不允许的。

2. 活 动 支 架

活动支架也称滑动支架，多用于水平管线靠近弯头的部位。它是承受管道自重的一个支撑点，它只对管线的一个方向有限位作用，而对管线其他两个方向的热位移不限位。

当管线在该点上有向上的热位移时，水平管（或垂直管）上的活动支架为了不托空，必须采用弹性支承，即弹簧活动支架。

3. 导 向 支 架

导向支架也称导向滑动支架，是管道应用最为广泛的一种支架，它同样是管道自重的一个支承点。它对管道有两个方向的限位作用，能引导管道在导轨方向（即轴线方向）自由热位移，起到稳定管线的重要作用。

刚性导向支架、活动支架都属有部分固定（限位）性能的承重支架，所谓部分限位是指管线在支承点处可以允许有一个或两个方向的热位移，而在另外方向被强制固定。

固定支架是刚性支架。活动支架与导向支架多数是刚性的，这两种支架都设有滑动支承块，导向支架在滑动块两侧增设有限制与引导其滑动方向的且与管线平行的两根导轨。

为减小滑动块的运动摩擦阻力，在滑动块和支承面之间铺设一层聚四氟乙烯塑料软垫，此垫有减阻和耐温性能。在重要部位，在滑动块下设有滚子或滚珠盘，变滑动摩擦为滚动摩擦。

4. 吊 架

(1) 刚性吊架。刚性吊架用于常温管道，或用于热管道无垂直热位移和此种热位移值很微小的管道吊点，除承受管道分配给该吊点的重量之外，它允许该吊点管道有少量的水平方向位移，而对管道的向下位移有限位作用。

刚性吊架的实际荷载是不易准确测定的，因为螺母施加给拉杆的紧力大小是粗略的，过小的紧力使荷载不足，过大的紧力使管道产生附加内应力，故很少使用。

在高压管系中的刚性吊架有特殊的意义，它不以承重为主，而是作为专用限位吊架使用的。它可以制止该吊点处管线的向下热位移而对其他方向的位移可以自由摆动不受限制，见图 13 - 2。

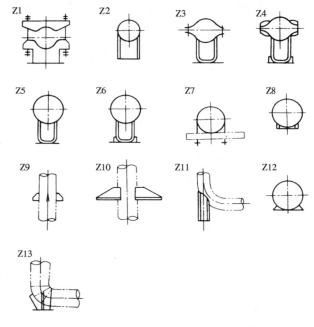

图 13 - 2　各种支架示意

（2）普通弹簧吊架。用于有垂直方向热位移和少量水平方向位移的管道吊点，它在承重的同时，对吊点管道的各向位移都无限位作用，弹簧吊架使管道在尽可能长的吊杆拉吊下可以自由热位移。

由弹簧直接承载的吊架因其弹簧原理还有两个特性。一是承载值由弹簧压缩值大小而定，可以准确计量；二是弹簧的工作压缩值以热态为依据，因此对吊点的上下热位移有冷态时压缩值增量或减量，造成冷态管道或受另增的附加外力作用或有荷重转移。

（3）恒力弹簧吊架。此种性能更优越的吊架用于管道垂直热位移值偏大或需限制吊荷变化的吊点。它不直接以弹簧承重，有比较复杂的结构，它不限制吊点管道的热位移，并且在管道很大的垂直热位移范围内，吊架始终承受基本不变的荷载，并因其承载有近似恒定值而得名，见图 13 - 3。

（4）限位支吊架。限位支吊架不以承载为目的，而以限制管道限位支

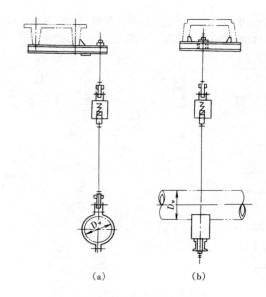

$$(a) \qquad (b)$$

图 13 – 3　恒力弹簧吊架

吊点某一个方向的热位移为专用的支吊架，它有稳定管线和控制管线热位移的重要作用，在大型机组的高压管系中都使用了此种限位支吊架。

（5）减振器。减振器是一种特殊支吊架，专用于某些管道的易震和强震部位，用以缓冲和减小管道因内部介质特殊运动形态引起的冲击和振动。防止振动对管道产生振动交变应力，以免管道因此发生突然的疲劳破坏。

二、高压管道支吊架工作特点

高压管道随着参数的提高与机组容量的加大，使管子的口径与壁厚都有相应的增大，有的壁厚大于 80mm，特大壁厚的管子由于制造原因，其单位长度的重量大，重量偏差也很大（可达 15% 左右），这对支吊架荷重的准确计算不利。高压管道支吊架不但要承受很大的管道自重荷载，而且管道的热胀位移值很大（有的部位超过 100mm），壁厚大的管子刚性增强且质量大，在很大的热位移值受阻时，会使管道产生强大的推力和力矩，不论是对支吊架的布置或由此产生的管道应力都使设计复杂化。

三、支吊架安装

管道在挂装到位、冷拉、水压等工序中，常使用部分临时支吊架，这些临时装置应有明显的标记以免与正式支吊架混淆。临时支吊架不得有碍施工，不得与正式支吊架有位置冲突。临时支吊架的生根不应占用正式支

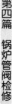

第四篇　锅炉管阀检修

吊架的生根预埋件。这些临时支吊架一旦完成其作用或为正式支吊架取代时，应及时予以拆除。

不允许在支吊架的预埋铁上生根起吊超载（对预埋件而言）的重物。

在安装支吊架以前，要首先核对混凝土梁柱上的预埋件或金属构架的位置，应准确无误，不应有预埋件的遗漏或错位，然后凿出预埋件表面的水泥覆盖层，用准确的水平尺和吊线定位焊装根部件。固定在平台或楼板上的吊架根部，当其妨碍通行时，其顶端应低于抹面高度。

在混凝土基础上，用膨胀螺栓固定支吊架的生根时，应查对螺栓的型号和许用应力范围。膨胀螺栓的打入必须达到规定值，在梁柱上打孔应避开钢筋件。

不允许在混凝土结构上打出主筋作为支吊架的生根，也不允许在平台上打出超大面积的孔洞。

单槽钢悬臂根部构件的吊杆穿孔，宜在槽钢顶端部平面贴焊带孔的加强筋板，使吊杆能紧靠槽钢立面，以免槽钢承受附加扭矩力。

水平管上的刚性支架，其支承点高度应准确地处于同一坡度线上，不允许以支承点忽高忽低的安装方式改变设计计算规定的荷重分配。

固定支架的生根与施焊应使其牢固稳定；导向支架和滑动支架的滑动面应平整洁净并和聚四氟乙烯垫板接触良好；滚珠、滚柱、托滚等活动零件应无异物卡涩、支承良好；导轨的方向与滑动间隙应符合设计要求；所有活动部分均应裸露，不应被水泥砂浆及保温材料覆盖，并预留 50% 位置量的偏位安装和作出冷态与热态位置标记。

支吊架调整后，各连接件的螺栓螺母丝扣必须带满，并锁紧螺母以防松动。但花兰螺栓左螺纹端可以不装设扁螺母锁紧。

吊杆的每节长度不得超过 2m，选用时应首先采用标准长度（即 L1 或 L2 型），吊杆中如需要数根吊杆相连接时，只允许其中一节为非标准长度，吊杆丝扣长度必须有足够的调整裕量。如吊杆只需一根且长度又小于 2m 时，也可直接用非标准件。吊杆加长的连接方式应按标准进行，不应使两吊杆直接对焊而成。

刚性吊架的吊杆直径可按结构型式的最大允许载荷确定，也可按吊架的设计荷载确定，而弹簧吊架的吊杆必须按弹簧组件要求的吊杆直径配置。

管道支架水平位移量超过滑动底板、导向底板允许的长度时，应考虑支架的偏装措施。

提示 本节内容适合锅炉管阀检修（MU5 LE15）。

第三节　管道系统的试验和清洗

一、管道系统的严密性试验

管道安装完毕，应按设计规定对管系进行严密性试验，以检查管道系统各连接部位（焊缝、法兰接口等）的工程质量。

（一）管道系统水压之前的准备工作

管系在进行严密性试验之前应做到：

（1）管道安装完毕，符合设计要求和规范的有关规定。

（2）支吊架安装完毕，经核算需加的临时支吊架加固工作已完成。

（3）热处理工作完毕并经检验合格。

（4）试验用的压力表（应不少于两个）经校验合格。

（5）有完善的试验技术措施、安全措施和组织措施并经审核批准。试压的临时管道系统，包括进水管、排空气管、放水管、试压泵等，已按措施完成，与试验范围以外的系统确已隔离封堵。

（6）所有受检部位均应裸露，现场已进行清理，各支吊架弹簧均已锁定并处于均衡受力的刚性吊状态。

（7）高压管道在试压前对下列资料进行审查，管子和管件的制造厂家合格证明书、管道安装前的检验及补充试验结果、阀门试验记录、焊接检验及热处理记录、设计变更与材料代用文件、管道组装的整套原始记录。

（二）管道系统严密性试验的有关规定

（1）严密性试验通常采用水压试验，要求水质洁净，在充水过程中能排尽系统内的空气。试验压力按设计图纸的规定，一般试验压力不小于设计压力的 1.25 倍，但不得大于任何非隔离元件如参与系统试压的容器、阀门、水泵的最大允许试验压力，且不得小于 0.2MPa。

（2）压力表的安装应考虑到管系中静水头高度对压力的影响。水管道以最低点的压力为准。

（3）管道在试压时，凡应作严密性检查的部位不应覆土、涂漆或防腐保温。

（4）与试压系统范围之外的管道、设备、仪表等隔绝方式，可采用临时带尾盲板。如采用阀门时（一侧为运行系统）两侧温差不得超过 100℃，以防温差应力使阀门受损和危及运行安全。

（5）水压试验宜在水温与环境温度 5℃ 以上进行，否则必需根据具体情况，采取进水加温防冻，以防止金属冷脆折裂，但介质温度不宜高于70℃。试压系统中的安全阀应拆卸加堵或调整到超过试验压力。在试压后需还原的各部位应有明显的标记和记录。管道的试验压力等于或小于容器的试验压力时，管道可与容器一起按管道的试验压力进行试验；当管道的试验压力超过容器的试验压力，且管道与容器无法隔离时，如果容器的试验压力不小于管道设计压力的 1.15 倍，管道和容器一起按容器的试验压力进行试验。

（三）管道系统严密性水压试验

在水压试验的升压过程中，如发现压力上升非常缓慢或升不上去，应从以下三方面找原因：①巡视系统各部位有无泄漏；②是否有未能排尽的空气；③试压泵是否有故障。

查明原因并处理好再继续升压。在升压中如发现有较大容积的系统其升压超常迅速，说明不远处有应开启的阀门处于关闭状态。

当压力达到试验压力后应保持 10min，然后降至设计压力，对所有受检部位逐一进行全面检查。整个试验系统除了泵或阀门填料压盖处以外都不得有渗水或泄漏的痕迹，目测检查各管线部位无变形，即认为合格。

在试压过程中，如发现有渗漏，应降压至零消除缺陷后再次进行试验。严禁带压修理（如补焊、紧法兰螺栓等）。

法兰接合面的泄漏有多种可能的原因，不应以盲目施加超大紧力止漏。例如原法兰垫有问题，原螺栓有偏紧、接合面不平行的强迫法兰对口连接、法兰接合面有损伤或夹有异物等，只有及早发现问题才能有效地处理问题。

某些中小平焊法兰角焊缝微漏，微孔（焊接问题）引起泄漏和裂纹引起的渗水其迹象是不同的，裂纹渗透在承压中有扩展加重渗漏的趋势，甚至原不漏之处也新发生渗漏，这有可能是法兰材质有问题，其焊接工艺性能欠佳。

试验结束后（经验收合格），应及时放空系统内存水，并拆除所有临时装置，作好复原工作。

二、管道系统的清洗

为了清除管道系统内部的污垢、泥沙、锈蚀物、气割金属氧化物、焊渣、铁屑和其他可能混入管道内的异物，保证管道内部洁净，对各管道系统应按设计要求采取各种方式进行清洗。清洗方式有安装前清洗和安装后清洗，相应的方法包括水流冲洗、化学清洗、喷丸、蒸汽吹洗及脱脂处理等。安装后的整体清洗应在管道严密性试验之后和分部试运之前进行。

第十三章　汽水管道检修

喷丸（喷砂）可代替酸洗，但对弯管的效果欠佳而很少采用。

酸洗即化学清洗，分酸液池（用蒸汽加温和形成动态）浸泡和酸液流通循环等方法。酸洗池应设在厂外和有防护安全设施、其废水的排放应处理到符合环保要求。

无论是喷丸或酸洗应达到管内壁完全露出金属光泽为准。经清洗后的管子管件应进行临时封闭。

水冲洗是水介质管道广泛采用的冲洗方式。按经审批的技术措施进行，在措施中应有水冲洗的系统图，采用的水泵（一般是系统中的设备），水源供应与冲洗水流的排放，冲洗程序等。

冲洗前应将系统内的流量孔板、节流阀阀芯、滤网和止回阀芯等拆除并妥善保管，待清洗完成后复装。不参与清洗的设备与管道，应予隔离。

清洗应按措施拟定的程序操作，先主管、后支管（包括旁路管）依次进行。

水冲洗的流量很大，应接至可靠的排水井（沟）中，并保证排泄畅通与安全。临时放水管流通面积应不小于被冲洗管道的60%。

水冲洗应以系统内可能达到的最大流量进行，因为大流量才能有高流速，高流速才能有较强的冲刷去污能力，其次才是冲洗时间的长短。水冲洗宜利用系统内所安装的正式设备水泵供水，冲洗采用澄清水。

冲洗作业应连续进行，先用量杯盛装一杯澄清水作为对比依据，目测排放水出口的水色由混浊态变为较清亮，以量杯取样。当排出水的水色与透明度与原始水一致时即认为冲洗合格。

管道系统清洗后，对可能残留脏物的部位用人工加以清除。在清洗中，除与清洗有关的工作以外，不得进行其他影响管道内部清洁的作业。管系的水冲洗作为隐蔽工程进行检查验收。

提示 本节内容适合锅炉管阀检修（MU5）。

第十四章

阀门检修与调试

第一节　阀门的解体与回装

一、阀门检修前的准备

阀门在检修前应充分做好各项准备工作，以便在检修开工后能很快地开展工作，保证检修工期，提高检修质量。

准备工作有以下几项：

（1）查阅检修台帐，摸清设备底子。哪些阀门只需检修、哪些阀门需要更换，要做到心中有数，制定出检修计划。

（2）根据检修计划，提出备品配件的购置计划。锅炉所用的各种阀门都要准备一些，大口径的高压阀门因价格昂贵，材料库里适当备有即可。各种尺寸的小型阀门要适当多准备几个。所准备的阀门，在检修前应解体检查完毕，作好标志，以备检修时随时使用。

（3）工具准备。工具包括各种扳手、手锤、錾子、锉刀、撬棍、24～36V行灯、各种研磨工具、螺丝刀、研磨平板、套管、大锤、工具袋、剪刀、换盘根工具、手拉倒链等。有些应事先检查维护，保证检修时能正常使用。

（4）材料准备。材料包括研磨料、砂布、各种垫子、各种螺丝、棉纱、黑铅粉、盘根、机油、煤油以及其他各种消耗材料等。

（5）准备堵板和螺丝等，以便停炉后其他连接系统隔绝。

（6）准备阀门检修工具盒。高压锅炉阀门大部分是就地检修，大型锅炉高几十米、上百米，上下一次很费时间。所以在检修阀门时可将需要用的工具、材料、零件等都装入阀门检修工具盒中，随身携带，很是方便。这样可避免多次上下，浪费时间。

（7）准备检修场地。除要运回检修间修理的阀门外，对于就地检修的阀门，应事先划分好检修场地，如需要，则搭好平台架子。为了便于拆卸，检修前可在阀门螺丝上加一些煤油或喷上螺栓松动剂。

二、阀门的解体

阀门解体之前应确认该阀门所连接的管道已与系统断开，管道无压力，以确保人身安全。解体的步骤如下：

（1）用刷子清除阀门外部的灰垢；

（2）在阀体及阀盖上打上记号，防止装配时错位，然后将阀门开启；

（3）拆下传动装置或拆下手轮螺母，取下手轮；

（4）卸下填料压盖螺母，退出填料压盖，清除填料盒中的盘根；

（5）拆下阀盖螺母，取下阀盖、铲除垫料；

（6）旋出阀杆，取下阀瓣，妥善保管；

（7）卸下螺纹套筒和平面轴承，用煤油洗净，用棉纱擦干，卸下的螺栓等零件也应清理干净并妥善保管；

（8）较小的阀门通常夹在台虎钳上进行拆卸，要注意不要夹持在法兰结合面上，以免损坏法兰面。

三、阀门回装的操作方法、质量标准

（一）垫片的安装

垫片应按照静密封面的型式和阀门的口径以及使用介质的压力、温度、腐蚀的状态来选用。垫片的硬度不允许高于静密封面，比静密封面低为好。普通橡胶石棉垫片不宜用在高温下。

对选用的垫片，应细致检查。对橡胶石棉板等非金属垫片，表面应平整和致密，不允许有裂纹、折痕、皱纹、剥落，毛边、厚薄不匀和搭接等缺陷。金属和金属缠绕垫片应表面光滑，不允许有裂纹、凹痕、径向划痕、毛刺，厚薄不匀以及影响密封的锈蚀点等缺陷。对齿形垫、梯形垫、透镜垫、锥面垫以及金属制的自紧密封件，除以上技术要求外，应进行着色检查，进行试装后，有连续不间断的印影为合格。对于接触不良的，应对不平的密封面进行研磨或铲刮，对这些垫片的粗糙度，除齿形垫可高一些外，其他垫片应在 $\dfrac{1.6}{}$ ～ $\dfrac{0.4}{}$ 之间。

对使用过的金属垫片，一般要进行退火处理，消除应力，修整后再使用。

安装垫片前，应清理密封面。对密封面上的橡胶石棉垫片的残片，应用铲刀铲除干净；水线槽内不允许有碳黑、油污、残渣、胶剂等物。密封面应平整，不允许有凹痕、径向划痕、腐蚀坑等缺陷，不符合技术要求的要进行研磨修复。

垫片的安装要求如下：

（1）上垫片前，密封面、垫片、螺纹及螺栓螺母旋转部位涂上一层石墨粉或石墨粉用机油（或水）调和的润滑剂。垫片、石墨应保持干净

（即垫片袋装、不沾灰，石墨盒装、不见光），随用随取，不得随地丢放。

（2）垫片安装在密封面上要适中，不能偏斜，不能伸入阀腔或搁置在台肩上。垫片内径应比密封面内孔大，垫片外径应比密封面外径小，以保证垫片受压均匀。

（3）安装垫片只允许上一片，不允许在密封面间上两片或多片垫片来消除两密封面之间的间隙不足。

（4）梯形垫片的安装应便于垫片内外圈相接触，垫片两端面不得与槽底相接触。

（5）"O"型的安装除圈和槽符合设计要求外，压缩量要适当。金属空心"O"型圈一般最适合的压扁度为 $10\% \sim 40\%$。对于橡胶"O"型圈的压缩变形率，圆柱面上的静密封取 $13\% \sim 20\%$，平面静密封面取 $15\% \sim 25\%$。在保证密封的前提下，压缩变形率越小越好，可延长"O"型圈的寿命。

（6）垫片在上盖前，阀杆应处于开启的位置，以免影响安装和损坏阀件。上盖时要对准位置，不得用推拉的方法与垫片接触，以免垫片发生位移和擦伤。

（7）垫片压紧时的预紧力应根据材质确定。一般非金属材料垫片比金属垫片的预紧力要低，复合材料适中。预紧力应保证在试压不漏的情况下，尽量减少。过大的预紧力容易破坏垫片，使垫片失去回弹力。

（8）垫片上紧后，应保证连接件有预紧的间隙，以备垫片泄漏时有预紧的余地。垫片安装的预留间隙见图 14-1。错误的安装方法是指法兰之间的台肩相处过分"亲密"，没有间隙，没有预紧的余地。

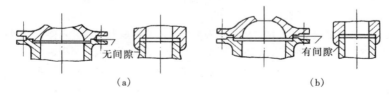

无间隙　　　　　　　　　　　有间隙

（a）　　　　　　　　　　　　　　（b）

图 14-1　垫片安装预留间隙

（9）在高温工作下，螺栓会产生变形伸长，产生应力松弛，会使垫片处泄漏，需要热紧。反之螺栓在低温条件下，会产生收缩，螺栓需要冷松。热紧为加压，冷松为卸压。热紧或冷松应适度，操作时要遵守安全规程。

（二）填料的安装

填料的选用应按照填料函的形式和介质的压力、温度、腐蚀性能来选用。编结填料松紧程度应一致，表面平整干净，无创伤跳线、填充剂剥落和变质等缺陷。编结填料的搭角应一致，为45°或30°，尺寸符合要求，不允许切口有松散的线头、齐口、张口等缺陷，如图14-2所示。

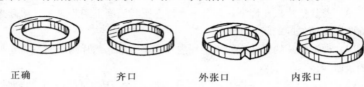

正确　　　　　　　齐口　　　　　　外张口　　　　　内张口

图14-2　填料预制的形状

柔性石墨填料表面应光滑平整，不得有毛边、松裂、划痕等缺陷。

填料装置需进行清理和修整。填料函内的残存填料应彻底清理干净，不允许有严重的腐蚀和机械损伤。压盖、压套应表面光洁、不得有毛刺、裂纹和严重腐蚀等缺陷。检查阀杆以及阀杆、压盖、填料函三者之间的配合间隙，阀杆应与压盖和填料函同轴线，三者之间的间隙一般为 0.15 ~ 0.3mm。

填料安装的要求如下：

（1）安装前，无石墨的石棉盘根应涂上一层片状石墨粉。填料袋装或盒装，保持干净。

（2）凡是能在阀杆上端套入填料的阀门，都应尽量采用直接套入的方法。套入前先卸下支架、手轮、手柄及其他传动装置，用高于阀杆的管子作为压具，压紧填料。对不能采用直接套入的，填料应切成搭接形式，这种形式对O型圈要避免，对人字形填料要禁止，对柔性石墨盘根可采用。图14-3为搭接盘根安装方法。正确的方法应将搭口上下错开，斜着把盘根套在阀杆上，然后上下复原，使切口吻合，轻轻地嵌入填料函中。

（3）向填料函内下填料时，应压好第一圈，然后一圈一圈地用压具压紧压均匀，不得用许多圈连续的方法，如图14-4所示。正确的方法是将填料各圈的切口搭接位置相互错开120°，这是最常用的一种方法，还有搭接位置相互各错90°，或90°和180°交错使用的方法。填料在安装过程中，相隔1~2圈应旋转一下阀杆，以免阀杆与填料咬死。

（4）填料函基本上填满后，用压盖压紧填料。使用压盖时，用力要均匀，两边螺栓对称地拧紧，不得把压盖压歪，以免填料受力不匀，与阀杆

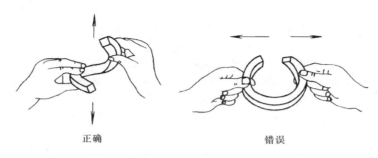

正确   错误

图 14-3　搭接盘根安装方法

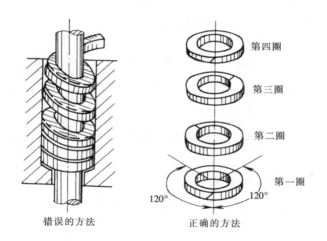

错误的方法   正确的方法

图 14-4　填料安装方法

产生摩擦。压盖的压套压入填料函的深度为其高度的 1/4～1/3，也可用填料一圈高度作为压盖压入填料函的深度，一般不得小于 5mm 预紧间隙，然后检查阀杆、压盖填料函三者的间隙，应四点一致。还要旋转阀杆，阀杆应操作灵活，用力正常，无卡阻现象为好。如果用力较大，应适当放松一点压盖，减少填料对阀杆的抱紧力。

（三）阀门的组装

阀件经过清洗、修复后，用不同的配合形式将不同的阀件组合在一起，并以不同类别的连接形式将这些阀件连接在一起，组成一个具有密封、开闭灵活等性能的阀门。阀门组装有以下要求：

（1）组装的条件。所有的阀件经清洗、检查、修复或更换后，其尺寸精度、相互位置精度、粗糙度及材料性能和热处理等机械性能均应符合技术要求。

（2）组装的原则。一般情况是先拆的后装，后拆的先装；弄清配合性质，切忌猛敲乱打，操作有序，先里后外、从左至右、自下而上；顺手插装，先易后难：先零件、部件、机构，后上盖试压。

（3）装配效果。配合恰当，连接正确，阀件齐全，螺栓紧固，开闭灵活，指示准确，密封可靠，适应工况。

闸阀组装可按表14-1的程序进行，其他类型的阀门可参照闸阀的组装程序并兼顾自己的结构特点。

表14-1　　　　　　　　　　闸阀组装的工作程序

工作程序	工 作 内 容	技 术 要 求
准备	配齐和修好阀件，制作或备齐垫片、填料，准备好需要工具和物料	阀件，工具、物料符合技术要求，按顺序摆放，不允许随便堆放在地上
清洗检查	用煤油或汽油清洗紧固件、密封面、阀杆、阀杆螺母等，用布擦洗阀体、阀盖、支架。边清洗擦拭，边检查阀件	清洗过的阀件应无油污、锈渍，阀件应符合技术要求
初次着色检查	用阀杆和闸板分别着色检查上密封和密封面。对于双闸板密封面着色检查，可按正式着色检查方法进行	印影清晰、圆且连续
装阀杆	装配好阀杆螺母、阀杆、并涂好润滑剂。明杆阀杆从填料函底孔穿出，套好压盖，旋入阀杆螺母中；暗杆阀杆的台肩夹持在填料函与阀盖间，阀杆下部，旋入阀杆螺母中，阀杆螺母在阀盖上的，一般阀杆穿过阀盖、压套螺母、压套后旋入	装配正确，间隙配合适当，阀杆螺母润滑系统完好
上填料	应装好开度指示器（对暗杆而言）和手轮。按规定逐圈装好填料，对称均匀地把紧压盖、压套。可拆卸支架的，应装好填料后复原	填料安装符合技术要求。阀杆、阀杆螺母、压盖、填料函应在同一轴线上，压盖并有一定预紧间隙。阀杆旋转灵活，无卡阻的现象

工作程序	工 作 内 容	技 术 要 求
正式着色检查	根据闸板不同结构形式，按顺序装在阀杆上，装上假垫片，检查闸板标志，盖好阀盖。用正常关闭力对密封面进行着色检查	阀杆与闸板等连接处符合要求。 着色检查印影清晰、圆且连续
组装	吹扫、擦拭阀体、阀盖，闸板，密封面洁净，闸板调到较高位置，上好符合工况条件的垫片，检查闸板标志，上好阀盖，对称、均匀地拧紧螺栓	清洁彻底，支架位置正确，螺栓材质一致，松紧一致，四点检查法兰间隙一致，且不小于2mm。操作灵活，指示正确
试压	按规定进行强度试验和密封性试验	关闭力适当，试压方法正确。在规定时间内不漏或有允许的微量渗漏为合格
整理	擦干阀门，涂漆，挂牌或打钢号。填写修理和试压记录，闸板关闭，封口以及包装	阀内干燥，涂漆符合要求。认真填写记录，文字简洁、清楚。钢号、挂牌在显目处。包装牢固

第二节　调节阀检修

一、柱塞式给水调节阀的检修

（1）解体。拆卸连杆上下法兰螺丝，吊出阀盖、阀芯，并用铁盖将法兰面盖严，用封条封闭，以防杂物落入阀门内。卸掉压兰螺丝，从阀盖上取出兰板、压套、横轴、阀芯以及调舌。

（2）检查修理。

1）检查阀芯表面损伤情况，测量阀芯的各部位配合间隙，检查、测量阀杆的弯曲情况，检查、修理阀芯工作面，对磨损及缺陷应做好原始记录。如损坏较严重，应先进行补焊，然后加工到要求规格；如无法修复，则应换新的备件。检查阀芯调孔有无磨损，磨损严重时应更换调孔垫片或焊补、修理调舌。

2）检查阀座结合面有无沟槽、麻点，如有轻微沟槽或麻点，可用专用研具研磨掉。检查上下导向套，若有腐蚀，用砂布擦光磨亮，测量调座各部位尺寸，做好记录。检查法兰面是否平整，法兰螺丝有无损坏，螺丝应用黑铅粉擦亮。

3) 检查，修理调整杆，有无弯曲、磨损，配合是否松动，检查压兰密封圈、压兰套内垫是否光滑，有无磨损及沟配合间隙是否合乎要求。检查压兰螺丝是否完好，有无变形、裂纹、锈死等现象。

4) 检查、修理调舌，如有裂纹，应更换，磨损严重时，可进行焊补修理。

5) 测量调舌与阀芯调孔配合间隙。检查阀盖和底盖上口是否平整，有腐蚀沟槽、麻点等缺陷时均应修整。

6) 检查阀芯与阀座接触线，涂红丹粉进行压线试验。若有断线或接触线不均，用研磨砂反复对磨数次，直到均匀为止。

(3) 组装。将调整杆、调舌装至上盖上，装调整杆两端的压兰密封圈，并校正调整杆中心，加盘根。装阀芯，将合适的齿形垫放入。将阀芯、阀座及法兰止口面清理干净，吊装上盖和阀芯。

紧固法兰螺丝，装杠杆，并和有关车间配合，将自动调节装置连杆连接，拨出手轮，用手动开关调节阀，调节动作应灵活。清扫现场。

(4) 调整及试验。检修完毕后，和有关车间人员一起做开关校正试验。调节阀投入运行后，和有关车间一起做泄漏量、最大流量和调整性能试验。

(5) 检修质量标准。

1) 螺丝应完整无损，不得有变形、裂纹、腐蚀情况，拆卸下的螺丝应做记号，并妥善保管。

2) 阀芯及调舌的方向不应搞错，并做好记录。阀芯与上下阀座的每边间隙应在 $0.12\sim0.18$mm，阀芯与上下定位套的配合间隙也应在 $0.12\sim0.18$mm。

3) 上下阀座结合面应无沟槽、麻点等缺陷。调整杆应无磨损、点蚀，弯曲不能超过 0.05mm，配合无松动。密封圈与横轴间隙 $N=H=0.08\sim0.12$mm，如图 14－5 所示。

4) 法兰结合面不得有径向划痕。压兰螺丝应完好，无损坏、锈死现象，丝扣须涂铅粉。调舌与调孔配合间隙为 $0.2\sim0.25$mm，阀芯与阀座径向间隙不得大于 0.5mm。

5) 调整时做好阀芯行程记录，一次元件开关应与仪表开度一致。全关时泄漏量不得大于最大流量的 5%。

二、回转式给水调节阀的检修

回转式给水调节阀的检修大体上与柱塞式相同，根据其结构特点，在

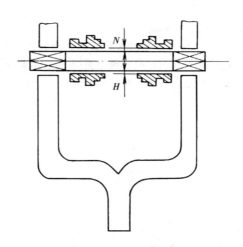

图 14-5 密封圈与调整杆间隙

检查时要注意圆筒形阀芯的椭圆度、粗糙度是否符合要求。阀芯、阀座的接触面须光洁，无毛刺、划痕、沟槽及磨损，其椭圆度均不得超过 0.03mm，阀芯弯曲度最大不得超过 1/1000。阀芯与阀座的配合间隙为 0.15mm，如图 14-6 所示。盘根垫圈与门杆的配合间隙不超过 0.2mm，阀杆与阀盖密封圈的配合间隙不超过 0.18mm，阀芯拨槽与拨杆配合间隙不得超过 0.5mm。

在安装时注意这两种调节阀必须垂直安装，阀杆向上，阀体上箭头指

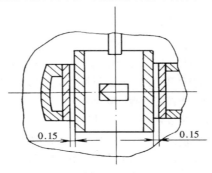

图 14-6 回转式给水调节阀阀芯
与阀座的间隙

示的方向应与介质流向一致。

三、活塞笼罩式调节阀的检修

调节阀的产品类型很多，结构多种多样，而且还在不断的更新变化。目前，国内电厂锅炉使用的调节阀中美国 FISHER 调节阀用量最大，在给水、减温水调节阀中占绝大多数。FISHER 阀结构相对简单，是高压调节阀的典型代表，主要由阀体、阀盖、阀芯、阀座、笼罩等组成，如图 14-7 所示。

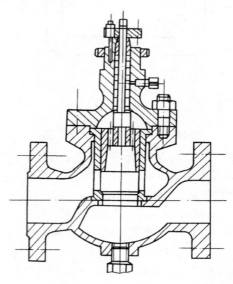

图 14-7　活塞笼罩式调节阀

下面简要介绍此类阀门的检修要求和标准。

（1）解体。拆阀时要标明与阀体法兰相对应的执行机构的连接位置。把执行机构与上阀盖分开；把上阀盖与阀分开；卸开上阀盖和填料函部件后，从阀体上可以拆下阀芯、阀杆以及下法兰。必须对所有的部件和零件进行检查，以便决定需要修理和更换的零件。

（2）阀芯、阀座的修理。阀芯和阀座是调节阀最为关键的零件，由于不断受到介质的冲刷、腐蚀和力的反复作用，是最容易损坏和发生故障的零件，它的密封面的情况决定了调节性能的好坏。

用螺纹拧入阀体的阀座环，修理起来要比阀芯更难，因此要慎重确定是否需要更换。小的锈斑和磨损表面，只要能用研磨解决，就不必拆卸下来。如果阀座面已被腐蚀、磨损、拉丝，或者需要改变阀门容量，就非更换不可。

有螺纹的阀座环的拆卸比较困难。在拆卸阀座环之前，要检查阀座环是否已被点焊在阀体上，如果是这样，必须首先除去焊点。松开阀座环时一定要清洗干净，再加些润滑油。拆卸时可利用一个专用的拆卸器，如图14-8所示。如果不能用拆卸器，可以利用车床或其他设备才能拆卸阀座环。下面介绍使用拆卸器的方法。

1）把尺寸合适的阀座凸缘棒横放在阀座环上，使棒和阀座的凸缘相接触。

2）插入驱动扳手，在扳手上所放的间隔环要足够，要使压紧夹在阀体法兰的上方露出6mm以上的高度。把压紧夹套在驱动扳手上，用六角螺钉（或者用钢阀体的六角螺母）把压紧夹固定在阀体上，但不要拧紧六角螺钉或螺母。

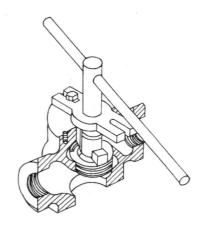

图14-8 阀座的拆卸

3）利用转棒拧松阀座环。要把阀座环拧开，需要在转棒上突然加力。可在转棒的一端套一根1~1.5m长的管子，在套管上施加稳定力的同时，可用锤子敲击另一端，使阀座松开。此外，在压紧夹附近的驱动扳手上可使用一把大管钳。

4）把阀座环拧松之后，交替松开在压紧夹上的法兰螺钉（或螺母），继续拧开阀座环。更换阀座环，或进行修理、加工。

注意，在双座阀的阀体上，一个阀座环大，一个阀座环小。对正作用阀门，在安装大环之前，先在离上阀盖远一些的阀体上安装小阀座环；对反作用阀门，在安装大阀座环之前，先在靠近上阀盖的阀孔上安装小阀座环。

安装时同样要用拆卸器来固定，也可以用车床或其他设备。在拧紧阀座环之后，要把环上多余的密封剂抹干净。可以把阀座环点焊住，避免其松动。

金属阀芯和阀座之间出现少量的泄漏量是允许的，但不能超过规定。

如果泄漏量过大，必须用研磨的方法来改善阀芯和阀座表面之间的接触情况。当磨损或裂痕较大时，是研磨不了的，必须用机械加工的方法才能解决，也就是说，必须用机械加工方法改变阀芯和阀座的倾斜角度，改变密封位置。例如，没有修理前，在阀座环斜边上加工角度为60°，阀芯的斜边角度为65°［如图14－9（a）所示］，修理后，在阀座环的表面上加工一个新的60°斜面，并把阀芯的65°斜面改变为59°［图14－9（b）］。这样阀座密封就从阀座环的底部改成阀座环的顶部。

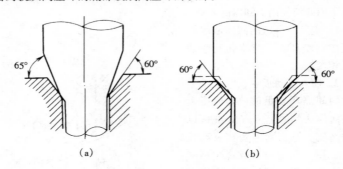

（a）　　　　　　　　　　　　（b）

图14－9　改变阀芯、阀座的密封位置

阀芯和阀座环最后必须手工研磨，才能达到精密配合，研磨和抛光技术比其他检修技术都要高。为了保证质量，阀芯和阀座的对中十分重要，因此，所有的导向装置在研磨之前都要装好。研磨的时候要使用研磨剂。研磨剂的类型很多，粗细也不同。采用优质的研磨剂，或者自己配用一种粒度适中的、含有碳化硅和特殊油剂的混合研磨剂，是非常必要的。研磨剂中还要加入铅白或石墨，以防过大的切割和撕裂。

可以用自制的研磨工具进行研磨（图14－10），研磨时要一边转动，一边上下活动，研磨8～10次之后抬高阀芯并转动90%，接着进行研磨。粗研磨剂一直使用到阀芯及阀座环的密封边缘上研磨出精细和连续的接触线为止。然后洗掉全部粗研磨剂，再用细研磨剂将阀座密封线抛光。

对于双座阀的阀体，上阀座环往往比下阀座环研磨得快，这样，要不断给下阀座环添加研磨剂和铅白，而对上环只加一些抛光剂。当两个阀座孔中有一个泄漏时，对不漏的阀座环要多加些研磨剂，另一个则多加些抛光剂，这样，把不漏的这一环多研磨掉一些，直到两个阀座环都能同时接触和密封为止。在研磨一个阀座环时，绝对不能让另一个阀座环变干。

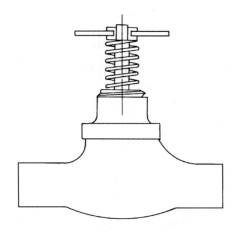

图 14 – 10　利用弹簧的研磨工具

第三节　安全阀检修

一、安全阀的结构特点

安全阀是锅炉的安全保护装置。当锅炉管路和容器内介质的压力超过规定数值时，安全阀能自动开启，排除过剩的介质，将压力降低，使设备免遭破坏，当压力恢复到规定数值时，安全阀又能自动关闭。

在大型高压锅炉中，采用较多的是脉冲或安全阀与带有外加负载的弹簧式安全阀。如在国产的亚临界压力 1000t/h 直流锅炉上，装有 15 只弹簧式安全阀。

（一）脉冲安全阀结构原理简介

脉冲安全阀由一个大的安全阀（主阀）、一个小的弹簧安全阀（辅阀）及连接管道组成，如图 14 – 11 ~ 图 14 – 13 所示。

主阀比较迟钝，辅阀比较灵敏，通过辅阀的脉冲作用带动主阀启闭。当汽包或联箱内压力超过规定值时，将弹簧安全阀打开，蒸汽进入主阀活塞上部，借蒸汽压力使活塞向下移动，打开主阀，排出多余的蒸汽，使压力降低。当压力降到一定程度后，辅阀即关闭，使蒸汽停止进入主阀活塞上部，这样主阀在弹簧的作用下随即关闭。阀上部弹簧在蒸汽压力尚未达到额定值时帮助其密封，辅阀依靠弹簧的作用力将阀瓣压住，使阀门保持

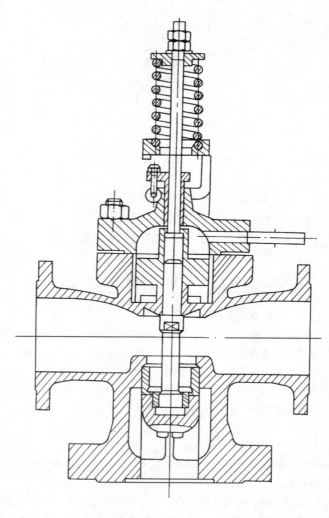

图 14 – 11　主安全阀

严密；通过调节螺丝来调节弹簧的松紧，以达到要求的开启压力。

　　辅阀上部带有电磁铁，当容器压力超过规定值时，此接点压力表发出信号，通过继电器使电磁铁电流接通，打开辅阀。也有的辅阀采用杠杆重

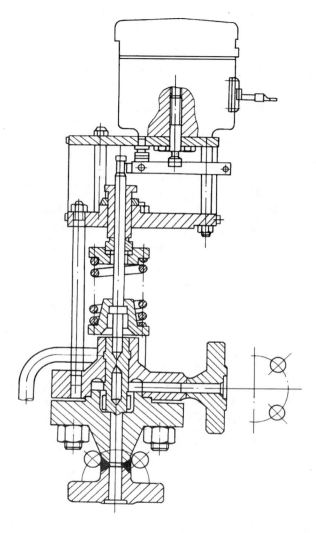

图 14 - 12　脉冲弹簧安全阀

锤安全阀。

　　脉冲式安全阀排汽能力大，启闭时滞现象小且关闭严密，因此在高压锅炉上广泛采用。

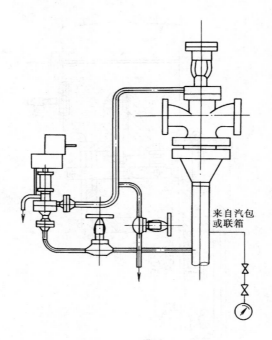

图 14 – 13　脉冲安全阀系统

（二）带有外加负载的弹簧安全阀

目前我国生产的超高压和亚临界压力锅炉多采用带有外加负载的弹簧安全阀，其构造如图 14 – 14 所示。安全阀阀瓣上的压力是由盘形弹簧产生的，压力大小可用调节螺母来调整。其工作原理是：正常情况下，弹簧力与介质作用于阀瓣上的压力相平衡，使密封面密合。当汽包或联箱内的介质压力过高，超过规定值时，喷嘴内蒸汽作用于阀瓣上的压力大于盘形弹簧向下的作用力，使弹簧受到压缩，阀瓣即被推离阀座，介质从中泄出，安全阀开启，排汽降压。直至容器内的蒸汽压力降低到使作用于阀瓣上的力小于盘形弹簧的作用力时，弹簧力又将阀瓣推回阀座，密封面重新密合，安全阀关闭。

一般弹簧安全阀的泄漏现象是很难避免的，但在弹簧安全阀上加以外加负载后，就可大大减少泄漏，一般采用压缩空气作为外加负载。压缩空气缸设置的目的就是改善安全阀的严密性，减少泄漏现象，延长使用寿命和提高启闭灵敏性。压缩空气缸的进口气压要求为 0.4MPa，气源的接通

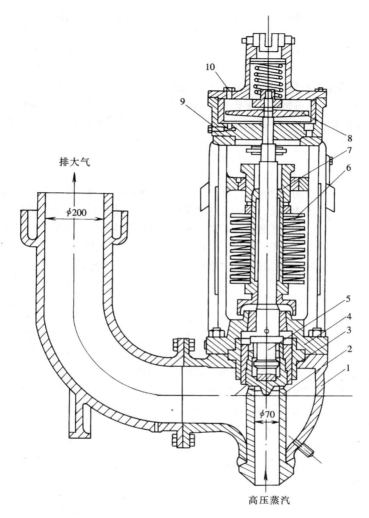

排大气

$\phi200$

图 14-14 带有外加负载的弹簧安全阀

和切断是由容器上的压力冲量经压力继电器来控制的。

带有外加负载的弹簧安全阀在正常运行时，压缩空气受压力继电器的作用，由气管进入活塞上部，在阀瓣上加了一个压缩空气的作用力，使之关闭严密。如果汽压升高，达到启动压力，这时压力继电器动作，使活塞

第十四章 阀门检修与调试

火力发电职业技能培训教材 ·325·

上部的压缩空气切断而通入活塞下部，由于活塞面积大约是阀瓣面积的十倍，所以 0.4MPa 压力的压缩空气能产生相当大的作用力，将阀瓣升起，并一下子开足，排出蒸汽。压力恢复后，压缩空气又自动切换，使阀门关闭严密。

安全阀上端的小盘形弹簧是当安全阀开启、在阀瓣上升时起缓冲作用的，以避免过大的冲击，保证安全阀的工作安全。定位圈和 U 型垫板是供安全阀校验时，为不使已校验好的安全阀动作的装置，它是用 U 型垫板卡在定位圈上，并将定位圈向上旋紧，安全阀就不能动作了。但在全部安全阀校验好后，切记取下 U 型板。

（三）全启式弹簧安全阀

弹簧式安全阀按作用原理可分为微启式和全启式两种，微启式主要用于不可压缩的液体介质，它的开启过程是随着介质压力升高逐渐成比例地增大开启高度。介质压力回降较快，阀座，阀瓣结构简单，两者之间不设置为增大开启高度的专门机构。全启式主要用于可压缩的气体或蒸汽，气体或蒸汽介质具有膨胀性，安全阀开启排放时希望迅速增大开启高度，迅速排除剩余介质。因此，在阀座、阀瓣间专门设置增大开启高度的机构。多年来安全阀制造厂成功设计了特性很好的双环控制机构，利用喷射汽流作用在阀瓣的反冲盘上，扩大喷射气流的反冲作用面积，使汽流束改变方向再喷射到阀座上的下盘，从而增大阀瓣的向上推力，迅速增大开启高度。全启式安全阀初始开启阶段与微启式基本相同，稳定而均衡。在当介质压力继续上升时开启高度也相应增大，喷射汽流作用到更大的双环面积上时，汽流束方向改变，反冲力增大，使原均衡开启状态变为不均衡状态，阀瓣急速开启达到最大全开启高度，介质达到最大排放量。阀瓣开启时介质流出示意如图 14－15 所示。

1. 密封面特点

安全阀的性能、质量和使用寿命取决于密封面的工作期限，密封面是安全阀最薄弱和最重要的环节。正常状态下作用在阀瓣上的外力是一个定值，随着介质压力的升高，密封面受力强度逐渐变小，到达额定压力时密封面上、下的压差受标准规定已降得很小，要达到安全密封，安全阀与其他类型阀门相比其要求高得多。

安全阀的密封面工作条件极其苛刻。早期泄漏会吹损密封面，受热不匀易引起阀瓣挠曲，装配歪斜、作用外力不对中，密封面不平整均会引起周围密封压力不均匀，易发生泄漏，起座排放时间过长易吹损，回座时不及时截断流动介质或夹带杂质都将会损伤密封面。

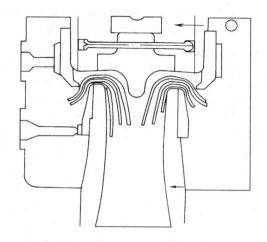

图 14 – 15　安全阀开启时介质流动示意

要确保安全阀的良好密封，必须从设计、制造、试验和精心维护保养多方面努力。

2. 密封比压及结构

密封比压是密封压紧力与密封面积之比。要使两平面之间达到密封，必须有足够的外力施加在平面上，使两接触平面间的微观不平度产生弹性变形，达到完全接触，它取决于密封面上下的压差、密封面的材质、接触面的状况等因素。

电站锅炉高温、高压安全阀的密封面，要在不大的规定压差下有效密封。必须取用很小的接触面积，当阀前介质压力很低或无压力时，因作用外力不变，受密封面比压强度所限，需要取用较大的接触面而存在矛盾。为了满足高压运行时能使接触面密封，低压或无压时（启动或停炉）密封面比压不超限，设计取用了"弹性阀瓣"结构。即当停炉或启动时在很大的弹簧作用力下压阀瓣，阀瓣产生的弹性变形增大了与阀座的接触面，随着阀前压力的上升，由弹簧下压力产生的密封比压减小，阀瓣弹产生变形随之减小，在额定压力时密封面保持规定压差，从而使矛盾对立得到统一。

电站锅炉安全阀密封面的材料，应有抗侵蚀、耐磨蚀、足够的比压强度和弹性变形能力，还要有良好加工特性研磨配合性能。

3. 阀瓣、阀座结构

阀瓣、阀座和密封结构是安全阀的核心部分，是决定阀门性能的主要关键。图14-16所示为近代大容量锅炉安全阀的结构之一。

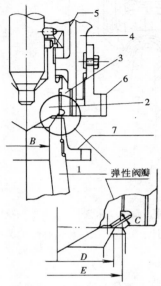

阀座1与锅炉的安全阀接口管座相连接，内通道设有较长的渐缩段、较短的圆柱段和一个定锥角的扩口组成，以形成刚强的出口喷射流束，主要特征尺寸有入口直径（A）（未示出）、喉口直径（B）、出口直径（D）、密封面外径（E）。阀芯2的下端迎流面制成锥体或特种曲线型面，以使合理分叉出口喷射汽流，获得良好的开启特性。阀芯内孔中心镶嵌凹球面硬质材料，保持阀杆（S）支顶对中，使密封面受力均匀。

弹性阀瓣3套装于阀芯外圆，上端环面与阀芯对应圆环焊接，下端曲线内环槽与舌形屏边构成弹性密封结构，舌形下唇面与阀座密封面接触。在介质压力作用下舌形上斜面与阀芯下端斜面间存在很小间隙C，使接触面更密封。当无压力时，由弹簧外力作用，阀芯下端斜面压紧在舌形内唇边斜面上，弹性间隙C消除。此结构可采用较大密封接触面，选择合适的密封比压（取值约在100MPa左右），可避免高压与无压时密封面比压相差过大的状况，从而对提高密封可靠性和抵抗回座冲击性有利。

图14-16　大容量锅炉安全阀
1—阀座；2—阀芯；3—弹性阀瓣；4—导向套；5—阀套；6—上调节环；7—下调节环

阀芯运动的导向是由导向套4固定于阀盖上，连接阀芯的阀套5滑动配合在导向套内保持阀芯运动自由。

双环调节机构由上调节环6和下调节环7组成。上调节环用螺纹连接在导向套外圆上，下调节环用螺纹连接在阀座外圆上。可各自作上、下不同位置的调节，以调整出口汽流的喷射偏转角，改变汽流反冲作用面的大小，达到调整阀瓣开启和回座作用力，获得安全阀良好性能。

二、安全阀解体检查

安全阀解体后，应对以下部件进行检查：

1）检查安全阀弹簧，可用小锤敲打，听其声音，以判断有无裂纹。

若声音清亮，则说明弹簧没有损坏；若声音嘶哑，则说明有损坏，应仔细查出损坏的地方，然后再由金属检验人员作 1～2 点金相检查。

2）检查活塞环（涨圈）有无缺陷，并测量涨圈接口的间隙。在活塞室内间隙应为 0.20～0.30mm，在活塞室外自由状态时，其间隙应为 1mm。检查活塞有无裂纹，活塞室有无裂纹、沟槽和麻坑。

3）检查安全阀阀瓣和阀座的密封面有无沟槽和麻坑等缺陷。

4）检查弹簧安全阀的阀杆有无弯曲，检查时可将阀杆夹在车床上，用千分表检查。阀杆的弯曲以每 500mm 长度允许的弯曲不超过 0.05mm 为准。

5）检查重锤安全阀的杠杆支点"刀口"有无磨毛、变钝等缺陷。

6）检查安全阀法兰连接螺丝有无裂纹、拉长、丝扣损坏等缺陷，并由金属检验人员做金相检查。

三、安全阀的检修

1. 密封面的研磨

安全阀阀瓣和阀座密封面的研磨方法和阀门密封面的研磨相同，只是要求更高。先用研具分别研磨，达到要求后，再将阀座与阀瓣合研，至全面接触的宽度为阀座密封面宽的 1/2 为止，其粗糙度应达到 $\overset{0.05}{\diagup}$。

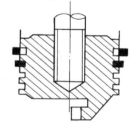

2. 活塞环与活塞室检修

由于活塞环很脆，容易断裂，在拆装时应特别注意。从活塞上拆卸时，将事先准备好的锯条片从环的接口处插入，再沿圆周方向移动，移动 90° 后，再从环的接口处插入第三个锯条片，用同样的方法将锯条片从环接口的另一端插入。这样四根锯条片即可将活塞环从槽中撬出来，此时将其顺轴向拉出来，如图 14－17 所示。装活塞环则与拆卸相反，先将锯条片贴在活塞上，把活塞环套上，再逐根沿一个方向把锯条片抽出，活塞环即可进入槽中，装好后应使活塞环口互相错开。所使用的锯条片应将锯齿磨去，其端部和四边亦应磨成圆弧状，以免划伤活塞环。

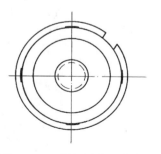

图 14－17 拆卸活塞环的方法

如发现活塞环断裂，应更换新的。由于活塞环要求光滑，因此检修时要用零号砂布铺在平板上，对其上下面进行研磨。研磨时应用两只手的拇指和中指将其压住，沿圆周方向反复转动，切不可直线移动，以免活塞环断裂。活塞环的圆周面应用零号砂布沾上黑铅粉摩擦，然后将活塞环放入活塞室试验，检查其与活塞室是否光滑接触。活塞室内壁若有沟槽或麻坑时，应用零号砂布沿圆周方向研磨，研磨后抹上黑铅粉，切忌用油。

3. 重锤式脉冲安全阀的检修与调整

对杠杆上支力点的刀口进行水平、垂直度的校正。若刀口与杠杆中心线互不垂直、不水平、不在一个水平面上，使刀口吃力不均和歪斜，需重新调整，如图 14－18 所示。

杠杆上支力点的刀口不在一个水平面上时，可利用在刀口左右和上方三处加垫铁或锉去一部分的办法调整到一个水平面上，如图 14－19 所示。对有扭曲现象的杠杆应进行校正，并在平板上进行左、右、上三个平面找平工作。

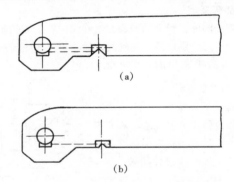

（a）

（b）

图 14－18 杠杆支力点刀口校正

支力点的刀口粗钝、不规则、刀口倾斜等使其吃力不均时，需拆下进行修理，如图 14－20 所示。

固定支点刀口销片顶丝容易松动，影响吃力均匀，应认真检查，并将

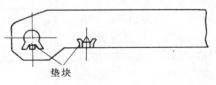

垫块

图 14－19 杠杆支力点刀口调整

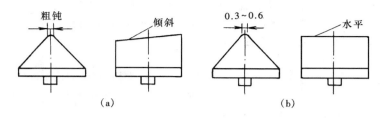

图 14-20 杠杆上的支力点刀口检修

顶丝拧紧，以保持刀口垂直，如图 14-21 所示。

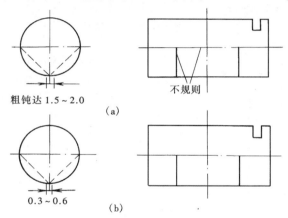

图 14-21 支点架上的支点刀口检修

对支点架对边进行平整度找正，且使其间隙保持在 1.5~2mm 范围内。由于支点架对边不平行，如图 14-22 中虚线所示，使杠杆与支点架对边间隙太小，没有活动余地。经调整至如图 14-23 中实线所示，然后固定死，可以保证杠杆与支点架有 1.5~2mm 的间隙。

将阀杆放入阀瓣内，检查杠杆能否垂直地压在阀杆上，若杠杆上的刀口与阀杆上的支力点刀口吻合，且杠杆处于水平状态，说明杠杆可以垂直地压在阀杆上。若

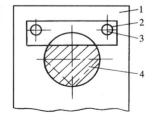

图 14-22　固定支点刀口
销片检查
1—支点刀架；2—销片；3—顶丝；4—支点刀口

杠杆呈不水平状态，则说明由于阀瓣密封面经多次研磨或车削变薄，引起阀杆下降，此时可用接长阀杆或用补焊加厚密封面厚度的方法，将杠杆调整到水平状态，使其能垂直地压在阀杆上。

4. 安全阀的组装

1）安全阀各部件检修完后组装时，应根据解体前测量的记录进行组装，如各处尺寸、间隙有变动，也要做好检修记录，保存好备查。

2）焊接弹簧式安全阀水压试验。

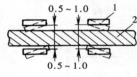

图 14－23　支点架调整

1—支点架；2—杠杆

焊接式弹簧安全阀通常与锅炉或压力容器同时进行水压试验。由于试验压力有时接近或大于安全阀动作压力，此时需使用安全阀水压试验管塞或固定卡来进行水压试验。

当采用压紧装置（见图 14－24）压紧安全阀时必须十分小心，避免压得太紧而损坏阀杆及阀芯。只须保持压紧装置有足够的压力才不使阀门被抬起打开即可。对于较高的压力，如果用手拧紧力量不足的话，可以采用扳手。

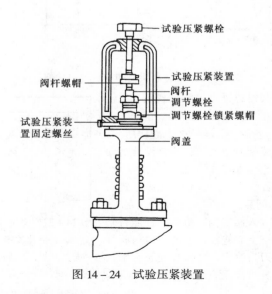

图 14－24　试验压紧装置

第四节　水位计的检修

水位计也叫水面计，是用来指示汽包水位高低的。在高压锅炉中大都采用云母水位计，其结构如图 14-25 所示。

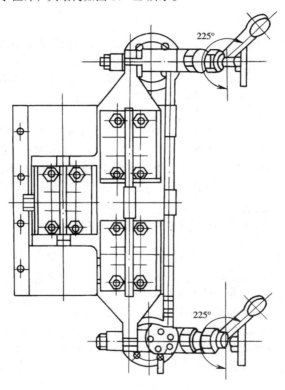

图 14-25　云母水位计结构示意

一、准备工作

水位计检修之前，应准备好水位计云母片和铝垫（可用石棉垫代）。用薄刀片去掉云母片的破损层，按水位计云母片的样板在大张云母片上划线，再用小刀切割成水位计所需的样子，也可购买成型云母片直接使用。用厚度为 0.5~0.8mm 的铝板或石棉板剪好水位计垫子，并在上面涂以墨铅粉。准备好水位计螺丝和螺丝帽，这种螺丝和普通双头丝扣螺丝的不同之处是靠在一端有一个突出台阶，以备紧螺帽时用，如图 14 - 26 所示。

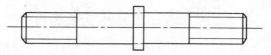

图 14 - 26　水位计螺丝

二、解体检修

水位计从汽包上拆下后进行解体（也可以不拆下来，在现场检修），解体时将水位计夹紧在虎钳上，使用适当的套管扳手拆下螺母，并在水位计本体和压板上打上钢印，以免组装时装错。检查拆下来的螺丝，应无断扣、弯曲、裂纹等缺陷，螺丝和螺帽应配合适当，压板不应有弯曲、变形、裂纹等缺陷。

取下云母片，逐片检查，其中无损伤且透亮的、质量还好的应放起来，准备再一次使用。用錾子取下水位计旧铝垫或石棉垫，注意不要损伤平面。修刮水位计本体平面时，先用锉刀锉去平面上较深的麻点和沟槽，再用加工好的平板研磨平面，然后在平面上涂上红丹粉，进行修刮，直到符合要求为止。

水位计的汽水阀门检修方法同其他阀门的检修。

三、组装

水位计组装时，先放置好铝垫，再放上云母片。使用旧云母片时，应把它夹在中间或放在最外边。如果在现场组装，由于水位计本体是垂直放置的，必须把铝垫和云母片用细棉绳绑在水位计本体上，然后压上密封板和压紧框，穿好螺丝拧紧，最后用扳手按固定顺序紧螺丝。

水位计紧螺丝的方法正确与否对水位计的正常运行有很大影响。水位计各个螺丝一定要紧得均匀，才能使各层结合面严密地结合在一起，从而保证水位计的严密性。根据现场经验，有四种紧螺丝的方法，可使螺丝均匀地紧好，避免水位计的泄漏。图 14 - 27 为紧螺丝的顺序示意图。

（1）两头挤。先从中间紧两个螺丝，再按数字顺序一对一对地紧下去，适用于有 3~4 对螺丝的水位计。

（2）交叉紧。先从中间紧两个螺丝，再按数字顺序交叉地紧下去，适用于有 5~7 对螺丝的水位计。

（3）一头紧。先从头上紧一个螺丝，再按数字顺序紧下去，适用范围同（2）。

（4）平面压。先从头上紧一个螺丝，再按数字顺序紧下去，适用于有

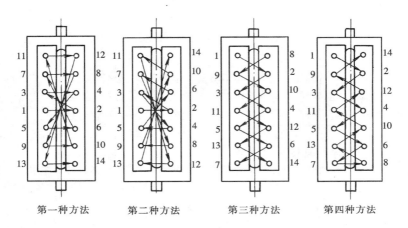

| 第一种方法 | 第二种方法 | 第三种方法 | 第四种方法 |

图 14 – 27　云母水位计紧螺丝顺序

8 对以上螺丝的水位计。

　　紧水位计螺丝一般要紧四遍。第一遍要轻轻地紧，且紧得均匀；第二遍要用一些力紧；第三遍可以接长 350mm 的套管，轻轻地用力紧；第四遍接上套管，用力紧。紧螺丝时要由一个人从头紧到尾，中间不能换人，否则就可能紧得不均匀。

　　云母片在初次投入运行时，将汽水阀开启，先预热 10～20min，再关闭，轻轻地紧一次螺丝，然后再投入运行。运行中云母片有漏汽现象时，也可以关闭汽水阀，轻轻地紧一次螺丝，投入运行后若不漏，就可以继续运行；如果还漏，则应更换云母片。

　　四、水位计检修质量标准

　　(1) 所用云母片应透明、平直均匀，无麻点皱纹、裂纹、弯曲、断层、折角和表面不洁等缺陷，其厚度以 1.2～1.5mm 为宜。

　　(2) 水位计本体及压板应平整无缺，各汽水阀门应开关灵活，严密不漏。

　　(3) 检修后投入的水位计云母片可见度清晰并严密不漏。

　　(4) 汽水连通管内洁净畅通，并朝汽包方向倾斜 2～5mm，支架应留出膨胀间隙。

　　(5) 水位计正常水位线必须与汽包正常水位一致，并在水位计罩壳上准确标出正常水位及高低水位线，误差不大于 1mm。

　　提示　本节内容适合锅炉管阀检修（MU5 LE13、LE16）。

第五节 阀门研磨

为了使各种阀门的接合部位不渗漏气体或流体，要求阀门具有良好的密封性能。当阀门接合面（指阀芯和阀座）被划伤、蚀伤等而使阀门无法关严时，需进行研磨修理。阀门的研磨是阀门在安装及检修过程中的一项重要工作。

一、研磨的基本原理与分类

研磨时，研磨工具上的磨料受到一定的压力，磨料在磨具与工件间作滑动和滚动，产生切削和挤压，每一粒磨料不重复自己的运动轨迹，磨去工件表面一层凸峰，同时润滑剂起化学作用，很快形成一层氧化膜。在研磨的过程中，凸峰处的氧化膜很快磨损，而凹谷的氧化膜受到保护，不致继续氧化。在切削和氧化交替过程中得到符合要求的表面，所以，研磨过程是物理和化学合成的结果。

按研磨的干湿可分为干研磨和湿研磨两种；按研磨的精度分粗研、精研和抛光；按研磨对象分平面研磨，内、外圆柱研磨，内、外圆锥体研磨，内、外球面研磨和其他特殊形状的研磨等。干研方便干净，粗糙度低。湿研效率高。粗研主要是得到正确的尺寸和精度，精研主要是降低粗糙度。

二、手工研磨

手工研磨是检修工人使用简单的研具对阀门密封面进行研磨，不需复杂的研磨设备。但这是一种手工研磨劳动强度大的工作，生产效率很低，研磨质量主要依靠工人的技术水平来保证，因此研磨质量往往不够稳定。

手工研磨分为粗研、精研和抛光等。粗研是为了消除密封面上的擦伤、压痕、蚀点等缺陷，提高密封面平整度和降低粗糙度，为密封面精研打下基础。精研是为了消除密封面上的粗纹路，进一步提高密封面的平整度和降低粗糙度。抛光的目的主要是降低密封面的粗糙度。

手工研磨不管粗研还是精研，整个过程始终贯穿提起、放下、旋转、往复、轻敲、换向等操作相结合的研磨过程。其目的是为了避免磨粒轨迹重复，使密封面得到均匀的磨削，提高密封面的平整度，降低粗糙度。在研磨过程中要始终贯穿着检验过程，其目的是为了随时掌握研磨情况，做到心中有数，使研磨质量达到技术要求。在研磨过程中清洁工作是很重要的环节。应做到"三不落地",即被研件不落地,工具不落地,物料不落地;"三不见天",即显示剂用后上盖,研磨剂用后上盖,稀释剂(液)用后上盖;"三干净",即研具用前要抹洗干净,密封面要清洗干净,更换研磨剂时研具和密封面要抹洗干净。研磨中应注意检查研具不与密封面外任何疵点台肩相摩擦,使研具运动平稳,保证研磨质量。经过渗氮、渗硼等表面处理的密封面,研磨时要小心谨慎,因为渗透层的硬度随着研磨量增大而明显下降,研磨时磨削量应尽量小,最好进行抛光使用,至少要精研后使用。如达不到要求,就将残存的渗透层磨掉,重新渗透处理,恢复原有密封面的性能。刀型密封面一般宽度为 0.5～0.8mm,接近线密封。研磨后,密封面会变宽,应注意恢复刀型密封面原有的尺寸,可用车削或研磨刀型密封面两斜面的方法恢复宽度尺寸。

研具使用后应进行一次检查,对平整度不高的平面要修理好,应清洗干净,保持完整,要分门别类地把研磨工具摆放在工具箱内,便于以后使用。

研磨分平面密封面研磨、锥形密封面研磨、圆弧密封面研磨、柱体密封面研磨等几种,下面只介绍平面密封面的研磨方法。

1. 阀体平面密封面的研磨

阀体密封面位于阀体内腔,研磨比较困难。通常使用带方孔的圆盘状研磨工具,放在内腔的密封面上,再用带方头的长柄手把来带动研盘运动。研盘上有圆柱凸台或引导垫片,以防止在研磨过程中研具局部离开环状密封面而造成研磨不匀的现象。图 14-28 为闸阀、截止阀阀体平面的手工研磨示意图。

研磨前应将研具工作面用丙酮或汽油擦净,并去除阀体密封面上的飞边、毛刺,再在密封面上涂敷一层研磨剂。研具放入阀体内腔时,要仔细地贴合在密封面上,然后采用长柄手把使研盘作正、反方向的回转运动。先顺时针回转 180°,再逆时针回转 90°,如此反复地进行。一般回转 10 余次后研磨剂中的磨粒便已磨钝,故应该经常抬起研盘来添新的研磨剂。研磨的压力要均匀,且不宜过大。粗研时压力可大些,精研时应较小。应注意不要因施加压力使研具局部脱开密封平面。研磨一段时间后,要检查工件的平面度。此时可将研具取出用丙酮或汽油将密封面擦净,再将圆盘形的检验平板轻轻放在密封面上并用手轻轻旋动,取出平板后就可观察到密封面上出现的接触痕迹。当环状密封面上均匀地显示接触痕迹,而径向最小接触宽度与密封面宽度之比(即密封面与检验平板的吻合度)达到工艺上规定的数值时,平面度就可认为合格。为了保证检验的准确性,检验平

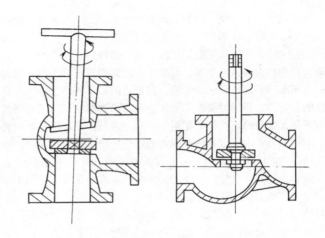

图 14 - 28　阀体平面密封面的手工研磨

板应经常检查、修整。

2. 闸板、阀瓣和阀座密封平面的研磨

闸板、阀瓣和阀座的密封平面可使用研磨平板来手工研磨。研磨平板平面应平整，研磨用平板分刻槽平板和光滑平板两种，如图 14 - 29 所示。研磨工作前，先用丙酮或汽油将研磨平板的表面擦干净，然后在平板上均匀、适量地涂一层研磨剂，把需研磨的工件表面贴合在平板上，即开始研磨。用手一边旋转一边作直线运动，或作 8 字形运动。由于研磨运动方向的不断变更，使磨粒不断地在新的方向起磨削作用，故可提高研磨效率。图 14 - 30 所示为闸板密封面的手工研磨。

为了避免研磨平板的磨耗不均，不要总是使用平板的中部研磨，应沿平板的全部表面上不断变换部位，否则研磨平板将很快失去平面精度。

闸板及有些阀座呈楔状，密封平面圆周上的重量不均，厚薄不一致，容易产生偏磨现象，厚的一头容易多磨，薄的一头会少磨。所以，在研磨楔式闸板密封面时，应附加一个平衡力，使楔式闸板密封面均匀磨削。图 14 - 31 所示为楔式闸板密封面的整体研磨方法。

三、机械研磨

在进行阀门密封面研磨时，采用机械研磨时效率高且质量可靠，不像手工研磨那样要求较高技术水平的工人来操作。

机械研磨可参照研磨工具的说明进行。下面介绍一种简单的将研磨工

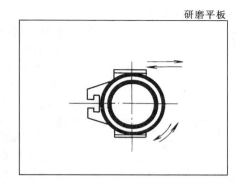

研磨平板

图 14 - 29　研磨用平板

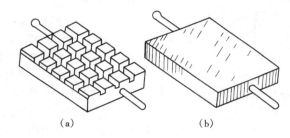

（a）　　　　　　　　　　　（b）

图 14 - 30　闸板密封面的手工研磨

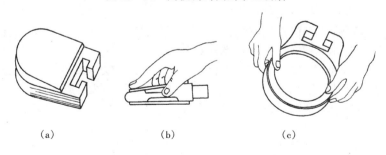

（a）　　　　　　　（b）　　　　　　　（c）

图 14 - 31　楔式闸板密封面的整体研磨

具装到立钻上研磨阀门密封面的方法，如图 14 - 32 所示。图中研磨器 1 的直径较密封面的直径大 10～20mm，研盘的心轴 2 卡在立钻的主轴 3 上。阀门体 4 则固定在回转盘 5 上。回转盘 5 装到立钻的支持台面 6 上，且与立钻的主轴保持一定的偏心。这样，当研盘转动时，使阀体也转动，因而可以缩短研磨过程，并保证研磨均匀。

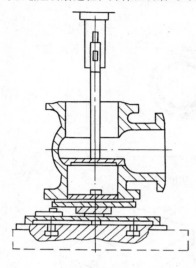

图 14－32　在立钻上研磨阀门
密封面的工具

1—研磨器；2—心轴；3—主轴；4—阀
门体；5—回转盘；6—支持台面

（二）阀芯与阀座对合检验

在阀芯与阀座的密封面上涂上少许清洁的机油，然后上下密封面对合在一起，轻压阀芯向左或向右旋转数圈，取下阀芯，擦净密封面，仔细检查，接触部位会发黑亮颜色。如阀芯及阀座密封面接触连续均匀，光亮全周一致，且宽度大于阀座密封面的 2/3，且无个别地方发亮或有划道等现象，表示阀门研磨质量合格。如研磨质量很好时，往往向上提起阀芯时，有吸向阀座的吸力。

提示　本节内容适合锅炉管阀检修（MU5 LE13）。

四、阀门研磨的质量检验

阀门密封面经过粗研和细研后，必须仔细清理干净。清理时应使用干净的软布或面纱，防止研磨砂或硬物划伤密封面，然后进行表面质量检验。

（一）使用平板检验

在阀芯或阀座密封表面上用铅笔划上细密的径向道，然后用表面干净的检查平板检查密封面，检查时将平板放在密封面的表面上，并轻按平板，使其在密封面上往复旋转十数次。取下平板，观察密封面的表面，若所画的铅笔道已被平板均匀磨去，则表示该密封面的表面已经达到要求的平整和光洁度。如果在这个表面上的铅笔道不能全部被平板磨去，则表示密封面仍然存在缺陷，需继续研磨。

第六节　阀门调试

一、阀门电动执行机构的调整

电动装置的调整方法如下

（一）准备工作

电动装置全部安装工作完成后，将手动、电动切换机构切到手动侧。用手轮操作开启和关闭阀门，检查电动机与阀门开、关方向是否一致，开度指示变化与手操作方向是否一致并同步。开关应灵活，无卡涩，并将阀门放至中间位置。

（二）电动试操作

检查电气控制回路接线，应正确，绝缘良好。将手动、电动切换机构切到电动位置，送上电源，电动操作向开或关方向试开一次，其方向正确，动作灵敏可靠，工作平稳无异声。并用手拨动相应的行程或转矩开关，在开或关方向上均能正确切断控制电路，使电动机停转。

（三）调整开向行程开关

调整转矩、行程开关前，必须检查开度指示器上电位器是否已脱开，以免损坏（可把电位器轴上齿轮的紧定螺丝松开，手操阀门至全开后，再回关 0.5～1.5 圈，作为电动装置的全开位置，以防温度变化及电动机惯性使阀门卡死）。对于计数式的行程控制机构，调整时应先拧下控制机构中部的闭锁螺丝，或用螺丝刀将顶杆推进并转 90°，使主动齿轮和控制机构的计数齿轮脱开，然后按箭头指示方向，旋转控制机构开关方向的调整轴，直到凸轮弹性压板使微动开关动作为止。最后退出控制机构中部的闭锁螺丝，使主动齿轮和控制计数齿轮重新咬合。用螺丝刀稍许转动调整轴，用电动稍关几圈，然后再打开，视开向行程动作是否符合要求，如不符合，应按上述程序重新调整，每调一齿（个位齿轮），输出角度变化不大于 9°。在开向行程开关调好以后，将阀门先关，后用电动打开，再手动开完，记下预留圈数。并反复试操几次正确无误。调整时，一般控制阀门开向为全行程的 90% 左右。

对不同结构的行程控制机构，应按照各自的整定方法进行整定。总的原则是阀门停止在指定的全开位置，整定行程控制机构，使开启方向的行程开关刚刚动作。有的行程控制机构，当行程超过上限时会造成零件的损坏。在整定这类行程控制机构时，应先使控制机构与主传动机构脱开，再用手动操作使阀门全开。

（四）调整关向行程开关

在整定阀门关闭方向的行程开关时，首先必须明确被控制阀门关闭的定位方式，表 14－2 列出扬州修造厂生产的电动装置关闭位置的定位方式。

表 14 - 2　　　　　阀门、电动装置关闭位置的定位方式

阀门种类	控制方法		阀门种类	控制方法	
	关向	开向		关向	开向
自密封（闸线）	行程	行程	密封蝶阀	转矩	行程
强制密封（闸线）	转矩	行程	非密封蝶阀	行程	行程
截止阀	转矩	行程	球阀	行程	行程

从表 14 - 2 看出，大多数阀门关闭位置的定位方式是按转矩定位的，即阀门的全关位置是阀门操作转矩达到规定值的位置。这类转矩定位的阀门控制电路是靠转矩开关来切断的，这时阀门关闭方向的行程开关主要用来闭锁控制电路和提供阀位信号。在一般情况下，这类阀门关闭方向行程开关的动作位置，可以定在阀门全关后再开启 1～2 圈处。

有的阀门关闭位置是按阀门行程定位的，即阀门的全关位置是阀位达到规定值的位置。这类行程定位的阀门控制电路是靠行程开关来切断的，这时阀门关闭方向的行程开关应整定在阀门的全关位置。

调整关阀方向行程开关的方法和调整开阀方向行程开关的方法是相同的，即首先用手动将阀门操作到规定的位置，然后整定行程控制机构，使关阀方向行程开关刚刚动作。

用电动操作阀门反复开启和关闭，检查电动阀门的工作，应平稳、灵活。对按行程定位的阀门，在开启和关闭的操作中，转矩开关不应动作。对按转矩定位的阀门，在关闭过程中，关闭方向的行程开关应先动作，然后转矩开关再动作，并切断控制电路。

（五）调整开度指示器、远传装置和附加行程开关

开度位置指示器和远传装置的调整主要是定上、下限和方向，也就是对正阀门全开和全关位置。阀位、远传装置调整，必须与装在控制盘上的位置指示表一起进行。调整前，应先校正指示表的机械零位，并合通阀位、远传装置的电源。调整时，先将阀门操作到全关位置，再调整位置指示器，使它的指针正好指在全关位置。调整阀位、远传电路中的调整电阻（或电位器在零位上，并使电位器轴上的齿轮与开度轴上的齿轮啮合，拧紧电位器轴上的紧定螺丝即可），使盘上的阀位指示表正好指在全关位置（零位）。然后，再操作，使阀门开启，检查位置指示器和盘上的阀位指示表指针移动方向，应与阀门操作方向一致并保持同步。当阀门全开时，调整相应的部件，使位置指示器正好指示阀门在全开时的位置。调整阀位、

远传电路中的调整电阻（或电位器），使盘上阀位指示表正好指示阀在全开位置。调整附加行程开关时，必须首先明确要求开关动作的位置，调整操作阀门，使它停在要求开关动作的位置，然后再调整附加行程开关，使之合通或断开。

（六）调整转矩开关或机械保护装置

调整转矩开关或机械保护装置，必须在转矩试验台上或按照随产品提供的转矩特性曲线或数据进行。首先调整关方向转矩（旋转转矩弹簧或拨动力矩指示值），从小转矩值开始，逐渐增大转矩值，直到阀门关严为止。调整开方向转矩，应根据已调好的关方向转矩值增大 1.5 倍以上，即为开方向的转矩值，这是在空载无介质压力下调整的。在有压力、温度时应注意其能否关严，如关不严则要适当增加转矩值，以关严、打得开为准。但有时缺乏数据和曲线，需现场调整时宜谨慎从事，应先将关阀方向的转矩调到较小值，然后用电动关闭阀门。当转矩开关动作切除电源后，将电动切为手动，用手动检查阀位的关紧程度。如果阀门能用手动继续关闭，则应进一步提高转矩开关的整定值，并用同样方法检查阀门的关紧程度，直到阀门电动关严，用手动不能再继续关，但又能用手动开启时为止，即可认为转矩开关在关阀方向已经调整好。然后参考关阀方向转矩开关整定值，去整定开阀方向转矩开关的整定值，使其值大于关阀方向的值，以保证能打开、关严阀门。因冷、热态时转矩会有差别，故在正常工作的压力、温度下，整定转矩开关更能适应工作状态。虽然上法可满足要求，但有一定的盲目性，为此可采用简易方法来粗略测量转矩开关的动作转矩值。如有的电动装置在手动、电动切换机构切到手动时，转矩限制机械仍然参加传动工作，且手动操作时同样可使转矩限制机构动作，所以可利用手动操作机构（手轮）来粗略地测量动作转矩值。

二、汽水系统安全门的调整校验

（一）冷态校验

安全阀检修好后可以先进行冷态校验，这样可保证热态校验一次成功，缩短校验时间，并且减少了由于校验安全阀时锅炉超过额定压力运行的时间，安全阀的冷态校验在专用的校验台上进行。

（1）脉冲安全阀的冷态校验。

将主阀和辅阀安装在校验台上，其系统如图 14 - 33 所示。先关闭校验调整阀和校验台放水阀，开启脉冲安全阀入口阀，并开调节缓冲节流阀，开 1/4 ~ 1/2 圈，再接通校验用的高压给水，其压力应高于安全门动作压力。校验时徐徐开启阀，监视压力表压力升高数值和脉冲安全阀的动作情况，调整副阀弹簧调整螺母（重锤式调整重锤位置），使其在规定的动作压力下动作，则主阀亦应动作，否则应查找原因并消除。校验好后应将调整螺母固定，或者将重锤位置记下，也可用顶丝顶紧，使其不能移动。根据实践经验，冷态校验安全阀的动作压力应比规定的安全阀动作压力高 0.05~0.1MPa。校验完后，打开校验台放水阀，放完水后，拆下安全阀，将内部的水擦干净，再组装好，即可安装。

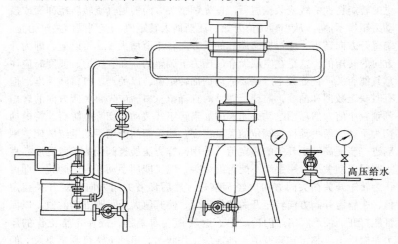

高压给水

图 14-33　安全阀校验台

主阀也可单独进行校验，如图 14-34 所示。这样仅能检查主阀是否能灵活动作，所用的水或蒸汽不需太高的压力，有 1~1.5MPa 即可。校验时先打开入口阀，关闭放水阀，再慢慢开启调整阀，到主安全阀动作为止。

（2）外加负载弹簧安全阀的校验。

仍可采用图 14-34 所示的校验台及系统，将安全阀装到校验台上，此时安全阀上部的活塞部分不装。校验时使高压给水充满校验台，根据动作压力调整弹簧调整螺母（拧紧或旋松），直到在规定动作压力下能动作即可。冷态校验压力同样比动作压力高 0.05~0.1MPa。校验后将阀内的水擦干净。

（二）热态校验

检修后，锅炉点火升压，校验安全阀是锅炉检修的最后一项工作，校验合格后，锅炉即可投入运行或备用。安全阀校验应事先做好组织准备工

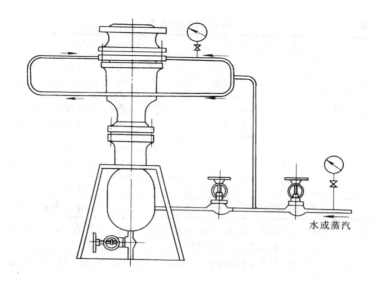

图 14 – 34　主安全阀校验台

作，以缩短校验时间，争取各个安全阀一次校验成功。

（1）安全阀热校验的准备工作。

安全阀热校验时，锅炉已点火启动，因此，现场应清扫干净，架子拆掉，符合运行的要求。热校验安全阀的方式、程序和注意事项应由检修负责人组织检修人员和运行人员共同研究制定，并对参加校验的人员分工。准备好通信设备及联络信号，并且准备好校验中要用的粉笔、小黑板、扳手、手锤、螺丝刀、压板等工具和物品。换上标准压力表，校验时要经常和司炉操作盘上的压力表进行对照。

当锅炉压力升到 0.5～1MPa 时，检修人员应按规定紧螺丝，紧所有阀门盘根。当压力升至额定压力时，应对锅炉进行一次全面的严密性检查，并将检查结果做好记录。经检查确定无影响锅炉正常运行的缺陷后，方可进行安全阀的校验工作。安全阀动作压力的校验标准如表 14 – 3 所示，制造厂有特殊规定的除外。

（2）脉冲式安全阀热校验。

安全阀热校验时，从动作压力较小的锅热器安全阀开始，然后校验汽包控制安全阀和汽包工作安全阀。

表 14 – 3　　　　　　　　　　　安全阀启座压力

安　装　位　置		超　座　压　力	
汽包锅炉的汽包 或过热器出口	汽包锅炉工作压力 $p < 5.98MPa$	控制安全阀 工作安全阀	1.04 倍工作压力 1.06 倍工作压力
	汽包锅炉工作压力 $p > 5.88MPa$	控制安全阀 工作安全阀	1.05 倍工作压力 1.08 倍工作压力
直流锅炉的过热器出口		控制安全阀 工作安全阀	1.08 倍工作压力 1.10 倍工作压力
再　　热　　器			1.10 倍工作压力
启动分离器			1.10 倍工作压力

注 1 对脉冲式安全阀，工作压力指冲量按出地点的工作压力，对其他类型安全阀指安全阀安装地点的工作压力；

　　2 过热器出口安全阀的起座压力应保证在该锅炉一次汽水系统境所有安全阀中，最先动作。

当锅炉压力升至接近安全阀动作压力（一般较动作压力小 0.1MPa 左右）时，若脉冲安全阀还不动作，应将脉冲阀的弹簧调整螺母稍松一些；如为重锤式，则将重锤向里侧稍加移动。若此时脉冲阀动作，接着主阀也动作，应将动作压力和动作完毕返回压力记录下来，作为技术档案保存。如果动作压力和规定动作压力一致，或正负相差在 0.05MPa 之内，即算合格。此时应将调整螺母固定（如为重锤式，将重锤固定或做出记号），并将脉冲阀入口阀关闭，接着校验其他安全阀。若安全阀经过冷态校验，一般情况热校验可以一次成功。全部安全阀校验完后，切莫忘记开启脉冲阀入口阀。

当单独试验安全阀电磁铁装置时，应将脉冲阀入口阀关闭，以防安全阀动作。

（3）外加负载弹簧安全阀热校验。

在外加负载弹簧安全阀校验时，其上部的外加负载装置先不安装，待校验完后再安装。

如果被校验的安全阀已经过冷态校验，当锅炉压力升至动作压力时，若安全阀还不动作，应将压力降至锅炉工作压力，稍松弹簧调整螺母，然后再升至动作压力，安全阀即可动作。此时记下开始动作和返回的压力数值，存档。这个安全阀校验完后，用 U 型板卡在定位圈上，并将定位圈向上旋紧，这样该安全阀就不会动作了，可继续校验其他安全阀。但一定要在所有安全阀校验完后取下 U 型板，并将定位圈向下旋松到规定位置，千万不可忘记。

如果安全阀未经过冷态校验，其热态校验方法相同，不过可能要多费一些时间才能校准。

（4）安全阀校验时的安全注意事项。

在安全阀做冷态校验时，应有专人控制高压给水进入校验台的入口阀，防止阀开得过大，超压过多。开门时应慢慢地开，均匀地升压，避免高压给水烫伤工作人员，校验前要把校验台内部和管道内部清理干净，防止铁渣等杂质损伤安全阀密封面。

提示 本节内容适合锅炉管阀检修（MU5 LE16）。

第十五章

管道阀门故障分析处理

第一节　管道常见缺陷的处理

由于长期在高温高压的条件下运行，给水、蒸汽管道阀门往往发生各种损伤、故障，造成设备停运检修。常见的损伤形式有材料的耗损、变形和各种各样的裂纹。

一、材料的耗损

材料的耗损通常是由于渣粒和铁锈等固体物在蒸汽或水的涡流作用下造成的冲蚀。如果水的流速很高或紊流很大，妨碍磁性氧化铁保护层形成时，即会产生冲蚀和腐蚀相结合的现象。如有一个喷水减温器的减温水管，外径为 63.5mm，壁厚 6mm，蒸汽压力为 23.5MPa，温度为 240℃，在运行过程中突然在连接焊缝上沿圆周方向破裂，被迫停炉。经过仔细检查，发现焊缝后面(沿介质流动方向)的管壁厚度大为减薄，焊缝根部突出很高的焊瘤，由于焊缝根部突出的焊瘤，管道横截面变小，造成紊流严重，因而材料遭到冲蚀，以至于破坏。还有一 $\phi291 \times 20mm$ 的给水压力管道，材质为 15Mo3，位于放水管管座的后面，由于冲蚀作用，管壁减薄，炸开大约有手掌大小的破口。在给水调节阀出口后的管道也有类似损伤的例子。因此，对这类管道应在大修时进行超声波壁厚测量，对于管壁明显减薄的管段应及早更换。

另外在蒸汽管道上的异形管件、联箱的检查孔管座、堵头等部位处，往往由于蒸汽进入异形管件的过程中产生涡流而发生冲蚀，造成泄漏，也必须引起重视。

二、裂纹

(一)环向裂纹

环向裂纹多发生在焊缝附近，有的在母材的热影响区，有的在焊缝金属内。如有一台锅炉，运行 55000h，启动 142 次以后进行检修时，在蒸汽压力为 14.8MPa，温度为 530℃的蒸汽管道中，一个由拔制管座连接（通向减温减压装置）的三通上发现了裂纹，该三通内径分别为 360mm 和

240mm，壁厚分别为80mm及42mm，材料为13CrMo44。裂纹位于焊缝与拔制管座之间的过渡区，长约200mm，最大深度为18mm。经分析，这一裂纹的产生是由于焊缝根部咬边和焊缝凸起所致，个别覆盖层的焊道过于粗糙也是促进裂纹形成的原因。采取修复的方法是先打磨，然后精心焊接，并作好相应的热处理，最后再将焊缝过渡区和焊缝表面磨光。

（二）横向裂纹

绝大部分横向裂纹到达焊缝后即停止向前发展，但也有一些横向裂纹穿过了热影响区而深入母材较远的部位。

如一蒸汽压力为3.5MPa、温度为530℃的再热蒸汽管道异形管件，其内径为1120mm，壁厚42.5mm，材料为10CrMo910，在运行15700h后，对其4个安全阀出口对接管座（内径为350mm，壁厚为57mm，材料为10CrMo910）的角焊缝用磁粉检验，发现在这4个管座上，沿着圆周角焊缝均有长短不一的横向裂纹，其中有些裂纹延伸到异形管件与母材之间的过渡区内。经超声波检验得知裂纹深度有20mm左右。采取漆印法及取船形试样分析得出，该横向裂纹夹有金属氧化焊渣，是由于焊接时氢扩散而产生的，在运行应力作用下，一直穿透到外表面。处理的方法是将焊缝金属磨去20mm深，经检验，裂纹仍然存在，最后将焊缝金属全部铲除干净，重新补焊，并采取相应的热处理工艺。

（三）母材的纵向裂纹

纵向裂纹是沿管道轴向发展的，在光滑的弯管外侧出现的纵向裂纹，可能是由于弯制方向及随后的热处理引起的附加应力造成持久强度下降。

如一蒸汽压力为21.5MPa、温度为540℃的主蒸汽管的90°弯管，其材料为14MV63，规格为$\phi235 \times 30$，曲率半径为1070mm。运行9500h后，满负荷运行时弯管外侧突然发生爆裂，裂口长1400mm；在可能开始发生破裂的范围内，有一平行于主破裂口的轴向老裂纹，缝深约达管壁厚度的80%，另外有很多小裂纹，分布在宽度为10mm的范围内，肉眼看也是很明显的。在管子内壁上，主要在主破裂口的中段，也有较多的轴向小裂纹。弯管外侧顶部一段的主破裂口断裂面的特征，与宏观变形不大的断口相似，其破裂口边缘很粗糙，有龟裂。从垂直于管子表面的老断裂面到裂纹末端形成一个小于45°的倾斜断裂面。

材料试验结果表明，这是一种蠕变损伤，裂纹的起始点多在弯管外侧顶部的拉伸区。由爆破起始点到老裂纹起始点和弯管末端，从弯管外侧到内侧，整个弯管的持久强度是逐渐减小的，所以材料寿命短。其原因之一是附加应力，在弯管加工中的工艺及规范不合乎要求也是一个原因。

（四）其他裂纹

热冲击裂纹一般均发生在管壁较厚而介质温度有突变或伴随着蒸汽和水的相变的管件上，其裂纹的分布方向是无规则的。热应力裂纹则是指介质温度变化使管壁产生热应力而造成的裂纹，这类裂纹一般都是沿管件圆周的温度分布不均匀所造成的。

如蒸汽管道上的排汽管，由于运行中有凝结水，会对温度较高的蒸汽管道产生热冲击，从而出现热冲击裂纹。控制式安全阀的脉冲连接管的孔壁上，也常常会发生热冲击裂纹。

蒸汽管道上安装的一些阀门，会发现壳体上裂纹，多是由于阀门的形状复杂，在启停机时，在凹槽中容易积存凝结水，产生热应力，再加上孔的尖锐边缘都是应力集中的部位，因而在运行中产生裂纹。当然也有阀体是因为铸造中的缺陷而引起的裂纹。

三、检修

实际经验表明，在检修中牵涉到的专业技术和加工问题往往比制造新设备更难解决，其主要原因为：

一般来说，管材都已运行了很长时间，材质可能已发生变化。检查裂纹或蠕变等材料损伤的范围，利用现有的无损探伤方法，并不完全可靠。在已安装好的条件下要进行检验、检修及热处理，往往受到空间、温度及灰尘等环境条件的限制。在检修工作中工期往往比较紧，使检修时间受到限制。

由于上述原因，使得检修工作通常有更大的难度和风险。为使检修顺利进行，必须根据具体的检修情况，十分周密地制定检修计划，否则将有可能造成检修质量不合格。

例如有一 $\phi544 \times 11.5$，接管座为 $\phi438 \times 9.5$ 的异形管件，材料为St45.25钢，在进行安全阀性能试验时突然发生爆裂，设备受到严重损伤。检查发现，在拔制管座的异形管件上与主管顶部的连接焊缝处，有一个横向裂纹，该裂纹作过简单的补焊，这是发生爆裂的原因所在。而此横向裂纹，则是由安全阀出口管的附加外力造成的。如果开始发现横向裂纹时，不是简单地采取补焊办法，而是按照程序，先查找原因，进行试验和分析，然后采取适宜的修复措施，则不会发生这一次的爆裂事故。

对一些从损伤部位取下的试样检验发现，许多裂纹都是从检修补焊的焊缝处发展而成的。这也就是说，是由于检修焊接时没有进行热处理，或者处理不好造成的。在这些未被消除的残余应力和运行应力的共同作用下，使检修焊缝区产生了横向裂纹，因此检修和查找原因是密不可分的。一般说来，在发现问题后，首先要弄清以下几个问题：

1）损伤的原因是什么；

2）是个别缺陷还是系统性缺陷；

3）若未发现的缺陷造成进一步的损伤，是否会危及安全，即是否会造成人身事故或较大的设备事故。

根据缺陷的性质决定修复的方法，并要消除产生缺陷的原因，这就要求检修人员与金属检验人员紧密配合。在检修工作中，可按图 15－1 所示的程序开展工作。

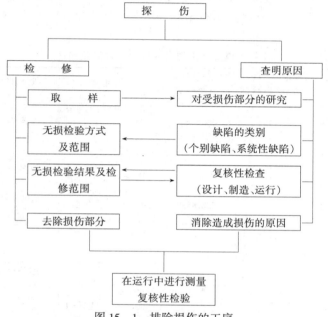

图 15－1　排除损伤的工序

提示　本节内容适合锅炉管阀检修（MU5 LE14）。

第二节　阀门常见缺陷的处理

一、阀门密封面的缺陷处理

（一）堆焊

阀头和阀座密封面经长期使用和研磨，密封面逐渐磨损，严密性降低，可用堆焊的办法将其修复。这种方法具有节约贵重金属，连接可靠，适应阀门工况条件广，使用寿命长等优点。堆焊的方法有电弧焊、气焊、等离子弧焊、埋弧自动堆焊等，电厂检修中最常用的方法是手工堆焊。

（1）不锈钢品类的堆焊材料已普遍用于中高压阀门密封面的堆焊。这里所说的不锈钢焊材不包括铬13不锈钢类，为了叙述的方便，也将堆567焊条归在此类。

堆焊处表面和堆焊槽要粗车或喷砂除氧化皮，堆焊处不允许有任何缺陷和脏物，并将原密封面和渗氮层彻底清除，见本体光泽后方可堆焊。焊条的选择一般应符合原密封面材质。常用的不锈钢堆焊焊条如表15－1所示。

表15－1　　　　不锈钢堆焊常用焊条的牌号、性能及用途

牌号	药皮类型	焊接电流	焊缝主要成分及硬度	主要用途	焊接措施
堆532	钛钙型	交直流	Crl8Ni8M03V HB≥170	用于堆焊中压阀门密封面，有一定的耐磨、耐蚀、耐高温性能	焊条经250℃左右，烘焙1h
堆537					
堆547	低氢型	直流反接	Crl8Ni8Si5 HB 270～320	用于堆焊工作温度在570℃以下的高压锅炉阀门密封面，具有良好的抗擦伤、耐腐蚀、抗氧化等性能	焊条经250℃左右烘焙1h，一般碳素钢不预热，大件、其他钢材要一定温度预热。焊层为3～4层为适
堆547钼			Crl8Ni8Si5Mo HRC≥37	用于工作温度低于600℃高压阀门密封面，具有良好的抗擦伤、抗冲蚀、抗热疲劳性能，堆焊金属时效强化效果显著	焊条经250℃左右烘焙1h，堆焊大件、深孔小口径截止阀体或其他钢材时，需预热缓冷或热处理，连续施焊3～4层

也有的阀门密封面是用18－8型不锈钢，堆焊焊条选用一般的奥112、奥117。为了防止热裂纹和晶间腐蚀，采用直流反接、短弧、快速焊、小电流，不应有跳弧、断弧、反复补焊等不正常操作。用18－8型不锈钢堆焊密封面，操作工艺简单，不易产生裂纹，但其硬度较低，不适合作闸阀

密封面。

（2）铬 13 不锈钢材的堆焊。

铬 13 是不锈钢的一种，从金相组织上分，它属于马氏体不锈钢，在中高压阀门上应用较广泛，常用牌号有 1Crl3、2Crl3、3Crl3 等。堆焊处表面的要求与前相同，选用焊条尽量符合原密封面材质，常用焊条见表 15 - 2，这类焊条常用来堆焊 510℃以下、0.6 ~ 16MPa 的铸钢为本体的密封面。

表 15 - 2 铬 13 堆焊常用焊条的牌号、性能及用途

牌号	药皮类型	焊接电流	焊缝主要成分及硬度	主要用途	焊接措施
堆 502	钛钙型	交直流	1Crl3 HRC≥40	用于堆焊工作温度在 450℃以下的中压阀门等，堆焊层具有空淬特性	焊条经 150℃左右烘焙 1h，焊件焊前预热 300℃以上，焊后不热处理。加热 750 ~ 800℃，软化加工后，再加热 950 ~ 1000℃，空冷或油淬后重新硬化。焊接工艺良好
堆 507	低氧型	直流反接			焊条经 250℃左右烘焙 1h 时。其他与上相同
堆 507 钼	低氢型	直流反接	1Crl3Mo HRC≥38	用于堆焊 510℃以下的中温高压截止阀、闸阀密封面应将本焊条与堆 577 配合使用，能获得良好的抗擦伤性能	焊条经 250℃左右烘焙 1h，焊件不需预热和焊后处理
堆 507 钼铌			1Crl3MoNi HRC≥40	用于堆焊 450℃以下的中、低压阀门密封面，具有良好的抗氧化和抗裂纹性能	

第十五章 管道阀门故障分析处理

牌号	药皮类型	焊接电流	焊缝主要成分及硬度	主要用途	焊接措施
堆 512	钛钙型	交直流	2Crl3 HRC≥45	用于堆焊过热蒸汽用的阀件，其硬度耐磨性比堆 502 高，较难加工，堆焊层有空淬特性	焊件经 150℃左右烘焙 1h，焊前预热 300℃以上，不需热处理。可在 750～800℃遇火软化，加工后再经 950～1000℃空冷或油淬，重新硬化
堆 517	低氢型	直流反接	2Crl3 HRC≥45		250℃左右烘焙 1h。其他同上
堆 S27			3Crl3 HRC 40—49		焊条经 250℃左右烘焙 1h，焊前预热 350℃以上

(3) 钴基硬质合金的堆焊。

钴基硬质合金以钴、铬、钨、碳为主要成分，具有良好的耐腐抗蚀性能，常用作 650℃高温高压阀门的密封面。

钴基硬质合金在检修中最常用的堆焊方法是氧 - 乙炔堆焊法，这种方法熔深较浅，质量好，节约贵重合金，设备简单，使用方便，但效率较低。

堆焊 35 # 、Cr5Mo、15CrMo、20CrMo 以及 18 - 8 不锈钢等材质的阀门，堆焊表面的清理要求如前所述，堆焊前要预热，堆焊时焊件要保持温度一致，焊后要缓冷，表 15 - 3 为钴基硬质合金堆焊件预热及热处理规范。

表 15 - 3　　　　钴基硬质合金堆焊前预热及热处理规范

焊件材料	预热温度（℃）	焊 后 热 处 理
普通低碳钢小件	不预热	空冷
普通碳钢大件，高碳钢及低合金钢小件	350～450	置于砂或石棉灰中缓冷
高碳钢、低合金钢大件、铸钢部件	500～600	焊后在 600℃炉中均热 30min 后，炉冷
18 - 8 型不锈钢	600～650	焊后于 860℃炉中保温 4h，以 40℃/h 速度冷至 700℃后，再以 20℃/h 速度炉冷或石棉中缓冷
铬 13 类不锈钢	600～650	焊后于 800～850℃炉中，每 25mm 厚保温 1h 后，以 40℃/h 速度炉冷

氧－乙炔堆焊操作时，应调试好火焰，焰心与中焰长度比为 1:3，即"三倍乙炔过剩焰"，这种碳化焰温度低，对碳合金元素烧损最小，能造成焊件表面渗碳和堆焊熔池极小的良好条件。堆焊过程中应随时注意调整火焰比。为了保证火焰的稳定，最好单独使用乙炔瓶和氧气瓶。堆焊时要严格按照操作规范操作，换焊丝时火焰不能离开熔池，收口火焰离开要慢，以免焊层产生裂纹和疏松组织。焊前对焊丝进行 800℃ 保温 2h 的脱氢处理。堆焊含钛阀体金属应打底层过渡。堆焊时注意火焰对熔池浮渣的操作及对焊渣的清除，以免堆焊层产生气孔、翻泡、夹渣等缺陷。

钴基硬质合金堆焊也可采用电弧堆焊的方法，或等离子弧粉末堆焊法。

（二）堆焊缺陷的预防

阀门密封面的手工堆焊操作工艺复杂，要求严格，焊前应针对施焊件制定技术措施，做好充分的准备，才能保证堆焊质量，不出现各种各样的缺陷。

1. 裂纹的预防

堆焊前要制作适当的堆焊槽，堆焊槽的宽度比密封面宽，棱角处呈圆弧，严格清除原堆焊层和渗氮层，堆焊槽上的油污、缺陷要认真清除干净。对刚性大、大堆焊件、中碳钢及淬硬倾向高的低合金钢，要进行整体或合理的局部预热，以消除和减少堆焊产生的应力。堆焊时要采用过渡层，用奥氏体不锈钢等塑性好的焊条打底，以防止堆焊层出现裂纹和剥离。堆焊最好在室内进行，避免穿堂风，并尽量避免连续多层堆焊，防止焊件过热，焊后应缓冷。有的堆焊层焊后应立即进行热处理，如用堆 547 钼焊条堆焊 15CrlMolV 后，需立即进行 680～750℃ 高温回火，以改善淬硬组织，降低热影响区的硬度。对于一般不锈钢、低碳钢等塑性好的堆焊件，可以不用焊前预热、焊后热处理。

2. 气孔和夹渣的预防

气孔和夹渣对阀门密封面是十分不利的，在堆焊时应尽量防止气孔和夹渣的出现，这就要求焊接时应严格按照操作规范、规程，正确选用焊条、焊丝和焊粉，按规定烘焙焊条。堆焊时应电流适中，速度恰当。每层焊完后都应认真清除焊渣，并检查是否存在焊接缺陷，严格把关。

3. 变形的预防

为了减少变形，应尽可能地减少施焊过程中的热影响区，采用对称焊法及跳焊法等合理堆焊顺序；采用较小的电流、较细的焊条、层间冷却办法；也可采用必要的夹具和支撑，增大刚度。

4. 硬度

为了保证堆焊层的硬度达到设计要求，在堆焊过程中应采用冲淡率小的工艺方法。当采用手工电弧堆焊时，宜采用短弧小电流。对有淬硬倾向的焊材（如堆507、堆547），可用适当的热处理措施来提高堆焊层的硬度。

（三）密封面的粘接铆合

在修理中低压阀门密封面中，经常会遇到密封面上有较深的凹坑和堆焊气孔，用研磨和其他方法难以修复，可采用粘接铆合修复工艺。

（1）根据缺陷的最大直径选用钻头，把缺陷钻削掉，孔深应大于2mm。选用与密封面材料相同或相似的销钉，其硬度等于或略小于密封面硬度，直径等于钻头的直径，销钉长度应比孔深高2mm以上。

（2）孔钻完后，清除孔中的切屑和毛刺，销钉和孔进行除油和化学处理，在孔内灌满胶粘剂。胶粘剂应根据阀门的介质、温度、材料选用。

（3）销钉插入孔中，用小手锤的球面敲击销钉头部中心部位，使销钉胀接在孔中，产生过盈配合。用小锉修平销钉然后研磨。敲击和锉修过程中，应采取相应的措施，以免损伤密封面。

二、阀门主要部件的缺陷处理

（一）阀体和阀盖的焊补

高压阀门由于在运行中温度变化或在制造时的缺陷，阀体和阀盖上可能产生砂眼或裂纹，如不及时焊补，危险性很大。

阀体和阀盖上如发现裂纹，在进行修补之前，应在裂缝方向前几毫米处使用 $\phi5 \sim \phi8$ 的钻头，钻止裂孔，孔要钻穿，以防裂纹继续扩大。然后用砂轮把裂纹或砂眼磨去或用錾子剔去，打磨坡口，坡口的型式视本体缺陷和厚度而定。壁厚的以打双坡口为好，打双坡口不方便时，可打 U 型坡口。焊补时，应严格遵守操作规范，一般焊补碳钢小型阀门时可以不预热，但对大而厚的碳钢阀门、合金钢阀门，不论大小，补焊前都要进行预热，预热温度要根据材质具体选择。焊接时要特别注意施焊方法，焊后要放到石棉灰内缓冷，并做 1.25 倍工作压力的超压试验。

（二）阀杆及其修理

阀杆是阀门的重要零件之一，它承受传动装置的扭矩，将力传递给关闭件，达到开启、关闭、调节、换向等目的。阀杆除与传动装置相连接外，还与阀杆螺母、关闭件相连接，有的还与轴承直接连接，形成阀门的完整传动系统。

1. 阀杆常用材质

阀杆在阀门的开关过程中不但是运动件、受力件，而且是密封件。它要受到介质的冲击和腐蚀，还与填料产生摩擦，因此在选用阀杆材料时，必须保证在规定的温度下，有足够的强度，良好的冲击韧性、抗擦伤性以及耐腐蚀性。阀杆又是易损件，材料的机械加工性能和热处理性能也是要注意的，电厂常用的阀杆材料如下：

铜合金：一般选用牌号有 QA19 - 2、HP659 - 1 - 1，适用于 PN≤1.6MPa、t≤200℃的低压阀门。

碳素钢：一般选用 A5、35 # 钢，经过氮化处理，适用于 PN≤2.5MPa 的中低压阀门。A5 钢适用温度不超过 300℃。35 # 钢适用温度不超过 450℃。但碳钢氮化制成的阀杆不耐腐蚀。

合金钢：一般选用 40Cr、38CrMoAlA、20CrMo1V1A 等材料。40Cr 经镀铬处理后，适用于 PN≤32MPa、t≤450℃的汽水、石油等介质；38CrMoAIA 经氮化处理后，适用于 PN≤10MPa、t≤540℃的汽水、油介质；2OCrMolVlA 经氮化处理后适用于 PN≤14MPa、t≤570℃的汽水、油介质。

2. 阀杆的矫直

阀杆经常受到的介质的冲击、传动中的扭曲、关闭过程中压紧力的作用以及不正常的碰损都会使阀杆产生弯曲。阀杆弯曲会影响阀门正常操作，使填料处产生泄漏，加快阀杆与其他阀件的磨损。阀杆的弯曲变形可采用以下几种方法矫直修理：

（1）静压矫直法。通常在专用的矫直台上进行。先用千分表测出阀杆弯曲部位及弯曲值，再调整 V 型块的位置，把阀杆最大弯曲点放在两只 V 型块中间，并使最大弯曲点朝上，向下施加力，如图 15 - 2 所示，以矫正弯曲变形。

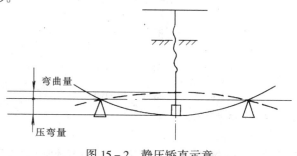

图 15 - 2　静压矫直示意

（2）冷作矫直法。冷作矫直的着力点正好与静压矫直相反，它是用圆锤、尖锤或用圆弧工具敲击阀杆弯曲的凹侧表面，使其产生塑性变形。受压的金属层挤压伸展，对相邻金属产生推力作用，弯曲的阀杆在变形层的应力作用下得到矫直。冷作矫直不降低零件的疲劳强度，矫直精度易控制，稳定性好，但矫直的弯曲量一般不超过 0.5mm。弯曲量过大，应先静压矫直，再冷作矫直。矫直完毕后，可用细砂纸打磨锤击部位或用抛光膏抛光。

（3）火焰矫直法。与静压矫直一样，在阀杆弯曲部分的最高点，用气焊的中性焰快速加热到 450℃ 以上，然后快冷，使其弯曲轴线恢复到原有直线形状。需要注意的是如把阀杆直径全部加热透，则起不到矫直的作用；阀杆镀铬处理过，则要防止镀铬层脱落，热处理过的阀杆加热温度不宜超过 500 ~ 550℃。

3. 阀杆表面缺陷的修理

阀杆在使用中还易产生腐蚀和磨损。阀杆密封面损坏后，可用研磨、镀铬、氮化、淬火等工艺进行修复。研磨可参照动密封面的研磨方法，常用的研具如图 15 – 3 所示。表面处理可参照有关工艺进行。如阀杆损坏严重，无法修复，可制作新阀杆或购置备件进行更换。

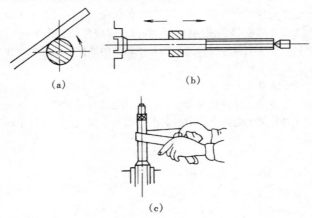

图 15 – 3　阀杆密封面研具

（三）阀杆螺母及其检修

1. 阀杆螺母的材料

阀杆螺母与阀杆以螺纹相配合，直接承受阀杆的轴向力，而且处于与支架等阀件的摩擦之中。因此阀杆螺母除要有一定的强度外，还要求具有摩擦系数小，不锈蚀，不与阀杆咬死等性能。阀杆螺母常用材料如下：

铜合金：铜合金不生锈，摩擦系数小，有一定的强韧性，是阀杆螺母普遍采用的材料。ZHMn58－2－2铸黄铜适用于 PN≤1.6MPa 的低压阀门；ZQA19－4无锡青铜适用于 PN≤6.4MPa 的中压阀门；ZHAl66－6－3－2铸黄铜适用于 PN>6.4MPa 的高压阀门。

钢：电动阀门的阀杆螺母需要较高的硬度，在不导致螺纹咬死的条件下，常选用35＃、40＃优质碳素钢。在选用时，应遵守阀杆螺母硬度低于阀杆硬度的原则，以免产生过早磨损和咬死的现象。

2. 阀杆螺母的检修

阀杆螺母系传递扭矩的阀件，它除了承受较大的关闭力外，在阀内的阀杆螺母容易受到介质的腐蚀和冲蚀，在阀外的阀杆螺母容易受到大气的侵蚀、灰尘的磨损，致使阀杆螺母过早损坏。在检修时，要注意阀杆螺母的梯形内螺纹、键槽、滑动面及爪齿的损坏情况。如轻微损坏，可针对损坏情况进行相应的处理；如果阀杆螺母损坏严重，则需更换新的阀杆螺母，若无备件，则需要自己加工配制。阀杆螺母的形式有多种，但它们的一些基本技术要求几乎是一致的，如阀杆螺母的梯形螺纹粗糙度一般要求为 $\sqrt{6.3}$ ，普通螺纹的粗糙度一般要求为 $\sqrt{12.5}$ ，凸肩滑动面粗糙度一般要求为 $\sqrt{3.2}$ ，外圆柱滑动面粗糙度一般要求为 $\sqrt{6.3}$ 。闸板上的阀杆螺母通常呈方块，旋转的阀杆螺母一般带有圆形凸肩，从梯形螺纹的旋向来看，固死在支架上的阀杆螺母通常为右旋，嵌在闸板上的阀杆螺母通常为左旋，旋转的阀杆螺母一般为左旋。根据以上基本共同点，再通过实际测绘，便可绘制出阀杆螺母的图去加工了。

第三节　阀门执行机构的缺陷处理

一、气动执行机构的缺陷处理

1. 膜片的维修

当阀门被隔离而不再受到压力时，要尽可能把主弹簧的各种压缩件松开。对一些角行程阀门，由于其弹簧膜片执行机构在外部是不可调的，弹簧的起始压缩量是在生产厂中调好的，因此更换膜片时不必松开。正作用执行机构的膜片室上盖一打开，就可以取出膜片并更换新膜片。对反作用的气动执行机构，要把膜头组件拆开之后才能更换膜片。

大多数弹簧－膜片气动执行机构都使用模压的波纹膜片。图 15－4 所示膜片由于有圆角为 R_2 的波形，所以形成一个波纹深度 S，如果行程为 L，则 $S = (0.4\sim1.0)L$，行程大时，S 应适当取小值。波纹膜片安装方便，在阀门的全行程范围内有比较均匀的有效面积，和平膜片相比，还能得到较大的行程和较好的线性度。

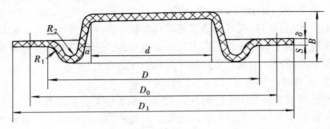

图 15－4　波纹膜片

膜片如果损坏、破裂、磨损、老化，都应该更换。要选用耐油、耐酸碱、耐温度变化的材料，橡胶膜片的种类很多，我国一般都用丁腈橡胶－26,中间夹层是锦纶－6 的 n 支丝织物。膜片从小到大的规格都已标准化，选用时应该注意。

如果在应急的情况下使用了平膜片，就要尽快用波纹膜片换下来。在重新装配膜片室上盖时，一定要均匀固定四周的螺栓，拧紧螺栓的顺序要均匀，既要防止泄漏，又要防止压坏膜片。

2. 气缸的维修

气动或液动执行机构中的气缸（液缸）缸体，由于使用时间长或装配不当等原因，会产生磨损，使缸体的内表面出现椭圆度、圆锥度、划痕、拉伤、结瘤等缺陷。较严重时影响活塞环和缸体内表面的密封，需要修理。缸体如果破损厉害，则应更换。如果只是磨损或小毛病，则可维修。维修的方法如下。

(1) 手工研磨。对缸体轻微的划痕和擦伤等毛病，先用煤油擦洗干净，用半圆形油石在圆周方向打磨，然后用细砂纸蘸柴油在周围研磨，直至肉眼再也看不出毛病为止。研磨之后，要清洗气缸。

(2) 机械磨削。如果内表面的缺陷较严重时，可直接用机械方法进行磨削或研磨，使其恢复原来的光洁度和精度。

(3) 镀层处理。缸体电镀能恢复其原来尺寸，一般都镀铬，也可用其他材料。电镀之前要把缸体内表面的缺陷消除，要清除其原有的镀层（如果有的话）。电镀之后还要进行研磨或抛光。

（4）镶套法。如果气缸的内表面已严重损坏，上述考虑的方法都不能解决，则可以再镶嵌一个套。就是加工一个薄壁套镶入到缸体中。不过，缸体如果太薄，就不能进行。套筒太薄时，压配之后有变形，因此内孔还要加工，还要进行耐压试验。

3. 活塞的维修

活塞和缸体内表面在不良的工作条件下（例如活塞杆弯曲，润滑不良，有砂尘）都会造成磨损，甚至在外力的作用下活塞局部会产生断裂。维修方法如下。

（1）局部修理。对局部断裂部分，如图 15 – 5（a）所示，可以用焊接或粘接加螺钉等方法来修复，如图 15 – 5（b）、（c）所示。

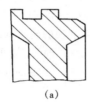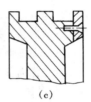

（a）　　　　　　　（b）　　　　　　　（c）

图 15 – 5　活塞局部破损的修复

（a）局部破损；（b）堆焊；（c）粘接

（2）表面喷涂。活塞磨损后外径变小，或由于缸体内表面镗大而使活塞与缸体之间间隙偏大。如果无法更换活塞，可以用二硫化钼 – 环氧树脂制成膜剂进行喷涂，以恢复或增大活塞的外径尺寸。这种合成物质的合成膜，干涸之后耐磨经久，方法简单。在喷涂之前应将活塞的非喷涂部分（槽、孔）包好塞紧，只用喷枪喷涂外径圆柱表面部分，喷一层晾干一层，直至所需的尺寸。涂层越薄结合越牢，厚度不要超过 0.8mm。晾干后放入烘箱，升温 2h 至 130 ~ 150℃，保温 2h，再随炉温降至室温，最后用外圆磨床把活塞研磨到所要求的尺寸。

（3）镶套修理。当活塞与气缸（液缸）之间的间隙过大或活塞断裂时，可在其外表面镶套修复。可以局部镶套［图

（a）　　　　　　　（b）

图 15 – 6　活塞的镶套

（a）局部镶套；（b）整体镶套

15 - 6（a）]，也可以整体镶套 [图 15 - 6（b）]。镶套时可采用粘接、压配或其他机械方法，但最后尺寸及技术要求都要符合标准。

二、电动执行机构的缺陷处理

电动执行机构机械部分主要是减速箱，而减速箱主要由齿轮和蜗轮组成，这些零件由于长期使用或使用不当而产生断裂或磨损，下面主要介绍齿轮和蜗轮的修理方法。

1. 翻面使用法

如果齿轮和蜗轮是单面磨损，而结构又对称，修理时只要把齿轮、蜗轮翻个面，把未磨损面当成主工作面即可。

2. 换位使用法

由于角行程阀门（球阀、蝶阀等）的开关角度范围多数为 90°，作为传动件的蜗轮齿（或齿轮齿）就只有 1/4 ~ 1/2 的部位磨损最大，在修理时可把蜗轮（或齿轮）掉换 90° ~ 180°位置，让未磨损的轮齿参与啮合。蜗杆的长度较长，如果部分齿面磨损厉害，结构又允许的话，也可适当调整位置，不让磨损面参与啮合。

3. 断齿修复法

由于材料质量或热处理、加工、外力作用等原因，个别轮齿容易断裂或脱落。可设法把这个轮齿补上，当然，脱落齿数不能多。采用的修复方法有粘齿法 [图 15 - 7（a）]、焊齿法 [图 15 - 7（b）]、栽桩堆焊法 [图 15 - 7（c）]。修理时，一般都要把损坏的轮齿除掉，再加工成燕尾槽，用和原齿轮相同的材料制成新齿，借助样板把新齿粘接，或将其焊接。在用栽桩堆焊法时，先在断齿上钻孔攻丝，拧上几个螺钉桩，再在断齿处堆焊出新齿。必须注意，在修复过程中要防止损坏其他轮齿。在修复新牙之后要加工成与原齿一样的渐开线齿形。还要防止齿轮受热退火。

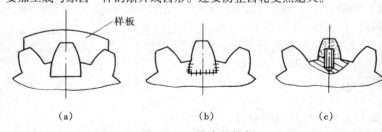

图 15 - 7　轮齿的修复
(a) 镶齿粘接法；(b) 镶齿焊接法；(c) 栽桩堆焊法

4. 磨损齿面修复法

齿面如果磨损严重或有点蚀破坏，可用堆焊法修复。把磨损面清理干净，除去氧化层、渗碳层之后，用单边堆焊法，根据齿形，从根部到顶部，首尾相接，在齿面焊 2~4 层，齿顶焊一层。要防止齿轮变形。焊接完成后，进行退火处理，然后按精度要求，进行机械加工。

提示　本节内容适合锅炉管阀检修（MU5 LE14）。

第四节　阀门常见故障的分析与处理

一、阀门密封失效的分析处理

阀门泄漏是阀门最常见的故障，分为外部泄漏和内部泄漏两种。检修中应针对不同的泄漏原因和情况，采取相应的措施消除和预防。

（一）阀门外部泄漏

1. 阀体泄漏

阀体浇铸质量差，有砂眼、气孔，甚至有很多砂包、裂纹。一般水压时未发现泄漏，在启动调试和运行中经冷、热交变后就暴露出来，现场对此只能采取挖补和淘汰法解决。故应改进阀门，提高制造质量和加强检验，但最好的解决办法是将阀体改为模锻焊接阀门，不仅可防止泄漏，而且可减少废品，节省金属，同时阀壳减薄后对热疲劳、热变形有利，可延长使用寿命。

2. 密封泄漏

密封圈寿命短，阀盖自密封泄漏多。其原因是：

1）密封圈质量差，橡胶组成成分多，石棉纤维短，金属丝不是镍基不锈钢的，易老化，失去弹性，冷、热变化后就难再用。

2）阀壳内壁疏松，未加不锈钢镀层，容易产生斑点腐蚀，修刮时粗糙度、公差不易做到精确，所以更易泄漏吹损，造成恶性循环。对温度高于 450℃ 的不锈钢自密封结构，其加工精确度、间隙、接触角的正确性要求高，否则密封圈的弹性小，变形不合适时，易失去密封作用。此种结构阀门横装时，冷、热变化后密封圈与阀壳会有偏心，冷态无压力下缺乏密封性，泄漏更为严重。

3）填料盒泄漏，目前阀杆处盘根都是剪切接头，因此装配工艺松紧程度对泄漏关系很大。如现场既无紧度标准，又缺乏合适的力矩扳手，因而安装检修人员为使阀门不漏，往往把填料盒压盖过于压紧，造成盘根在

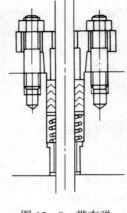

图 15 - 8 带有弹
簧及唇形 V 填
料的阀盖结构

冷、热变化后很快失去弹性。有的填料盒压盖螺丝难以热紧，有的两旁螺孔开豁，松紧螺丝时曾发生压盖弹出事故，以致高压热态不敢紧盘根，使它逐步发生更大泄漏，短期即要挖去重换盘根。同时有的在使用中盘根质量差、已老化，检修时未及时更换或补充盘根，造成泄漏的也不少。可以采用图 15 - 8 所示有自密封的 V 型盘根，在尺寸允许时，可把盘根分上、下两段，中间加唇形 V 填料，可接轴封或打入润滑剂，也可加装弹簧，使盘根保持弹性，减少泄漏，延长寿命。

（二）阀门内部阀瓣与阀座结合面泄漏原因分析

（1）由于安装检修时管系内存有残渣、杂物，化学清洗留有死角，某些管段未经彻底冲洗，或在冲洗中应拆除的阀芯未拆、不该装的阀门装了，以致脏物卡涩，卡坏结合面或冲坏阀门造成泄漏，尤其启动初期损坏阀门结合面的较多。

（2）阀门结合密封面太宽、压强不够；密封面堆焊硬质合金耐磨性差、质量差、龟裂；密封面研磨质量差，粗糙度、精确度不够，或磨偏；制造研磨差或研磨座时，尺寸角度与原阀头、阀座不一致，以致泄漏。如某些需要关严的调节阀，采取下进上出宽平面密封，缺乏足够的密封力，泄漏严重。对某些高压差阀门也要求严密关闭，宜用锥形密封，阀座、阀芯采用不同的圆锥角，形成线接触，产生很大压强。

（3）密封面也常常是节流吹损面，寿命较短，焊接式高压阀门缺更换阀座、车磨密封面的专用工具，或公用系统阀门隔离停下的机会少，阀门泄漏后得不到及时修理，而吹损更甚，以致恶性循环，泄漏严重。

（4）采用电动装置规格不合适，调整不当，以致不能保证阀门关严，如电动闸阀及上进下出电动截止阀。照理有压力时能起自密封作用，但因目前使用的电动机都是无电气制动的普通电动机，关到限制位置后受惯性惰走，同时受到流体压力作用和热态时热膨胀影响等。当用行程开关限位时，如用电动关闭，总留有一定的空隙，以免卡坏阀门，如不用手动操作再关，就难以保证严密。有的电动头调整不当，空行程留得过大或过小，前者关后泄漏，后者则关得过紧，不易打开，还易卡坏结合面。有的电动装置选择不当，质量差，执行机构力矩不足,高压差时很难关,更不能保证关严等。

(5) 操作不注意或不得法,使本可关严的隔绝门结合面吹损,如启动系统有时由于调节阀不灵,采用分进等隔离门作调节阀用,因而遭到吹损,关不严。如串联阀门未严格按先开一道门再开第二道门,关时先关第二道门后关第一道门的程序,也往往造成两阀门均吹损泄漏等。

二、阀门动作失效的分析处理

阀门动作失效的原因主要有两类,一类为阀门的启闭件故障,另一类为执行机构故障。

(一)阀门启闭件故障原因分析与处理

当阀门动作失效是由启闭件故障引起时,启闭件的故障可能是阀杆与阀杆螺母或填料函等的配合不良引起。其原因是:

(1) 阀杆或阀杆螺母的螺纹损坏,造成乱扣卡死或划扣松脱,阀杆螺母应使用适当的材质,螺纹的精度和表面粗糙度符合要求,螺母与阀杆配合间隙符合标准。

(2) 阀杆弯曲,应校直阀杆。

(3) 阀杆与其导向部件配合间隙不符合要求,同心度不良,应校直阀杆或调整通心度。

(4) 阀杆外圈的部件装配不良,如填料压盖、填料密封环等偏斜卡住阀杆,应重新装配。

(二)阀门执行机构故障原因与处理

1. 减速机构的齿轮、蜗轮和蜗杆传动不灵活

(1) 传动部件装配不正确,轴承与轴套间隙过小,应使机构装配合理,间隙适当。

(2) 传动机构组成的零件加工精度低,齿面不清洁有异物、润滑差或被磨损等,应在装配前检查部件质量,齿轮齿面磨损或断齿应进行修复或更换,保证良好的润滑。

(3) 传动部位的定位螺丝、卡圈、胀圈或键、销损坏,应保证装配正确。

2. 电气部件故障

(1) 因连接工作时间过久,电源电压过低,电动装置的转矩限制机构整定不当或失灵,使电动机过载,或因接触不良或线头脱落而缺相,因受潮、绝缘不良而短路等,造成电动机损坏。使用中电动机连接工作时间一般不宜超过 10～15min,电源电压要调整到正常值。转矩限制机构整定值

要正确，对传动机构动作不灵应修理、调整，其开关损坏应更换。

(2) 行程开关整定不正确，行程开关失灵，使阀门打不开，关不严。应重新调整行程开关的位置，使阀门能正常开闭，行程开关损坏应更换。

(3) 转矩限制机构失灵，造成阀门损坏等事故。转矩限制机构失灵是很危险的故障，应定期对该机构进行检查和修理，转矩开关损坏应及时更换，同时加强电动机的过载保护的检查。

(4) 信号指示系统失灵或者指示信号与阀杆动作不相符时，应调整电动装置，注意电动装置的电动、手动方向一致，并使阀门实际开闭状态与信号指示相符。

(5) 磁阀电磁传动失灵，线圈过载或绝缘不良而烧毁，电线脱落或接头不良，零件松动或异物卡住，介质浸入圈内，电线接头应牢固，电磁传动内部构件应安装正确、牢固，电磁传动部分的密封应良好。

三、安全阀故障的原因分析与处理

安全阀故障时，可根据不同情况，采取相应的措施，具体见表 15 - 4。

表 15 - 4　　　　　安全阀故障原因及消除措施

现　象	原　因	消除措施
脉冲阀动作不灵，不能起跳或动作迟钝	1. 各处间隙不合适，产生卡涩，摩擦大； 2. 阀内有脏物，锈蚀严重，局部卡涩； 3. 电磁铁线圈阻力大，铁芯不能垂直作用在杠杆上	1. 检查调整各部间隙，使其符合要求； 2. 冲净脉冲管，清理阀芯内部，将脏物、锈蚀清除； 3. 抽出铁芯检查电磁铁，去除油垢，涂黑铅粉，使其灵活不卡，垂直作用在杠杆上； 4. 检查修正刀口，保持支点、刀口、着力点在一条线上，杠杆刀口角度调至 120°，阀杆刀口角度为 90°，厚为 0.3 ~ 0.6mm，各处不卡
脉冲阀回座压力低	1. 各部间隙不合适，有卡涩现象； 2. 安全阀各处水平度、垂直度不合要求； 3. 阀杆弯曲大于 0.1mm； 4. 弹簧塑性变形，紧弹簧时四周间隙不匀、中心偏斜； 5. 粗糙度高，阀杆、衬套有毛刺； 6. 各活动部分有脏物、卡涩； 7. 疏水门开度不合适； 8. 安全阀起跳后，重锤位置移动	1. 保证各部间隙符合有关要求； 2. 保持各水平度、垂直度在允许范围内； 3. 校正阀杆，使弯曲值在要求范围内； 4. 重新校验弹簧，更换、紧固弹簧，保证弹簧中心不偏斜； 5. 对粗糙处进行磨光处理； 6. 清除脏物，保证阀体内部干净； 7. 调整疏水门开度至合适值； 8. 把重锤略向后移，并固定牢靠

现　象	原　　因	消除措施
主安全阀拒绝动作	1. 疏水门全开或开得过大，活塞室漏气； 2. 脉冲阀开启行程不够； 3. 阀芯与活塞的有效作用面积相差太小； 4. 胀圈太硬，胀圈与汽缸壁硬度差小于 HB50； 5. 胀圈的接口及径向间隙太小； 6. 阀芯导向翅与阀座间隙小； 7. 活塞室、胀圈内有脏物、卡涩	1. 关小疏水门，换活塞环，减小漏气间隙和漏汽量； 2. 查明原因消除，增大脉冲阀行程； 3. 增大活塞直径或减少阀芯直径； 4. 保证汽缸壁硬度 HB400～500，胀圈硬度 HB300～350； 5. 接口间隙为 2～3mm，径向间隙大于 0.1mm； 6. 加大阀座与阀芯导向翅间隙至 0.5～0.7mm； 7. 清理活塞室、胀圈内脏物，消除卡涩
主安全阀漏汽	1. 结合面材质差，使用焊条不当，有夹渣裂纹； 2. 结合面研磨质量差，有关间隙不合要求； 3. 弹簧刚性变化紧力不够，弹簧压偏，中心不正，单面受力； 4. 阀芯密封面、阀壳与内套垫、活塞连接法兰面不平行，造成吃力不匀，汽流将垫子吹成槽； 5. 阀芯连接处脱落度间隙大，弹簧紧力小时，造成安全阀动作后不能复位； 6. 活塞连接杆螺丝有裂纹，丝杆受热拉长； 7. 管路系统脏，安全阀动作后，排气管脏物落下，卡密封面； 8. 主安全阀阀芯锁紧垫片强度差，断裂、松动，阀头掉	1. 采用钨铬钴基、热 507 焊条，注意堆焊工艺，保证硬度等于 250； 2. 重新研磨，符合要求，检查阀各间隙均匀，大小合要求； 3. 更换弹簧，在安装时保证中心不偏，受力均匀； 4. 保持三个结合面的平行度合乎要求； 5. 减小阀芯连接处脱落度至 1mm； 6. 更换不合格的连杆； 7. 排汽管安装时应保证内部清洁； 8. 重新加工锁紧垫片，材料由 FB2 改为 1Crl8Ni9Ti 并加厚 1mm，然后将阀芯装牢，必要时应重试安全阀将脏物吹净
主安全阀回座延迟	1. 疏水门开度小或活塞室漏汽小； 2. 摩擦阻力大	1. 开大疏水门，适当开大缓冲器止回阀节流孔； 2. 保证各处配合间隙及粗糙度在要求范围

第十五章　管道阀门故障分析处理

现　象	原　　因	消除措施
安全阀动作频跳	1. 压力继电器取样点距主安全阀距离太近； 2. 阀芯内部结构间隙不合适，回座压力不稳定； 3. 回座压力过高，起座、回座压差大于3%； 4. 联系不够，安全阀起跳后未及时降压，甚至继续升压	1. 改变压力继电器取样点，远离主安全阀； 2. 改变阀芯结构，调整各部间隙； 3. 调整节流阀开度，关小疏水门，降低回座压力； 4. 加强联系，安全阀动作后应采取降压措施
主安全阀开启行程不够	1. 限制开启行程的台阶距离不够； 2. 导向衬套松脱，致使阀芯受压； 3. 电磁铁与作用杠杆间行程不够； 4. 主阀弹簧短，预紧力不够，水压试验时漏，活塞杆上抬过多，与端盖相碰，距离不够，限制行程	1. 按厂家要求保证开启行程，必要时车短凸肩； 2. 解体检修，导向衬套复位，并固定牢靠； 3. 保证电磁铁最大的行程，必要时加垫； 4. 换弹簧或增加衬垫，减小活塞杆外凸过多，保证行程

提示　本节内容适合锅炉管阀检修（MU5 LE14）。

第五篇

电除尘设备检修

第十六章

电除尘设备及工作原理

第一节　电除尘原理

电除尘器的基本工作原理是：在两个曲率半径相差较大的金属收尘极和电晕极（一对电极）上，通以高压直流电，维持一个足以使气体电离的静电场。使气体电离后所产生的电子、阴离子和阳离子，吸附在通过电场的粉尘上，从而使粉尘获得电荷（粉尘荷电）。荷电粉尘在电场的作用下，便向与其电极性相反的电极运动，沉积在电极上以达到粉尘和气体分离的目的。电极上的积灰，经振打、卸灰、清出本体外，再经过输灰系统（分干输灰和湿输灰）输送到灰场或者便于利用的存储装置中去。净化后的气体便从所配的排气装置中排出，扩散在大气中。简单地讲，可概括为以下四个过程：

（1）气体的电离；

（2）粉尘获得离子而荷电；

（3）荷电粉尘向电极运动而收尘；

（4）振打清灰。

电除尘器是利用电力收尘的，又称为静电除尘。严格地讲，使用"静电"两个字并不确切，因为粉尘粒子荷电后和气体离子在电场力的作用下，产生微小的电流（mA级），并不是真正的静电。但习惯上总是把高电压低电流的现象，都包括在静电范围内，所以把电收（除）尘器也称为静电收（除）尘器。

一、气体的电离

这里简单地回顾一下原子的结构。任何物质都是由原子构成的，而原子又是由带负电荷的电子、带正电荷的质子以及中性的中子三类亚原子粒子组成的。电子的负电荷与质子的正电荷是相等的。在各种元素的原子里，亚原子都以一定的规律排列，质子和中子总是组成紧密结合的一团，称为原子核。在原子核的外面有电子，电子围绕原子核沿一定的轨道运行，不同原子的电子运行轨道其形状和层数是不同的。如果原子没有受到干扰，没有电子从原子核的周围空间移出，则整个原子呈现中性，也就是原子核的正电荷与电子的负电荷相等。如果移（失）去一个或多个电子，剩下来带正电荷的结构就称为正离子，获得一个或多个额外电子的原子称为负离子。这种失去或得到电子的过程就称为电离。中性气体分子失去或得到电子的过程就称为气体电离。

（一）气体的电离和导电过程

空气在通常情况下几乎不能导电，但是当气体分子获得一定能量时，就可能使气体分子中的电子脱离，这些电子就成为输送电流的媒介，气体就有了导电的性能。气体的电离可分为两类，即非自发性电离和自发性电离。

（二）离子的迁移率

气体中的电子或离子，因带电而受到电场力的作用，此力等于电荷与电场的乘积。若在真空中此力全部变成动能，而在气体中，因碰撞时与分子摩擦作用失去一部分能量，自身作匀速运动。

设荷电粒子沿电场方向的运动速度为 ω，电场强度为 E，则

$$\omega = KE \qquad\qquad (16-1)$$

式中　ω——荷电离子的驱进速度；

　　　K——离子迁移率；

　　　E——电场强度。

从上式可以看出，离子的迁移率是驱进速度与电场强度之比。若将电

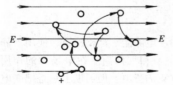

图 16-1　离子在气体中的运动

子、离子和带电尘粒的大小及迁移率作一比较，会有如下结果：粒子的大小，带电粒子远大于离子，离子远大于电子；迁移率，电子的迁移率远大于离子的迁移率，离子的迁移率远大于带电粒子的迁移率。

电子、离子、带电粒子的迁移率相差甚大，特别是带电粒子是在电除尘器的电场中才存在的，它与一般的放电现象有显著的不同。气体中带电粒子碰撞后，它的路程和没有电场时的情况不同，不是直线，而是抛物线，如图 16-1 所示。

（三）电子雪崩

当一个电子从电晕极（阴极）向收尘极（阳极）运动时，若电场的强度足够大，则电子被加速，在运动的路径上碰撞气体原子会发生碰撞电

离。气体原子第一次碰撞引起电离后，就多了一个自由电子。这两个自由电子继续向收尘极运动时，又与气体原子碰撞使之电离，每一个原子又多产生一个自由电子，于是第二次碰撞后，就变成四个自由电子，这四个自由电子又与气体原子碰撞使之电离，产生更多的自由电子。所以一个电子从电晕极到收尘极，由于碰撞电

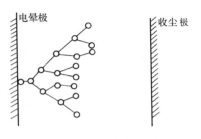

图 16-2　电子雪崩过程示意

离，电子数目由一变二，由二变四，由四变八，……电子数按等比级数像雪崩似地增加。其增加情况如图 16-2 所示，这种现象就称为电子雪崩。

（四）电晕的形成

电除尘器是利用两电极之间的电晕放电进行工作的，要保持稳定的电晕放电，这就取决于产生非均匀电场所需电极的几何形状和大小。为了既使电除尘器电场中的气体电离，产生电晕，而又不至于使整个电场被击穿短路，就必须采用这样一组电极形式：即在电位梯度有所变化的情况下，它能够产生非均匀电场，并且在电晕极周围附近有最大的电场强度；而在距离电晕极愈远的地方，其电场强度愈小。适合这种条件的电极，只能是一对曲率半径相差很大的电极（一极的曲率半径很小，另一极的曲率半径很大）。如一根导线对着一个圆筒或一根导线对着一块平板，导线对着圆

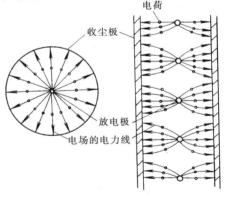

图 16-3　导线对着圆筒或对着
极板所形成的电力线示意

筒或导线对着平板所形成的电场如图 16 – 3 所示。

当电晕出现后，在电除尘器的电极之间，划分出两个彼此不同的区域，即电晕区和电晕外区，如图 16 – 4 所示。

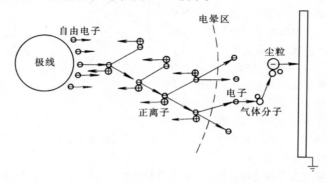

图 16 – 4　电晕发生示意

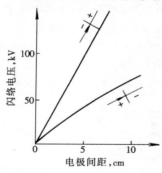

图 16 – 5　不同电晕
极性闪络示意

围绕着电晕线（放电线）附近形成的电晕区，通常仅限于放电极周围几毫米之内。在此区域内，电晕极表面的高电场强度，使气体电离，产生大量自由电子及正离子，这时所产生的电子移向接地（正）极，正离子移向负极（电晕极本身）。若极线上面通以正高压电，则产生正电晕放电，这时正离子移向接地极，而电子移向放电极。

电晕外区是从电晕区以外到达另一个电极之间的区域，粉尘的荷电主要在这一区域进行。

根据电晕极所接电源极性的不同，电晕有阳电晕和阴电晕之分。图 16 – 5 所示是在同样电极情况下，不同的电晕极性、极间距离与闪络电压的关系。

二、除尘空间粉尘的荷电（尘粒荷电）

粉尘荷电是由电晕放电，气体电离产生正、负离子，这些正负离子依附在粉尘粒子上，使粉尘带电，即为（尘粒）荷电。它是电除尘器工作过程中最基本、最关键的一个环节。虽然有许多与物理和化学现象有关的荷电方式可以使粉尘荷电，但是，大多数方式产生的电荷量不大，不能满足电除尘器净化大量含尘气体的要求。

在电除尘器的电场中，粉尘的荷电与粉尘的粒径、电场强度、停留时间等因素有关。而粉尘的荷电机理基本上有两种：一种是电场中离子的依附荷电，这种荷电机理通常称为电场荷电或碰撞荷电；另一种则是由于离子扩散现象产生的荷电过程，这种荷电机理通常称为扩散荷电。在除尘器中，对于粒径大于 $0.5\mu m$ 的尘粒，电场荷电是主要的；对于粒径小于 $0.2\mu m$ 的尘粒，扩散荷电是主要的；对于粒径在 $0.2 \sim 0.5\mu m$ 之间的尘粒，扩散荷电和电场荷电都起作用。但是，就大多数实际应用中的工业用电除尘器所捕集的尘粒范围而言，电场荷电更为重要。荷电和尘粒的关系如图16-6所示。

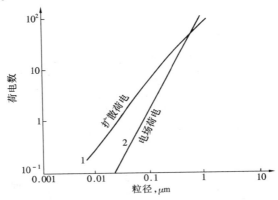

图 16-6　荷电和尘粒的关系

三、荷电尘粒的捕集

粉尘荷电后，在电场的作用下，带有不同极性电荷的尘粒，则分别向极性相反的电极运动，并沉积在电极上。工业用电除尘器多采用负电晕，在电晕区内少量带正电荷的尘粒沉积在电晕极上。而电晕外区的大量尘粒带负电荷，因而向收尘极运动。

（一）荷电尘粒的捕集

在电除尘器中，处于收尘极和电晕极之间荷电极性不同的尘粒在电场力的作用下（实际上荷电尘粒受四种力的作用，即尘粒的重力、电场作用在荷电尘粒上的静电力、惯性力、尘粒运动时的阻力），分别向不同极性的电极运动。在电晕区内和靠近电晕区域很近的一部分荷电尘粒与电晕极的极性相反，于是就沉积在电晕极上。但是因为电晕区的范围很小，所以数量也少。而电晕外区的尘粒绝大多部分带有与电晕极性相同的电荷，所以，当这些荷电尘粒十分接近收尘极表面时，便沉积在表面上，被捕集。

原则上气流状态可以是层流或紊流。层流的模式只能在实验室里实现，气流在层流状态下电场中尘粒的运动如图 16－7 所示。实际上，工业用电除尘器，气流都是呈不同状态的紊流。

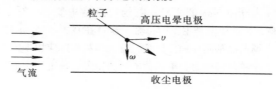

图 16－7　气体为层流状态电场中尘粒的运动

在工业电除尘器中的气流状态多为紊流，使得悬浮尘粒的捕集过程有很大的变化。尘粒的运动轨迹不再是像图 16－7 所示的那样，只是气流速度和趋进速度的向量和。而支配尘粒运动的轨迹是紊流特性所引起的杂乱无章的气流状态，如图 16－8 所示。从图中可以看出，尘粒运动的途径几乎完全受紊流的支配，只有当尘粒偶然也进入库仑力能够起作用的层流边界区内，尘粒才有可能被捕集。

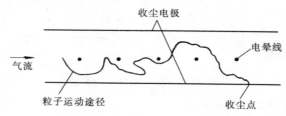

图 16－8　电除尘器中悬浮尘粒不规则运动

（二）除尘器的效率公式——多依奇公式

电除尘器的效率公式是多依奇于 1922 年从理论上推导出来的，通常也称为多依奇公式，即

$$\eta = 1 - e^{-A\omega/Q} \tag{16－2}$$

式中　η——除尘效率；

A——收尘面积，m^2；

Q——处理烟气量，m^3/s；

ω——驱进速度，m/s。

按照上式计算除尘器效率，关键在于求得驱进速度 ω 的值。按理论公式（忽略扩散荷电）计算的驱进速度，常常要比实际的驱进速度高 2～10 倍。工程上实际用的驱进速度是根据工业电除尘器的收尘面积、处理烟气量和实测的除尘效率反算出来的。为了与前者相区别，把后者称为有效驱进速度，但实际上人们所称的驱进速度习惯上都是指有效驱进速度。工业粉尘有效驱进速度大致在 5～11cm/s，参见表 16-1。

表 16-1   粉尘的有效驱进速度   cm/s

名 称	范 围	平均值	名 称	范 围	平均值
锅炉飞灰	4～14	8	吹氧平炉	4～8	8
粉煤炉飞灰	8～12	10	铁矿烧结	8.5～14	10.5
纸浆及造纸	6.5～10	7.5	高 炉	6～14	11.0
硫 酸	6～8.5	7.0	冲天炉	3～4	
水泥（干法）	6～7	6.5	闪速炉		7.6
水泥（湿法）	9～12	11.0	氧气转炉	8～10	
石 膏	16～20	18	石灰石	3～6	5

多依奇公式还可以变换成下列形式：

对于板式电除尘器

$$\eta = 1 - e^{-L\omega/Bv} \qquad (16-3)$$

对于管式电除尘器

$$\eta = 1 - e^{-2L\omega/rv} \qquad (16-4)$$

式中 L——板式或管式电除尘器的极板宽度或长度；

   B——异极间距，mm；

   v——电场气流速度，m/s；

   R——管式电除尘器的半径，mm。

比较上述两式可知，当 B 和 r 相等时，对一定的除尘效率而言，管式电除尘器的气流速度可以比板式电除尘器增加一倍。当气体流量一定时，板式电除尘器的效率与间距无关，而管式电除尘器的效率则随管径而增加。

（三）极板上粉尘沉降量的分布

通过模型试验得到，电场内粉尘浓度分布符合指数函数规律变化。不同大小的荷电粒子在电场中的驱进速度是不同的。目前还没有办法直接测定荷电粒子在电场中的运动速度，只是通过测定除尘效率来间接求出驱进速度。试验粉尘是由不同粒径的粉尘组成的，其整体驱进速度应该是等效驱进速度，不同粒径粉尘的驱进速度及等效驱进速度见表 16 - 2。

表 16 - 2　　　　　　　　　不同粒径粉尘的驱进速度

粉尘粒子 (μm)	风速 (m/s)	驱进速度测定值 ω (m/s)	距进口的距离（mm）				
			45	90	180	360	550
原始粉尘	1.0	0.45	0.667	0.446	0.198	0.039	0.007
小于 2	1.0	0.136	2.40	2.13	1.67	1.00	0.61
2 ~ 5	1.0	0.231	3.75	3.05	2.01	0.88	0.36
5 ~ 10	1.0	0.259	4.11	3.25	2.04	0.80	0.30
10 ~ 20	1.0	0.262	4.13	3.27	2.04	0.79	0.29
原始粉尘	2.0	0.73	5.26	3.78	1.96	0.53	0.13
小于 2	2.0	0.40	3.34	2.79	1.95	0.95	0.44
2 ~ 5	2.0	0.53	4.18	3.29	2.04	0.79	0.22
5 ~ 10	2.0	0.60	4.56	3.49	2.04	0.70	0.22
10 ~ 20	2.0	0.47	3.80	3.08	2.02	0.87	0.35
原始粉尘	3.5	0.42	2.17	1.94	1.56	1.01	0.64
小于 2	3.5	0.24	1.24	1.14	0.97	0.69	0.49
2 ~ 5	3.5	0.26	1.40	1.30	1.14	0.87	0.66
5 ~ 10	3.5	0.38	1.95	1.77	1.46	0.99	0.66
10 ~ 20	3.5	0.23	1.25	1.17	1.04	0.82	0.64

　　根据上述测定结果，应用多依奇公式可以求出试验粉尘和不同粒径粉尘的相对沉降量，如图 16 - 9 和图 16 - 10 所示。

　　从图 16 - 9 可知，在电场流速 2m/s 的条件下，从总体上看，粉尘的相对沉降量随距离的增大而迅速衰减，大约在进口 100mm 处，粉尘的相对沉降量即减少到进口相对沉降量的 1/2。高风速时，如电场流速在 3.5m/s 时，粉尘相对沉降量随距离的增加变化不大，极板前后相对沉降量差别不大。

　　图 16 - 10 是在电场流速 2m/s 时各粒径区间的粉尘在不同位置的相对沉降量。从中可以看出，各粒径区间的相对沉降量的分布差别不大。随着

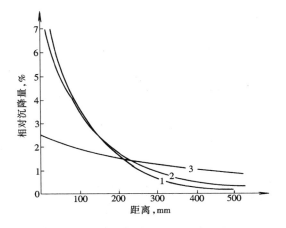

图 16 - 9　不同距离处的粉尘沉降量

粒径的减小，相对沉降量曲线变得平缓。试验还表明，当流速提高，极板上各处的粉尘相对沉降量迅速降低。

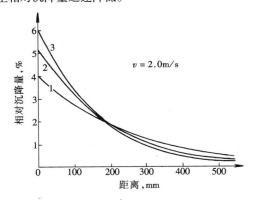

图 16 - 10　不同粒径在不同距离处的粉尘沉降量

（四）不同粒径粉尘在极板上的分布

不同粒径粉尘在不同流速的沉降位置如图 16 - 11 和图 16 - 12 所示。图中曲线都在中粒径为 $20\mu m$ 处保持一段平直段，然后均向下弯曲。弯曲段的位置随流速大小而不同，流速越大，平直段越长。这说明：风速小时，大粒径颗粒很快沉降；流速大时，大粒径颗粒沉降较慢；处于平直段位置极板上沉降的粉尘，其粒径分布基本保持与原始粉尘粒径分布一致，随着距离的增加，沉降粉尘的粒度急剧变细，距离再增加，粒度的变化又变得平稳。

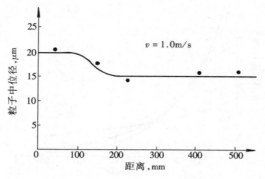

图 16－11　不同粒径粉尘的沉降位置

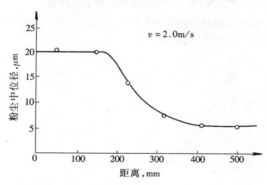

图 16－12　不同粒径粉尘的沉降位置

提示　本节内容适合电除尘设备检修（MU2 LE2）。

第二节　电除尘设备构造

一、电除尘器机械设备

电除尘器由本体（机械部分）和供电装置（电气部分）两大部分组成。

电除尘器的本体是实现烟尘净化的场所，通常为钢结构，约占总投资的 85% 左右。目前火力发电厂大型锅炉除尘应用最广泛的是板式、卧式、干式，单区电除尘器,其一般结构如图 16－13 所示,主要部件有壳体、收尘(阳、集尘)极、放电(阴、电晕)极、振打装置和气流分布装置及附件等。

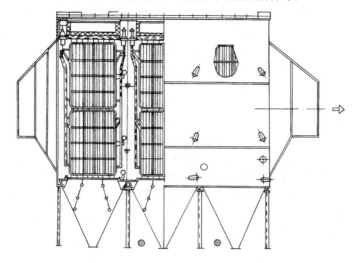

图 16－13 电除尘器结构示意

（一）壳体

电除尘器壳体的作用是引导烟气通过电场,支撑电极和振打设备,形成一个与外界环境隔离的独立的收尘空间。壳体的结构应有足够的刚度和稳定性,不允许发生改变电极间相对距离的变形,同时还要求壳体封闭严密,漏风率在 5%以下。

壳体的材料可根据被处理的烟气性质而定,一般都用钢材来制作。烟气有腐蚀性的,可用砖、混凝土或耐腐蚀的钢材制作。若高温烟气中含有腐蚀性物质,则必须外敷保温层,以保持壳体内的烟气温度高于烟气的露点温度。

壳体上开有检修门,还装有楼梯、平台和安全装置。壳体的伸缩是利用支承除尘器的支柱下面的支撑轴承来实现的。支撑轴承除一个用固定支座外,其余都用单向或双向的活动支座。

电除尘器壳体可分为框架和墙板两部分组成。框架由立柱、大梁、底梁和支撑构成,是电除尘器的受力体系。电除尘器的内部结构重量全部是由顶部的大梁承受,并通过立柱传给底梁和支座。墙板一般是用厚 5mm的钢板并适当加筋制作构成一体。墙板应能承受电场运行的负压、风压及温度应力等，同时还要满足检修和敷设保温层的要求。

（二）收（集）尘极

收尘极是收尘极板通过上部悬吊及下不承击砧组装后的总称。

1. 对收尘极板的基本要求

收尘极板又称阳极板。其作用是捕集荷电粉尘。受到冲击力时，极板表面附着的粉尘成片状或团状脱离板面，落入储灰斗，达到除灰的目的。

对收尘极板的基本要求是：

（1）有良好的电性能，板电流密度和极板表面的电场强度要分布比较均匀，与电晕极（放电级）之间不易发生电闪络；

（2）极板受温度影响的变形小，并具有足够的刚度；

（3）极板边缘没有锐边、毛刺，不易产生局部放电现象；

（4）极板的振打力传递性能好，振打加速度分布比较均匀；

（5）干式电除尘器振打时，粉尘易振落，二次扬尘小；

（6）湿式电除尘器的极板容易形成水膜；

（7）钢材消耗尽量少，重量要尽可能轻，价格要便宜。

但在实际设计应用中，收尘极板的形状大都比较简单，一般侧重于保证极板的足够刚度，减少极板上粉尘的二次飞扬。同时对极板的加工要求严格，消除锐边毛刺，以避免出现火花放电。

极板的材质选用，取决于被处理烟气的性质，一般采用普通碳素钢。

如果净化有腐蚀性的烟气，可采用不锈钢或在钢板上加涂料。多用厚 1.2～2mm 的卷板轧制而成，每一排极板不宜用整块钢板制作成一体，而应由若干块极板拼装而成。整排极板的长度就是电场的长度，一般不超过 4.5m，极板的高度就是电场的高度，在 2～15m，视电除尘器的尺寸而定。每块极板的宽度一般不超过 1m。

2. 常见收尘极板的断面形状

立式电除尘器的收尘极板常见的有圆管状（$\phi 250～\phi 300$ 的钢管）和郁金花状两种，后一种因为有良好的防止二次飞扬的性能，所以在立式电除尘器中广泛的应用，其断面形状如图 16－14 所示。

卧式电除尘器的极板形式很多，如网状、棒帷状、鱼鳞板状、波纹状、C 型、Z 型、大 C 型、CW 型、ZT 型、工字型等，其断面如图 16－15 所示。

图 16－14 立式电除尘器郁金花状极板示意

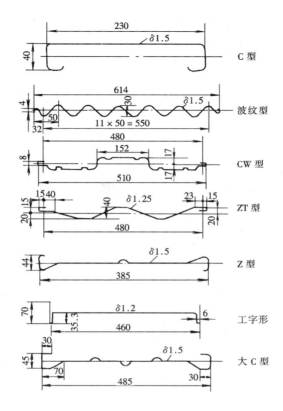

图 16 - 15　板式电除尘器各种极板断面示意图

　　网状形的极板防止粉尘的二次飞扬的性能差，仅适用于电场风速小、温度高的情况，目前在设计中已不采用。棒帷状是采用一排由若干根 $\phi 8 \sim \phi 9$ 的钢筋编织而成，它和网状阳极板一样，在高温下易变形，且粉尘的二次飞扬大，目前也已经很少使用。鱼鳞板状极板有三层钢板组成，它虽有较好的防止二次飞扬的性能，但因其钢材消耗量大，极板的震动性能差，所以新设计的电除尘器也不多采用。波纹状极板是 20 世纪 50 年代末期开始使用的，它比鱼鳞板状极板有所改进，质量较轻，刚度较大，但防止粉尘的二次飞扬和传递振动的性能差，现在也已被淘汰。C 型极板是 60 年代初期出现的一种极板，由于极板的阻流宽度大，不能充分利用电场空间，所以很快就被其他形状的极板代替。Z 型极板从 1965 年起是我国普遍采用的一种极板，它有较好的电性能（板面电流密度分布比较均匀）、防止粉尘二次飞扬的性能和振打加速度的传递及分布均匀性能等，质量也较轻，但经过长期的实践发现，由于两端的防风沟朝向相反，极板在悬吊后容易出现扭曲。大 C 型极板一方面保持了 Z 型极板的良好工艺性能，克服了 Z 型极板易发生扭曲的缺点；另一方面将其钢板的厚度由原来的 2mm 改为 1.5mm，大大地节约了钢材的消耗量。CW 型极板是德国鲁奇公司设计的，它有良好的振打性能和电性能，但制造困难，已被 ZT 型所代替。

3. 极板的悬吊

收尘极板排是由若干块收尘极板组成的，极板的高度视电除尘器的规格而异，它的上部是悬吊梁，通过凸凹套、螺栓、挂钩等附件将极板悬吊起来。下部是撞击杆，撞击杆的两块夹板把极板固定为极板排，端部是振打砧，用以承受振打锤的打击。收尘极板排的中间一般没有腰带，为了保证收尘极板排的平面度，悬吊梁的两端有弧形支座，可以对板排进行调节。考虑到在运行温度下收尘极板排的热膨胀，不仅将收尘极板排自由悬吊在除尘器内，而且在下部还留有膨胀余量。

最常见的收尘极板悬吊方式有两种：一种是自由悬吊（也称偏心悬吊），另一种是紧固型悬吊，具体采用哪种悬吊方式由设计而定。

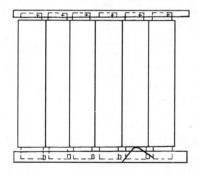

图 16 - 16　极板偏心悬吊方式示意

（1）自由悬挂式悬吊。以单点偏心悬挂为代表，如图 16 - 16 所示。采用这种悬吊方式的极板，上下端均焊有加强板，上端加强板的悬吊点位于极板二分之一宽度的中心线上，只用一个轴销定位，使之形成单点悬吊（单点偏心悬挂）。极板由于本身重力矩的作用向右侧偏斜，由承击杆内的挡铁将它找正。极板偏心愈大，下部加强板与挡铁的正压力愈大。当振打力从右方传递过来时，下端加强板对挡铁产生相对运动，极板绕上部偏心悬挂点回转，然后靠自重落下，再次与挡铁碰撞。单点偏心吊挂的极板振打时位移较大，振打力一定时，其传递振打力较小，但比较均匀，其固有频率较低，因此清灰效果较好。这种悬挂方法适用于烟气温度较高的场合。

（2）紧固型悬吊。如图 16 - 17 所示，极板上下均用螺栓加以固定，借助垂直于极板表面的法线振打加速度，使粉尘与极板分离。这种悬挂方式，极板振打位移小，板面振打加速度大，固有频率高，振打力从振打杆到极板的传递性能好。惟有安装工作量大，并且必须采用高强度螺栓，将所有的螺栓都拧紧。目前，国内采用这种方式的较多。紧固型悬吊还有两种悬挂方式，即极板弹性梁结构悬挂和极板挂钩悬吊方式悬挂。

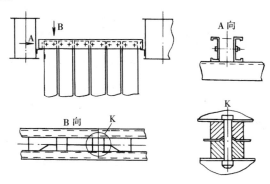

图 16－17　极板紧固型悬吊方式示意

1）将极板上悬吊杆固定在一根弹性梁上，如图 16－18 所示。

弹性梁由薄钢板压制而成，传递冲击振打时允许有轻微的弹性变形。弹性梁的尺寸取决于悬吊极板的自重及极板粘灰的荷重。采用这种结构形式可以使极板振打加速度分布较均匀。

2）挂钩悬吊方式，如图 16－19 所示。这种悬吊方式是上部通过悬吊梁的挂钩定位，下部固接。极板受热伸长时，由于上端不是固接，影响异极距的可能性小。这种悬挂方式与紧固型的固有频率不同，极板上端部分的振打加速度衰减相对较少，还有制作、安装简单方便等优点。

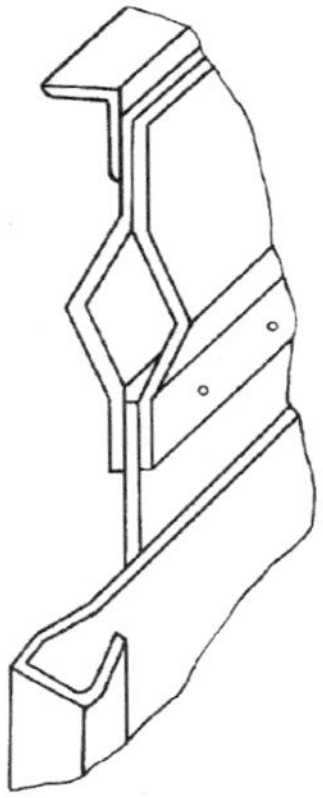

4．极板的布置方式

工业电除尘器中的气流为紊流，尘粒的运动途径几乎完全受着紊流的支配。只有当荷电尘粒偶然地进入到库仑力能够起作用的层流边界区域以内，粒子才有可能被捕集。通过电除尘器的尘粒，既不可能选择它的运动途径，也不可能选择它进入边界区的地点，这就要求选择极板布

图 16－18　极板弹性梁结构悬挂方式示意

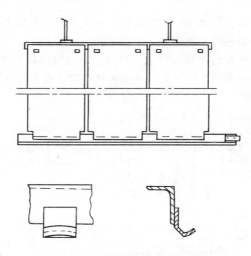

图 16 - 19　极板挂钩型悬吊方式示意

置方式时，在每个气流通道中应造就在气流方向任一横断面上荷电尘粒能为两侧极板面所收下的均等几率，而且对尚未收下的尘粒在气流中任一断面上的浓度尽可能均匀。另外选择极板布置方式时，还要考虑尽可能地减少尘粒的二次飞扬。

　　通过极板布置方式的水力模拟试验表明，极板的防风沟侧，流向呈旋转反向状，死流区域较宽，约 4～5mm，极板的防风沟背面侧，流线大方向一致，死区较狭窄，约 2～3mm。工业电除尘器中，紧贴极板表面的死流区内，气流的流速较主气流的流速要小，当荷电尘粒进入该区域时易沉积于收尘极表面，可见死流区域大，荷电尘粒被收集的几率就大。同时由

图 16 - 20　极板的异向布置示意

于它不直接受到主气流的冲刷，被收下的尘粒重返气流的可能性以及振打时粉尘的二次扬尘都小，有利于提高除尘器的除尘效率。

　　根据上述观点，可得出极板异向布置（如图 16 - 20 所示）的布置方式是最合适的。

　　（三）电晕极（放电极）

　　电晕极也叫阴极或放电极，其作用是与收尘极一起形成电场，通过电晕放电，产生电晕电流。电晕极包括电晕线、框架、吊杆及其定位部分。

电晕线是电场中产生电晕电流的主要部件，它的性能好坏将直接影响到除尘器的性能。从电除尘器的理论分析，阴极线越细，其电晕电压越低。然而，它又受到材料和机械强度的限制。

1. 基本要求

为了使电除尘器达到安全、经济、高效、可靠地运行，对电晕极及极线的基本要求是：

（1）牢固可靠，不断线或少断线。为电厂设计的电除尘器，最主要的特点是要安全可靠，避免发生极线断线造成电场短路，而使电除尘器处于停用或低效率运行状态。

（2）电气性能好。电晕极的形状和尺寸可在某种程度上改变电场强度和电流，因此极线良好的电气性能指在相同条件下，起晕电压低，这就意味着在单位时间内有效电功率大，则除尘效率高。阴极线的起晕电压，决定于自身的曲率，电晕线的曲率越大，起晕电压越低，伏安特性好。伏安特性曲线的斜率越大越好，因为斜率大意味着在相同电压下，电晕电流大，粉尘的荷电强度和几率大，除尘效率就高。

（3）粘附粉尘少，高温下不变形，有利于振打加速度的传递，清灰效果好。

2. 常用电晕线的形状及性能比较

根据放电形式，电晕线大致分为三类。

（1）面放电，有圆形线、螺旋线，如图 16 - 21 所示。

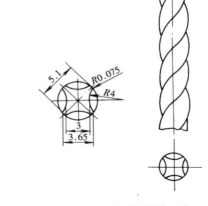

图 16 - 21　圆形螺旋形
极线示意

图 16 - 22　星形电晕线示意

第十六章　电除尘设备及工作原理

这种极线的断面是圆形的，其直径在 1.5～2.5mm 之间，多采用耐热合金钢制成，做成略带螺旋形，振打时线上的积灰容易抖落。

（2）线放电，有星形电晕线，如图 16－22 所示。

这种极线的断面形状是星形的，用普通的碳素钢冷轧而成。它的特点是材料来源容易，价格便宜，易于制造。但在使用时容易因吸附粉尘而造成电晕线肥大，从而失去放电性能，使电除尘器的除尘效率急剧下降，因此只适用于含尘浓度较低的工况。为克服星形线易积灰的缺点，采用将星形线扭成螺纹状，在其沟槽内不易积灰，即使积灰，在振打时也相对容易抖落。

3）点放电，有各种形状的芒刺线，如图 16－23 所示。它的种类很多，有 RS 管状芒刺线、角钢芒刺线、波形芒刺线、锯齿线、锯齿芒刺线、条状芒刺线、鱼骨线等类型。这些芒刺线的性能比较如下：

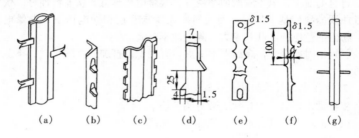

图 16－23　各种形状芒刺线示意

（a）RS 管状芒刺线；（b）角钢芒刺线；（c）波形芒刺线；（d）锯齿线；
（e）锯齿芒刺线；（f）条状芒刺线；（g）鱼骨线

1）从安全可靠性能来比较看：鱼骨线 ＝ RS 线 ＞ 锯齿线 ＞星形线。

2）从伏安特性来看：锯齿线 ＞鱼骨线 ＞ RS 线 ＞ 星形线。

3）从起晕电压来看：锯齿线、鱼骨线、RS 线差不多都约在 10kV 左右，而星形线约在 20kV 左右。

4）从对烟气变化的适应性能来看。

• 对高流速的烟气适应性看：锯齿线 ＞ 鱼骨线 ＞ RS 线 ＞ 星形线。

• 对高浓度粉尘的适应性看：RS 线 ＞ 鱼骨线 ＞ 锯齿线 ＞ 星形线。

• 对高比电阻粉尘的适应性看：星形线 ＞ 锯齿线 ＞ 鱼骨线 ＞ RS 线。

5）从刚度大、不变形、振打清灰情况看：鱼骨线 ＝ RS 线 ＞ 锯齿线 ＞星形线。

6）从制造工艺的难易程度来看：鱼骨线最难，RS 线次之，星形线容易些，而锯齿线最容易。

从上述各方面的性能比较看，每种极线都有各自的优、缺点。实际上电晕线的优劣，最终是通过极配形式表现出来，因为电除尘器的核心是板线结构及其配置，板线配置与电场、流场有密切的关系，对于不同的烟气性质和电除尘器的结构应该选择不同的电晕线。

3. 电晕线的固定

在电除尘器的工作过程中，如果发生电晕线折断、摆动，便会发生两极短路，造成整个电场不能工作，而且只能等到下次停炉是进行处理，这是造成电除尘器效率降低的主要原因之一。为了防止这种事故的发生，除了在电晕线设计时要尽可能选用好的材质，结构上增强其强度、刚度外，电晕线的固定方法也很重要，合理的固定方法能使电晕线在工作时不出现弯曲、脱落以致造成事故。

（1）电晕线良好固定方式应具备的条件：

1）电除尘器在运行时放电线不易晃动，不变形或因电蚀等原因而造成断线。

2）具有良好的振打加速度传递性能，使极线清灰效果好。

3）固定电晕线的材料少，安装、维护方便，极间距离的精度容易保证。

4）对电晕线的电性能影响小。

（2）常用的固定方式。电除尘器电晕线的常用固定方式一般为重锤式和框架式两种，我国大都采用框架式固定。框架式固定又有垂直框架式和水平框架式两种。

重锤式固定方式如图 16 - 24 所示。这种方式是每根电晕线从顶部的高压电极支撑架上向下悬吊，底部用重锤拉紧。极线靠稳定框架定位，底部还设有导向杆。由于电晕线通常设置在空气动力和电力的作用下，容易引起摆动，造成疲劳破坏。在靠近收尘极的顶端和末端，还会使电晕线受到局部火花放电的烧蚀。因此，还得采取一些补救方法和保护措施。

垂直框架式固定如图 16 - 25 所示。框架用 $\phi32 \sim \phi38$mm 的钢管焊接成田字形，其上钻孔或焊接耳板，用楔形销或螺栓将电晕线固定在框架上。固定电晕线的框架称为小框架。各排小框架通过支架与大框架相连接，大框架又是通过悬吊杆吊挂在绝缘支座上。大型电除尘器的电晕线固定在上下两层田字形小框架上，在框架中的一侧安装有承击砧。中小型电除尘器的电晕线（长度小于 6m），一般仅设一个田字形的框架。这种悬挂结构形

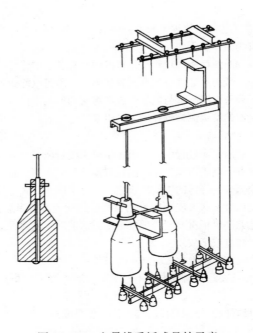

图 16 – 24　电晕线重锤式悬挂示意

式，适合于电晕线刚度较低的极线，如星形线、扁钢芒刺线等。

　　水平框架式固定如图 16 – 26 所示。它与前者的主要区别，在于安装电晕线的小框架是水平放置在顶部与底部。制作水平框架的型钢（角钢、槽钢和方管）与气流平行，顶部、底部的两个水平小框架分别与大框架两侧的侧架固定。振打撞击杆两端分别装有与大框架两侧架固接的导向杆。除尘器尺寸较小时，只布置一根振打撞击杆。

　　4. 电晕极支座

　　电晕极支座的作用是：使放电极长期稳定荷电并与接地部件绝缘，支撑整个电晕极的荷重。它是电除尘器的心脏部件，其性能优劣和运行好坏，直接影响到电除尘器的除尘效率。随着工业电除尘器所处理的烟气高温、高湿、高浓度以及荷电电压向更高的电压发展，要求高压绝缘子要具有较好的性能。

　　电除尘器所用高压绝缘子按用途分为支柱绝缘子、绝缘套管和电瓷转轴三种，并要求其耐热程度高，机械强度大，高温时电绝缘性能好，耐腐蚀性强，耐冷热急变性能好，表面光滑不易积灰和化学稳定性能好。常用的电晕极支座有两种形式：

（1）套管型。套管型支座如图
16－27所示，支撑电晕极的框架通过
吊杆直接吊挂在套管上。套管既承受
荷重，又保持对地绝缘。套管上的金
属盖与套管之间留有 10mm 左右的间
隙，目的是使保温箱内干净的正压热
空气进入，进行热风清扫，防止套管
内壁粘灰和结露。为了减轻电晕极振
打对套管的影响，在套管的底部应安
装有减震垫层。

（2）支撑型。支撑型支座如图
16－28所示。在上述套管型支座结构
中，绝缘套管一方面受到高温烟气的
作用，另一方面又承受电晕极的荷重，
而且电晕极的振打对它也有一定的影
响。为了改善它的工作条件，将电晕
极系统的重量改由一组支撑瓷柱来承
担，便是支撑型支座。这种支座电晕

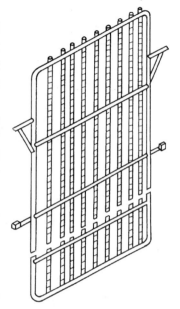

图 16 - 25　电晕线垂直
框架式悬挂示意

极的悬吊杆挂在上部的工字梁上，通过一对螺母和球型垫圈来调整框架与
吊杆的不垂直度，工字梁放置在四个或两个瓷柱上。吊杆穿过壳体处安装

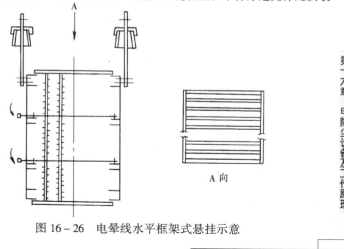

A 向

图 16 - 26　电晕线水平框架式悬挂示意

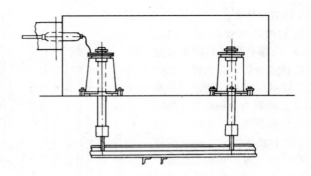

图 16－27　套管形支座示意

有一绝缘套管，下面设有一个直径与套管内径相等的防尘罩。设防尘罩的目的是：防止含尘烟气直接进入套管内，因内壁积灰而引起表面电击穿。

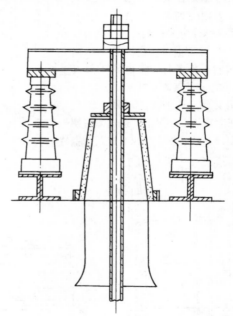

图 16－28　支撑形支座示意

电晕极的支撑型支座较套管型支座复杂，它适应于横截面积较大或要求较高的电场。

电晕极支座是高压电源的引入部分，安装于绝缘子保温箱内，为防止绝缘子破坏，在绝缘子室需采取如下措施。

1）将空气或干净的气体引入绝缘子室，以防烟气侵入。

2）将热空气送到绝缘子（包括电晕极振打部分用的旋转轴绝缘子）的表面，以防止运转开始及停车时结露。

3）为防止绝缘子表面结露，在绝缘子周围装有加热装置（一般采用电加热器或暖气盘管）。

4）由于烟气的影响，不能不能长期防止绝缘子的污损。因此，可在热空气吹入绝缘子室的同时，在绝缘子室的下部将要处理的烟气，强制吸引出来，再返回到除尘器里，以防止绝缘子污染。

5）在电除尘器处于正压的场合，要用干净的空气送到绝缘子室，以防烟气侵入。

（四）振打装置

电极清洁与否将直接影响电除尘器的效率，因此通过振打装置使捕集的粉尘落入灰斗并及时排出，是保证除尘器有效工作的重要条件。振打装置的任务就是随时清除粘附在电极上的粉尘，以保证电除尘器能够正常地运行。

1．收尘极振打

收尘极振打装置是用来清除收尘极板上粘附的粉尘，使粉尘脱离极板而落入灰斗。振打方式可以分为平行于板面振打和垂直于板面振打两种方式。

由于极板断面型线及悬吊方式不同，因此，振打装置的形式及位置是多种多样的。有的电除尘器采用顶部振打，但更多的是采用下部机械切向振打装置。收尘极振打装置有多种结构形式，一般常见的有切向锤击式、弹簧—凸轮机构、电磁振打等类型。目前，我国大多采用锤击式振打装置。

锤击式振打机构也称扰臂锤振打机构，它是由传动装置、振打轴、锤头和支撑轴承四部分组成。

（1）传动装置。为了达到合理的振打周期，获得理想的除尘效果，振打就要在传动装置上采用减速比较大的减速机构，同时对各个电场的传动装置实行程序控制。目前国内传动装置的减速机构采用的主要有两种。一种是蜗轮蜗杆减速装置，如图 16－29 所示。这种结构传动减速装置的效率低，在连续长期运行中易发热，磨损大，而且体积也比较大，但维修方

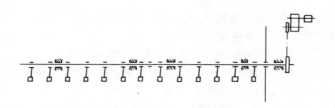

图 16 – 29　蜗轮蜗杆式传动装置示意

便。另一种是采用的行星摆线针轮减速机,如图 16 – 30 所示。这种结构传动减速装置的效率高,减速比大,结构紧凑,体积小,重量轻,而且故障少,寿命长。

（2）振打轴及振打锤。电动式机械振打习惯上称为挠臂锤振打,一个电场各排收尘极板的振打锤都装在一根轴上,为了减少振打上时粉尘产生的二次飞扬,振打锤是相互错开一个角度安装子振打轴上的。振打轴旋转一周,振打锤依次对所对应的收尘极板排振打一次。这样既可以避免两排以上的相邻极板同时振打,又

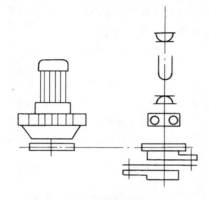

图 16 – 30　行星针轮摆线
减速传动装置示意

使整根轴的受力均匀。

　　振打轴有的用钢棒加工,有的用无缝钢管制作。为了便于运输和安装,振打轴分作数断,在现场用联轴节组装。由于电除尘器的壳体容易受热变形,每段振打轴在除尘器工作时很难保证在一条直线上,所以每段轴的联接应采用允许较大径向位移的联轴节,如图 16 – 31 所示。此外,在振打轴首尾两端支撑轴的夹板上,于振打轴耐磨套的一侧,嵌一块竖板,可以限制轴在受热膨胀时向两端伸长。采用这种联轴节,可以允许有较大的径向位移。振打轴穿过除尘器壳体侧板的部位,应密封良好,避免漏入冷

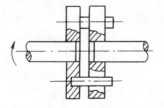

图 16 – 31　振打轴联
轴节示意

风。

振打锤包括锤头和锤柄，两者合为一体的称为整体锤；两者分开加工后，用铆钉和螺栓再连接在一起的，称为组合锤。组成振打锤的部件越少，出事故的几率也愈小。鉴于振打锤长期不停顿地冲击振打，其设计不能单纯作强度计算，最好通过疲劳实验来确定各部件的尺寸、材质及加工技术要求。锤头的重量与需要的最小振打加速度有关，应通过振打试验来确定。

(3) 支撑轴承。除尘器振打轴的轴承运行在粉尘较大的工作环境中，宜采用不加润滑剂的滑动轴承。轴承的轴瓦面应不易沉积粉尘，而且与轴有一定的间隙，以免受热膨胀时发生抱轴故障。由于运行环境恶劣，因此电除尘器的轴承与其他机械采用的轴承相比有它的特有要求，这就是运行可靠、寿命要高。

电除尘器常用的轴承种类很多，其中有剪刀式、托板式、托滚式和双曲面式等。

1) 剪刀式轴承如图 16 – 32 所示，是由两片扁钢交叉组成。转轴外加合金钢护套，当振打轴转动时，保护套在扁钢上滑动。这种轴承虽然结构简单，但摩擦力较大，目前已很少使用。

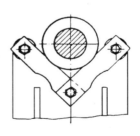

图 16 – 32　剪刀式轴承示意

2) 托板式轴承如图 16 – 33 所示，是用扁钢制成 V 型托板，带保护套的振打轴转动时在上面滑动。这种结构由于 V 型槽容易积灰，摩擦力也较大，所以应用也不多。

3) 托滚式轴承如图 16 – 34 所示，这种轴承是将振打轴放在两个或四个托轮上，振打轴转动时托轮也随着转动。这种结构不积存尘灰，摩擦力也较小。但其结构复杂，价格也较高，因此应用也不广泛。

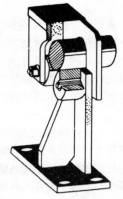

图 16 – 33　托板式轴承示意　　　　　　图 16 – 34　托滚式轴承示意

4）双曲面轴承如图 16 – 35 所示，这种轴承是将轴承的轴瓦制成双曲

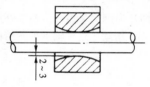

图 16 – 35　双曲面式
轴承示意

面，其最小处比轴大 2～3mm，这就保证了轴承在工作时不积灰，受热膨胀时不抱轴。它的结构简单，制造容易，检修工作量小，使用寿命长，对除尘器来讲是一种较为理想的轴承。

2. 电晕极振打

电晕极振打的作用是敲打电晕极框架，使粘附在电晕线和框架上的粉尘被振落。

电晕极振打的类型很多，常见的有水平转轴挠臂锤振打装置、提升脱钩振打装置。

（1）水平转轴挠臂锤振打装置。水平转轴挠臂锤振打装置如图 16 – 36 所示，在电晕极的侧架上安装有一根水平轴，轴上安装有若干副振打锤，每一个振打锤对准一个单元框架。当转轴在传动装置的带动下转动时，锤子被背起，锤的运动类似阳极振打锤，当锤子落下时打击到安装在单元框

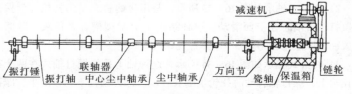

图 16 – 36　水平转轴挠臂锤振打装置示意

架上的砧子上。

由于电除尘器在工作时电晕极框架带有高压电,因此框架的锤打装置也带有高压电。这样振打装置的转轴与安装在外壳的传动装置相连接时,必须有一根瓷绝缘杆绝缘。图16－37所示是这种传动形式的具体结构。

电动机通过减速器和一链轮传动,使装在大链轮上的短

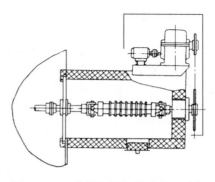

图16－37　电晕极振打传动装置示意

轴旋转,短轴经过万向节与瓷轴连接,然后再通过另一万向节与振打轴相连接。电晕极系统的振打,不像收尘极振打那样,要求粉尘成片状地落下,所以可采用连续振打。振打锤、振打轴、支撑座的结构形式与收尘极锤击机构相同,这种结构运行可靠,维修工作量小,在框架和电晕极系线上都可获得足够大的振打加速度。

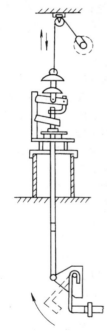

图16－38　提升脱钩振打装置示意

（2）提升脱钩振打装置。提升脱钩振打装置如图16－38所示,提升脱钩结构复杂;提升杆下落时冲击下部的绝缘套管;振打不是每排电晕极依次进行,而是整个电场的电晕极同时振打,粉尘二次飞扬严重;处于电场的部分受温度的影响,相关尺寸会发生变化,为避免故障要经常进行调节。因此,现在新设计的电除尘器,一般不采用这种振打方式。

（五）气流均布

电除尘器气流分布不均匀,意味着电除尘器内部存在着高、低流速区,某些部位存在涡流和死角。该现象的出现,在流速低处所增加的除尘效率,远不足以弥补流速高处除尘效率的降低,因而总的除尘效率是降低的。此外,高速气流、涡流会产生冲刷,使极板上和灰斗中的粉尘产生二次飞扬。不良的气流分布,可造成电除尘器的效率降低20％～30％,甚至更多。

为解决气流均匀分布问题,需要通过模拟试验

来确定气流分布整置的结构形式和技术参数。常用的气流分布整置有隔板、导流板和分布板等。

隔板是沿异形管道的全长，将管分成许多小通道。在改变方向的弯头或改变速度的变径管内，都可采用隔板分开的方法。隔板虽然增加壁面面的摩擦，却能大大减少动压损失，从而使总的阻力减小。

导流板的作用类似隔板。它的长度比较短，不像隔板那样沿弯头或变径管的全长设置。导流板设计成流线型，能保持流动的形状。厚度不变的导流叶片，虽然也能保持原来的流动形状，但比流线型叶片消耗的动压大。

分布板又称多孔板，其作用是：通过增加阻力，把分布板前面大规模的紊流分割开来，在分割板后面形成小规模的紊流，而且在短距离内使紊流的强度减弱，使原来方向不与气流分布板垂直的气流变为与板垂直。

分布板的开孔率（圆孔面积与整个分布板的面积之比）、层数以及分布板之间的距离应通过试验来确定。

二、电除尘器供电

电除尘器供电装置的性能对除尘效影响极大。一般来说，在其他条件相同的情况下，电除尘器的除尘效率取决于粉尘的驱进速度，而驱进速度是随着荷电场的强度和收尘电场强度的提高而增大的。要获得最高的除尘效率，需要尽可能地增大驱进速度，也就是需要尽可能地提高电除尘器的电场强度。对电除尘器供电装置的要求是：在除尘器工况变化时，供电装置能快速地适应其变化，自动地调节输出的电压和电流，使电除尘器在较高的电压和电流状态下运行；另外，电除尘器一旦发生故障，供电装置能够提供必要的保护，对闪络、拉弧和过流能快速鉴别并作出反应。

电除尘器的供电是指将交流低压变换为直流高压的电源和控制部分，作为与本体设备配套，供电还包括电极的振打清灰、灰斗的卸灰、绝缘子加热及安全联锁等控制装置，通常称为低压控制装置。

（一）供电电源

电除尘器电场内部的直流工作电压一般都在 40kV 以上，它是通过降压配电变压器、低压配电母线、整流升压变压器几个环节后才能达到其工作需要的。

电除尘器的供电电源大多都取于厂用电 6kV 或者 3kV 的高压母线，也叫厂用高压段母线。高压母线段一般都安装在汽机房的零米，而向除尘器供电的 380V 配电母线则布置在电除尘器的附近，高低压母线之间通过电力电缆和交流配电变压器传送和转换电能。电除尘器上有三相交流 380V

的设备，有单相交流 380V 的设备，还有使用单相交流 220V 的设备。鉴于这种情况，不论厂用高压母线是 6kV 等级的，还是 3kV 等级的，配电变压器低压侧均应为三相四线制交流 380V 的供电方式，即 0.4kV 等级。

（二）升压整流变压器

升压整流变压器是将工频 380V 的交流电压升压到 60kV 或更高的电压，其次级有若干组线圈，分别接至若干组桥式高压整流器上。每个桥路有四只高压硅堆组成，将桥路的直流输出端串联，得到高压直流电源，这种结构称为多桥式。也有将次级若干组线圈串联后，再接至一组桥式高压整流器上，得到高压直流电压，这种结构称为单桥式。负的高压经过阻尼电阻和高压电缆送到电场。

变压器低压线圈通常有三对抽头，进行原边电压粗调，可使直流输出的最高电压分别为 50kV、60kV 和 72kV，以适应不同情况的需要，使设备在最佳状态下运行。

在变压器的原边还串有电抗器，以限制短路电流和平滑可控硅输出的交流波形。电抗器有若干个抽头，以便根据不同高压负载电流进行换接。负载电流愈大，电抗器应换接匝数愈少的抽头；反之，则应换接匝数多的抽头，使供电电源能够稳定运行。

（三）自动电压调整器

电除尘器内部的烟气工况相当复杂，当高压直流电送入到除尘室内以后，由于烟气工况的变化，其极间的耐压程度不同，可能出现火花、闪络、拉弧等现象。这样意味着电场内部击穿短路，势必使变压器初、次级电流猛增，这是变压器正常运行所不允许的。为了使电除尘器能够工作在最佳工作状态，就要有一个能自动控制的装置来进行自动调节，这个装置就是自动电压调整器。它的主要作用是：根据输入的各种一、二次信号，判断出电场内部的工作状况，确定其应施加的直流电压，将指令传送给反并联的可控硅组，反并联的可控硅组接到指令后，将其导通角调节在所需要的开度，这样来达到自动调整电压的目的。

自动电压调整器在电除尘器的高压控制装置中是一个关键性的元件，它的调整功能将直接影响到电除尘器的效率。不论是电子管、晶体管调压器，还是近几年发展起来的计算机调压器，对其功能的要求是：自动跟踪性能好，适应性强，灵敏度高；能够向电场提供最大的有效平均电晕功率；具有可靠的保护系统，对闪络、拉弧和过流信号能够迅速鉴别和作出正确的处理；当某一环节失灵时，其他环节仍能协调工作，进行保护，使设备免受损坏，保证稳定、可靠地运行。

（四）低压自动控制装置

低压自动控制装置是指对电除尘器的电晕极、收尘极振打电机，卸灰、输灰电机进行周期控制；对绝缘子、支撑电除尘器电晕极的绝缘套管和支柱绝缘子室进行的恒温控制；为保证人身安全对绝缘子室、开关柜、变压器间、地刀闸的门及各人孔门的自动联锁装置。该装置主要有程控、操作显示和低压配电三个部分，其控制性能的好坏和控制功能的完善程度，对电除尘器的效率和运行、维护工作量以及保证人身安全都有直接的影响。

提示　本节内容适合电除尘设备检修（MU2 LE2、LE3）。

第三节　电除尘设备技术规范

一、电除尘器本体的技术参数

电除尘器本体的技术参数见表 16 – 3。

表 16 – 3　　　　　　　　　电除尘器本体的技术参数

序号	参　数　名　称	参　数　举　例
1	型　　号	SDX – 2X260 – 4/2
2	电除尘器有效长度	14m
3	电场有效长度	4m
4	电场有效宽度	10m
5	极板有效高度	13m
6	同极间距	400mm
7	烟气流速	1.007m/s
8	烟气在电场内的停留时间	13.82s
9	驱进速度	8 cm/s
10	收尘面积	18096m^2
11	流通面积	260m^2
12	处理烟气量	450000m^3/h
13	比收尘面积	69.08m^2·s/m^3
14	收尘极板类型	大 C 型
15	放电线类型	RS 芒刺线

序号	参 数 名 称	参 数 举 例
16	放电线间距	300mm
17	放电线总长度	
18	烟气温度	140℃
19	本体阻力	<294Pa
20	本体漏风率	<3%
21	抗震裂度	8级
22	振打类型	侧面传动挠臂锤振打
23	振打驱动类型	电机—减速机驱动
24	收尘极振打形式	周期振打
25	电晕极振打形式	连续振打
26	板电流密度	$0.4mA/m^2$
27	设计效率	>99.3%
28	外壳结构	钢 板
29	运行寿命	30年，年不小于75000h

二、电除尘器电气有关技术参数

电除尘器电气有关技术参数见表16-4。

表16-4   **电除尘器电气有关技术参数**

序号	参 数 名 称	参 数 举 例
1	高压设备容量	LOA（60～72）kW
2	交流输入额定电压	单相380V
3	交流输入额定电流	225～270A
4	交流输入额定功率	86～103kV·A
5	直流输出额定电压	60～72kV
6	直流输出额定电流	1A
7	直流输出额定功率	60～72kW
8	供电源频率	50Hz
9	允许运行方式	连续

三、电除尘器设计中主要参数的确定

电除尘器的总体设计是根据用户所提供的原始资料和使用要求，结合现在同等或相近的工况下，使用的除尘器的使用状况，甚至通过模拟试验，来确定电除尘器的主要参数、结构形式及总体尺寸，并绘制出电除尘器总图。它是开展各部件施工图设计和制造工艺、电气、土建等工作的前提和基础。

设计一台电除尘器所需要的原始资料主要有：

（1）煤、灰及烟气的资料。煤质的全分析成分、热值、挥发性，灰的成分、粒径、比电阻、容重和自然休止角，烟气的成分、温度、湿度、酸露点温度、烟气量及烟气的含尘浓度等。

（2）系统及工况资料。炉型、容量、耗煤量、空气预热器型式及系统漏风选值。

（3）现场气象资料。海拔高度及气压、环境温度、风灾、雪灾、地震烈度及安装现场位置的限定。

（4）对电除尘器的要求。保证的除尘效率、允许的漏风和阻力。

（一）电场风速的确定

电场风速是指电除尘器在单位时间内处理的烟气量与电场断面的比值，单位是 m/s。

烟气在电除尘器内流速大小的选取，视电除尘器规格大小和被处理的烟气特性而定，一般在 0.4～1.5m/s 范围内。在处理烟气量一定的条件下，虽然从多依奇效率公式看，电场风速与除尘器的效率无关，但对具有一定尺寸收尘极板面积的电除尘器而言，过高的电场风速，不仅使电场长度增长，使电除尘器显得细长，占地面积增大；而且会引起大的粉尘二次飞扬，降低除尘器的除尘效率。反之，过低的风速必然需要大的电场断面，这样烟气沿断面的分布较难达到均匀，所以电场的风速选择要适当。

（二）收尘极板极间距的确定

根据多依奇效率公式，$\eta = 1 - e^{-A\omega/Q}$，若除尘器处理的烟气量一定，则当 $A\omega$ 值为最大时，电除尘器有最高的除尘效率。而对具有一定收尘空间的电除尘器来说，$A\omega$ 是极间距的函数，所以当 $d(A\omega)/db = 0$ 时，$A\omega$ 有极大值，经一系列推导后求得极板间距应为 250mm。

从 1965 年以后，在采用了芒刺状电晕线后，许多单位经过试验，发现当极间距增大至 300mm 时，可以获得较好的除尘效率。所以，在采用单层板式电极时，极板间距均改为选取 300mm。

从 1975 年以后，国内外又对宽间距电除尘器进行了广泛的研究。研究结果表明，由于极间距的加宽，增大了绝缘距离，抑制了电场的"闪络"；加宽极间距可以提高工作电压，粉尘的驱进速度（ω 值）也相应地提高，除尘器内电极的安装、检查、维护等内部工作较为方便。同时，由于粉尘驱进速度的增大，在处理相同烟气量和达到相同除尘效率的条件下，所需的收尘面积也减少了。

究竟在什么情况下可以采用普通间距，在什么情况下可以采用宽间距，根据研究设计人员多年的经验，从电除尘器的各个方面考虑，若 $\omega = f(2b)$，则当 ω 曲线的二阶导数为正值时（即 $\omega'' > 0$ 时），加大极间距为合理，反之为不合理。也就是说当 ω 曲线的二阶导数为正值时，曲线为上凹，此时，ω 曲线的增长率高于极间距的增长率，此时极间距可考虑增大，如图 16 - 39 所示。

根据目前大量的试验，采用极间距为 400mm 是有利的。

（三）电晕线的线距确定

电除尘器内电晕线之间的距离对电晕电流的大小会有一定的影响，当线距太近时，电晕线会由于电屏蔽的作用（负电场抑制作用）使导线的单位电流值降低。通过对圆形断面的电晕线在常温下进行试验，得出的结果是：随着电晕线线距的增大，每根电晕线的电晕电流值也随之增大；

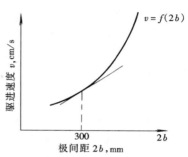

图 16 - 39　粉尘驱进速度与通道宽度的关系

当线距等于几倍的通道宽度时，电晕电流趋于定值。此时每根电晕线上的电流值与单独一根电晕线上的电流值基本相同。当线距过小时，由于电屏蔽作用，电晕电流可能降至零。但是，电晕线的线距也不宜太大，距离太大会减少电除尘器内电晕线的根数，使空间电晕电流密度降低，也使收尘极极板的电流密度降低，从而影响电除尘器的除尘效率。例如，在一极板间距为 203.2mm、长为 914.4 mm、高为 5334mm 的实验板式电除尘器中，当供电功率为 65kV·A（峰值），电晕线直径为 2.8mm 时，随着通道中电晕线根数不同，总电晕电流也不同。当电晕线为 5 根时，其电晕电流为最大。这样就存在有一个最佳线距的问题，最佳线距与电晕线的形式和外加电源有关，一般取 0.6～0.65 倍通道宽度为宜。例如，星形面和圆形断面电晕线的线距 160～200 mm 为合适；当极间距为 400 mm 时，线距应取 240 mm。对于芒刺线电晕极，由于它具有强烈的放电方向性，其相距的最低值为 110 mm。

（四）粉尘驱进速度（ω 值）的确定

粉尘驱进速度是电除尘器设计的主要参数。从多依奇效率公式可以看出，当被处理的烟气量和要求的除尘效率值不变时，粉尘驱进速度值越大，则所需的收尘极板面积越小。粉尘驱进速度值为 13cm/s 和粉尘驱进速度值为 6.5cm/s 的电除尘器，在处理烟气量相同和达到除尘效率相等的情况下，其除尘器的体积几乎相差一倍，所以，设计时设计者必须慎重考虑粉尘驱进速度值的确定。

影响电除尘器效率的因素很多，但多依奇公式只表示出它的收尘极投影面积、被处理的烟气量和粉尘驱进速度这三个变量的函数关系，而前两个数值为已知数值，所以将影响除尘效率的其他因素都集中到粉尘的驱进速度值上。这样，粉尘驱进速度的理论计算值，便不能直接用于设计上，它仅仅是一个"象征"值。下面介绍几个试验结果，用以说明影响粉尘驱进速度的诸因素。

（1）随着粉尘粒径的减小，驱进速度值降低。

（2）同一通道，前级电场，粉尘粒径大，所以驱进速度值大；而后级电场，粉尘粒径小，所以驱进速度值小，较难捕捉。

（3）相同工况下，随着极板间距的增加，驱进速度值也明显增大。

（4）同一台硅整流变压器供电时，收尘极面积增大时，驱进速度值有所下降，当收尘极面积大于 6000m² 时，驱进速度值趋向于一个常数。

（5）粉尘的比电阻增大时，驱进速度值大大降低。

对于用于电厂锅炉的电除尘器，影响驱进速度值的因素虽然很多，但实际上煤的含硫量和粉尘颗粒的粒径是直接影响驱进速度值的主要因素。

在选取驱进速度时，除考虑上述诸因素外、用户要求的除尘效率也是在选取驱进速度时所要考虑的主要因素，不同效率要求下，驱进速度实际值的差异也较大。

对于发电厂用的电除尘器，为了取得驱进速度的设计值可以采用如下两种方法。

（1）将拟采用的煤在试验炉中燃烧，然后将通入小型试验装置，测出其除尘效率，推算出其驱进速度值。要注意的是试验装置的结构形式和除尘效率必须与将要设计的大型电除尘器相同。

（2）将现场大量运行的电除尘器的各种参数和烟尘特性进行汇总，并用电子计算机进行处理，找出一些主要因素与驱进速度值的关系，并画出图表，然后用于设计上。

最后必须指出，对于驱进速度值几乎每个国家、各个公司都是根据自己的经验各自采用不同的选取和计算方法，而这些方法只是尽可能接近实际。

提示 本节内容适合电除尘设备检修（MU4 LE8、LE9）。

第十七章

电除尘设备检修工艺

第一节 机械部件检修

一、检修前的准备

（一）编制检修计划

在除尘器进行检修前要查看电除尘器停运前各电场运行参数（二次电压、电流、投运率、投运小时等），设备缺陷，上次大修总结及大修以来的检修工作记录（如检修中的技术改进措施、备品备件更换情况）。

通过深入分析各项资料，编制大修计划，主要有：

（1）编制检修控制进度、工艺流程、劳力组织计划及各种配合情况。

（2）制定重大特殊项目的技术措施和安全措施细则。

（3）制定质量标准及控制措施细则。

（二）物资准备及场地布置

（1）物资准备工作包括材料、备品配件，安全用具、施工用具、仪器仪表、照明用具等的准备。

（2）检修场地布置工作包括场地清扫、工作区域及物资堆放区域的划分，现场备品配件的管理措施。

（3）安全用具需经专职或兼职试验人员检查；电场内部照明使用手电筒或12V行灯，需用220V照明或检修电源时应增设漏电保护器，在人孔门处醒目处装设刀闸，并有专人监护。

（4）准备有关技术记录表格。主要包括极距测量记录表格、电场空载通电升压试验记录卡，必要时做气流分布试验、振打加速度测定、漏风率测定所需的记录表格。

（5）做好安全措施。严格按照有关安全工作规程办理好各种工作票，完成各项安全措施。以上安全措施必须经工作负责人和许可人共同到现场验收合格。

二、本体清灰

（一）本体清灰前的准备工作

电场整体自然冷却一定时间后，方可打开电场各人孔门加速冷却（大型电除尘器电场自然冷却时间一般不少于 8h）。当内部温度降到 50℃ 以下时方可进入电场内部工作。应严防突然进入冷空气，造成温度骤变使外壳、极线、极板等金属构件产生变形。进入电场内部工作人员不少于两人，且至少有一人在外监护。

（二）清灰前检查

（1）初步观察收尘极板、电晕极线的积灰情况，分析积灰原因，做好技术记录。

（2）初步观察气流分布板、槽形板的积灰情况，分析积灰原因，做好技术记录。

（3）极板弯曲偏移，电晕极框架变形，极线脱落或松动等情况及宏观检查。

三、收尘极板排的检修工艺及质量标准

（一）收尘极板完好性检查

（1）用目测或拉线法检查收尘极板弯曲变形情况。测量后收尘极板平面误差小于 5mm，板排对角线偏差小于 10mm，偏差小于 $L/1000$ 且最大不超过 10mm。

（2）检查极板锈蚀及电蚀情况，找出原因并予消除。对穿孔的极板及损伤深度与面积过大造成极板弯曲，极距无法保证的极板应予更换。

（3）检查收尘极板排连接腰带的固定螺丝是否松动，焊接是否脱焊，板排组合良好，无腰带脱开或连接小钢管脱焊情况，如有以上情况存在时应予处理。当板排采用焊接小钢管组合时，补焊宜采用直流焊机以减少对板排平面度的影响。板排中板间左右活动间隙为 4mm 左右，能略微活动。

（4）检查收尘极板排夹板、撞击杆是否脱落开焊与变形，必要时进行补焊与校正，撞击杆应限制在收尘极限位内，并留有一定的活动间隙。

（5）检查收尘极板下部与灰斗挡风板梳形口的热膨胀间隙，要求上、下有足够的热膨胀裕度，左、右边无卡涩现象。热膨胀间隙应按照极板高度、烟气可能达到的最高温度计算出膨胀，并留一倍裕度，但不宜小于 25mm。左右两边应光滑无台阶，振打位置符合要求，挠臂无卡涩现象，下摆过程中无过头或摆程不足现象。

（6）检查收尘极板排下沉及沿烟气方向位移情况并与振打位置的振打

中心参照进行检查，振打位置符合要求，挠臂无卡涩现象，下摆过程中无过头或摆程不足现象。收尘极板排若有下沉，应检查极板上夹板固定销轴、凹凸套或定位焊接情况，悬挂式极板方孔及悬挂钩子磨损变形情况，必要时需揭顶处理。

（7）整个板排组合情况应良好，各极板经目测无明显凹凸现象。极板平面度公差为 5mm，对角线偏差小于或等于 $L/1000$ 且最大小于或等于 10mm。

（二）收尘极板同极距的测量

（1）每个电场以中间部分较为平直的收尘极板面为基准测量同极距，间距测量可选在每排极板的出入口位置，沿极板上、中、下三点进行，极板高度及明显有变形部位，可适当增加测点。每次大修应在同一位置测量，并将测量及调整后的数据记入设备台帐。

（2）同极距的允许偏差为：极板高度小于或等于 7m 时，±7mm；极板高度为 7m 时，±10mm。同极距测量表格要记录清楚，数据不得伪造。

（三）收尘极板的整体调整

（1）同极距的调整。当弯曲变形较大时可通过木锤或橡皮锤敲击弯曲最大处，然后均匀减少力度向两端延伸敲击，予以调整。敲击点应在极板两侧边，严禁敲击极板的工作面，当变形过大，校正困难，无法保证同极距在允许范围内时应予更换。

（2）当极板有严重错位或下沉情况，同极距超过规定而现场无法消除及需要更换极板时，在大修前要做好揭顶准备，编制较为详细的检修方案。

（3）新换收尘极板每块极板应按照制造厂规定进行测试，极板排组合后平面及对角线误差符合制造厂要求，吊装时应注意符合原排列方式。

四、电晕极大小框架、电晕极线的检修工艺及质量标准

（一）电晕极悬挂装置的检修

（1）电晕极悬挂装置的检修主要是检查支撑绝缘子及绝缘套管无机械损伤及绝缘破坏情况。

用清洁干燥软布擦拭支撑绝缘子、绝缘套管表面。检查绝缘表面是否有机械损伤、绝缘破坏及放电痕迹，更换破裂的支撑绝缘子或绝缘套管。检查承重支撑绝缘子（或绝缘套管）的横梁是否变形，必要时要有相应的固定措施。将支撑点稳妥地转移到临时支撑点，要保证四个支撑点受力均匀，以免损伤另外三个支撑点的部件。

更换绝缘套管后应注意将绝缘套管底部周围用石棉绳塞严，以防漏风。

绝缘部件更换前应先进行耐压试验。新换高压绝缘部件试验标准：1.5倍电场额定电压的交流耐压，1min应不击穿。

（2）检查大框架吊杆顶部螺母有无松动，大框架整体相对其他固定部件的相对位置是否改变，并按照实际情况进行适当调整，检查大框架的水平度和垂直度，并做好记录，便于对照分析。

检查防尘套和悬吊杆的同心度在允许范围内，否则要适当调整防尘套位置。防尘套和悬吊杆同心偏差小于5mm。

（二）电晕极大框架检修

（1）检测电晕极大框架整体平面度公差符合要求，并进行校正，质量标准见表17-1。

表 17-1   电晕极大框架整体平面度质量标准

流通面积（m²）	小于100	100～150	大于150
平面度（mm）	10	15	20

（2）整体对角线公差10mm，整个大框架结构坚固，无开裂、脱焊、变形情况。

（3）检查大框架局部变形、脱焊、开裂等情况，并进行调整与加强处理。

（4）检查大框架上的爬梯挡管是否有松动、脱焊现象并进行加强处理。

（三）电晕极小框架检修

（1）检查上下小框架间连接情况以及小框架在框架上的固定情况。发现歪曲、变形、脱焊、磨损严重等情况时，进行校正或更换和补焊处理。各小框架无扭曲、松动等情况，在大框架上固定良好，上下框架连接良好。

（2）检查校正小框架的平面度，超过规定的予以校正。单一框架平面度公差为5mm，两个框架组合后平面度公差为5mm。

（四）电晕极线检修

（1）全面检查电晕极线的固定情况，电晕极线是否脱落、松动、断线，找出故障原因予以处理。

对因螺母脱落而掉线的，尽可能将螺母装复并按规定紧固并将螺栓做止退点焊，选用的螺栓长度必须合适，焊接点无毛刺，以免产生不正常放电。当掉线在人手无法触及的部位时，在不影响小框架结构（如强度下降、产生变形）且保证异极距情况下，可用电焊焊上，焊点毛刺要打光，无法焊接时应将该极线取下。

断线部分残余应取下，找出断线原因（如机械损伤或电蚀或锈蚀等），并采取相应措施。

对松动极线检查，可先通过摇动每排小框架听其撞击声音，看其摆动程度来初步发现。对因螺母松开而松动的极线，原则上应将螺栓紧固后再点焊牢；对处理有困难的也可用点焊将活动部位点牢，以防螺母脱出和极线松动。

质量标准应达到：电晕极线无松动、断线、脱落情况，电场异极距得到保证，电晕极线放电性能良好。

（2）对用楔销紧固的极线松动后，应按制造厂家的规定张紧力重新紧固后再装上楔销，更换已损伤的楔销并对变形的楔销进行修整处理，以保证其紧固性。

（3）检查各种不同类型的电晕极线的性能状态并做好记录，作为对设备的运行状况、性能进行全面分析的资料。除极线松动、脱落、断线及积灰情况外，重点有：

芒刺线——放电极尖端钝化、结球及芒刺脱落，两尖端距离调整情况。

星形线——松动情况、电蚀情况。

螺旋线——松紧度、电蚀情况。

锯齿线——松紧程度、直线度、齿尖钝化及结球情况。

鱼骨针——针松动及脱落情况，针尖钝化情况。

（4）更换电晕极线。选用同型号、规格的电晕极线，更换前检测电晕极线是否完好，有弯曲的进行校正处理，使之符合制造厂规定的要求。

对用螺栓连接的极线，应一端是紧固，一端能够伸缩。注意螺栓止退焊接要可靠，至少两处点焊，选用的螺栓长度要符合要求，焊接要无毛刺、尖角不能伸出。

更换因张紧力不够容易脱出的螺旋线，更换时同样要注意不要拉伸过头导致螺旋线报废。

对结合收尘极板调整、更换变形较大或极线故障较多的小框架时要增设专用架子，使该极线更换过程中框架处于垂直状态，以防变形。重新吊入的小框架注意其与电晕极振打轴的相对位置保持不变。

（五）异极距的检测与调整

（1）异极距检测应在大小框架检修完毕，收尘极板排的同极距调整至正常范围后进行。对那些经过调整后达到的异极距，作调整标记并将调整前后的数据记入设备档案。数据记录清晰，测量仔细准确，数据不得伪造。

（2）测点布置。为了方便工作，一般分别在每个电场的进、出口侧的第一根极线上布置测量点。

（3）按照测点布置情况自制测量表格，记录中应包括以下内容：电场名称、通道数、测点号、电晕极线号、测量人员、测量时间及测量数据。每次大修时测量的位置尽量保持不变，注意和安装时及上次大修时测点布置对应，以便于对照分析。异极距偏差为：极板长度小于或等于 7m 时，±5mm；极板长度 7m 时，±10mm。所有异极距都应符合以上标准要求。

（4）按照标准要求进行同极距、大小框架及极线检修校正的电场，理论上已能保证异极距在标准范围之内，但实际中有时可能因工作量大，工期紧，检测手段与检修方法不当及设备老化等综合因素，没有做到将同极距、大小框架及极线都完全保证在正常范围，此时必须进行局部的调整，以保证所有异极距的测量点都在标准之内。

电晕极、收尘极之间其他部位须通过有经验人员的目测及特制 T 型通止规通过。对个别芒刺线，可适当改变芒刺的偏向及两尖端之间的距离来调整，但这样调整要从严掌握，不宜超过总数的 2%，否则将因放电中心的改变而使其失去与极板之间的最佳组合，影响极线的放电性能。

五、收尘极振打装置检修工艺及质量标准

（1）检查收尘极板。

结合收尘极板积灰检查，找出振打不力的电场与收尘极板排，做重点检查处理。

（2）检查砧头情况。

检查砧头工作状态下的承击砧头振打中心偏差，承击砧头磨损情况。检查承击砧与振打锤头是否松动、脱落或破裂，螺栓是否松动或脱落，焊接部位是否脱焊，并进行调整及加强处理。位置调整应在收尘极板排及传动装置检修后统一进行调整。

当整个振打系统都呈现严重的径向偏差时，应调整尘中轴承的高度，必要时亦同时改变振打电机与减速机的安装高度，此项工作要与极板排是否下沉结合起来考虑。存在严重的轴向偏差时，要相应调整尘中轴承的固定位置与电机减速机的固定位置。

检查锤头小轴的轴套磨损情况，当磨损过度造成锤在临界点不能自由、轻松落下时，要处理或更换部件。当锤与砧出现咬合情况时，要按程度不同进行修整或更换处理，以免造成振打轴卡死。

质量标准应达到：振打系统在工作状态下锤和砧板间的接触位置做到上下、左右对中（偏差均为 5mm），不倾斜接触，锤和砧板的接触线 L 大于完全接触时全长的 1/2。破损的锤与砧予以更换。锤与挠臂转动灵活，并且转过临界点后能自动落下。锤头小轴的轴套与其外套配合间隙为 0.5mm。

（3）检查轴承部位。

检查轴承座（支架）是否变形或脱焊，定位轴承是否位移，并恢复到原来位置。对摩擦部件如轴套、尘中轴承的铸铁件、叉式轴承的托板、托辊式轴承小滚轮等进行检查，必要时进行更换。

质量标准：尘中轴承径向磨损厚度超过原轴承外径的 1/3 应予更换，不能使用到下一个大修周期的尘中轴承或有关部件应予更换。

（4）检查振打轴。

盘动或开启振打系统，检查各轴是否有弯曲、偏斜、超标引起轴跳动、卡涩，超标时做调整。当轴下沉，但轴承磨损、同轴度公差、轴弯曲度均未超标时，可通过加厚轴承底座垫片加以补偿。对同一传动轴的各轴承座必须校水平和中心，传动轴中心线高度必须是振打位置的中心线，超标时要调整。

质量标准：同轴度在相邻两轴承座之间公差为 1mm，在轴全长为 3mm，补偿垫片不宜超过 3 张。

（5）振打联接部位检修。

1）检查万向节法兰、联接螺栓与弹簧垫圈是否齐全，有无松动、跌落、断裂，并予更换补齐，松动的应拧紧后予以止退补焊。法兰连接良好，无螺栓脱落。

2）检查并更换有裂纹和局部断裂点的万向节，保证万向节无机械损伤。

3）检查被动连杆与铜轴套间是否锈住、卡涩，对卡涩部位做调整和解体检修。检查方法为卸下振打保险片盘动减速机构，观察振打轴是否一起旋转，确保无锈牢情况。

4）更换陈旧损伤的振打保险片（销），注意规格要符合制造厂规定要求，电晕极、收尘极振打保险片不要搞混。保证保险销片无损伤。

5) 更换保温桶毛毡垫。保证振打穿墙部位不漏风。

（6）振打减速机检修。

1) 外观检查减速机是否渗漏油，机座是否完整，有无裂纹，油标油位是否能清晰指示。减速机完好，油位指示清晰。

2) 开启电动机检查减速机是否存在异常声响与振动、温升是否正常。盘车或运转过程中无卡涩、跳动周期性噪声等现象。

3) 打开减速机上部加油孔，检查减速机内针齿套等磨损情况，对无异常情况的减速机进行换油，对渗漏油部位进行堵漏处理。针齿套应光滑，无锈蚀及凹凸不平。

4) 对有异常声响、振动与温升的减速机及运行时间超过制造厂规定时间的减速机进行解体检修。

（7）振打装置检修完毕后。

1) 将振打锤头复位。

2) 手动盘车检查转动及振打点情况。

3) 在保险片（销）装复前，先试验电动机转向。

4) 装复保险片（销），整套振打装置运行 1h。

5) 试车应手动能盘动，旋转方向正确，无电动机过载、保险片（销）断裂、轴卡涩情况，减速机声音、温升正常。

六、电晕极振打装置检修

（1）结合电晕极线积灰情况，找出振打不力的电场与电晕极线，作重点检查处理。

（2）检查工作状态下的承击砧、锤头振打中心偏差情况以及承击砧与锤头磨损、脱落与破碎情况，具体同收尘极振打。参照收尘极振打标准，按照收尘极振打锤与砧的大小比例关系选取中心偏差、接触线长度及磨损情况。

（3）对尘中轴承、振打轴的检查同收尘极振打。

（4）振打联接部件检修，同收尘极振打。

（5）振打减速机检修同收尘极振打，同时拆下链轮、链条进行清洗，检查链轮、链条的磨损情况，磨损严重的予以更换。安装后上好润滑脂，注意链条松紧度。链条、链轮无锈蚀，不打滑，不咬死。

（6）收尘极振打小室及电瓷转轴检修。

1) 收尘极振打小室清灰、清除聚四氟乙烯板上的积灰，检查板上油污染程度及振打小室的密封情况，并进行清理油污，加强密封的处理。振打小室无积灰，绝缘挡灰板上无放电痕迹，穿轴处密封良好。

2）用软布将电瓷转轴上的积灰清除干净，检查有裂纹及放电痕迹的瓷轴予以更换，更换前应进行耐压检查。

质量标准：电瓷转轴无机械损伤及绝缘破坏情况，更换前试验电压为1.5 倍电场额定电压的交流耐压值，历时 1min 不闪络。

七、灰斗的检修

（1）灰斗内壁腐蚀情况检查，对法兰结合面的泄漏、焊缝的裂纹和气孔，结合设备运行时的漏灰及腐蚀情况加强检查，视情况进行补焊堵漏，补焊后的疤痕必须用砂轮机磨掉，以防灰滞留堆积。灰斗内壁无泄漏点，无容易滞留灰的疤点。

（2）检查灰斗角上弧形板是否完好，与侧壁是否脱焊，补焊后必须光滑平整无疤痕，以免积灰。灰斗四角光滑无变形。

（3）检查灰斗内支撑及灰斗挡风板的吊梁磨损及固定情况，发现有磨损移位等及时进行复位及加固补焊处理。灰斗应不变形，支撑结构牢固。

（4）检查灰斗内挡风板的磨损、变形、脱落情况，检查挡风板活动部分耳板及吊环磨损情况，进行补焊和更换处理。挡风板不得脱落、倾斜以至引起灰斗落灰不畅。

（5）灰斗底部插板阀检修，更换插板阀与灰斗法兰处的密封填料，消除结合面的漏灰点。检查插板阀操作机构，转动是否轻便，操作是否灵活，有无卡涩现象并进行调整及除锈加油保养。

八、壳体及外围设备，进出口封头、槽形板检修

（1）壳体内壁腐蚀情况检查，对渗漏水及漏风处进行补焊，必要时用煤油渗透法观察泄漏点。检查内壁粉尘堆积情况，内壁有凹塌变形时应查明原因进行校正，保持平直，以免产生涡流。壳体内壁无泄漏、腐蚀，内壁平直。

（2）检查各人孔门（灰斗人孔门、电场检修人孔门、阴极振打小室人孔门、绝缘子室人孔门）的密封情况，必要时更换密封填料，对变形的人孔门进行校正，更换损坏的螺栓。人孔门上的"高压危险"标志牌应齐全、清晰。人孔门不泄漏，安全标志完备。

（3）检查电除尘器外壳的保温情况，保温材料厚度建议为 100～200mm。保温层应填实，厚度均匀。满足当地保温要求，覆盖完整，金属护板齐全牢固，具备抗击当地最大风力。

（4）检查并记录进、出口封头内壁及支撑件磨损腐蚀情况，必要时在进口烟道中调整或增设导流板，在磨损严重部位，增加耐磨衬件。对渗

水、漏风部位进行补焊处理，对磨损严重的支撑件予以更换。进、出口封头无变形、泄漏，过度磨损。

（5）检查进、出口封头与烟道的法兰结合面是否完好，对内壁的凹塌处进行修复并加固。

（6）检查槽形板、气流分布板、导流板的吊挂固定部件的磨损情况及焊接牢固情况，更换损坏脱落的固定部件、螺栓，新换螺栓应止退焊接。

（7）检查分布板的磨损情况及分布板平面度，对出现大孔的分布板应按照原来开孔情况进行补贴，对弯曲变形的分布板进行校正，对磨损严重的分布板予以更换。分布板底部与入口封头内壁间距应符合设计要求，对通过全面分析认为烟气流速不匀，使除尘效率达不到设计要求的电场，在进行气流分布板与导流板检修后，同时进行气流分布均匀性测试，并按测试结果进行导流板角度、气流分布板开孔情况调整，直至符合要求。磨损面积超过30％时予以整体更换。

（8）对分布板振打检修参照收尘极振打进行。

（9）检查槽形板的磨损、变形情况，并进行相应的补焊、校正、更换处理。

（10）检查导流板的磨损情况、予以更换或补焊。

（11）检查出口封头处格栅（方孔板）是否堵塞，消除孔中积灰，对磨损部位进行补焊。

（12）对楼梯、平台、栏杆、防雨棚进行修整及防锈保养。

提示　本节内容适合电除尘设备检修（MU5 LE9 LE10）。

第二节　电气元件检修

一、整流升压变压器的检修

（一）整流变压器外观检查处理

用软布清拭变压器外壳的灰尘及油污，检查外壳的油漆是否剥离，石膏是否脱落，外壳是否锈蚀，并进行整修处理。

用软布清拭各瓷件表面，检查有无破损及放电痕迹。油位过低应按制造厂规定的原变压器油牌号加入，不同牌号不能混用，一般温暖的南方多采用＃10或＃25变压器油，较寒冷地区使用＃25变压器油，高寒地区使用＃45变压器油。发现渗漏油，应查明渗漏点及渗漏原因，紧固螺栓或更换密封橡胶垫，要重点检查低压进线套管处因线棒过热引发的渗漏油情况。

质量标准应达到：瓷件无破损及放电痕迹，表面清洁无污染。油枕油位正常，箱体密封良好，无渗漏油现象。呼吸器完好无损，干燥剂无受潮现象（变色部分不超过 3/4）。表面油漆无脱落，外壳无锈蚀。

（二）整流变压器吊芯检查处理

凡经过长途运输、出厂时间超过半年以上，及当整流变压器出现异常情况（如溢油、运行中发热严重、受过大电流冲击、有异常声响、油耐压试验不合格、色谱分析中总烃含量超标等）时，需进行吊芯检查。

运行十年以上的整流变压器可选择性检查或全部进行一次吊芯检查，其他情况一般不作吊芯检查。

低位布置整流变压器吊芯检查时，室内应保持干燥清洁，高位布置时，应选择在晴朗天气进行，并采取可靠的防风、防尘等措施。吊芯时要严防工具、杂物掉入油箱。

吊芯检查对环境温度不宜低于 0℃，吊芯检查前准备应充分，器身暴露大气时间不宜超过 4h，特别情况按下列规定计算时间：空气相对湿度 <65% 时，为 16h；空气相对湿度 <75% 时，为 12h。计时范围为器身起吊或放油到器身入油箱或注油开始。起吊器身的吊环不能用来起吊整台变压器，高压引出采用导线连接的在拆线时应将油位降低到连接点以下。起吊过程中要有专人指挥，专人监护，器身不能与外壳及其他坚硬物件相碰，起吊完毕应将器身稳定。

吊芯检查时拆除整流变压器接线盒处的各输入输出引线并做好标记，以便结束后恢复原接线。

（1）磁路检查处理。检查磁路中各紧固部件是否松动（特别在运行中出现异常声响时），紧固时注意不要损伤绝缘部位。

铁芯是否因短路产生涡流而发热严重，表面有无绝缘漆脱落、变色等过热痕迹（特别在运行中出现异常过热及烃含量超标时），发现后进行恢复绝缘强度处理，严重时可返厂或请制造厂检修。

质量标准：铁芯无过热，表面油漆无变色，各紧固部件无松动，穿芯螺栓对地绝缘良好，绝缘大于 5MΩ（1000V 摇表），铁芯无两点接地，一点接地良好（用万用表测量）。

（2）油路检查处理。器身起吊后，肉眼观察油箱中油色，检查油路畅通情况，对油箱中掉入的其他物件要查明来源，对运行中出现渗油处及老化的橡胶密封垫予以更换。对箱体渗油、沙眼、气孔、小洞等，可应用不影响变压器运行的粘接堵漏技术。

焊缝开裂应补焊，补焊时必须采用气焊，并将变压器油放空，内壁清理干净，补焊完毕，外壳应进行防锈油漆处理。

质量标准：油路畅通，油色清晰无杂物，油箱内壁无生锈、腐蚀及渗漏油情况。各密封橡胶垫无老化现象。

(3) 电路检查处理。检查各线圈的固定及线圈绝缘情况，对松动部位进行固定绑扎，对发热严重部位要查明原因并进行局部加强绝缘的处理。更换烧毁的高、低压线圈（或返厂处理），检查各高压绝缘部件的表面有无放电痕迹（特别当运行中内部曾出现放电声，油耐压试验不合格，烃含量超标，瓦斯动作等情况时），对绝缘性能下降的部件进行加强绝缘处理或更换。

更换或处理后应进行耐压试验，试验电压为其正常工作电压的 1.5 倍，试验时间 3min。当该元件受全压（即输出电压）时，为方便起见，可通过开路试验来检验，时间为 1min。

对高压输出连接部位、部件（连接硬导线或插座式刀片与刀架）进行检查，更换有裂纹的导线，调整错位的刀片与刀架。

外观检查硅堆、均压电容、线圈、取样电阻等元件及互相间的连接情况。对高压硅堆及均压电容怀疑其有击穿可能时（特别是运行中有过电流出现）应从设备上拆下，按照其铭牌上所标的额定电压施加直流电压，或用 2500V 摇表进行绝缘测验。须指出用 2500V 兆欧表常常不能检查出硅堆的软击穿故障。

检查高、低压线圈是否有故障常采用变比试验，即取下高压侧硅堆，断开各高压包之间的连接，在低压侧通常加 10~30V 电压，就可测得各组高压包与低压包的实际变比，再与通过铭牌参数计算的变比去比较。当变比出现异常时（与计算值有较大差异，输入电压不同时，变比发生改变），就可判断是高压包还是低压包，是哪一组高压包出现问题。

更换高、低压包时，要注意保留故障线包上的有关铭牌参数（如出厂日期，规格型号，线径与匝数等），高压包还需注明其所加在位置，以便制造厂能够提供确切对应的配件。更换高压线包时，位置不要改变，因为加强高压包与其他线包的安装位置与技术参数是不同的。这点也适用于更换高压硅堆时，因为加强包往往对应有加强桥。

质量标准：内部焊线无熔化、虚焊、脱焊现象，各引线无损伤、断裂现象；硅整流元件、均压电容无击穿迹象；高压取样电阻及连接部位无变形、裂碎、断线、松动、放电或过热情况；高低压线圈无绝缘层开裂、变色、发脆等绝缘损坏痕迹；线圈固定无松动现象；高压绝缘板、高压瓷件无爬电、碎裂、击穿痕迹；高低压屏蔽接地良好；插入式刀片与刀座无错位接触不良及飞弧现象；一、二次线圈直流电阻与线圈所标值一致，偏差超过出厂值2%应查明原因，第一次测量数据作为原始数据记录。

修复后应按照国家专业标准进行测试。

现场修复后应进行以下测试并符合国家专业标准或厂家有关要求：变压器空载电流测试、额定负荷下温升试验、变压器高压回路开路试验。

（三）整流变压器油耐压试验

每次大修时必须对变压器油进行一次耐压试验，取样时打开变压器放油孔，用少量油对清洁干燥的油杯进行一次清洗，然后将试样放入杯中，取样完毕，注意样品的保护，防止受潮，并尽快送试验室进行耐压试验。试验时取中段油样置于清洁的油杯中，调整两电极使之平行，并相距2.5mm（电极平行圆盘的间隙用标准规检查），让油样在杯中静置 10～15min 后，接通油耐压试验设备，使电压连续不断地匀速上升直至油击穿，记录击穿瞬间的电压值，并使电压下降到零。再次试验前，用玻璃棒在电极间拨动数次，再静置 5min，然后按以上方法再升压、读数、降压，共不停地做五次，取得五个击穿电压值。最后取其平均值作为该变压器油的耐压值，必要时对油样进行色谱分析，方法及评判分析参照电气高压试验有关标准。变压器油耐压不合格时应进行滤油处理。当经处理后击穿电压仍低于规定值时，应予更换。

质量标准：新换上或处理过的油，试验要求耐压值大于或等于40kV/2.5mm，投运时间达到或超过一个大修周期的，允许降低到不低于 35kV/2.5mm 运行。

二、电除尘的高压回路检修

（一）阻尼电阻检修

对阻尼电阻清灰，进行外观检查，测量阻尼电阻的电阻值，对电气连接点接触情况进行检查处理。当珐琅电阻有起泡及裂缝，网状阻尼电阻丝或绕线瓷管电阻因电蚀局部线径明显变小，绝缘杆出现裂缝炭化时，应更换。

质量标准：阻尼电阻外观检查无断线、破裂、起泡，绝缘件表面无烧灼与闪络痕迹，与圆盘连接部位无烧熔、接触不良现象，电阻值与设计值一致。

（二）整流变压器及电场接地检查处理

检查整流变压器外壳接地是否可靠（不得通过滑轮接地，应有专门接地回路，采用截面不小于 $25m^2$ 的编织裸铜线或 3×30 的镀锌扁铁），检查整流变压器工作接地（即"十"端接地），应单独与地网相连接，接地点不能与其他电场的工作接地或其他设备的接地混用，接地线应采用截面积不小于 $16m^2$ 的导线。若有接地线松动腐蚀、断线或不符合要求的接地线情况存在，要采取补救措施。接地电阻的测试，每隔 2～3 个大修周期进行一次，当接地电阻达不到标准要求时，要增设或更换接地体，每次大修时要重点检查设备外壳的地网的连接情况。发现腐蚀严重时，要更换或增设接地线。

质量标准：整流变压器外壳应良好接地，整流变压器正极工作接地应绝对可靠，整流变压器接地及电场接地电阻小于 1Ω，其中与地网连接电阻宜不大于 0.1Ω。

（三）高压隔离开关检修

（1）外观检查及机构调整。用软布清拭瓷瓶，更换破裂瓷瓶，若有放电痕迹，应查明原因，必要时进行耐压试验。检查静、动触头接触情况，压力不足时可调整或更换静触点弹簧夹片，检修完毕应给动、静触点涂抹适量电力复合脂。锈蚀造成动作不灵活时应进行除锈。顶部设置的高压隔离开关，其软操作机构钢丝容易因锈蚀造成操作困难，严重时应予更换或改为其他形式操作机构。对操作机构的传动部位清除污垢，加新的润滑油，对松动部位进行紧固，更换磨损严重已影响开关灵活、可靠操作的部件。

质量标准：外观检查各支撑瓷瓶无破裂、放电痕迹，表面清洁无污染。开关操作灵活、轻松，行程满足要求，分合准确到位，外部开关位置指示准确。开关动、静触头接触良好，隔离开关对应的限位开关准确到位，接点接触可靠，闭锁可靠，机构闭锁能可靠工作。

（2）绝缘测试。一般情况下仅用摇表进行绝缘检查，不进行全电压耐压试验，确有必要时可做电缆试验（T/R 低位布置）或整流变压器开路试验（T/R 高位布置）也可结合起来进行。对即将换上去的高压瓷瓶要进行耐压试验。电场中其余高压绝缘部件亦按此标准进行。

质量标准：2500MΩ 表摇测绝缘电阻大于或等于 100MΩ，实验电压为 1.5 倍额定电压，历时 1min 不闪络。

（四）高压电缆检修

（1）外观检查与处理。检查电缆外皮是否损伤，并采取相应补救措施。检查电缆头是否有漏油、渗胶、过热及放电痕迹，结合预防性试验，重做不合格的电缆头。电缆头制作工艺按照或参照 35kV 电力电缆施工工艺。检查电缆的几处接地（铠装带、电缆头的保护与屏蔽接地）是否完好，连线是否断开，进行相应处理。

质量标准：电缆头无漏油、漏胶、过热及放电情况，电缆终端头保护接地良好，外壳或屏蔽层接地良好，电缆外皮完好无损。

（2）预防性试验。一般情况下每两个大修周期对电缆进行一次常规的预防性试验。当发生电缆及终端头过热、漏油、漏胶等异常情况时，加强监视及预防性试验，对已经击穿及大修中预防性试验不合格的电缆进行检修，重做电缆头或更换电缆，尽量使电缆不出现中间接头，如有不得多于一个。

质量标准：预防性试验标准当采用交流电时按相应规程进行。

电除尘器专用高压直流电缆试验标准：直流试验电压 2 倍额定电压，试验时间 10min。

三、高压控制系统及安全装置检修。

（一）整流变压器保护装置及安全设施检修

拆下温度计送热工专业校验。瓦斯继电器送继电保护专业校验，油位计现场检查。高位布置的整流变压器要检查，油温、瓦斯等报警与跳闸装置及出口回路的防雨措施是否完好，检查低压进线电缆固定情况及进线处电缆防磨损橡皮垫完好情况。对集油盘至排污口（池）采用淡水排放畅通试验。

质量标准：整流变压器的油位、油温指示计，瓦斯继电器等外观完好，指示清晰，表面清洁。瓦斯继电器及温度指示计应经校验合格，报警及跳闸回路传动正确，高位布置时有可靠的防止风雨雪造成误跳闸、误报警、防电缆绝缘磨损的措施。

（二）高压测量回路检修

高压取样电阻通过 2500V 绝缘电阻表来测量串联元件中有无损坏情况，测量注意极性（反向测量），二次电流取样电阻及二次电压测量电阻用万用表来测量，测量时将外回路断开。第一次测的数据作为原始数据记入设备档案。用 500V 或 1000V 绝缘电阻表来检查测量回路通过电压保护的压敏元件特性是否正常，测量时须将元件两端都断开。

质量标准：二次电压、电流取样回路屏蔽线完好，一端可靠接地。高压取样电阻、二次电压测量电阻及二次电流取样电阻与制造厂原设计配置值一致，偏离值超过 10% 时应查明原因，予以更换或重新配组，并重新较表。与二次电压测量回路并联的压敏元件特性正常。

（三）电抗器检修

（1）外观检查处理。检查电抗器的接头是否过热，有无接触不良情况，瓷瓶是否完好，油浸式电抗器是否有渗、漏油情况，检查电抗器固定是否松动，必要时作解体检修。

质量标准：瓷套管应完好，无裂缝破损，箱体无渗漏油，接头处接触良好，无过热现象。

（2）性能测试。用电桥测量线圈直流电阻数值（特别当运行中存在异常发热情况时），用 1000V 兆欧表测量线圈对地绝缘，绝缘不合格时，检查电抗器油耐压，必要时作解体检修。

质量标准：直流电阻值或电感值偏差超过制造厂出厂值的 3% 时要对线圈进行吊芯检查。线圈对外壳绝缘用 1000V 兆欧表标准测量大于 $5M\Omega$，油耐压试验标准按制造厂规定或参照一般电气试验标准。

（3）解体检修。在电抗器出现异常发热、振动、声响、油试验不合格及内部有放电等异常情况时进行。与整流变压器同一体的电抗器在整流变压器吊芯检查时一同进行，检查方法与注意事项参照整流变压器吊芯检查中有关事项。

质量标准：各线圈牢固无松动，各压紧螺栓无松动，线圈、铁芯、穿芯螺栓对地绝缘良好，线圈绝缘无老化，铁芯无绝缘损坏及过热现象，铁芯一点接地良好，油箱内清洁无杂物，油清晰无杂质。

（四）高压控制柜检修

（1）外观检查处理。对高压控制柜进行清灰，清灰前取下电压自动调整器，检查主回路各元件（主接触器、快熔、可控硅、空气开关等）外观完整，检查一、二次接线完好情况。

质量标准：控制柜内无积灰，盘面无锈蚀，控制柜接地良好可靠，一、二次接地完好，无松动及过热情况。

（2）主要元、器件性能检查处理。检查可控硅元件冷却风扇是否存在卡涩或转动不灵活情况，更换故障的风扇，检查与清除散热片中积灰，检查元件与散热片接触情况，用干净软布将可控硅元件表面污秽、积灰清除，要特别注意触发极端子连接情况。用指针式万用表简单判断可控硅元件的性能，有条件可使用可控硅特性测试仪。

质量标准：可控硅冷却风扇能正常工作，散热片无积灰堵塞。用万用表测量可控硅各极间电阻，经验数据正常值一般为控制极与电晕极。几十至十几欧姆；控制极与收尘极，电晕极与收尘极均达几百千欧。

（3）检查空气开关。检查空气开关分合情况，并打开面板检查触头接触及发热情况，检查热元件情况，对打毛的触点及发热的接点进行处理，对过载保护值进行调整或通电试验（热元件1.5倍整流变压器额定一次电流，1.5~2min动作，过流动作6~10倍额定电流）。

取下主接触器灭弧罩，检查触点发热、打毛情况并进行修整，检查接触器机构吸合情况，调或更换有关部件，清除铁芯闭合处的油污、灰尘、更换故障的无声节能补偿器。

质量标准：空气开关、交流接触器分合正常，触点无过热、粘接、接触不良及异常声。保护功能完好。各开关、按钮操作灵活可靠。

（4）表计校验。拆下一、二次电压、电流表计送仪表专业校验，拆下时对接线及表计分别做好标记，将一次电流测量回路短接。由于电除尘供电装置在取样回路上的特殊性，对二次电压、电流表校验时不能光较表头，应考虑取样回路的配合，常在大修完毕进行电场空载升压试验时进行。用专门测量装置（如高压静电表、电阻分压式专用高压测量棒）对照较表，较核点应在正常运行值附近。较表完毕后将可调部位用红漆固定，各个表计做好记号，各电场之间二次电压、电流表固定板（装有校正电位器）一般不能互换。

质量标准：表计指示正确，线性好，误差在允许范围之内，表计无卡涩现象，能达到机械零位。

（五）电压自动调整器检查调试

（1）外观检查处理。检查抽屉式调整器导轨是否松动变形，外接插头上连线有无松动，接触不良、脱焊情况，对调整器各部分用柔软刷子清灰，并用干净软布用无水乙醇擦拭，检查各连接部件、各插接口及插接件上元件有无松动虚焊、脱焊、铜片断裂、管脚锈蚀、紧固螺母松动等现象。更换可调元件时在调后用红漆封好。

（2）模拟调试台上初调。按照制造厂调试大纲要求在模拟台上对各个环节进行调试，分别记录调试前后各控制点的电位及波形，检查电流极限、低压延时跳闸，过流过压保护、闪络控制及熄弧等控制环节是否正常。按照脉冲个数或触发电压宽度对导通角进行初调。

（3）简单调试。可在现场用灯泡做假负载进行简单的检查调试（由于此时开环运行，没有二次的反馈与闪络控制，检查是不全面的），宜用两只100~200V电灯泡串联，灯泡功率不能太小，否则主回路上电流达不到可控硅的维护电流。

（4）控制保护特性现场较核。通过模拟整流变压器超温、瓦斯动作、低油位、可控硅元件超温等保护动作情况来试验。带上电场，在电场空载时校验电流极限、一次过流、二次过流（开路）、低压延时等保护符合厂家要求。通过反复观察一次电压值来观察可控硅导通角指示是否大致反映可控硅导通情况。当电场通入烟气，电场发生闪络时，校验闪络灵敏度是否合适。

（六）安全联锁装置检查试验

（1）人孔门安全联锁检查试验。对安全联锁盘清灰，检查内部接线连接情况，检查钥匙上标示牌是否齐全、对应，安全锁（汽车电门）是否开启灵活、可靠，接点接触是否可靠，检查人孔门上锁是否对应，开启是否灵活。最后按照人孔门安全联锁设计要求，对高压控制柜的启，停控制进行联锁试验（可以在电场空载升压试验前进行，此时仅合上主接触器而高压控制柜不要输出，以免整流变压器受到频繁冲击）。

质量标准：安全联锁盘上接线完好，无松动、脱焊等情况，安全联锁功能与设计一致，各标示牌完好，锁开启灵活，接点动作可靠。

（2）高压隔离开关闭锁回路检查、试验。检查限位开关与高压隔离开关"通"、"断"位置对应情况，并在高压控制柜上测量接点转换接触情况。最后直接操作隔离开关进行与高压控制柜的启、停联锁试验（可在电场空载升压试验前进行，此时仅合上主接触器、电场必须处于待升压状态，使得高压隔离开关开路后高压侧不会出现过电压）。

质量标准：限位开关与高压隔离开关位置对应，接点接触良好，转换灵活、可靠、闭锁回路正常。

四、电气低压部分检修

（一）动力配电部分检修

（1）对380V配电装置，如低压母线、刀闸、开关及配电屏、动力箱、照明箱等进行停电清扫。

（2）检查各配电屏，动力箱，照明箱上刀闸、开关的操作是否灵活，刀片位置是否正，松紧是否适度，熔断器底座是否松动、破裂，熔芯是否完好，各电气接头（电缆头、动力端子排、母排连接处、刀闸、开关、熔断器的各触头等）接触是否良好，有无出现电缆头过热、绝缘损坏、搪锡或铝导线熔化、铜或铝导体过热变色，弹簧垫圈退火等情况。

（3）检查各动力回路上的标示是否齐全、对应，熔断器规格与所标容量是否相符。

（4）用 500V 兆欧表检查各动力回路绝缘。

（5）质量标准：各母线、动力箱、配电屏表面清洁，绝缘部件无污染及破损情况。各动力箱、配电屏内部清洁、闸刀、开关操作灵活、可靠、各电气连接点无过热现象。回路标志清晰、熔断器实际规格与所标值一致，绝缘电阻大于 0.5MΩ。

（二）用电设备检修

（1）检修前准备。将动力电源可靠切除（有明显的断开点）。

（2）电动机的检修。打开接线盒，检查三相接线有无松动及过热情况，用 500V 兆欧表检查电机绝缘。视运行时间长短及设备运行状况，对部分或全部电动机进行解体检修（由于电除尘器系统电动机功率大多不到 1kW，振打电机一般处于间断工作状态，考虑解体的劳力与费用，在大修中不一定全部予以解体检修）。解体检修按照一般低压电动机检修规程进行，解体前拆除三相端子，作好标记，并且三相短路接地。对那些转向有要求的电机恢复接线时要试验电动机转向是否与原来一致，装复后试运转 1h（与本体试运结合起来）。

质量标准：三相接线无松动、过热，绝缘大于 0.5 MΩ，电机线圈及轴承温升正常，无异常振动及声音，接头与电缆无过热现象。

（3）电加热器检修。检查电加热器接头有无松动及过热烧熔情况，检查电加热器引入电缆是否因过热而造成绝缘损坏，用 1000V 兆欧表检查电加热器（带引入电缆）绝缘情况，用万用表测量电加热器管阻值，是否有开路及短路情况，更换故障的电加热器。

质量标准：绝缘电阻大于 1 MΩ，电加热器无短路及开路情况。

（三）控制设备检修

（1）中央信号控制屏上设备的检修。对装置进行清灰，对声、光报警装置进行试验。

质量标准：光字牌，信号灯、声光报警系统完好。

（2）排灰控制设备检修。

1）排灰调速电机 06 滑差控制装置检修。对滑差控制器及测速电机进行清灰、擦拭，检查控制器内部元件有无锈蚀、烧毁、管脚虚焊、脱焊，按照制造厂说明书或调试大纲要求进行调试。

2）"排灰自动控制"检查处理。模拟高、低灰位信号，检查能否发信号，高灰位自动排灰环节能否正常工作，排灰时间是否与设计值一致，有冲灰水电动阀联动控制时电动阀是否联动，电动阀开、闭是否灵活，关闭是否严密，排灰的"自动"与"手动"转换是否灵活、可靠，信号及联动试验可结合排灰装置试运转进行。

3）灰位检测装置检修。灰斗灰位检测装置（即料位计）目前使用的主要为电容式料位计与核辐射料位计。

电容式料位计检修内容主要有：对探头和电子线路清灰（对探头是清除不正常粘接的物料，浮灰不需清理），检查探头有无机械损伤影响其工作性能。在灰斗确已排空时对料位计进行校零以消除与被测物料无关的固有电容的影响，在物料确已将探头覆盖后进行动作值较准，选择合适的灵敏度。按照物料在灰斗中的晃动程度选择合适的延迟时间。具体要求参见各制造厂的说明书。

核辐射料位计由放射源及仪器两部分组成，仪器又由探测单元（包括计数管与前置电路）与显示单元（包括工作电源、信号数模处理，逻辑判断、相应表计与接点输出回路等）组成。

核辐射料位计检修内容主要有：①仪器部分，对装置进行清灰与外观检查各元件及连接是否正常，通电后检查其工作电压（正高压、正压、负压）电压是否正常，在"校验"位置检查其信号数模转换及"料空"指示是否正常，正常的计数管受宇宙射线本底作用使显示单元能有 20% 左右晃动的指示。②在"工作"位置进行现场调校，在确保空灰斗情况下，选择合适的灵敏度，检查显示电表应接近满刻度，并有"料空"显示或报警。在灰斗灰位达到监视位置时，显示电表指示应大幅度返回，并有"料满"显示或报警。选择合适的延缓时间，使装置不会因物料的晃动而频繁报警。③一般情况下，用作料位计的放射源钴源，每两个大修周期予以更换，射源使用可达二十年以上，具体还要视现场放射强度能否满足需要而定。若怀疑放射源有问题，必须请制造厂负责或指导处理。到期失效放射源由制造厂回收。

（3）振打程控装置检修。装置清灰，外观检查，检查内部元件有无锈蚀、烧毁、虚焊、脱焊、接插件接触不良等情况。可在切除振打主回路电源情况下，开启振打程控装置，认真、仔细记录据打程序，并与设计要求对照，对暴露出来的问题进行处理。有"手动"操作的，检查"手动"与"程控"切换是否灵活、可靠。振打程控装置有多种形式，具体要求及参数见各制造厂说明书。

（4）电加热器自动控制回路检修。拆下电接点温度计，送热工专业校验，检查电接点温度计电接点接触是否良好。可在切除主回路电源情况下，人为改变高、低温度定值，驱动回路能够正常启、停。有"手动"操作的检查"手动"与"自动切换是否灵活、可靠。

（5）浊度仪检修。对测量头与反射器中的密封镜片用镜头擦拭布由中心向外轻轻擦拭进行清灰，清理完毕按原样复位，并保证外壳密封。对净化风源中的空气过滤器用压缩空气进行清理，更换性能下降的滤桶，检查测量头中的灯泡接触情况，若使用时间已达一个大修周期，予以更换，用零点记忆镜进行仪器的零点检查，调整至制造厂规定的零点电流值。按照环保要求需要结合实际使用情况检查或重新设定极限电流值（即报警值），调整完毕将电位器用胶漆封牢。利用大修后的除尘效率测试结果对浓度与浊度的关系进行一次对照与标定。具体参数及调试参见各制造厂说明书或调试大纲。

当仪器出现较复杂故障，由于其专业性较强，一般应请制造厂或专业维护人员进行处理。进、出口烟温检测装置与温度巡测装置检修，拆下进、出口烟温测量元件送热工专业较核。对温度巡测装置进行清灰及外观检查，检查切换开关能否灵活、可靠、切换、自动切换的能否正常工作，有报警功能的检查其设定值及越限报警情况。

（四）保护元件的检查、整定

目前低压用电设备多采用熔断器、空气开关及热继电器作设备及回路的过流（短路）及过载保护，其中电加热器多采用熔断器保护，低压电机较多采用带过流与过载复合脱扣的空气开关或熔断器加热继电器的保护。

（1）外观检查处理。核对熔断器熔芯规格容量是否与设计一致，打开空气开关或热继电器盖子，检查空气开关过流脱扣机构是否有卡涩、松脱打滑情况，检查空气开关及热继电器中的热元件其连接点是否有异常过热后变形与接触不良情况，电阻丝（片）有无烧熔及短接情况，检查其跳闸机构是否卡涩、松脱、打滑或螺丝松动情况，三相双金属片，动作距离是否接近，带"断相保护"的热元件其断相脱扣能否实现，采用"手动复归"是否完好。

（2）保护整定。根据电动机的额定电流，按照一般低压电动机的保护要求，对热元件通电流进行保护的校验，校验完毕，可将可调螺栓紧固，对螺栓及刻度盘用红漆作好标记。

提示 本节内容适合电除尘设备检修（MU5 LE10）。

第十八章

电除尘设备调试及故障分析处理

第一节 电除尘器性能试验

一、电除尘器试验的目的

燃煤电厂锅炉电除尘器，既是防治大气污染的环保装置，又是减轻引风机磨损、保证机组安全发电的生产设备。不管是研制、使用新电除尘器，还是用来改造其他老电除尘器，电除尘器试验都是必不可少的工作，其目的主要是：

（1）检查电除尘器的烟尘排放量或除尘效率是否符合环保要求。

（2）查找现有电除尘器存在的问题，为消除缺陷、改进设备提供科学依据。

（3）对新建的电除尘器考核验收，了解掌握其性能，制定合理的运行方式，使电除尘器高效、稳定、安全地运行。

（4）为研制开发新型电除尘器，进一步提高电除尘技术水平积累数据，创造条件。

二、电除尘性能试验

电除尘性能试验涉及许多基本物理量和内容。有关粉尘性质方面的有成分、密度、粘度、分散度、粒径和比电阻等，有关烟气性质方面的有温度、湿度、压力、流速、流量及含尘浓度，有关除尘性能方面的有阻力、漏风率、除尘效率、伏安特性、气流分布和振打性能等。

电除尘器的性能试验很多，主要指气流均匀性，集尘极、放电极振打特性，电晕放电伏安特性，除尘效率特性等。性能试验既可以在工业设备上进行，也可以在冷态模型或热态半工业性能试验装置上进行。

（一）气流均匀性试验

电除尘器的气流均匀性试验一般包括两部分内容：一台工业炉窑上各台（或各室）的电除尘器的气量分配的均匀性，每台电除尘器电场内的气流分布均匀性。

气流分布均匀性可以用烟气流量测定方法测量各台电除尘器的处理烟量，并换算标准状态下的烟气量，计算出平均烟量，进而求得各台电除尘器的处理烟量与平均烟量（均指标准状态下）的相对偏差。通常要求各台电除尘器的烟气量分配相对偏差应小于±10%，对于高效率电除尘器的要求气量分配的相对偏差小于±5%。

目前还不能利用理论计算指导工业设备电除尘器（以下简称原型）气流分布均匀性设计，故常用物理模拟实验方法，在取得结果之后用于指导原型设计。

（二）振打特性试验

清除电除尘器集尘极板排及放电极电晕线（以下简称极板、极线）的粉尘，是电除尘器高效率稳定运行的必要条件之一。极板上振打加速度及其分布均匀程度关系到粘附在极板表面的粉尘能否有效剥落。振打力太小，极板上积灰增厚，会造成除尘效率下降；对于高比电阻粉尘容易加剧反电晕现象。振打力太大，从极板上剥落的粉尘不易形成片状或团状降落，而是呈细粉尘状降落易被烟气流携带走，引起"二次扬尘"，并加速振打系统的机械损耗。电晕极的振打也有类似情况，振打力太小，积灰清除不干净，电晕电流减小，除尘效率下降，振打力太大，易造成电晕线损坏。

（三）空载升压及伏安特性测定

伏安特性测定有冷态及热态两种，冷态测定是在收尘极系统和放电极系统安装完毕以后，或者每次检修完毕进行。是从总体上对电除尘器的安装及检修质量的检验。

电除尘器空载升压的伏安特性应存入档案，为日后检修质量验收时提供依据。

通电升压以前，应确认电场内清理已经完毕，并检查两极间的绝缘电阻，应符合向电场供电的要求。

空载通电升压试验，必须在正常天气条件下进行，不宜在雨天、大雾天进行。试验时，必须记录当时的气象条件，包括温度、湿度、大气压等。

测定时应采用电除尘器实际使用的高压直流电源、电抗器、自动电压调整柜等。如单套设备容量不够时，可采用两套高压直流电源并联供电。并联供电通过高压隔离开关、联络母线来实现。在并联供电之前，两台变压器整流器必须分别向电场进行供电，确认性能完好时，方可并联供电。

并联供电时，两台电源必须接在同一相位上并同时启动，采取手动办法，同步升压，记录不同电压时对应的电流。具体操作应严格遵守高压电源生产厂的有关规定，并联供电时间应尽可能缩短。在电场开始闪络或电流电压达到最高输出时，即用手动把电压缓慢降下来，此时电场空载电压为两台电源输出电压平均值，电流为两者之和。

电流、电压直接从高压直流电源的电流和电压表读出，测二次电压的千伏表需经高压静电表校正。二次电流表经精度为 1.0 级的万用表和测试调整器校正。

将测得的二次电流值（mA）除以电场的收尘极投影面积（m²），计算出收尘极板电流密度（mA/m²），将二次电压（kV）和相应的电流或电流密度，绘制出空载伏安特性曲线。

每个电场空载升压试验一般重复三次，以获得最高电压平均值为该电场空载升压试验的最高电压测定值。

用空载通电升压试验的方法来检查新安装的电除尘器的质量和极间有无异物，并不一定要两台电源并联，并将电压升至火花击穿。

（四）除尘效率特性试验

除尘效率又称收尘效率、捕尘效率或分离效率，它是所捕集的粉尘量与进入除尘器的粉尘量之比。测定除尘效率需按第四节粉尘采样的要求，选择合适的测定位置，采用标准采样管，在除尘器进、出口同步采样，然后通过计算求得。

（1）总除尘效率。火力发电厂锅炉除尘器总除尘效率一般以粉尘质量或单位气体体积内的粉尘质量为基准，即

$$\eta = \frac{G' - C''}{G'} \times 100\% = \left(1 - \frac{C''}{G'}\right) \times 100\% \qquad (18-1)$$

或

$$\eta = \left(1 - \frac{C''Q''}{C'Q'}\right) \times 100\% \qquad (18-2)$$

式中　G'、G''——分别表示除尘器进、出口的粉尘质量，kg/h；

C'、C''——分别表示除尘器进、出口的含尘浓度，g/Nm³；

Q'、Q''——分别表示除尘器进、出口标准状况下的处理气体流量，m³/h。

对于高效率除尘器，例如电除尘器、袋式除尘器，常用透过率 P 来表示该除尘器的捕尘性能：$P = (1 - \eta) \times 100\%$。例如 $\eta = 99\%$，则 $P = 1\%$；$\eta = 99.99\%$，则 $P = 0.01\%$。

超高效的除尘器性能还可用净化系数 f_0 来表示，即

$$f_0 = \frac{1}{1 - \eta} \qquad (18 - 3)$$

例如，$\eta = 99.999\%$，则 $f_0 = 10^5$。

净化系数的对数值称为净化指数，上例的净化指数为 5。

（2）分级除尘效率。一般来说，在一定的粉尘密度条件下，粉尘愈粗除尘效率愈高。因此，仅用总除尘效率来描述除尘器的捕尘性能就显得不够，还应标出不同粒径粉尘的除尘效率才更为合理。后者便称为分级除尘效率，以 $\eta_{\Delta\delta}$ 表示，即

$$\eta_{\Delta\delta} = \left(1 - \frac{f_{2(\Delta\delta)} \, C''}{f_{1(\Delta\delta)} \, G'} \right) \times 100\% \qquad (18 - 4)$$

式中　$f_{1(\Delta\delta)}$、$f_{2(\Delta\delta)}$——分别表示某相同粒径段 $\Delta\delta$ 的粉尘在除尘器进、出口的粉尘质量的百分比。

分级效率和总除尘效率的关系为

$$\eta_{\Delta\delta} = \eta_m \frac{f_{2(\Delta\delta)}}{f_{1(\Delta\delta)}} + \left[\frac{f_{1(\Delta\delta)} - f_{2(\Delta\delta)}}{f_{1(\Delta\delta)}} \right] \times 100\% \qquad (18 - 5)$$

式中　η_m——表示总除尘效率，%。

（3）多级串联除尘器的除尘效率。假如除尘器由多级串联组成，各级除尘效率分别为 η_1，η_2，η_3，$\cdots$，η_N，则其总除尘效率为：$\Sigma\eta = \eta_1 + (1 - \eta_1) \eta_2 + \cdots + (1 - \eta_1)(1 - \eta_2) \cdots \times (1 - \eta_{N-1}) \eta_N$

如各级除尘效率相等，即 $\eta_1 = \eta_2 = \eta_N$，则

$$\Sigma\eta = 1 - (1 - \eta_N)N \qquad (18 - 6)$$

（4）除尘效率特性试验。电除尘器效率特性试验包括：供电设备性能（如电压、电流波形、极性、控制特性等），供电方式，运行电压，电流密度，电晕功率；电除尘器结构（如极板、极线形式和匹配，极间距等）；电除尘器的运行条件，运行方式，诸如煤种、烟气速度、振打周期、电场闪络（火花）频率等各因素对除尘效率的影响。总之一切对电除尘效率有影响的因素都可以作为电除尘器效率特性试验的内容。在进行某项特性试验时，只变动该项参数而其他条件应保持稳定。

（五）漏风率的测定

任何一台除尘器都不可能做到完全严密，在壳体接缝及各种孔盖等处都可能存在漏风。但是由于设计、制造、安装、运行等方面的因素，同样的设备其漏风率可以相差很大。

在负压下运行的除尘器，如果漏风率过高，则对系统、对设备都会造成一些不利的影响。

对整个除尘系统而言，外界大气的漏入，使系统的排风量增大而吸风点的风量减少，结果是增加无益的电能浪费，降低了系统的通风除尘效果。

对除尘设备而言，电除尘器通常用于高温烟气系统，烟气中会有一定的水分和硫氧化物。外界大气的漏入使除尘器局部区域的温度降低，有可能使烟气中水分冷凝析出，生成稀硫酸。水分的析出也可使部分粉尘受潮而粘在放电极和收尘级上，造成放电线肥大和收尘级异常积灰等问题。如果灰斗漏风，则会出现吹灰现象，使粉尘重新返回气流，影响除尘效果，对于高效除尘器，这一点是相当敏感的。

对含酸烟气，若温度降低到露点之下，生成的稀酸对电除尘器结构产生腐蚀，大大缩短电除尘器的使用寿命。

由此可见，漏风率对于除尘器，特别是对于高效的干式电除尘器来说，是一个十分重要的指标。一台新建的或大修后的电除尘器，做漏风率的检测是很必要的。

电除尘器的漏风率是指除尘器出口烟气量比入口烟气量增大的百分率，即

$$\alpha = (Q_0 - Q_i)/Q_i \times 100\% \qquad (18-7)$$

式中　α——漏风率，%；

　　　Q_0——除尘器出口烟气量，m^3/h；

　　　Q_i——除尘器入口烟气量，m^3/h。

除尘器的漏风率可以在安装时检查，在运行时测定。可采用目视、涂渗透剂（如煤油等）、施放烟幕弹、进行打压试验等方法检查。

目前大多数结合除尘效率的测定，用皮托管同时测量电除尘器进、出口烟气量，并换算成标准状态下的烟气量，按上式计算漏风率。比托管法的最大缺点是误差太大，而且这些误差又不完全是随机的，它还受到操作与现场条件的影响。

（六）压力降的测定

除尘器压力降，亦称压力损失或阻力，系指烟气通过除尘器所损失的能量。分别测得除尘器进、出口烟气总能量后，两者相减即为除尘器的压力降。为此，需同时测定进口和出口的烟气静压、动压、介质温度、环境温度、大气压力等数据，并查明测量处的标高。

如果烟气流态较平稳均匀，则可用烟道侧壁上一点测得的静压代表整个测试断面静压的平均值。此测点应安装在平直管段上，静压测孔内径一

般为 5~6mm，孔四周的烟道内壁应光滑无毛刺、无积灰。

如果烟气流态不够均匀，则应在烟道四周设数个静压测孔，并用环性观形管相连，求得测试断面静压的平均值。

除尘器压力降可按下式计算

$$\Delta p = (p_d' - p_d'') + (p_j' - p_j'') - \rho_k(y' - y'')g + (y'\rho' - y''\rho'')g$$

$$(18-8)$$

式中　p_d'、p_d''——除尘器进、出口烟气动压，Pa；

　　　p_j'、p_j''——除尘器进、出口静压，Pa；

　　　y'、y''——除尘器进、出口静压测点标高，m；

　　　ρ'、ρ''——除尘器进、出口烟气密度，kg/m³；

　　　ρ_k——烟道周围的空气密度，kg/m³；

　　　g——重力加速度，m/s²。

当除尘器进、出口烟气温差不大时，$\rho' \approx \rho''$，取平均值为 ρ_y，则式 (18-8) 可简化为

$$\Delta p = (p_d' - p_d'') + (p_j' - p_j'')(\rho_k - \rho_y)(y'' - y')g \quad (18-9)$$

如果进、出口静压测点标高相差不大，则可进一步简化为

$$\Delta p = (p_d' - p_d'') + (p_j' - p_j'') \quad (18-10)$$

此时，若除尘器进、出口烟速大致相等，则除尘器阻力可近似看作进、出口烟气静压之差，即

$$\Delta p = p_d' - p_j'' \quad (18-11)$$

（七）极间距安装误差的测试

电除尘器安装完毕，极间距经安装单位调整后，电除尘器封顶之前，由用户单位组织，电除尘器制造厂监督，安装单位具体实施检测极间距的安装误差。

根据电除尘器电晕极、收尘极间距安装误差测试方法规定，凡采用芒刺形放电极（含管形芒刺线、锯齿形芒刺线）的电除尘器，电晕极、收尘极间距误差，理论上为电晕极、收尘极中心距误差，实际测量时可测芒刺尖端到收尘级工作表面距离的偏差。

放电极为星形线和其他类似极线的电除尘器，电晕极、收尘极间距误差，实际测量时可测防电线的表面到收尘极工作表面距离的偏差。

放电极为螺旋线的电除尘器，电晕极、收尘极间距误差为收尘级板和相邻的放电极小框架的中心距的误差。实际测量时可测收尘极板翼缘外侧与相应的放电极小框架间的偏差。

测定时的测点布置见图 18－1。芒刺线放电极的测点布置见图 18－1
(a) 所示。每个通道中至少在两根放电线上布置测点，每根放电线上布置
8 个测点。在垂直方向上，最上面的一个芒刺尖端为第一个测点，最下面
的一个芒刺尖端为第 8 个测点，中间可根据具体情况选择 6 个测点，并进
行记录。其余极线以及被抽测极线的末测点都必须用经鉴定合格的专用工
具（通止规）检测合格。

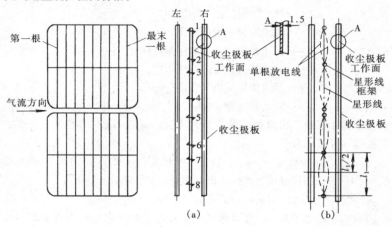

图 18－1　电除尘器电晕极、收尘极间距误差测点布置示意

放电极为星形线的测点布置见图 18－1 (b)，在每个通道上任意选择
两根放电线上布置测点。在垂直方向上，适当选取 8 个测点。每根放电线
的中间位置应布置一个测点，被抽测的测点都必须用经鉴定合格的专用工
具（通止规）检测合格。

使用螺旋线的电除尘器，首先应检查螺旋线挂钩处尺寸是否已满足规
定的公差要求。目测所有螺旋线的安装情况，并对所有收尘级板的外侧翼
缘和相应框架间的距离进行目测，不合格的需要进行校正，直至符合要
求。在此基础上，测定每个电场首末两块收尘级板的翼缘外侧与相应的电
晕极小框架间的距离，并进行记录。

按现行标准规定：收尘极板高度小于或等于 7m 的电除尘器，电晕
极、收尘极间距安装误差应在 ± 5mm 范围内；收尘极板高度大于 7 m 的电
除尘器，电晕极、收尘极间距安装误差应在 ± 10 mm 范围内。

提示　本节内容适合电除尘设备检修（MU5 LE11）。

第二节 电除尘器安装及大修后的调整试运

为评定电除尘的设计、制造和施工质量，调整其动态性能，在电除尘器全部安装完毕投入运行前，必须进行调试工作。电除尘器的调试工作应由六个阶段组成，即电除尘器本体调试，电气设备元件的检查与试验，调试前的系统检查与传动试验，高压控制回路调试及空载试验，冷态、无烟电场空载调试，热态，额定负载工况下参数整定及特性试验。

一、除尘器本体调试

（1）除尘器的本体调试包括：电除尘器整体密封性漏风率试验，现场电除尘器内入口断面冷态气流分布均匀性试验，振打、料位、输排灰试运，以及配合调试中的空载升压和电加热器的调试工作。

（2）除尘器设备全部安装完毕后，在敷设保温前，应作严密性检查。一般可采用烟雾弹试验，消除全部漏烟处，作到严密不漏。

（3）气流分布均匀性试验，应按制造厂的要求选装测试点，作好测试记录。如不符合均匀性标准时，应进行调整。通过调整多孔板各部位的开孔率及改变导流板的角度来满足气流分布的均匀性，调整完后，将导流板焊牢。评定电除尘器入口断面气流分布均匀性的标准，采用美国相对均方根法（RMS）。

（4）测量电除尘器的阻力损失，应不大于 295Pa（30mmH$_2$O）。

（5）振打和输排灰的传动装置，在安装完毕后，应进行试运转，运转时间不得小于 8h。要求转动灵活、无卡涩现象，运转方向符合设计要求。在冷态下，振打锤与承击砧的打击接触部位符合设计要求。

二、电气设备元件的检查与试验

（1）检查高压网路主绝缘部件，如高压隔离开关、电晕极悬吊绝缘瓷支柱、电晕极绝缘瓷轴、石英套管等均需经耐压合格。用 2500V 兆欧表测量高压网络，其绝缘电阻值应在 100MΩ 以上。

（2）高压硅整流变压器在组装调试前检查整流变的瓦斯继电器，应进行排气。

（3）检查高压隔离开关应操作灵活，准确到位。带有辅助接点的设备，接点分合灵敏。

（4）检查电缆头，应无漏油现象。

（5）高压硅整流变压器调试前先测量高、低压线圈之间及对地的绝缘电阻值，应大于 2000MΩ，并检查电流、电压取样电阻及其他元件的连接应正确。整流变调试前应做 1min 感应耐压试验。

（6）电抗器调试前应测量线圈对地的绝缘电阻和各抽头之间的直流电阻。

（7）高压电缆调试前应做电缆油强度试验和直流泄漏试验。

（8）交、直流继电器均应按部颁《继电器校验规程》进行常规校验。

（9）电测指示仪表应按部颁 SD110《电测量指示仪表检验规程》的规定进行常规检查。

三、试运前的系统检查与传动试验

（1）检查电气装置的一、二次系统接线应与设计原理图相符。

（2）低压操作控制设备通电检查，主要包括报警系统试验、振打回路检查、卸（输）灰回路检查、加热和温度检测回路检查等。

（3）报警系统试验。手动、自动启动试验时，其瞬时、延时音响、灯光信号均应动作正确，解除可靠。

（4）振打回路检查，其方法与要求如下：

1）手动方式。试转时记录启动电流值，测量三相电流值及最大不平衡电流值，核准热元件整定值，分合三次均应正常。

2）检查锤头打击在承击砧上的接触点，其上下左右的预留值符合设计要求。转动灵活，不卡锤、掉锤、无空锤现象。

3）自动时控方式。由制造厂提出设计经验时控配合值，试打三个周期，时控应正常。

4）程控方式。按制造厂给出的设计程序，试打三个周期，程控次序和时序正确不紊乱。

5）机务和电气检查合格后，连续振打试运行不少于 8h 应正常。

（5）卸、输灰回路检查，其方法和要求如下：

手动方式。启动时测量启动电流值、三相电流值，校验热元件的电流整定值。

自动方式。模拟启停三次，应运转正常。至于热态灰位联动试验应在今后实际运行工况下另行调试。机务和电气检查合格后，连续试转 8h 要求转动灵活，无卡涩现象。

（6）加热和温度检测回路检查，其方法与要求如下：

1）手动操作。送电 30min 后测量电流值、核定热元件整定值，信号及安装单元均应正确。

2）温度控制方式。模拟分合两次，接触器与信号应动作正确。温度控制范围应符合设计要求。送电加温后，当温度上升到上限整定值时应能自动停止加热；当温度下降到下限整定值时应能自动投入加热装置。

（7）高压硅整流变压器控制回路的操作传动试验。断开硅整流变压器低压侧接线的情况下，作接地与远程分合闸试验，模拟瓦斯、过流、温限保护跳闸、传动、液位、温度报警及安全连锁、冷风连锁等试验项目，其灯光、音响、信号均应正确。

四、高压控制回路调试及空载试

（1）高压硅整流变压器控制回路的调试，应按调试大纲程序和要求进行，一般分开环和闭环两个步骤。

（2）高压硅整流变压器控制回路的开环调试方法和要求如下：

1）开环试验可在模拟台或控制柜上进行，在控制柜上对控制装置插件各环节静态参数进行测量及调整时，应断开主回路与硅整流变压器一次侧的接线，接入 2 个 220V100W 的白炽灯泡作假负载。

2）送电后，测量电源变压器、控制变压器的二次电压值，应与设计值相符。

3）插入稳压插件，测量稳压直流输出值，作稳压性能试验，记录交流波动范围值，合格后可按说明书要求逐步其他环节插件。

4）测量记录各测点静态电压值，用示波器观测各测点实际波形与标准波形比较，其电压值在规定范围之内，波形应相似无畸变。

5）测量手动、自动升压给定值范围。

6）测量电压上升率、电压下降率调节范围值。

7）预整定闪络、欠压回路门槛电压值。

8）测量封锁输出脉冲宽度电压上升加速时间，欠压延时跳闸时间值。

9）测量触发输出脉冲幅值、宽度（或脉冲个数）检查与同步信号的相位应一致。

10）手动、自动升压检查，可控硅应能全开通。

（3）高压硅整流变压器控制回路的闭环调试方法和要求：

接入硅整流变压器和空载电除尘器。

1）手动升压，利用高压静电电压表，在额定电压下校准控制盘面上的直流电压表的指示值。

2）升至额定电压后，校核直流电压反馈取样值。记录空载情况下整流变压器一次、二次侧的伏安特性曲线。并记录各主要测点数据及波形，直流输出波形幅值应对称。

3）加装接地线，其另一端靠近高压导体，进行闪络性能检查，记录在闪络工况时的各测点数据及输出波形。闪络封锁时间及条件，应符合装置的标称值和闪络原理。

4) 作闪络过度短路性能检查，逻辑执行回路应动作正确，记录交流输入电压、交流输入电流、直流输出电流值，应小于额定电流值，记录各主要测点的数据及波形。

5) 无闪络短路特性检查，应先手动，后自动。人为直接短路，电流从零升到额定值，也可以自动分阶梯逐段升至额定值，当手动与自动给定值最大时，其短路电流值应不大于出厂时的试验测量值。记录各有关测点数据。

五、冷态、无烟电场负载调试

空载调试合格后，可进行冷态、无烟电场（又称冷空电场）负载试验。冷态电场调试顺序是：先投入加热、振打、输、卸灰、温度检测等低压控制设备，待各设备调试运行正常后，再投入高压硅整流设备，进行升压调试。一般应从末级电场开始逐级往前进行，其方法与要求如下：

（1）在分别对各电场单独升压调试前，应先投入各绝缘子室的加热系统。打开各绝缘子室人孔门，除去绝缘子室及绝缘子表面的潮气，以保证各绝缘子不因潮气而引起爬电，再将绝缘子室人孔门装复。将高压隔离开关合上，各零部件准确到位。投入电场，开启示波器，重点监视电流反馈信号波形，电压测量开关置"一次电压"，操作选择开关置"手动升"位置，高压控制柜内调整器面板上电流极限置限制最大的位置。按启动按钮，电流、电压应缓慢上升，此时手不应离操作选择开关，注意观察控制柜面板上各表计和示波器测得的电流反馈波形，以免高压回路出现异常。当保护环节出现失灵时会造成高压电气设备的损坏。正常升压时，控制柜面板上各表计应有相应指示，电流反馈波形应是对称的双半波。当电流上升至额定电流值的50％时，由于电流极限的作用，电流、电压停止上升，此时可将操作选择开关置"自动"位置，电流极限逐步往限制最小方向调节，若电场未出现闪络，可调节到额定输出电流值。

（2）在初升压过程中，当一、二次电流上升很快，电压表基本无指示，则为二次回路有短路现象。当只有一次电压及二次电压，且电压上升速度快，则为二次回路开路。当二次电压、电流有一定指示，而一次电流大于额定值，一次电压为220V左右，导通角为95％以上，则为单个可控硅导通或高压硅堆有一组发生击穿现象。凡出现以上异常现象时应迅速降压停机，待找出原因，排除故障后，方可再次送电升压。

（3）冷空电场升压时，二次电压低于额定值，高压回路或电场内部就有闪络现象应注意观察引起闪络的部位，以便进行故障分析与调整。当高压回路或电场内无闪络现象，而高压控制系统闪络控制环节工作，造成"假闪"现象，此时应对高压硅整流变压器抽头后电抗器抽头和控制器部分环节进行相应调整，直至"假闪"现象消除为至。

（4）高压硅整流设备在制造厂进行出厂检验时，一般带电阻性负载，与带电场负载有差异。同时，设备在长途运输后，表计校正环节可能被破坏，为此，在带电场升压时，必须对各表计进行校正。可用高压静电电压表测量高压整流变压器输出端。为校对方便，可在二次电压升至 40 ~ 50kV 无闪络时终止升压，然后校对二次电压表的指示。同时用万用表测反馈电流信号的直流电压值，电流反馈取样电阻为确定值，则根据欧姆定律，可校正二次电流表的指示。

（5）高压硅整流变压器、电抗器抽头的调整可根据电流反馈 波形确定，其原则是：调整抽头，使电流反馈信号波形圆滑，导通角为最大，即波形接近理想波形为合适。

六、热态、额定负载工况下参数整定及特性试验

（1）电除尘器经过上述冷空电场升压试验合格后，电气设备则已具备投入通烟气的条件。此时机务部分尚应具备以下条件：

1）电除尘器进、出口烟道全部装完，锅炉具备运行条件，引风机试运完毕。

2）卸、输灰系统全部装完。冲灰水泵试运完毕，冲灰水量调整适当。

（2）电除尘器通烟气。严密封闭各入孔门，开启低压供电设备加热系统，使各绝缘子室温度达到烟气露点温度以上，保证各绝缘子不受潮或结露，以免引起爬电。通入烟气，对电除尘器本体预热，使电场绝缘电阻提高，用 2500V 兆欧表测量，应达 500MΩ 以上。

（3）投高压。初点火时，不得投入高压，以免油烟在除尘器体内引起爆炸燃烧，同时亦可避免在除尘器极板和极线上造成油膜引起腐蚀。必须在除尘器带负荷达 60% 以上，投粉煤的情况下（油枪不得超过两支）才可投入高压；采用煤气点火的锅炉，要严格执行安全操作规程，锅炉未正常运行前不得投入高压，以防产生爆炸。按冷空电场升压操作步骤对各电场送高压，正常情况下，电除尘器带烟气时，由于受工况条件影响，其电场击穿电压值和二次电流值都较冷空电场时低。

（4）根据电场工况选取最佳运行挡位，进行下列整定：

1）欠压值整定应小于最低起晕电压值。

2）火花闪络门槛电压值的整定，以电场闪络为准，调整门槛电压值，

使其输出封锁信号。

3）录制热态烟气电场伏安特性曲线，记录各主要测点的数值及波形，录制热态烟气电场伏安特性曲线时应录制静态与动态两种工况时伏安特性曲线。

（5）多功能跟踪的可控硅整流装置，应在冷态无烟气、热态烟气负载的工况下，分别投入火花跟踪、临界火花跟踪、峰值电压跟踪、可调间隙脉冲供电等运行方式，录取各种方式下的电场伏安特性曲线。测量各测点数值。观测各测点波形应无畸形。

（6）根据电场运行情况，适当调整火花率。一般第一电场火花率60～80次/min，中间电场40～60次/min，末极电场20～40次/min（或稳定在较高电晕功率）。对于高比电阻粉尘，可适当提高火花率，具体火花率以效率测定后的火花率数据为准。

（7）具有闪络封锁时间自动跟踪的控制设备，应作模拟火花闪络闭锁时间的阶梯特性试验。

（8）当电场粉尘浓度大、风速高、气流分布不均匀时，会引起电场频繁闪络，甚至过渡到拉弧。此时可调整熄弧环节灵敏度，从而抑制电弧的产生，以免电晕线被电弧烧蚀。但在正常闪络情况下，熄弧环节不应动作，避免熄弧环节太灵敏对可控硅封锁时间长，而影响除尘效果。

（9）带烟气负载运行时，各电场工况条件不同，前极电场粉尘浓度大，闪络频繁，运行电压较低；后极电场粉尘浓度小，颗粒细，运行电压较高。电流较大，应根据各电场实际运行情况，调整变压器一次侧抽头或电抗器抽头位置，使电流及反馈波形圆滑饱满。

（10）低压控制设备的调试：带烟气运行时，低压控制设备必须可靠地投入工作。

1）振打回路。主要调整振打周期与振打时间，其整定值主要依据效率测试结果，也可在电除尘器停止运行后检查极板和极线粘灰情况，反复调整以取得理想的整定值。

2）卸灰时间的调整。没有上料位检测与控制的灰斗，必须根据各电场实际灰量调整卸灰时间，其原则为：灰斗保持有1/3高度的储灰，以免系统漏灰时影响除尘器影响效果。输灰时间要较卸灰时间长，以保证输灰管道上的灰能全部输送完。对水利输灰系统应调节冲灰量，使储灰仓内积灰冲洗干净。

提示　本节内容适合电除尘设备检修（MU5 LE10）。

第五篇　电除尘设备检修

电除尘器运动部件少，能长期安全、可靠地运行，只要维护管理得当，可多年不出故障。

一、典型故障及原因分析

电除尘器的寿命与设计和工作条件有关，折旧期一般在 20 年以上。电除尘器的故障类型与故障频率因工作条件不同而千差万别，但主要构件的故障及产生原因大致如下。

（一）放电极故障

（1）放电线断线。放电线断线的原因有多种。如腐蚀老化引起放电极强度不足，电腐蚀，安装施工中的欠缺，振打力过大等。因烟气粉尘方面的原因，使放电极支撑部件腐蚀或磨耗，从而缩短寿命。高比电阻粉尘引起的反电晕。反复振打，放电极振动时，重锤和放电极窜动，使其接触处引起电腐蚀。

老式的棒帏式电除尘器中用重锤吊挂的圆线和 SHWB 系列化产品中设计的星形线断线故障较多，主要原因是机械疲劳、频繁的局部火花放电或腐蚀。机械故障一般出现在星形线焊接螺丝接头处，由内应力未消除所致。圆线则是极线摆动过度使极线反复冷弯，最后疲劳断裂（也有制作安装方面的因素）。电击断线是收尘极上有毛刺，放电极振动、摆动、使极距缩短而引起局部电场强度升高，产生应力集中的火花放电，把放电线击断。电腐蚀一般在除尘器运行多年才会出现。

解决放电线断线的办法是根据被处理的烟尘性质、气体温度等条件，选择放电线的材质、形状、强度和安装方法等。

（2）放电极振动。放电极的振动有两种类型：一种是放电极下部相对于中间的大幅度摇动；另一种是放电极上部安装点与下部重锤两支点的弦振动。这样的振动是产生火花的原因。

振动产生的原因是由于固定在框架上的放电极张力松弛，而重锤受烟气流速的影响产生振动，其振动周期与放电极的固有振动周期一致，从而引起放电极的振动。

防止振动的办法是改变重锤的重量，或者改变放电极的固有振动频率。

（3）电晕极肥大。放电线外包粉尘肥大的原因与粉尘的性状、浓度、振动力、振打机构有关。在电场内，放电线上吸附带正电粉尘而形成薄膜，由于振打清灰不力，粉尘积聚使放电线肥大。在收集高比电阻粉尘时，这种情况只会使电晕电流减少，电晕放电减弱，火花放电加剧。

针对上述情况，要进行振打力的调整，并对振打时间、振打周期也重新调整。

对于烟气在露点温度以下或开停机频繁引起的电极肥大，要加强保温措施和改进供电方式。在烟气温度下降到露点之前需对电极连续振打清灰，在电除尘器停机数小时内也要进行连续振打。

（二）收尘极故障

（1）收尘极的粉尘堆积。同放电极的粉尘肥大一样，收尘极局部粉尘堆积会使放电特性下降，从而使收尘效率降低。粉尘局部堆积与烟尘的性质、粉尘浓度及振打条件等因素有关，主要原因是振打系统设计不当，振打力不足或振打力分布不均匀所致，有时由于连接收尘极板的连接螺栓松脱，振打力传递不良，这时需要进入电场查明原因。

（2）极板变形。极板变形使电极间距发生变化。其原因是烟气温度过高、极板伸长受到限制而产生弯曲变形，或者高温粉尘堆积在极板上产生蓄热作用而变形，或者因助燃材料过多使烟气温度超过规定的温度值，或者在粉尘层内部的击穿电弧使极板变形。如属于未预留极板伸长的空间裕量或安装方面的原因，在通烟气后出现极板变形，其现象是冷态送电电压可达额定值，通入烟尘时，电压则随着温度的升高而大幅度下降。停止通烟气，电压又逐渐上升。这类故障大都出现在新投运的电除尘器上，如属于蓄热和拉弧引起的局部变形，需查明原因，更换变形的极板，从调整极间距或改进振打系统的性能予以解决。

（三）振打装置故障

我国电除尘器大都采用挠臂锤振打，传动部分在除尘器外部，振打锤都在电场内，振打部分出现故障可以从二次电压或电流的改变以及除尘效率降低进行判断。对于放电极的振打，如果绝缘部分出现故障，整个电场无法工作，出现这种情况一般很快就会发觉，但个别锤头损坏、失灵，只有检修时才能发现。

振打及其传动装置的主要故障有以下几种：

（1）卡轴。卡轴的主要原因有：①在设计时热膨胀裕量不足，往往把振打轴顶死；②振打轴的支撑轴承严重磨损；③收尘级振打锤卡入撞击杆夹板的空挡；④锤头耐磨套间隙过小，粘灰后锤头旋转不灵活，容易同其他构件挂连；⑤振打轴承座不在同一水平线上，超出挠性联轴节的补偿能力，影响振打轴的同轴度。

（2）锤头和砧块掉落。掉锤的原因主要是：①连接曲柄与整体锤的大螺栓被磨断；②螺栓上的螺母松脱；③连接曲柄与振打轴的 U 型螺栓被磨断或受腐蚀断裂。掉砧多半因长期振打焊缝开裂，将振打砧与撞击杆先铆再焊，掉砧事故可大为减少。

（3）运行中锤和振打砧不对中。除安装原因外，大多数是由于振打轴热膨胀，振打锤随之位移而造成的。尽管在设计中考虑到这个因素，在固定轴承座上加限位装置，但实际上仍控制不住热胀窜位。

（4）保险片（销）破坏频繁。据统计，保险片（销）断裂的故障，主要是设计方面的原因。设计的保险片（销）破坏扭矩应小于减速机输出轴允许的最大扭矩，一旦出现故障，保险片（销）首先破坏，从而保障减速机及电机的安全。但是一般设计选用的尺寸过小，如收尘级振打保险销直径仅 4 ~ 6mm，动辄就断，使振打系统难以稳定运行，按目前的振打系统设计，保险销直径以 8 mm 为宜。

（5）放电极振打传动瓷轴断裂。首先是瓷轴质量问题，安装前必须严格检查，没有产品合格证，表面有裂纹或缺损的均不能用。试车时还应及时复查。其次是振打轴扭矩过大，而保险片（销）没有起到应有的作用。此外，还有瓷轴因积灰、结露而造成泄漏电流过大或瓷轴受热不均匀而破裂等因素。

（四）高压绝缘子

高压绝缘子容易产生机械性损坏。此外，当高压绝缘子粘附导电性烟尘时，会失去绝缘性能，导致电除尘器效率降低。如果绝缘子表面全部均匀附着烟尘时，使泄漏电流增加，除尘所需要的电晕电流减少；如果附着的粉尘不均匀分布时，则因局部电流增加而发热，使绝缘子本身的绝缘性能显著下降，在绝缘套管内部呈现闪络放电状态。这是造成破损事故的主要原因。另一事故是结露爬电，这是由于烟气中含湿量大，温度低，加热不良或无加热设施，绝缘子上凝聚冷凝水。其三是绝缘子安装不平，使所承受的整个放电极系统荷重不均匀，易使绝缘子破裂。

解决上述故障一般采用如下措施：

（1）加热。为防止设置在保温箱内的高压绝缘子结露，采用管状电阻加热器加热，使其周围的气体温度高于露点 20 ~ 30℃，加热器表面发热能力为 0.8 ~ 1.2W/cm²。

（2）封闭绝缘子底座。将高压绝缘子与含尘烟气的电场用绝缘板完全

（3）热风清扫。热风清扫装置包括通风机、空气加热器、热风管道等。风机吹入的空气经电阻加热器加热至露点以上的温度，经热风管道送至各个保温箱内，使箱内充满热气。也有采用两路系统送风的，即除了送入保温箱外，还有一路送至设在吊杆（或振打轴）贯穿孔上端的环状喷射管，经由位于喷射管内侧并与吊杆或振打轴呈一定角度的 3 mm 窄缝隙喷出，以阻止冷风漏入并形成清扫积灰的空气幕。

（五）排灰系统

据对全国燃煤电厂电除尘器的调查，有 38.5％的电除尘器曾出现较严重的灰斗堵塞、排灰不畅。原因大致分为三种：第一种是由于锤头、砧块、放电极断线掉刺及安装遗留杂物掉落入灰斗，卡住卸灰器引起的；第二种是由灰斗加热保温不良，插板门漏风、水力冲灰箱潮气沿落灰管上升，使积灰吸潮结块引起的；第三种是由于卸灰器采用滑动轴承，轴承磨损，主轴下沉，叶轮与壳体摩擦，或压盖止推螺栓松动，叶轮端面与壳体顶死、扭矩加大，导致卸灰器电机过载而烧坏。

解决上述问题主要有以下几种措施。

（1）灰斗角度不小于 55°，内部光滑，四角以圆弧形钢板焊接，以防积灰。

（2）及时清理安装时遗留的杂物，严格检查内部构件的制造安装质量，减少放电极断线掉刺，防止振打锤、砧与灰斗阻流板脱落。

（3）改进灰斗的加热保温。如燃煤电厂电除尘器灰斗大多采用蒸汽加热保温，加热段仅在灰斗下部，每只灰斗加热量一般为 12000～16000kJ/h，加之对疏水器不注意保养维护，运行不久即堵塞。改进措施包括将保温层厚度由 100 增至 300，每只灰斗加热量增至 28000～56000 kJ/h。

（4）改进卸灰器。①卸灰器的叶轮数由 8 片改为 4 片，以减少粉尘粘接；②改滑动轴承为滚动轴承，并与卸灰器本体分离布置，减少粉尘对轴承的磨损；③由于一电场排灰量约占总排灰量的 70％以上，故一电场灰斗卸灰器电机功率需适当增大，以 2.2kW 以上为宜；④卸灰器上方插板门的严密性要进一步提高，既防漏风，又防灰斗内坍灰时向外喷灰；⑤改卸灰器电机热偶继电器自动复位为手动复位，以防故障排除前热偶继电器反复动作烧毁电机。

（六）供电部分

按设备分类，供电部分主要故障有以下几方面。

（1）整流变压器方面。①原有设备油枕小，到60℃就喷油；②户外布置的整流变压器到夏季因暴晒或因顶棚通风不良，油温升高报警频繁；③变压器漏油；④整流变压器内线圈、硅堆、均压阻容等因电场的开路、短路和拉弧等故障而过流过压损坏。

（2）高压供电。①烧坏可控硅，一般夏天问题突出一些；②高压控制柜内小轴流风扇故障频繁，大多是轴承问题；③网状阻尼电阻烧坏，有的厂改用瓷质阻尼电阻；④高压控制柜内交流接触器因火花、粉尘磨损，铁心表面不平，吸合不紧，振动噪声大。

（3）高压供电。①振打程控原来用机械式时间继电器，因工作环境温度高，粉尘磨损，故障多，有的改为晶体管式或采用可编程序控制器；②电加热器螺母接头高温氧化，电阻加大，使用寿命短，改为焊接效果较好。

二、电除尘设备一般故障及排除方法

（一）电气故障

（1）升压整流器可控硅不导通，或可控硅保险熔断。

现象：

1）警报响，跳闸指示灯亮，整流器跳闸；

2）再次启动时，二次无电压，"手动"或"自动"升压均无效。

原因：

1）调整回路有故障，控制极无电压；

2）可控硅保险接触不好；

3）可控硅保险容量小或升压整流变压器一次侧回路有故障。

处理办法：

1）复归警报检查或更换保险；

2）如不是保险故障，应通知检修班处理。

（2）升压整流器可控硅保护元件或可控硅击穿。

现象：

1）升压整流变压器声音异常，在启动和运行中突然有很大的响声，而且可觉察变压器震动；

2）警报响，跳闸指示灯亮，接触器跳闸；

3）再次启动后，一、二次电压和电流迅速上升并超过正常值，同时又发生闪络并跳闸。

原因：

1）阻容吸收元件损坏或可控硅质量不良；

2）一次回路有过电压产生。

处理办法：复归警报后，通知检修班处理。

（3）升压整流变压器可控硅一个导通，一个不导通。

现象：

1）整流变压器启动后，一、二次电压和电流都指示异常，表针有摆动；

2）升压整流变压器有异音，随着电流向增加方向摆动时，发出"吭声"。

原因：

1）调整回路有故障；

2）一个可控硅控制极线断开。

处理办法：

1）停止整流变压器运行；

2）通知检修班处理。

（4）高压直流回路开路。

现象：

1）整流变压器启动后，一、二次电压迅速上升，但一、二次电流没有指示；

2）整流变压器运行中，一、二次电压正常，但一、二次电流突然没有指示，整流变压器跳闸。

原因：

1）高压隔离开关没合到位置；

2）高压回路串接的电阻烧断。

处理办法：

1）停止整流变压器运行，合好隔离开关，再按规定启动；

2）及时修理。

（5）升压整流变压器内整流硅堆元件击穿。

现象：

1）整流器启动后一次电压偏低，一次电流较大并接近额定值，二次电压只能调到 30kV 左右，二次电流也较低；

2）整流器运行中出现上述现象，整流变压器温度计指示较原来的偏高，油位上升或从加油孔向外溢。

原因：启动和运行中整流桥中一个或两个硅堆元件击穿，使高压一个线圈短路。

处理办法：

由于欠压保护不能动作，如未能发现油温异常和温度保护失灵，或投入时间不长，可能烧坏整流变压器，甚至着火，必须立即停止启动或停止运行。检查变压器，通知检修班处理。

（6）升压整流变压器运行中跳闸。

现象：

1）警报响，跳闸指示灯亮；

2）再次启动时，电压升不上，或电压升到一定值后再次跳闸。

原因：

1）高压直流回路（包括电场内部）有永久性击穿点或短路点；

2）整流装置元器件故障；

3）灰斗满灰，使阴阳极间短路。

处理办法：

1）复归警报，检查设备；

2）属于上述 1）、2）项原因时，通知检修班处理，属于 3）项原因时，对下灰系统进行处理，排除积灰。

（二）从仪表指示分析故障

电除尘器的故障有电除尘器本身的原因，也有处理烟气的性质方面的原因。由于烟气性质的复杂性，致使电除尘器故障表现出多样性。表面上相同的故障其实质可能有较大的区别，而类型相同的故障由于故障程度及工况条件不同而使出现的现象差别很大。近年来我国电除尘科技管理人员，通过长时间的观察与实践，总结出从仪表指示分析电除尘器故障的方法。

（1）一、二次电压、电流表均无指示（以 GGAJO2 系列供电装置为例）。

1）主回路接触器不能吸合。主要原因：安全联锁盘、高压隔离开关闭锁装置的触点未闭合，使启动操作回路断开，启动操作回路控制熔芯熔断或接触不良，电压自动调整器内部跳闸，继电器触点粘接没释放。

2）主回路接触器虽吸合，但当 HK3 投"自动"或"手动升"时不见电压，电流上升。

主要原因：

1）电压自动调整器失电。此时，一、二次电流均为零，但存在 50V 左右的一次电压，8kV 左右的二次电压（均称为启动漏电压），可控硅导通角指示为零。

A型供电装置调整器失电最常见原因是主接触器的一副防止供电装置在控制电源接通瞬间受到冲击的辅助动合触点接触不良，该触点本身是按接通一般低压控制回路设计的，而该触点实际通、断的电压自动调整器工作电源电压只有23V，由于电压低，非常容易接触不良。

D型供电装置中触点串在220V控制电源回路中使电压自动调整器失电的故障发生率大为减少。

一种简便判断电压自动调整器是否失电的方法是按一下闪络指示按钮，若调整器有电，则闪络指示灯应亮。

2) 主回路上电源熔断器或快速熔断器熔断，在这种情况下，一、二次电流为零，也看不到启动漏电压，可控硅导通角指示却为100%。可控硅导通角指示来源于电压自动调整器输出的触发序列脉冲的个数，由于主回路断开，没有二次电流反馈到电压自动调整器，按照火花自动跟踪原理，调整器输出脉冲个数就增加到最多，对应100%导通角指示，了解这一点有利于快速判断故障。

(2) 二次电压为零、二次电流有显示。

1) 多数情况下是电场发生短路，出现这种情况的主要特征是：

• 投运电场时，二次电流随二次电压迅速上升，无起晕电压转折点；

• 刚启动时，不存在一次与二次启动漏电压；

• 电场没有闪络，各电压、电流表针没有上、下摆动现象；

• 在同样二次电流情况下，短路后一次电流下降，对工作在闪络状态的电场，由于短路后二次电流上升并限定在电流极限值，则一次电流也上升；

• 原来二次电压、电流较小的电场，由于二次电流的增加以及整流变压器的高阻抗特性，一次电压上升，那些原来二次电压、电流较大或电压自动调整器中电流极限值较小的电场，一次电压下降。

• 用2500MΩ表测量电场绝缘，数值在10MΩ以下或为零。

引起电场完全短路的常见原因是：灰斗满灰造成短路、电场中金属性短路及绝缘部件完全击穿。

2) 电场不完全短路，此类故障是当电场开始升压时，二次电压逐步上升，到某一数值时，突然击穿到零，电流随之迅速上升并限定在电流极限值内。此时电场参数就同电场完全短路一样。停止运行置"手动降"，一次电压下降到某一数值后，二次电压又恢复到一定值。这种电场有启动漏电压，用2500MΩ表测量电场绝缘，数据大小决定于造成击穿的原因，但不会到零。

引起电场不完全短路的原因通常是：电晕极、收尘极之间存在杂物，极板热膨胀弯曲使电晕极、收尘极距离变近，绝缘子严重污染等。

3）二次电压测量回路故障或表针本身故障。其参数特征与电场短路时不同，可以对照短路时参数情况，参照处于同样工况的电场，分析出是电场真短路还是表记指示上的假短路。若属于二次电压测量回路故障，D型供电装置还会发生低电压延时跳闸。

（3）二次电压偏低。由于负荷减少，电场特性曲线变化，在较低电压值时二次电流已达到电流极限值。第一、第二电场正常投运时，第三电场粉尘浓度低，二次电压同样被电流极限所限制。在这些情况下低电压均属正常现象。造成低电压故障的原因有：

1）振打不良。电晕极、收尘极振打不良造成二次电压下降，二次电流减少，电场闪络增加。常见原因是：

• 振打机构卡死，一般是由锤头卡住引起的。除安装不当引起锤头卡住外，电场检修后锤头没复位也是原因之一。

• 保险片断裂。

• 振打时控制回路故障或振打周期选择不当。

• 振打装置位置安装不正，焊接不牢固，电极上振打加速度减少。

2）电场内异极距变化，引起变化的原因有：

• 电场内部有金属物件。

• 电场内构件变形。

• 极板热膨胀变形，热膨胀造成二次电压降低具有以下特征：同样电压下二次电流较大，弯曲的极板数量愈多，电流越大。冷态时升压正常，热态时电压下降。随着负荷上升，电压逐渐下降。打开相应电场的人孔门，电场能部分或全部回升。停炉时能发现灰斗挡风板被压弯的痕迹。

• 绝缘部件潮湿污染。

• 供电装置发生严重的偏励磁。

供电装置发生偏励磁也就是交流电通过可控硅控制后输入到整流变压器一次侧的电压波形上、下不对称，轻度的偏励磁除一次电流略有增加外，其余参数变化不明显。偏励磁最严重的情况是只有正波或负波，这种电压相当于直流脉动电压，此时二次电压、电流很小，一次电流很大，往往会超过额定值。一次电压在回路电感续流作用下在 200V 左右，可控硅导通角指示为 100％。由于磁场的畸形，整流变压器内部出现异常振动与声音，铁耗与铜耗增加使整流变压器温度上升。轻度偏励磁的原因一般是两组产生序列触发脉冲的电路参数不对称，造成严重偏励磁的原因则可能是一组脉冲输出回路故障或一只可控硅故障。

（4）二次电压高于正常值。二次电压的高低同电场安装质量、电除尘器的大小、烟气性质及粉尘浓度、供电装置特性及设备运行工况等多因素有关。同样情况下前、后电场电压也不一样，排除这些正常差异后，以下情况会使二次电压升高。

1）高压回路接触不良，时通时断。此时电场参数的特征是：电场闪络频繁，闪络终点电压有时高，有时正常，高时电流却较小，甚至没有，这种情况若不及时消除，有可能过渡到完全开路。

接触不良的部位是：高压隔离开关因多次操作后发生零部件卡涩，使连接松动或因操作机构锈蚀等原因造成合开关不到位；工作接地线松动或断线；阻尼电阻已烧断，但断开距离较短，还能被高压电击通，阻尼电阻与电晕极穿墙套管的连接点也可能松脱或烧断。

2）高压回路完全开路。高压回路开路时特征为：

• 合上主接触器，即有很高的一、二次启动漏电压；

• 升压后，一、二次电压迅速上升，二次电压能达到 85～100kV，一次电压达到 380V，二次电流为零，一次电流小于 10A。

（5）二次电压、电流正常，一次电流很大。主要原因有一次电流测量指示回路出现故障，或整流变压器内部有问题。

整流变压器内部较易发生故障之处是高压直流侧部分电容或硅堆击穿。判断整流变压器是否出现故障最常见的办法，就是在变压器开路情况下投运供电装置，此时二次电流为零，一次电流会随着一次电压的升高而迅速增大。

提示 本节内容适合电除尘设备检修（MU3 LE7）。

第六篇

除灰设备检修

第十九章

除灰除渣系统及设备

第一节　水力除灰系统及设备

水力除灰对输送不同的灰渣适应性强，各个系统设备结构简单、成熟，运行安全可靠，操作检修维护简单，灰渣在输送过程中不易扬撒，有利于环境清洁，能够实现灰浆远距离输送。但是，水力除灰方式也存在以下缺点：

（1）不利于灰渣综合利用。灰渣与水混合后，将失去其松散性能，灰渣所含的氧化钙、氧化硅等物质也要发生变化，活性降低。

（2）灰浆中的氧化钙含量较高时，易在灰管内壁结垢，堵塞灰管，而且不易清除。

（3）水除灰耗水量较大。

（4）冲灰水与灰混合后一般呈碱性，pH 值超过工业"三废"的排放规定。

（5）由于近年来水资源的严重短缺，使用水量较大的水利除灰的发展受到极大的限制。

一、水力除灰系统的分类及其特点

水力除灰系统一般有两种分类方式，按照输送方式分为灰渣分除和灰渣混除两种类型，按灰渣输送浓度又有高低浓度之分。根据不同的组合方式，具有以下组成与特点：

（1）低浓度灰渣混除系统。锅炉排渣设备排出的炉渣通过渣沟进入渣渣池，除尘器排出的细灰通过灰沟也进入灰渣池，灰与渣混合后由灰渣泵输送到灰场。灰渣泵一般选用 pH 泵、PB 泵、沃漫泵等。该系统耗水量大，小机组采用较多，一般大机组不宜采用。

（2）锅炉排渣设备排出的炉渣通过渣沟进入渣浆池，再由渣浆泵提升到振动筛，经过振动筛分选后，细渣进入浓缩机，粗渣由汽车运走，综合利用。除尘器排出的灰通过灰沟进入灰浆池，再由灰浆泵提升到浓缩机。

进入浓缩机的灰渣经过浓缩后成为高浓度灰渣，由高浓度灰渣输送设备排往灰场。浓缩机溢流水循环用于冲灰和冲渣。高浓度灰渣输送设备一般选用隔离泵、柱塞泵或渣浆泵多级串联，由于这些设备一般对渣浆的颗粒有要求，所以该系统必须装设粗细渣分离设备。该系统虽然结构复杂，设备较多，但耗水量小，而且可以防止或减少管道结垢，实现远距离稳定输送，因此比较适合大、中型火力发电厂的除灰系统。

（3）低浓度灰渣分除系统除渣方式有两种，一种是将锅炉排渣设备排出的炉渣经过自流渣沟进入沉渣池，沉淀后，用抓斗抓，用汽车或用其他机械方式运走；另一种方式是炉渣经过渣沟进入渣池，再由渣浆泵提升到脱水渣仓，脱水后的清水流入沉淀池，沉淀后的细渣再打回脱水渣仓再次脱水，清水直接用于冲灰、冲渣。脱水后的渣用汽车运走。除尘器排出的灰被冲灰水冲入灰浆池，再由灰浆泵排入灰场。灰浆泵根据灰浆排送阻力，可选用单级或多级串联。该系统结构复杂，耗水量大，但可充分减轻渣浆对灰渣管道的磨损。

（4）低浓度渣、高浓度灰的灰渣分除系统的除渣方式与低浓度灰渣分除系统相同。除灰方式是除尘器排出的灰被冲灰水带入灰浆池，再由灰浆泵提升到浓缩机，浓缩后的高浓度灰浆由高效输灰设备排往灰场，溢流水循环用于冲灰、冲渣。该系统既节省水，又能减轻渣浆对灰渣管道的磨损，并且对高效输灰设备隔离泵或柱塞泵的磨损较轻，有利于设备稳定运行，是一套比较成熟可靠的除灰系统。我国火力发电厂中采用水力除灰系统的较为普遍地选用该系统。

二、水力除灰系统的基本组成及流程

水力除灰系统的基本组成及流程见图 19-1，水力除灰系统一般由以下几个系统中的几个或全部组成：

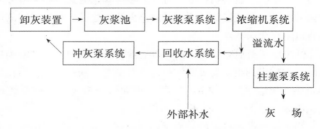

图 19-1 水力除灰系统的基本组成及流程

（1）卸灰装置。它借助于某一设计水力水流装置或搅拌装置，将飞灰与水充分混合，并送入输灰管道或灰沟内，供料装置设在系统的始端，灰斗的底部。

（2）冲灰泵系统。是供料装置的冲灰动力源。

（3）灰浆泵系统。用来将供料装置排来的灰浆通过设备系统，输送到浓缩机，一般由灰浆泵，管道、阀门等组成。

（4）浓缩机系统。用来将灰浆泵输送到的灰浆进行沉淀浓缩，将灰浆中的大部分水进行分离，其后的高浓度灰浆排到远距离输送系统。

（5）回收水系统。其作用是一方面为供料装置提供水力动力源，另一方面将浓缩机分离出的水循环利用。

（6）远距离输送动力装置。用来将浓缩机浓缩后的灰浆进行增压输送的设备系统，一般采用柱塞泵或渣浆泵多级提升。该装置布置在输送系统的终端。

（7）输灰管。输送介质的管道阀门装置及其附件等。

三、卸灰装置

卸灰装置一般由电动锁气器、下灰管（含伸缩节）、水封箱（或搅拌桶）、地沟及激流喷嘴组成。卸灰装置流程比较简单，它的流程为储灰斗—电动锁气器（旋转式给料器）—下灰管—水封箱（或搅拌桶）—地沟—灰浆池。

卸灰装置中核心设备为电动锁气器（旋转式给料器）、水封箱（旋转式给料器）。

其工作原理为：

（1）水封箱的工作原理为：进入进入箱内的冲灰水，沿着箱壁的切向引入，由此产生的旋涡，可将落入的细灰很快搅拌，混合成灰浆排出。

它的作用是：除将干灰浸湿，混合成灰浆外，还可起到水封的作用，阻止外部空气漏入除尘器。

（2）搅拌桶主要用于电场高浓度水力输送系统。安装在灰斗或灰库下，将粉煤灰加水搅拌成高浓度的灰浆。该设备也适用于化工、矿山、建材等部门做浆体搅拌用。

其原理为：储灰斗中的粉煤灰由筒体上部的进灰口进入搅拌桶，同时进入桶内的冲灰水，利用的叶轮的转动产生旋涡状运动，将落入的细灰搅拌，混合成灰浆排出。

搅拌桶由桶体、传动系统、搅拌轴、叶轮、进出口管道组成。传动系统位于桶体的上部，由电机通过皮带直接带动搅拌轴，结构简单，维修方便。由于搅拌轴是悬臂受力，上部轴承箱的高度适当加大，以增加其稳定性。并且轴承座采用复合型结构，既可承受轴向力，又可承受径向力。叶轮采用辐射形螺旋叶轮结构，搅拌均匀。

（3）旋转式给料器则是外壳与转子间间隙较小，利用干灰密封，避免外部空气进入除尘系统。另外，进入给料器的干灰，因其性质比较稳定，流动性好，所以在定速的情况下，给料均衡，可定量供料。

四、浓缩机系统

浓缩机主要由槽架、来浆管、中心传动架部分、传动机构、中心筒、分流锥、大耙架、小耙架、耙齿、底耙传动齿条、耙架连接件、中心柱、轨道、溢流堰等部件组成。

浓缩机是一种节水环保设备，它是利用灰渣颗粒在液体中沉淀的特性，将固体与液体分开，再用机械方法将沉淀后的高浓度灰浆排出，从而达到高浓度输送及清水回用。灰浆浓缩的过程是，灰浆沿槽架通过来浆管经中心支架部分的中心筒流入浓缩池，流入池中灰浆中，较粗的颗粒直接沉入池底，较细的灰粒随溢流水沿四周扩散，边扩散边沉淀，使池底形成锥形浓缩层。转动耙架的耙齿刮集沉淀后的灰浆到池中心，经排料口进入泵的入口排出，已澄清的清水沿溢流槽流到回收水池。这样就完成了浓缩的全过程。

五、灰浆泵系统

冲灰泵系统一般由离心式渣浆泵、灰浆池、阀门及管路组成。

离心泵的工作原理为当离心泵的叶轮被电机带动旋转时，充满于叶片之间的流体随同叶轮一起转动，在离心力的作用下，流体从叶片间的槽道甩出，并由外壳上的出口排出，而流体的外流造成叶轮入口间形成真空，外界流体在大气压作用下会自动吸进叶轮补充。由于离心泵不停地工作，将流体吸进压出，便形成了流体的连续流动，连续不断地将流体输送出去。

离心泵主要由泵壳、叶轮、轴、轴承装置、密封装置、压水管、压水管、导叶等组成。

离心泵通常在使用时要设计轴封水装置，它的作用是当泵内压力低于大气压力时，从水封环注入高于一个大气压力的轴封水，防止空气漏入。当泵内压力高于大气压力时，注入高于内部压力 $0.05 \sim 0.1 MPa$ 的轴封水，以减少泄漏损失，同时还起到冷却和润滑作用。

六、回收水系统

回收水系统一般由离心式清水泵、回收水池、阀门及管路组成。其构造及原理同灰浆泵系统。

七、远距离输送动力装置

距离输送动力装置一般由柱塞泵（或水隔离泵）由管路打到灰场完成灰的最后输送，或通过离心式渣浆泵多级串联完成输送。

（一）离心式渣浆泵多级串联

离心式渣浆泵多级串联时，工作原理同灰浆泵系统。它的缺点是灰浆浓度不能过高，水的消耗太大，而且串联后的压力也受到限制，比较适合输送距离较短的工况。

（二）柱塞泵系统

柱塞泵系统一般由柱塞泵、清洗泵及清洗水源和管路阀门构成。

柱塞泵及清洗泵的工作原理为：电机通过皮带轮将动力传递到曲轴，使曲轴旋转运动，再经连杆将曲轴的旋转运动转变为十字头的往复直线运动，十字头前端与柱塞连接，柱塞在缸体内随十字头一起往复直线运动。当柱塞运动离开死点时，排出阀立即关闭，排出过程结束，吸入阀开启，吸入过程开始。当柱塞运动离开死点时，吸入阀立即关闭，吸入过程结束，排出过程开始。柱塞和阀门的这种周而复始的运动就是泵的工作过程。

柱塞泵适用于灰渣混除（渣需磨细）和灰渣分除，但在灰渣分除系统运行更为经济、可靠、稳定。系统要求灰渣颗粒直径小于 3mm，含量不大于 20%。柱塞泵适用的灰浆浓度较高，浓缩后的灰浆重量浓度不大于 60%，一般在 40%左右较好。

柱塞泵主要由以下几个部分组成（见图 19-2）：

（1）传动端。传动端是将电机的圆周运动，经过偏心轮、连杆、十字头转换为直线运动，主要包括：偏心轮、十字头、连杆、上下导板、大小齿轮、轴承等。结构特点：泵的外壳采用焊接结构，泵的偏心轮采用热装结构，泵内的齿轮为组合人字齿轮结构。

（2）柱塞组合。柱塞组合是柱塞泵与其他泥浆泵的根本区别所在，在柱塞的往复运动过程中，实现浆体介质的吸入和排出。主要包括柱塞、填料密封合、密封圈、喷水环、压环、隔环、支撑环、压紧环等。

结构特点：柱塞采用空心焊接结构，表面喷焊硬质合金。

（3）水清洗系统。水清洗系统是柱塞组合确保使用寿命，柱塞泵长期稳定运行的关键系统。主要包括清洗泵、高压清洗水总成、A 型单向阀、B 型单向阀等。结构特点：清洗泵采用小流量高压往复式柱塞泵，A 型单向阀、B 型单向阀设计为双重单向阀。

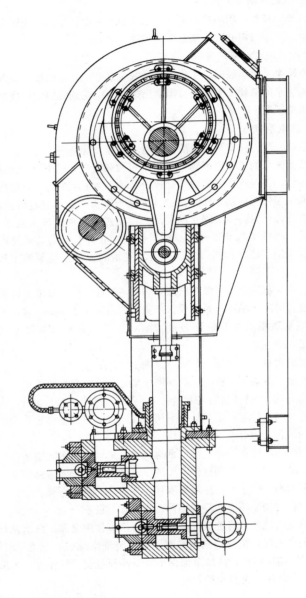

图 19 – 2 PZNB 型喷水式柱塞泥浆泵结构

（4）阀箱组件。主要包括阀箱、阀组件、阀座、出入口阀簧、吸排管。阀箱分为吸入箱、排出箱分体和吸入、排出箱一体两种，阀压盖采用粗牙螺纹，阀组件结构为橡胶密封圈式。

（三）水隔离泵系统

水隔离泵系统由泵本体、动力系统、回水喂料系统及液压控制系统组成，其中泵本体又由三个压力罐、六个液压平板闸阀、六个单向阀组成。

水隔离泥浆泵是由喂料装置向泵的主体——压力罐中浮球下部供浆。由高压清水泵向浮球上部供高压清水，高压清水通过浮球把压力传递给浆体，浆体通过外管线输送到灰场。电控系统通过液压站控制六个清水液压平板闸阀起闭，从而控制三个压力罐交替进高压清水和灰浆，实现连续、均匀、稳定地输送浆体。

八、输送介质的管道阀门装置及其附件等

由于除灰系统的介质颗粒较大，对管路的磨损较高，或积灰积垢的聚集，因此普遍存在磨损快，使用寿命短，关闭不严或开启不动、操作不够方便、检修维护频繁等特点。所以除灰系统中管路、阀门及附件等一般采用耐磨材质，例如陶瓷内衬、铸石内衬或采用较厚的壁厚等。

采用普通钢管时，除壁厚应满足强度要求外，并应满足下列要求：

（1）灰渣管应设有清洗管道的水源、清洗措施和防冻堵措施。

（2）当灰渣管布置在管沟内时，管沟应符合规定，并应排水设施。

（3）当灰渣管架空铺设时，与铁路、公路及高压线交叉的最小净空应符合规定。

（4）灰渣管支座应符合规定。

（5）在灰浆泵、渣浆泵出口管上应根据管线布置及切换要求等具体情况装设阀门，当灰场标高高于泵的出口且标高相差较大时，宜装设缓闭止回阀。

提示　本节内容适合除灰设备检修（MU3 LE5）。

第二节　气力除灰系统及设备

气力输灰在环保、节约水资源、实现自动控制等方面与传统的水力输灰及常规机械输灰方式相比，有着无可比拟的优越性，但也在以下几个方面存在不足：

（1）由于气力输灰是以空气为载体，物料在系统中的流动速度相对较

快，摩擦较大，这样某些设备及部件的耐磨性能难以满足工况要求，影响单纯运行的可靠性

(2) 粗大的颗粒、粘滞性粉体及潮湿粉体不宜使用气力输送，输送距离和输送量受到一定限制。

一、气力输灰系统的组成

(1) 供料装置。它借助于某一空气动力源，将飞灰与空气充分混合，并送入输灰管道内，供料装置设在系统的始端，灰斗的底部。

(2) 输料管。用以输送气灰混合物的管道及附属管道。

(3) 空气动力源。输送用空气的增压装置，包括空气压缩机、真空泵、抽气机等，以及其后处理装置。

(4) 气灰分离装置。其作用是将飞灰从空气流中分离出来，该装置布置在输送系统的终端，一般是将分离装置与其下部的储灰库安装在一起。

(5) 储灰库。用以收集、储存、转运飞灰的筒状土建设施，分为粗、细两种灰库，装有卸料装置，以便装车、装袋外运。

(6) 自动控制系统。由各种电动或气动阀门、料位计、操作盘等组成，可根据压力或时间参数的变化自动成受料、送料及管道吹扫等工作。

二、气力输灰系统的分类

气力输送系统根据飞灰被吸送还是被压送，分为正压气力输送系统和负压气力输送系两大类型。其中，正压气力输送系统又分为高正压气力输送系统（正压系统）和微正压气力输送系统（微压系统）。

（一）正压气力除灰系统

(1) 正压气力除灰系统有以下特点。

1) 适用于从一处向多处进行分散输送，即可以实现一条输送管道向不同灰库的切换。

2) 与负压气力输送系统相比，输送距离和系统出力大大增加。从理论上讲，输送浓度和距离的增大会造成阻力增大，这只须相应提高空气的压力。而空气压力的增高，使空气密度增大，更有利于提高携带整体的能力，其浓度和输送距离主要取决于鼓风机或空气压缩机的性能和额定压力。

3) 离装置处于系统的低压区，所以对装置的密封要求不高，结构比较简单，不要求装锁气器。而且分离后的气体可直接排入大气，不存在设备磨损问题，故一般只装一级布袋收尘器即可。

(2) 正压气力除灰系统也存在以下不足。

1）供料装置布置在系统的最高压力区，对装置的密封要求高，因此装置的结构比较复杂。间歇式压送，不能连续供料。

2）运行维护当或系统密封不严时，会发生跑冒灰现象，造成周围环境污染。不过与负压系统相比管道上不严密处的漏气对工作的影响不大，而且根据漏气处喷出来的灰，很容易发现漏气部位。

（二）负压气力除灰系统

（1）负压气力除灰系统的特点。

1）适用于从几处向一处集中输送。供料点（灰斗）可以是一个或多个，输送母管可以装一根或多根支管。几个几供料点既可同时输送，也可依次输送。

2）由于系统内的压力低于外部大气压力，所以不存在跑灰现象，工作环境清洁。

3）因供料用受灰器布置在系统的始端，真空低，故不需要气封装置，结构简单，而且体积较小。

（2）负压气力除灰系统也存在以下不足。

1）分离装置处于系统末端，真空度高，需要严格密封，故设备结构复杂，而且由于抽气设备设在系统的最末端，要求空气进化程度高，所以需设多级分离装置。

2）由于真空度极限的限制，系统出力和输送距离不高。这是因为输送距离越大，阻力也越大，这样输送管内的真空度也越高，而真空度越高，则空气越稀薄，携带能力也就越低。

三、输灰系统的组成及不同类型

（一）仓泵式气力输灰系统

仓式气力输送泵（简称仓泵）是正压气力输送系统的主要设备，主要作用是贮存干灰并将其输送到灰库内。仓泵的主要类型有下引式仓泵和流态化仓泵两种。

（1）下引式仓泵主要是由带锥底的罐体、进料阀、逆止阀、料位装置、排料斜喷嘴和供气管等组成。它的工作原理为：装料排气阀打开，关闭送入泵内的压缩空气，向槽内供灰，待灰满信号发出后，关闭锥形钟阀和装料排气阀，送入压缩空气，使灰逐渐排出。泵中送入的压缩空气有一、二次压缩空气和背压空气三种。一次空气从喷嘴吹入，将物料送入输送管道；二次空气从环形喷嘴送入，用以调整混合比，同时物料加速；背压空气经泵体上部气孔送入，作为罐内平衡压力，使物料容易流出。下引式仓泵的输出管从泵体下部斜向引出，输出管入口在仓泵底部的中心，所以不需要物料悬浮，靠重力和空气流就可以将物料送入管内，物料浓度很高；利用二次空气可以适当进行稀释，避免因物料浓度过大，造成堵管。

（2）流态化仓泵式（灰罐）气力输灰系统。泵由给料器、进料阀、料位计、环形喷嘴、出料管、出料阀、多孔板、气化室、单向阀、进气阀、吹堵阀等部件组成。其工作过程及原理为：开启后，顺序开启进料阀和给料器，开始进料，料满时，料位计发出信号，即使关闭给料器，延时关闭进料阀及排气阀，进料停止。接着开启进气阀，压缩空气经气化室汽化板和环形喷嘴分两路进入泵体，气化物料，同时泵体内压力上升，电接点压力表达到整定压力值时，自动打开出料阀。此时流态化物料被压送入出料管，经环形喷嘴喷入的空气稀释，加速进入输送管道，送入灰库，泵体压力下降至空气大气压，出料阀自动关闭，一次送料完成，接着下一次循环开始。调节可调单向阀，可以调节二次风量配比和输送浓度，以达到经济、稳定状态。

泵是一种从灌底均匀进风的仓式泵，排料管从上部引出，罐底采用多孔的气化板，因而罐体底部的细灰能够得到更好的搅动，成为便于输送的流化状态，从而可以提高输送灰气比和输送能力。由于流态化仓泵输送细灰所需的风量相对减少，所以输送的阻力降低，管道的磨损也能减轻。

（二）负压气力输灰系统

（1）系统组成及流程。系统以负压风机为动力源，吸入输灰管道内的空气为载体，将电除尘器灰斗内的干灰输送至灰库。负压除灰系统工艺流程见图19-3。

负压系统分A、B两侧，可同时运行，也可实现两侧系统交叉切换，切换后只能运行一侧的负压系统。

（2）设计匹配要求。抽真空设备可选取回转式风机、水环式真空泵或水力抽气器，回转式风机及水环式真空泵的额定流量可按计算值的110%选取；回转式风机的额定风压可按系统计算值的120%选取；水环式真空泵的工作压力不宜大于-65kPa。当输送灰量较小，除灰点分散，而且外部允许湿排放时，负压除灰系统的抽真空设备可采用水力抽气器。水力抽气器出口的灰浆，可利用高差自流至灰场或直接排入排浆设备。

负压气力除灰系统的设计匹配应满足以下要求：

1）负压气力除灰系统在每个灰斗下应装设手动插板门和除灰控制阀。

2）除灰控制阀系统中装有多根分支管时，在每根分支输送管上，应

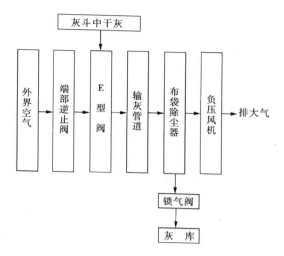

图 19 - 3　负压除灰系统工艺流程

装设切换阀，切换阀应尽量靠近输送总管。在每根分支管始端还应设有自动进风门。

3）负压气力除灰系统应装设专用的抽真空设备。

4）在抽真空设备进口前的抽气管道上应设有真空破坏阀，以保证系统设备的安全。

5）采用布袋除尘器作为收尘设备时，布袋过滤器的风速不宜大于0.8m/min，布袋除尘器的效率不应小于99.9%。

四、灰库系统

（一）系统组成

灰库一般三座为一组，两座粗灰库，一座细灰库，可相互切换。每座灰库的顶部均设两套高效率反脉冲布袋过滤器和真空释放阀，每座灰库底部均设有气化槽装置，使飞灰呈流化状态。每座灰库底部设有 2～3 个卸料口，卸料口下还装有加湿搅拌机或干灰散装机。

（二）气化系统

（1）气化装置的构造与工作原理（见图 19 - 4）。气化装置是气力输灰系统中储存仓料斗、灰库的重要辅助部件，接通经过加热的空气后使粉状物料流态化，增加物料的流动性。该装置主要用于电除尘器灰斗，各种粉、粒料贮仓料斗、灰库库底等气化装置主要由碳化硅和金属箱体组成，它们之间用硅橡胶密封，压缩空气通过装置底部接管引入，透过气化板，均匀地进入料层，使仓斗内的物料呈松散状态，并充分流态化。从而避免物料在仓斗内的"架拱"、"搭桥"现象，增加物料的流动性，保证生产连续、稳定、安全运行。

现代电力系统所用的气化板一般采用耐温纤维滤布、多层金属网板、模压高温烧结碳化硅板材三种材质，规格一般为宽度 150～300mm。

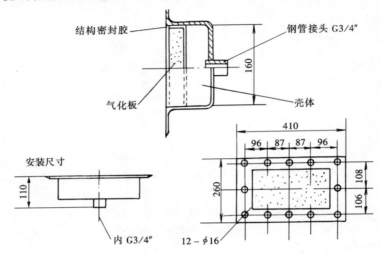

结构密封胶

钢管接头 G3/4″

气化板

壳体

安装尺寸

内 G3/4″

12－φ16

图 19－4　气化装置结构

（2）气化风机构造及工作原理（见图 19－5）。罗茨风机是容积式鼓风机的一种，它由一个近似椭圆形的机壳和两块墙板包容成一个气缸（机壳上有进气口和出气口）。一对彼此相互啮合（因为有间隙，实际上并不接触）的叶轮，通过定时齿轮传动以等速反向旋转，借助两叶轮的啮合，使进气口与出气口相互隔开，在旋转过程中，无内压缩地将汽缸容积内的气体从进气口推移到出气口。两叶轮之间，叶轮与墙板以及叶轮与机壳之间均保持一定的间隙，以保证风机的正常运转，如果间隙过大，则被压缩的气体通过间隙的回流量增加，影响风机的效率；如果间隙过小，由于热膨胀可能导致叶轮与机壳或叶轮相互间发生摩擦碰撞，影响风机正常工作。

（三）加湿搅拌机系统

（1）加湿搅拌机的作用是将干灰加水搅拌后，装入干灰散装车外运，加湿后的干灰可防止灰运输过程中的飞扬而污染环境。

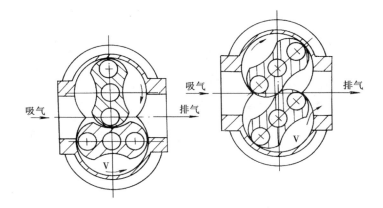

图 19-5　灰斗气化风机工作原理示意图

加湿搅拌机转动部分带动摆线针轮减速机转动，减速剂与主动轴由十字滑块连轴器相连。主动轴齿轮与被动轴齿轮相互啮合，当主动轴转动时带动被动轴一起转动。

（2）其工作原理为：当干灰物料由给料机定量通过进料口进入搅拌机箱体内，动力传动机械带动装有多组叶片的螺旋形主动轴传动，通过对啮合传动齿轮带螺旋形被动与主轴做等速相对转动。从而使物料被搅拌并推进到槽体加湿段，加湿器对干灰物料进行喷湿，进而充分搅拌，当干灰物料达到可控湿度后由出料口卸出，装入干灰散装车外运。

（四）布袋除尘器

本设备用于气力除灰系统中，安装在灰库顶部，用于分离含灰空气中的灰分，防止灰分进入大气。

灰分进入布袋除尘器后，流速降低，大部分灰被自然分离出来。剩余部分随气流继续上升，灰气被布袋过滤后，干净空气排入大气，灰分则自由落下。

布袋除尘器应用了"反吹空气"过滤器清理系统，定期对附着在布袋上的灰进行吹扫。所以，在正常运行期间，布袋除尘器能够维持最佳的过滤效果。

（五）压力真空释放阀

压力真空释放阀结构见图 19-6。

（1）真空释放阀的工作原理。

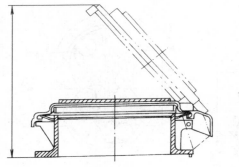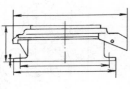

图 19 - 6　压力真空释放阀结构

1）静止位置。当贮仓或灰库内部压力维持在阀选定的压力值内时，阀盖保持静止位置。由于贮仓或内压力产生一个作用于柔性隔膜顶面，使隔膜紧密接触到阀座上，从而达到密封。

2）压力释放。当贮仓压力增长到阀选定的压力值时，仓内压力克服阀盖重量，将阀盖从阀座上举起，同时压力放空，直到贮仓或灰库内部压力降到与阀所选定的压力值相同时，阀盖再回到正常位置。

3）真空释放。当贮仓压力低于大气压力时，在贮仓或灰库内部产生真空。当降到与阀所选定的真空值时，由于大气压力作用到隔膜上，举起真空环到浮动位置，此时空气进入贮仓。直到贮仓内部真空值小于选定值时，真空花环回到正常位置，靠在隔膜上。

真空释放阀的作用是在充气排气和不正常的温度变化时，保护容器不承受过量的正压和负压。

（2）真空释放阀适用于以下范围：

1）在容器正常的通气时，延迟气化物的逃逸，以降低有价值的蒸发气的损失。

2）在贮存产品时，保持惰性气体密封层。

3）在处理因外部热源引起内部压力过量时，作为后备保护。

五、空压机系统

空压机系统一般由主机部分，电动机，油润滑过滤系统，冷却部分，压缩空气后处理部分等组成。

（一）螺杆式空压机

螺杆式空压机见图 19 - 7，螺杆式空压机的压缩过程有吸气过程、封闭及输送过程、压缩及喷油过程、排气过程4个过程。

螺杆式空压机机头是一种双轴容积式回转型压缩机，进气口开于机壳上端，排气口开于下端，两只高精度主、副转子，水平而且平行地装于机壳内部。主、副转子上均有螺旋形齿，环绕于转子外缘，两齿相互啮合，两转子由轴承支撑，电动机与主机体结合在一起。经过一组高精度增速齿轮将主转子转速提高，空气经过主、副转子的运动压缩，形成压缩空气。

螺杆式空压机是当今空压机发展的主流，其振动小、噪声低、效率高，无易损件，具有活塞式空压机不可比拟的优点。螺杆式空压机压缩原理：

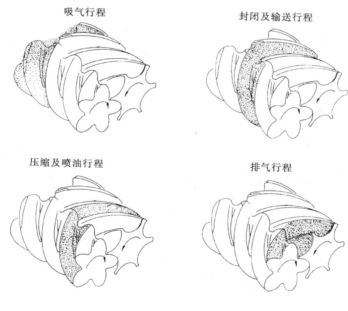

吸气行程　　　　　　　　封闭及输送行程

压缩及喷油行程　　　　　　　排气行程

图 19 - 7　螺杆式空压机

（1）吸气过程。螺杆式空压机无进气和排气阀组，进气只靠一调节阀的开启和关闭调节。当主、副转子的齿沟空间转至进气端时，其空间最大，此时转子下方的齿沟空间与进气口的自由空气相通，因在排气时齿沟内的空气被全数排出，排气完时，齿沟处于真空状态，当转至进气口时，外界空气即被吸入，并沿轴向进入主、副转子的齿沟内。当空气充满了整个齿沟时，转子的进气侧端面即转离了机壳之进气口，齿沟内的空气即被封闭。

（2）封闭及压缩过程。吸气终了时，主、副转子齿峰会与机壳密封，齿沟内的空气不再外流，此即封闭过程。两转子继续转动，齿峰与齿沟在吸气端吻合，吻合面逐渐向排气端移动，即为输送过程。

（3）压缩及喷油过程。在输送过程中，吻合面逐渐向排气端移动，即吻合面与排气口之间的齿沟空间逐渐减小，齿沟内的空气逐渐被压缩，压力逐渐升高，此即压缩过程。压缩的同时，润滑油也因压差的作用被喷入压缩室内与空气混合。

（4）排气过程。当主、副转子的齿沟空间转至排气端时，其空气压力最大，此时转子下方的齿沟空间与进气口的自由空气相通，因此齿沟内的空气被排出。此时两转子的吻合面与机壳排气口之间的齿沟空间为0，即完成排气过程。与此同时，两转子的吻合面与机壳进气口之间的齿沟空间达到最大，开始一个新的循环。

（二）活塞式空压机

工作原理及构造：电机通过皮带轮将动力传递到曲轴，使曲轴旋转运动，再经连杆将曲轴的旋转运动转变为十字头的往复直线运动，十字头前端与活塞连接，活塞在缸体内随十字头一起往复直线运动。当活塞运动离开死点时，排出阀立即关闭，排出过程结束，吸入阀开启，吸入过程开始；当活塞运动离开死点时，吸入阀立即关闭，吸入过程结束，排出过程开始。活塞和阀门的这种周而复始的运动就是活塞式空压机的工作过程。

（三）冷冻式干燥机

冷冻式空气干燥机，是采用制冷的原理，通过降低压缩空气的温度，使其中的水蒸气和部分油、尘凝结成液体混合物，然后通过却水气把凝结成的液体从压缩空气中分离排除，达到干燥要求。它一般由预冷气、蒸发气、祛水气、自动排水器、冷媒压缩机、冷媒冷凝器、膨胀阀、热气旁路阀等组成。

（四）吸附式干燥机

工作原理及流程：无热再生空气干燥器是根据变压吸附原理，在一定的压力下，使压缩空气自下而上流经吸附剂（干燥）床层，根据吸附剂表面与空气中水蒸气分压取得平衡的特性，将空气中的水分吸附，从而达到除去压缩空气中的水分的目的，完成干燥过程。本吸附筒为双筒结构，筒内填满吸附剂（干燥），当一吸附筒在进行干燥工序时，另一吸附筒在进行。

无热再生干燥器的解吸再生是快速降压方法，使吸附剂内被吸附的水分解吸，随后再用一定量经过干燥的空气将吸附剂内的水分吹出，使吸附剂（干燥）获得再生。

六、球形气锁阀

球形气锁阀见图 19－8。

（一）球形气锁阀的工作原理。

阀门关闭时，球形阀瓣转动 90°至"关"位，气动装置凸轮压下到位开关触点，表明阀体已经到位，在接到到位信号后，密封圈内充入 0.5MPa 的压缩空气，发生鼓胀，使之与球形阀瓣紧密贴合，实现密封。阀门开启时，密封圈内压缩空气先泻压，延时 1～2s 后，依靠自身弹性回缩，然后气动装置转动 90°至"开"位。此阀在启动过程中球形阀瓣与阀座（密封圈）不接触，启闭转矩小，磨损很少，从而提高了使用寿命，大大降低了维护费用和时间

（二）气动耐磨球顶截止阀的结构组成和特点

气动耐磨球顶截止阀是专用于输送干粉装、气粉混合体系统中普遍使用的一种阀门，它的执行机构主要由阀体、阀盖、球顶式阀芯、上阀杆、下阀杆、阀杆衬套、气囊及各类连接件、密封件组成，阀杆与阀体为偏心结构设计，启闭方式为气动回转式，阀芯设计为球顶型，球面止灰板两侧呈锐角铲弧状。当阀门启闭时，有自行铲除积灰、积垢的功能，截止气囊密封系统采用氟橡胶耐磨损，密封性能好，使用稳定可靠。

七、气力输灰管路

对于气力除灰管道一般应满足以下要求：

（1）气力除灰的管件和弯管应采用耐磨材料，管道布置尽量减少 90°弯头。

（2）气力除灰的直管段材质与除灰系统方式有关，宜采用普通钢管，若输送磨损性强的灰渣，宜采用耐磨钢管。

（3）除尘器灰斗下除灰控制阀或气锁阀装置的支管道接入除灰主干道时，应水平或向下接入。

（4）气力除灰管道每段水平管的长度不宜超过 200m，布置宜采用伸缩管接头等补偿措施。

（5）气力除灰管道可沿地面敷设，也可架空敷设。输灰管道布置时应避免很长的倾斜管 U 型或向下起伏布置。

（6）灰斗出口处或灰管需要改变方向时，在拐弯前宜设有不小于管径

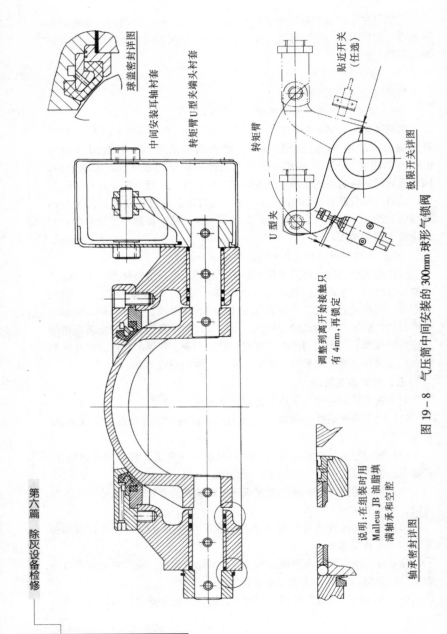

球盖密封详图

中间安装耳轴衬套

转矩臂 U 型夹端头衬套

转矩臂

贴近开关
(任选)

U 型夹

极限开关详图

调整到离开始接触只
有 4mm,再锁定

说明：在组装时用
Malleus JB 油脂填
满轴承和空腔

轴承密封详图

图 19-8　气压筒中间安装的 300mm 球形气锁阀

10 倍的直管段。

（7）较长距离输送的气力除灰系统中，除灰管道应采用分段变径管。其分段数量和各段长度应由计算确定。

八、其他除灰形式

混合除灰形式一般分为水力输灰与气力输灰相结合的输送形式和正负联合气力输灰形式，这样的输送形式一般都能充分结合各种输灰形式特点，但是往往在利用其优点的同时，一些原来固有的缺陷也难以避免。这样凡采用这些混合形式的电厂，一般都是尽量根据本厂输灰的现状，充分利用各个输灰形式的特点，扬长避短，用对自己来说最合理的连接，达到最佳输灰目的。

机械除灰主要是通过皮带输送机、埋刮板机、提升机等机械设备将灰排至贮存处理后，再通过汽车、其他运输工具，或其他方式将灰运走或综合利用。由于机械设备的局限，该形式一般不作为单独形式使用。

提示　本节内容适合除灰设备检修（MU5 LE5）。

第三节　除渣系统及设备

除渣系统的形式一般有水力除渣和机械除渣两种。水力除渣是以水为介质进行灰渣输送的，其系统由排渣、冲渣、碎渣、输送的设备以及输渣管道组成。水力除渣对输送不同的灰渣适应性强，运行比较安全可靠，操作维护简便，并且在输送过程中灰渣不会扬撒。机械除渣是由捞渣机、埋刮板机、斗轮提升机、渣仓和自卸运输汽车等机械设备组成。

一、采用捞渣机方式的除渣系统

（一）捞渣机构造及结构特点

（1）叶轮捞渣机的组成及结构特点。叶轮捞渣机由除渣槽、除渣轮、电动机、减速机等组成。除渣轮在除渣槽内与水平呈 45°布置，除渣轮为叶片式，由蜗杆组成的减速装置驱动，轴端还装有安全离合器。运行的除渣槽内要经常保持一定水位，灰渣经过落渣管进入除渣槽的水面以下，经浸湿以后由除渣轮连续不断地捞出。这种捞渣机结构简单，转速低，因而功率消耗小，磨损轻，运行比较可靠，但缺点是不能排除比较大的结焦块。

（2）马丁捞渣机的组成及结构特点。马丁捞渣机由弧形除渣槽、三角形碎渣齿辊、推渣板、传动装置和控制阀门等部件组成。全部设备悬挂在锅炉渣斗下的槽钢架上，除渣槽的上部装有滚轮，检修时可以移动除渣机，离开渣斗出口。从渣斗排出的灰渣，经过三角形齿辊挤碎，再落入弧形的除渣槽内，槽的向上一端有倾斜的出渣口，槽内经常保持一定的水位，作为渣斗出口的水封和排渣的浸湿。推渣板由传动装置和曲柄带动，将槽内的灰渣推至出渣口。该捞渣机由于装有碎渣机构，所以可以将较大的渣块破碎，从而保证推渣板的工作。推渣板的工作速度较低，这种捞渣机每台的出力最大约为 1t/h 左右，所以只适用于中小型链条炉除渣。

（3）刮板捞渣机的结构组成及特点。刮板捞渣机其刮板连在两根平行的链条之间，链条在改变方向的地方还装有压轮，刮板和链条均浸在水封槽内，渣槽内需加入一定的水封用水。另外受灰段一般置于水平位置，落入槽内的灰渣由槽底移动的刮板经端部的斜坡刮出，在通过斜坡可以得到脱水。刮板的节距一般在 400mm 左右，行进速度较慢，一般不超过 3m/min。渣槽端部斜坡的倾角一般在 30°左右，最大不超过 45°。刮板捞渣机结构简单，体积小，速度慢，但因牵引链条和刮板是直接在槽底滑动的，所以不仅阻力较大，而且磨损也比较严重。另外当锅炉燃烧含硫量较高的煤种时，链条和刮板还要受到腐蚀，所以，刮板和链条要用耐磨、耐腐蚀的材料制造，并要有一定的强度和刚性，以避免有大的渣块落下卡住时被拉弯或扯断。

（二）SZD 型振动筛构造及原理

SZD 型振动筛是利用惯性振动原理设计，由多个筛箱连接组成，每个相邻筛箱之间采用柔性活动连接，这样既可以防止物料掉入，又不影响工作振动。每个筛箱框上对称各安装一台方向相反的振动电机，组成该级振动动力源。按照设计振动筛在远超共振区运行，可以在变化的负荷下连续、稳定地工作。

SZD 型振动筛有以下性能特点：

（1）筛箱由多级串接组成，可根据脱水量的大小和输送距离的远近决定所需要的级数。

（2）可根据系统状况，选配不同孔隙的筛板，分离不同颗粒要求的灰渣。

（3）选用聚氨脂筛板，耐磨，防结垢，不锈蚀。

（4）采用振动电机直接作为振动源，减少了零部件数量，提高了工作可靠性，降低了噪声。

（5）结构简单，重量轻，消耗功率小，易损件少，便于检修维护。

（6）筛板连接固定采用新结构，取消了铁压条，木压条及 T 型螺栓，设计简单，便于筛板拆卸、更换。

（7）电气回路上设计有反接制动保护电路，可有效防止停机时通过共振区的剧烈振动而导致的机械损坏。

（三）冲渣泵（渣浆泵）构造与工作原理

冲灰泵系统一般由离心式渣浆泵、阀门及管路组成。

离心泵的工作原理为当离心泵的叶轮被电机带动旋转时，充满于叶片之间的流体随同叶轮一起转动，在离心力的作用下，流体从叶片间的槽道甩出，并由外壳上的出口排出。而流体的外流造成叶轮入口间形成真空，外界流体在大气压作用下会自动吸进叶轮补充。由于离心泵不停地工作，将流体吸进压出，便形成了流体的连续流动，连续不断地将流体输送出去。

离心泵主要由泵壳、叶轮、轴、轴承装置、密封装置、压水管、压水管、导叶等组成。

离心泵通常在使用时要设计轴封水装置，它的作用是当泵内压力低于大气压力时，从水封槽注入高于一个大气压力的轴封水，防止空气漏入；当泵内压力高于大气压力时，注入高于内部压力 0.05～0.1MPa 的轴封水，以减少泄漏损失，同时还起到冷却和润滑作用。

离心泵平衡轴向力常采用以下方式：

（1）单级离心泵采用双吸式叶轮。

（2）在叶轮的轮盘上开平衡孔。

（3）多级离心泵可采用叶轮对称布置。

（4）采用平衡盘。

（5）平衡鼓设计。

（四）碎渣机组成及结构特点

（1）齿辊式碎渣机的组成及结构特点。在单齿辊式碎渣机的进口处装有倾斜的固定篦子，冲灰水和颗粒较小的渣粒从篦子孔中直接漏下，大颗粒的渣块经过篦子筛选后落入碎渣机内。碎渣机在旋转的齿辊和固定的齿板间受挤压而破碎，下落后即随冲灰水和细碎的灰渣进入渣浆泵。齿辊和齿板之间的间隙，可通过拉杆来调整，从而改变破碎灰渣颗粒的尺寸。碎渣机的运行出力，随破碎颗粒度而变化，破碎颗粒要求越细，其出力越低，通常进料的灰渣最大尺寸不超过 200mm。出料的尺寸不大于 25mm时，该形式碎渣机的最大出力约为 12t/h，齿辊的工作转速约为 6.1r/min，轴功率为 20kW，电动机通过齿轮减速机或皮带传动。为防止有硬质的大块灰渣或其他物件卡涩而引起电动机过负荷，轴辊上装有安全离合器。齿辊和齿板为易损件，磨损后可定期检修更换。齿辊式碎渣机构造简单，但体积较大，外部的空气比较容易被带入灰渣斗，轴封易漏水，下部易堵塞，所以运行的可靠性较差。

（2）双辊刀式碎渣机的组成及结构特点。双辊刀式碎渣机内装有两排相互平行、旋转方向相对、刀齿相错的齿辊，两辊之间装有击板。进入碎渣机内的灰渣，大颗粒的灰渣被阻留在击板上，由于受到刀齿的撞击而破碎，被击碎的渣块则从刀齿的侧壁落下排至灰渣沟内。齿辊的转速一般约为 15.8 r/min，因转速较低，所以磨损较小，运行也比较安全、可靠。

（3）锤击式碎渣机的组成及结构特点。锤击式碎渣机是一种高速碎渣机，在主轴的轮毂上装有可摆动的锤头，碎渣机的进出口处均装有格栅，渣块进入碎渣机内，被高速旋转的锤头击碎后，穿过格栅排出。锤击式碎渣机比较适合于干渣，这种碎渣机可装在排渣槽竖井的下部。进入该形式碎渣机的渣块最大尺寸不得超过 250mm，如果炉膛内有大的渣焦落下，应先机械或人工打碎，再进入碎渣机。

二、采用水力喷射器方式的除渣系统

水力喷射器构造与工作原理见图 19-9，水力喷射器的选择匹配及安装有如下要求：

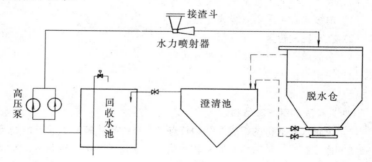

图 19-9　除渣系统示意

（1）力喷射器的选择应根据输送管道阻力、灰渣性质及输送量等因素确定。排渣用的水力喷射器宜装在锅炉碎渣机下方，不设备用，其出力应能在 1.5 ~ 2h 内，将锅炉 8h 的贮存渣量输送到受渣设备内，灰渣管内渣水比，宜控制为 1:5。

（2）水力喷射器出口处的灰渣管道应为长度大于 5 倍管径的直管段。

（3）当水力喷射器布置在沟道内，在安装手孔的上方应设有轻便盖

第六篇　除灰设备检修

板，供维护和检修用。

（4）当水力喷射器作为公用设备时，每一组水力喷射器应设两头台，其中一台运行，一台备用。

三、采用排渣槽方式除渣系统组成及结构特点

中小型固态排渣煤粉炉一般采用水力排渣槽排渣，排渣槽装在炉膛冷灰斗下部，有单面排渣、两端排渣等形式。排渣槽内部的直壁部分用耐火材料衬砌，槽底则用铸铁块或铸石铺成，为便于冲渣作成倾斜式，倾角一般在45°左右。在槽内的上部，四周装有淋水喷嘴，喷水后成为水母幕使落入槽内的炽热炉渣熄灭、冷却，而不至于在存渣过程中粘成大块。在槽壁上部装有供检修时进入炉内的人孔门和运行中检查的观察孔，有的还开有将渣块直接除至灰渣车的紧急出渣口，装有蜗轮蜗杆或用活塞装置控制的出渣门，该门要具有良好的严密性，以防止在不除渣时冷风从此处漏入炉膛内。在出渣门相对的一侧槽壁上，还装有与槽底相平行的辅助喷嘴，以便将槽底上的炉渣彻底冲掉。为了保证除渣时的安全，出渣门外装有罩壳。冲灰喷嘴则装在罩壳内出渣门的下口处，该喷嘴由装在罩壳外侧的拉杆操纵，而且在冲渣时能够沿着出渣口的宽度往复摆动，以便在通水或打开出渣门后能将槽底的灰渣较均匀地冲出。在出渣门罩壳内的灰渣沟上口装有格栅，栅孔的尺寸为100mm×100mm，以便将大的渣块分离下来，用人工大碎后再进入灰渣地沟排走。

四、机械除渣系统及设备

（一）系统组成

机械除渣是由捞渣机、埋刮板机、斗轮提升机、渣仓和自卸运输汽车等机械设备组成。

（二）原理及流程

系统流程见图19-10。

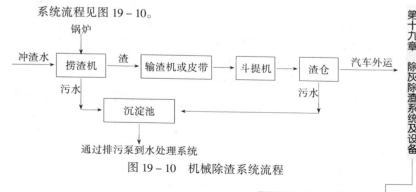

图19-10 机械除渣系统流程

（1）斗提机的组成与工作原理。斗提机即斗式提升机，其主要由机头部分、下料漏斗、链与斗、机尾部分、传动装置、中间节壳体等部分组成。斗提机的工作原理为：

斗提机的上部传动链轮是具有 V 型凸面的摩擦轮，链条则由具有 V 型槽的链接头与链板连接而成。斗子的提升是靠链接头与摩擦轮的 V 型面接触而产生的摩擦力带动的，斗子用螺栓连接在两条并列的链子对应的链接头上。电动机通过减速机将力传动到主轴，使主轴上的链轮旋转，从而借与链接头的摩擦力带动了链与斗。从尾部进料管进入的物料被运动的斗子所舀取，绕经上链轮落入到下料漏斗，经由卸料溜子而后卸出。

由于斗提机自重较大，且两侧重量极为不平衡，极易造成反转造成设备损坏。为防止这一情况的发生，在斗提机输出轴背侧装设滚柱逆止器，其构造及原理为：

斗提机滚柱逆止器主要由外套、挡圈、滚柱、星轮及压簧等组成，外套固定在支架上，支架则与传动底座相固定，是不动体。星轮用键连接在减速机的低速轴上，星轮的外圆与外套的内空为动配合星轮上有 6 个三角缺口与外套内圆形成 6 个楔形空间，滚柱两端用当圈挡住，压簧固定在楔形空间的大端面上。当斗提机正常工作时，减速机轴按工作方向旋转，滚柱与外套见产生的摩擦阻力使滚柱压迫压簧，滚柱则处于楔形空间的大端处，不影响轴的旋转。当轴反转时，滚柱与外套间的摩擦阻力将滚柱推向楔形空间的尖部，在星轮与外套之间楔住，从而制止了轴的旋转，是斗提机的链与斗不发生倒转。

（2）渣仓的结构组成及匹配要求。渣仓主要由仓体、渣仓底渣阀门、落渣漏斗、振动器、重锤物料计五部分组成。脱水设备主要有以下匹配要求：

1）渣系统灰渣脱水仓应设两台，一台接受渣浆，一台脱水、卸渣。

2）灰渣脱水仓的溶剂一贯按照锅炉排渣量，运输条件等因素确定。每台脱水仓的溶剂应能满足储存 24～36h 的系统排渣量。

3）灰渣脱水过程的时间，由灰渣颗粒特性和析水元件结构等因素决定，脱水仓的脱水时间一般宜为 6～8h。

4）脱水仓下部一般宜采用气动或液动排渣阀，排渣阀应密封，无泄漏，在寒冷地区，应有防冻措施。

5）脱水仓的排水经过澄清后应循环使用。每套脱水仓应配澄清池或浓缩机，缓冲池各一座，直径可按处理水量而定。

（3）新建渣仓的验收标准：

1）仓壁磨损超过原壁厚的 2/3 时，应挖补更换。

2）仓体无漏水、漏渣现象。

3）各个支架、支柱、楼梯、平台、栏杆安全可靠。

4）溢流堰缺口水平偏差小于 2mm。

（4）埋刮板机的组成及特点。埋刮板输渣机由动力端减速机、机槽、链条、链接头、链轮、张紧装置、进出料管、刮板等组成，结构简单，转速低耐磨损、耐腐蚀，运行可靠稳定。

提示 本节内容适合除灰设备检修（MU4 LE6）。

第二十章

水力除灰系统设备检修

第一节　卸灰系统设备检修维护

一、灰浆泵检修

（一）维护项目及标准

常用渣浆泵的轴承组件装配时加注润滑脂的数量要求见表 20－1。

表 20－1　　　渣浆泵的轴承组件装配时加注润滑脂量 g

拖架形式	B	C	D	E	F	G	R、RS	S、ST	T、TU
驱动端	30	50	100	200	500	1150	200	500	1150
泵端	30	50	100	200	500	1150	400	1000	2300

（二）小修项目及周期

（1）检查叶轮、护板和护套磨损情况。

（2）轴承检查、加油。

（3）检查出入口门及逆止门。

（4）更换盘根。

（三）大修项目及标准

（1）灰浆泵的大修项目、工艺及标准见表 20－2。

（2）设备检修后应达到的标准。

1）检修质量达到规定的质量标准。

2）消除设备原存在的缺陷。

3）恢复设备的原有出力，提高效率。

4）消除渗漏现象。

5）安全保护装置和主要自动装置动作可靠，主要仪表、信号及标志正确。

6）设备现场整洁，保温完好。

7）检修技术记录正确齐全。

检修项目	检修工艺	质量标准
1. 准备工作	1. 检查设备缺陷记录本，掌握设备缺陷情况； 2. 准备检修工具和备品配件； 3. 办理检修工作票	出入口门关闭严密，冷却水门关闭严密
2. 泵解体	1. 拆除出入口短节。 2. 拆掉对轮防护罩和对轮螺栓，测量对轮间隙并做好记录。 3. 吊住泵前壳、打紧前护板固定斜铁，调整护套压板。 4. 拆卸泵壳连接螺栓，吊走前壳和前护板。检查叶轮护套、护板磨损情况。 5. 打松前壳斜铁，拆下前护板和密封垫。 6. 吊住护套，松开护套压板，吊出护套。测量叶轮与后护板间隙并记录。 7. 松开拆卸环，用专用工具插进叶轮，转动叶轮（反方向旋转），卸下叶轮，依次拆下后护板及副叶轮。 8. 吊住后泵壳，松开泵壳固定螺栓，吊下后泵壳与副叶轮室。 9. 拆掉轴套及定位套。 10. 检查清理各部件，更换磨损件	1. 前护板固定斜铁要打紧，护套压板压到位。 2. 吊重物时防止碰撞。 3. 叶轮外周磨损超过5mm，厚度磨损超过原尺寸的1/3或大面积磨有沟槽时，应更换。 4. 叶轮、护板和护套断裂或有裂纹时应更换。 5. 护板、护套、副叶轮磨损超过原厚度的1/2或磨有深槽时应更换。 6. 外壳破碎、断裂时应更换。 7. 轴套外周磨损2mm或磨有深槽应更换
3. 轴及轴承拆装	1. 拆除轴承端盖和轴承室上盖螺栓，用专用工具吊走上盖，检查轴承检查轴承间隙和垫厚度。 2. 将轴吊出，放置专用工具上。 3. 更换轴承。 用揪子拆掉对轮，紧力过大时可用烤把对对轮进行加热。 取下轴承端盖，取下轴承。 打磨清理各部件，测量轴的弯曲度、椭圆度。	1. 轴承室和上盖有裂纹、砂眼时，应补焊或更换。 2. 冷却器无渗漏，畅通无堵塞。 3. 轴承端盖油封完好，回油槽向下。 4. 用揪子拆卸轴承与对轮时，应保持揪子轴心与轴中心线对齐，拉时用力均匀。

检修项目	检修工艺	质量标准
3. 轴及轴承拆装	用机油将轴承加热至100℃左右。将轴承装入轴颈所要求位置上。 4. 上紧丝圈，带上轴承端盖。 5. 吊起对轮，对准键槽用铜棒对称敲击对轮至轴颈要求位置。必要时可用烤把加热对轮后再装。 6. 拆掉轴承室放油堵头，把油放到油盘内。拆掉冷却器，检查轴承室和冷却器。 7. 用煤油清洗冷却器、冷却室，并安装冷却器和冷却水管。 8. 将轴吊至轴座上。 9. 吊装轴承室上盖，轴承压间隙并做垫。 10. 用煤油冲洗干净轴承、轴承室并放出清洗油，上紧放油堵头	5. 用烤把加热对轮时一般不超过5min，温度低于200℃。 6. 对轮各项数据见上节
4. 泵体组装	1. 将水封环装入盘根室，水封环中间正对副叶轮室进水孔。 2. 将盘根压盖装到轴上，副叶轮室装到后泵壳内，上紧固定螺栓。 3. 装上护板密封垫，将前后护板吊装到泵壳上，并打紧斜铁。 4. 用专用工具将后泵壳吊装到托架上，对称上紧固定螺栓。 5. 装叶轮，并调整好与后护板间隙。 6. 吊装护套，调整压板固定住护套。 7. 吊装前护板及前泵壳，带上泵壳连接螺栓。 8. 打掉护套压板及护板斜铁，对称紧泵壳连接螺栓。 9. 安装泵出入口短节。 10. 连接冷却水管、轴承室加油。 11. 加盘根。 12. 检修出入口门、逆止门（见管道阀门）	1. 水封环正中与进水孔偏差正负2mm。 2. 副叶轮与副叶轮室间隙0.8mm。 3. 安装泵壳时，对称紧螺栓并与托架支口卡好。 4. 吊装护套，后护板时要上好压板，打好斜铁。 5. 紧泵壳螺栓时要先松掉护套压板与前护板斜铁。 6. 叶轮与后护板间隙为0.8～2mm。 7. 轴承室加油时油位要到轴承最低滚子的1/3～2/3处。 8. 出入口门开关灵活到位

检修项目	检修工艺	质量标准
5. 找正	1. 对轮找正。 2. 紧对轮螺栓，上好防护罩	对轮允许偏差见上节
6. 试转	1. 试转前盘车，检查转动情况。 2. 泵连续运行 4h 后测量轴承温度及振动，检查电机电流和泵出口压力。 3. 清理检修现场，结束工作票，整理检修记录	1. 轴承温度小于 65℃，最高不超过 120℃。 2. 轴承径向窜动不大于 0.085mm。 3. 设备铭牌标志齐全。 4. 法兰、阀门各结合面无泄漏，检修场地干净

（3）离心泵的试运行要求。

1）泵转动方向正确，严禁反转。

2）泵体内无摩擦、撞击等异常声音。

3）泵体无异常振动，轴承振动值不超过规定要求。

4）轴承温度不超过 80℃。

5）各个结合面无渗漏，轴封密封良好。

6）运行稳定，电流稳定，压力、流量波动小，各个参数均能满足工况要求。

（四）离心泵各种参数的调整

（1）金属内衬灰渣泵的叶轮间隙调整方法。调整叶轮间隙时，首先松开压紧轴承组件的螺栓，拧调整螺栓上的螺母，使轴承组件整体向泵体的入口方向移动，同时转动泵轴按泵转动方向旋转，直到叶轮与前护板摩擦为止。这时只需将前面拧紧的螺栓放松半圈，再将调整螺栓上前面的螺母拧紧，使轴承组件后移，此时叶轮于前护板的间隙在 0.8～2.0mm，或者用百分表测量调整间隙到 0.8～2.0mm 之间也可。间隙调整后，拧紧所有螺栓即可。

（2）橡胶内衬灰渣泵的叶轮间隙调整方法。调整叶轮间隙时，首先松开压紧轴承组件的螺栓，拧调整螺栓上的螺母，使轴承组件整体向泵体的入口方向移动，同时转动泵轴按泵转动方向旋转，直到叶轮与前护套接触。再调整叶轮调整螺栓使轴承组件向后移动，到叶轮与后护套接触，测出轴承组件总的移动量，取此移动量的 1/2 作为叶轮与前后护套的间隙。

再用百分表调整测量，以确保叶轮间隙，间隙调整后，拧紧所有螺栓即可。常用渣浆泵轴承轴向间隙（mm）要求见表 20-3。

表 20-3　　　　　　　常用渣浆泵轴承轴向间隙　　　　　　　mm

拖架形式	A	B	C	D	E	F、G
轴向间隙	0.05～0.15	0.1～0.2	0.15～0.25	0.18～0.28	0.4～0.6	0.5～0.6

（五）故障分析与处理

（1）轴承振动的主要原因。轴承振动的原因主要有地脚螺栓松动，断裂；机械设备不平衡；动静部分摩擦；轴承本身损坏；基础不牢固；联轴器对轮找正不好，对轮松动；滑动轴承油膜不稳；滑动轴承内部有杂物等。

（2）离心泵启动后不及时开出口门的汽化原因。离心泵在出口门关闭下运行时，因水送不出去，高速旋转的叶轮与少量的水摩擦，会使水温迅速升高，硬气泵壳发热。如果时间过长，水泵内的水温超过吸入压力下的饱和温度而发生汽化。

（3）轴承油位过高或过低的危害性。油位过高，会使油环运动阻力增大而打滑或停脱，油分子的相互摩擦会使轴承温度升高，还会增大间隙处的漏油量和油的摩擦功率损失；油位过低时，会使轴承滚珠或油环带不起油来，造成轴承得不到润滑而温度升高，把轴承烧坏。

（4）引起泵轴弯曲的原因。轴套端面与轴的回转中心不垂直，泵的动静部分发生摩擦，轴的材质不良。

（5）轴承箱地脚螺栓断裂的原因。轴承箱长期振动大，地脚螺栓疲劳损坏；传动装置发生严重冲击、拉断；地脚螺栓松动，造成个别地脚螺栓受力过大；地脚螺栓选择太小，强度不足；地脚螺栓材质有缺陷。

（6）泵不吸水的原因及处理办法。

1）泵不吸水的原因为：吸水管道或填料处漏气，转向不对，叶轮损坏，吸入管堵塞。

2）其处理办法为：解决堵塞漏气部分，检查转向，更换叶轮，排除吸入管堵塞。

（7）轴功率过大的原因及解决办法。

1）原因：填料压盖太紧，填料发热；泵内产生摩擦；轴承损坏；驱动装置皮带过紧；泵流量过大，转速过高。

2）解决办法：松填料压盖；消除泵内摩擦；更换叶轮，调整皮带；

调节泵的运行工况，调节转速。

（8）轴承寿命短的原因及解决办法。

1）原因：电机轴与泵轴不在同一中心，轴弯曲；泵内有摩擦或叶轮失去平衡；轴承内进入异物或润滑脂（油）量不当；轴承装配不当。

2）解决办法：调整电机轴与泵轴的同心度，更换泵轴或新叶轮，消除泵内摩擦，清洗或重新装配轴承，更换轴承。

二、电动锁气器检修

电动锁气器检修的检修项目、检修工艺、质量标准见表 20 - 4。

表 20 - 4　　电动锁气器检修的检修项目、检修工艺、质量标准

检修项目	检 修 工 艺	质 量 标 准
1. 准备工作	1. 检查设备缺陷记录本，掌握设备缺陷情况； 2. 准备检修工具和备品配件； 3. 办理检修工作票	
2. 检修链轮、轴承及轴封	1. 拆除链条护栏； 2. 拆掉链条、链轮后，清洗检查； 3. 卸下链轮槽，保管妥当； 4. 拆掉驱动侧轴承座端盖，取出滚动轴承检查清洗，并做好记录； 5. 拆掉驱动侧轴封压兰，以备更换填料； 6. 拆卸驱动端壳体侧盖，检查密封垫，并做记录； 7. 拆掉对侧轴承座端盖，取出滚动轴承检查清洗，并做好记录； 8. 拆掉支撑侧轴封压兰，以备更换填料； 9. 拆卸支撑端壳体侧盖，检查密封垫，并做记录	1. 链条安装前，注意转动方向；链条清洗干净，应在表面浸油润滑；下垂度在 20～30mm 范围内。 2. 两链轮的中心轴向位移误差不大于 1mm。 3. 链轮无裂纹，轮齿磨损量不大于 1/3，无断齿。 4. 滚动轴承必须保持清洁，无损伤、锈蚀、剥皮，转动灵活无异音；轴承游隙在 0.02～0.65mm 之间，滚动轴承加适量的润滑脂。 5. 轴承端盖与轴承圈端面的轴向游隙一般不大于 0.1mm。 6. 填料圈应切成 45°的斜口搭接压入，相邻两圈的搭口应错开 90°左右

检修项目	检 修 工 艺	质 量 标 准
3. 检查转子部分	1. 抽出转子，并做转子和壳体位置标记； 2. 测量叶轮转子两端尺寸，作记录； 3. 测量壳体两端内径尺寸并作记录； 4. 测量叶轮径向间隙，并做记录	1. 叶轮转子与壳体与壳体径向间隙为 0.5～0.7mm； 2. 叶轮转子与壳体端面轴向间隙为 1.5～2.5mm
4. 组装	按照以上相反方向组装	
5. 减速机检修	1. 摆线针轮减速机解体： 底座及外壳清理，减速机放油。 卸掉防护罩螺栓，取下防护罩，卸下连轴节销轴螺母。 拆卸电机与一级减速连接的螺栓，取下电机。 松开机座与针齿壳的连接螺栓，将机座与针齿壳分开。 取出全部销套、上面一只摆线轮与间隔环。注意摆线轮端面标记"A"相对于下面一只摆线轮"B"标记的相对位置。 取出轴用弹性挡圈，取出偏心套及下面的一只摆线轮，取下针齿壳、针齿帽、针齿套、键和挡圈。 取出孔用弹性挡圈，沿轴向用紫铜棒敲击输入轴端部，卸输出轴。用同样的办法将输出轴与座卸开。 零部件清洗：清洗针齿壳、针齿销、销套、轴承、摆线轮、偏心套、轴承、摆线轮、偏心套、间隔环。仔细检查磨损、配合间隙。检查输入、输出轴及键，并做好检修技术记录。 摆线针轮减速机回装： 按照上述拆卸的顺序进行组装； 组装摆线针轮时要注意"A"、"B"标记要对好位置，否则装不上； 输出轴装入机座时，只许用铜棒敲击凹入部分，切不可敲击轴； 输出轴销轴插入摆线轮相应孔中，要注意间隔环的位置用销轴套定好位置，防止压碎间隔环； 对耐油橡胶密封环，要注意调整弹簧的松紧程度，并涂满油脂； 减速机组装结束，用手转动高速输入轴，检查转动情况，并加油	1. 针齿套应光滑，无锈斑及凸凹不平，盘车时无卡涩、跳动及周期性噪声等现象； 2. 油位高度及润滑油类型要符合要求； 3. 第一次加油运转两周后更换新油，并将内部油污冲净，以后每 3～6 个月更换 1 次

检修项目	检 修 工 艺	质 量 标 准
6. 试转	1. 手动盘车锁气器转子，盘车轻松灵活，无卡塞、摩擦现象； 2. 清扫现场卫生	1. 链轮与链条运转平稳，啮合良好，无卡塞和撞击现象； 2. 减速机温度小于 50℃； 3. 无漏油、漏灰点

三、箱式冲灰器检修

大修项目及标准：

（1）检查冲灰器腐蚀、磨损的情况，严重的应补焊或更换。

（2）冲灰喷嘴检查更换。喷嘴应畅通，喷水实验良好。

四、搅拌桶检修

搅拌桶检修的检修项目、检修工艺、质量标准见表 20 - 5。

表 20 - 5　搅拌桶检修的检修项目、检修工艺、质量标准

检修项目	检 修 工 艺	质 量 标 准
1. 准备工作	1. 检查设备缺陷记录本，掌握设备缺陷情况； 2. 准备检修工具和备品配件； 3. 办理检修工作票	
2. 解体	1. 拆掉皮带轮防护罩； 2. 拆掉三角皮带，检查皮带； 3. 用揪子拆掉皮带轮，紧力过大时可用烤把对对轮进行加热； 4. 松开搅拌轮紧丝圈，拆卸搅拌轮并检查搅拌轮磨损情况； 5. 松开轴承室与底座连接螺栓，将轴承组件吊到检修平台并加以固定； 6. 拆除轴承端盖，用紫铜棒将轴从轴承室中取出； 7. 将轴吊出，放置专用工具上； 8. 检查轴承间隙和垫厚度	1. 吊重物时防止碰撞。 2. 搅拌轮外周磨损超过 5mm，厚度磨损超过原尺寸的 1/3 或大面积磨有沟槽时，应更换。 3. 搅拌轮断裂或有裂纹应更换。 4. 轴承室有裂纹、砂眼时，应补焊或更换。 5. 轴承端盖油封完好。 6. 用揪子拆卸轴承与对轮时应保持揪子轴心与轴中心线对齐，拉时用力均匀

第二十章　水力除灰系统设备检修

检修项目	检修工艺	质量标准
3. 回装	1. 打磨清理各部件，测量轴的弯曲度、椭圆度。 2. 用机油将新承加热至100℃左右，将轴承装入轴颈所要求位置上。 3. 上紧紧丝圈，带上轴承端盖。 4. 测量轴承各项数据并记录。 5. 将轴承组件装到底座上。 6. 吊起皮带轮，对准键槽用铜棒对称敲击对轮至轴颈要求位置。必要时可用烤把加热对轮后再装。 7. 安装搅拌轮并带上紧丝圈	1. 用烤把加热对皮带轮时一般不超过5min，温度低于200℃。 2. 轴承各项数据符合要求
4. 找正	1. 皮带轮找正； 2. 上皮带，上好防护罩	
5. 试转	1. 试转前盘车，检查转动情况。 2. 连续运行4h后测量轴承温度及振动，检查电机电流。 3. 清理检修现场，结束工作票，整理检修记录	1. 轴承温度小于65℃，最高不超过80℃。 2. 轴承径向窜动不大于0.085mm。 3. 设备铭牌标志齐全。 4. 法兰、阀门各结合面无泄漏，检修场地干净

五、手动插板门检修

检修内容包括：手动插板门漏灰检查、更换密封填料，检查插板变形与传动丝杆弯曲情况；修整、调直插板与丝杆。插板门应严密无漏灰、开关灵活、无卡塞现象。

提示　本节内容适合除灰设备检修（MU5）。

第二节　浓缩机系统设备检修

一、大修项目

浓缩机大修的项目一般都是根据各厂的实际使用情况及缺陷故障情况

具体制定，一般都有以下内容：

（1）检查紧固轨道地脚螺栓，调整浓缩机轨道、传动齿条、滑道的水平度、同心度。

（2）检修所有轴承，清理加油，必要的更换。

（3）检查更换支撑滚轮、滚轮轴承，检查传动齿轮磨损情况，必要时翻身或更换。调整传动齿轮与齿条的啮合、间隙，更换部分损坏严重的齿条。

（4）大修减速机、减速机电机，更换减速机油泵。

（5）更换来浆管、弯头、中心桶。

（6）调整耙齿高度，检查槽架、传动架、小耙上下连接、耙架、耙齿，损坏的部分更换或补焊。

（7）检查大轴承，清理加油，必要时更换。

（8）检查修复或更换中心柱分流锥。

（9）检查补焊来浆管，必要时翻身或更换。

（10）所有磨损、开焊的部位进行补焊或更换。

（11）检修调整打磨滑线。

（12）整机无渗漏处理，防腐处理。

二、浓缩机的检修标准

（1）进浆弯头与进浆过渡筒及进浆管过渡管与旋转盘中心孔之间的两个结合面合理配合，杜绝中心机构顶部溢流灰浆。

（2）中心部分所有冲刷、磨损部分全部进行更换或补焊。

（3）清理检查中心轴承、滚珠、滚道、梳理轴承及旋转盘的油路，要求油路通畅。

（4）调整轨道，齿条的同心度和水平度，要求轨道及齿顶水平度不超过 0.4/1000，同心度不超过 6mm，相邻轨道高低相错不超过 0.5mm，左右不超过 1mm，接口间隙为 2~4mm，相邻齿条接口间隙为 1~2mm，齿条接头处周节极限偏差为 1mm。

（5）检查紧固地脚螺栓和连接板螺栓，要求所有轨道、齿条的地脚螺栓及连接板螺栓牢固，无松动。

（6）调整滚轮与轨道的接触面，要求接触良好，轨道圆中心线与滚轮中心线在整个范围内，不重合的偏差小于 2mm。滚轮轴线应通过浓缩机的回转中心，每米半径偏离不大于 0.5mm。

（7）调整齿条与齿轮的间隙，要求齿顶间隙在 8~10mm 之间，齿轮与齿条的啮合要均匀，沿齿高，齿宽均应在 50% 以上。

（8）检查清理驱动机构，疏通驱动机构油路，确保中心轴承、滚轮轴承、齿轮轴承及驱动减速机油路畅通。

（9）检查调整驱动架、耙架、传动架机耙架连接螺杆、拉紧栓等结构件，要求焊口不得有开裂，整体框架结构无明显的翘曲变形，平面翘曲误差全长内小于或等于 10mm，全宽内小于或等于 3mm，传动架整体倾斜度小于或等于 0.5mm，槽架的弯曲不大于 1/1000，且全长不大于 10mm，耙架长度极限偏差为 10mm，横向水平公差为 1/1000。

（10）清理检查调整耙齿与耙架，要求焊口牢固，相邻耙齿间的水平投影应有 1.125L 的重合度（L 为耙齿长度），转动一周，耙齿到浓缩机池底的距离在 75～100mm。耙架长度误差小于 5mm。

（11）减速机清理检查对轮，重新找正，更换机油，油管，并整体无渗漏处理。要求对轮中心偏差小于或等于 0.15mm，对轮间隙为 3～5mm，转动振动小于或等于 0.12mm。

（12）清理检查所有金属结构件，对磨损、开裂部分，须部分更换或补焊，最后应对金属结构件进行防腐油漆。

（13）大修结束后，应清理恢复现场，浓缩机池底不得有任何杂物。

（14）整体试转全机运行平滑，无异音，电流稳定，来浆管无异常摆动，滑线导电稳定，无打火现象。

（15）轨道直径误差小于 5mm，两轨道端头接头高度误差小于 0.50mm，其最大不平度沿圆周任意两点小于 5mm。

（16）齿条与传动轮的啮合应均匀，其高度、宽度均应在 50% 以上。

（17）齿条的齿应完整，无大的塑性变形，磨损不超过原厚度的 25%。

（18）紧固件无松动。

（19）浓缩机轴承滚珠和轴承圈应完整，不得有损坏变形，麻点表面积小于滚珠表面积的 20%，麻点深度小于 0.05mm，滚珠圆度小于 0.05mm。

（20）浓缩池内表面应光滑，无裂纹，不得有渗水现象。

（21）溢流堰上边缘应平整。

（22）中心部分水泥柱顶锥面完好，中心底部灰沟畅通，无结垢。

（23）旋转支架与固定支架定位良好，无断裂、松脱现象。

（24）渡槽无堵塞和泄漏。

（25）耙架、耙齿的焊接应牢固，相邻耙齿间的水平投影应有 1.125L 的重合度（L 为耙齿长度），转动一周，耙齿到浓缩机池底的距离在 75～100mm。耙架长度安装误差小于 5mm。

提示　本节内容适合除灰设备检修（MU5）。

第三节　输灰系统设备检修维护

一、柱塞泵检修

（一）组成

（1）传动端。传动端是将电机的圆周运动，经过偏心轮、连杆、十字头转换为直线运动。

主要包括：偏心轮、十字头、连杆、上下导板、大小齿轮、轴承等。

结构特点：泵的外壳采用焊接结构，泵的偏心轮采用热装结构，泵内的齿轮为组合人字齿轮结构。

（2）柱塞组合。柱塞组合是柱塞泵与其他泥浆泵的根本区别所在，在柱塞的往复运动过程中，实现浆体介质的吸入和排出。

主要包括：柱塞、填料密封合、密封圈、喷水环、压环、隔环、支撑环、压紧环等。

结构特点：柱塞采用空心焊接结构，表面喷焊硬质合金。

（3）清洗系统。水清洗系统是柱塞组合确保使用寿命，柱塞泵长期稳定运行的关键系统。

主要包括：清洗泵、高压清洗水总成、A型单向阀、B型单向阀等。

结构特点：清洗泵采用小流量高压往复式柱塞泵，A型单向阀、B型单向阀设计为双重单向阀。

（4）阀箱组件。主要包括：阀箱、阀组件、阀座、出入口阀簧、吸排管。阀箱分为吸入箱、排出箱分体和吸入、排出箱一体两种，阀压盖采用粗牙螺纹，阀组件结构为橡胶密封圈式。

（二）柱塞泵安装后的验收

（1）泵体外形完整、各个附件齐全，完整良好。各个地脚螺栓、连接螺栓紧固，无松动，皮带、皮带轮、防护罩完好牢固。

（2）传动减速箱完整，内部各连接螺栓压紧螺栓紧固，齿轮啮合良好，油位计完整清晰，无堵塞，箱内油位在油位中间位置。

（3）皮带紧力适中，用手拉皮带盘车，检查转动是否平滑，以两个人能盘动为正常。

（4）检查泵阀箱及其他附件是否完整，出入口阀门开关灵活。

（5）出入口管路上压力表完整，指示准确。

（6）检查出入口空气罐外形完整，防爆片齐全。

（7）检查所有地脚螺栓、连接螺栓，完整齐全，紧固可靠。

（三）维护项目及标准

（1）定期检查柱塞泵各个转动机械润滑部分的工作情况和温度变化，发现温度不正常时应及时检查处理（柱塞泵轴承温度不超过75℃）。

（2）定期检查机组振动情况，要求振动值不超过1.0mm，轴窜动为2.0~4.0mm。

（3）定期检查减速箱内油位变化，定期加油，保持油位。

（4）定期用长把毛刷向柱塞表面涂刷二硫化钼润滑脂，使柱塞表面得到润滑。

（5）定期检查减速箱、柱塞组合、出入口阀箱的声音应正常，若有杂音或撞击声，应及时查明原因处理。

（6）运行中随时注意监视各个表计，指示灯等的变化，发现异常时应及时停机处理。

（7）定期检查各管道的振动情况和各法兰、阀门的密封情况。

（8）运行中应注意调整柱塞泵的出力，要求泵的出口压力不得超过铭牌压力的0.5MPa。

（9）运行中，柱塞泵的出口压力不得低于正常工作压力的0.5MPa，如低于此值，应冲洗管道，查明原因，方可运行。

（10）注意检查浓缩机的电流变化，发现异常及时处理。

（四）大修项目及标准

（1）柱塞泵的大修项目。

1）检查出入口阀箱，磨损严重，影响正常运行时应修复或更换。

2）解体检查阀组件、阀座、弹簧、导向套、阀压盖、上紧法兰、上紧螺母的损坏情况，不合格的应更换。

3）解体检查柱塞套，柱塞组合，更换柱塞组合的易损件。

4）检查高压喷水系统总成，更换A型阀。

5）清理减速箱，过滤或更换润滑油。

6）检查导板磨损情况，调整十字头与导板的间隙在0.2~0.4mm。

7）检测齿轮啮合情况，轴承磨损情况。

8）检测出入口三通组件的磨损情况，必要时更换。

9）检查紧固所有瓦架螺栓、压紧螺栓、连接螺栓、地脚螺栓。

（2）柱塞泵阀箱部分的检修。

1）分别将出入口阀箱的压紧螺栓拆除，将阀座、阀组件、弹簧、密封圈、阀压盖等拆出，逐个检查损坏情况，必要时修复或更换。

2）钢丝绳将阀箱绑扎牢固，松开阀箱连接螺栓，拆下阀箱。

3）检查阀座与阀箱的装配接触面，要求接触面不得有机械损伤和纵向伤痕。

4）检查阀箱与泵体接触面，要求结合严密，不得有磨损和损伤，密封圈完好。回装时，连接螺栓应全部紧固到位，不得出现泄漏现象。

5）回装时注意在各结合面、丝扣应涂抹油脂，以方便下次拆卸。

（3）柱塞组合的检修。

1）将柱塞与挺杆的连接卡头拆下，用专用工具拆卸压紧环。

2）拆卸填料密封合与柱塞套的连接螺栓，用专用工具拆下柱塞组合。

3）取出柱塞，用专用工具拆下喷水环、压环、隔环、支撑环及密封圈。

4）检查柱塞套，如需更换时，将柱塞套与泵体的连接螺栓拆下，用顶丝或专用工具取出，更换时注意与阀箱结合部的 O 型密封圈黄油不要涂抹得太多。

5）检测柱塞、喷水环、填料密封合等的磨损程度，数据超标时，应更换。要求柱塞、填料和喷水环的磨损竖沟深度不超过 0.5mm，圆度、圆柱度小于 0.03mm，柱塞磨损厚度小于 0.25mm，喷水环与柱塞的间隙为 0.05～0.15mm。回装柱塞组件时，应注意喷水环进水孔要对正，O 型圈要装好。

6）将喷水环、柱塞、压环、隔环、支撑环、压紧环、密封填料、填料密封合等先装配好后，装回泵体柱塞套，紧固连接螺栓。

7）回装好高压喷水系统总成。

（4）柱塞泵减速箱的检修。

1）拆卸检修解体前，对重要的零部件作好记号和记录。

2）将减速箱内的润滑油放净，用煤油或柴油清洗干净。

3）拆下柱塞泵皮带轮，用顶丝拆下驱动轴轴承，清理干净，仔细检查，不符合要求的应更换。将驱动轴用绳子捆绑好。

4）拆除偏心轮轴瓦架螺栓，将连杆与偏心轮主体用铅丝捆绑好，防止起吊时突然摆动，损坏设备。将偏心轮组件整体吊出，检查齿轮、轴承、十字头、连杆、销子等的磨损情况，要求十字头轴承两端面间隙各为 1.00mm，十字头销与轴承内环的配合间隙为 0.01～0.03。如不符合标准，应及时更换。

5）偏心轮组件回装时必须注意齿轮齿的方向，装配左右齿轮时，必须使左右旋齿轮有刻线的端面对齐，并且有相同数字的齿轮配对安装。

6）检查齿轮啮合情况，要求齿面沿齿高方向不小于 60%，沿齿高方向不小于 70%，齿顶间隙为 2.00～2.50，齿侧间隙 0.35～0.50，齿面磨损深度不超过原厚度的 10%。

7）调整十字头与导板的间隙在 0.2～0.4mm，接触点每平方厘米不少于 2 点，且分布均匀，接触面积大于 80%，导板滑道的圆度小于 0.05mm，圆柱度小于 0.50mm。

8）回装轴承时，各个轴承内应加满润滑脂。

9）将所有连接螺栓、瓦架螺栓、紧固螺栓紧固。

（5）柱塞泵安装与验收。

1）电动机的纵横向水平偏差不大于 0.5mm/m。

2）管道的截止阀与泵之间应设有直径大于 50mm 的泻压阀，确保停机时灰浆不漏入泵内。

3）各个部件严格按照装配图纸要求安装，喷水环的孔安装在柱塞下方中心处。

4）高压喷水系统的单向阀动作灵活，方向正确。

5）空气罐的验收检查。

●各个法兰结合面良好，无损伤。

●压力表接头应清理干净。

●空气罐防爆片应做爆破实验，罐体应做水压实验。

（6）柱塞泵整体试运行。

1）密封面无泄漏。

2）运行平稳，无异常声音。

3）柱塞与柱塞套处无渗漏。

4）泵体振动小于 0.08mm，轴承温度小于 75℃。

5）出口压力达到正常值后，压力的波动应小于 0.1MPa。

6）高压柱塞清水泵工作压力在要求范围以内，调整安全阀动作压力在要求范围内。

（7）故障分析与处理。见高压清洗泵故障与分析处理。

二、清洗泵检修

（一）维护项目及标准

（1）定期检查清洗泵各个转动机械润滑部分的工作情况和温度变化，发现温度不正常时应及时检查、处理（清洗泵轴承温度不超过 75℃）。

（2）检查泵体振动情况，要求振动值不超过 1.0mm，轴窜动为 2.0 ~ 4.0mm。

（3）定期检查减速箱内油位变化，定期加油，保持油位。

（4）定期用长把毛刷向柱塞表面涂刷二硫化钼润滑脂，使柱塞表面得到润滑。

（5）定期检查减速箱、柱塞组合、出入水腔的声音应正常，若有杂音或撞击声，应及时查明原因处理。

（6）运行中随时注意监视各个表计、指示灯等的变化，发现异常时应及时停机处理。

（7）定期检查各管道的振动情况和各法兰、阀门的密封情况。

（8）运行中应注意调整清洗泵的出力，要求泵的出口压力不得超过铭牌压力 0.5MPa。

（9）运行中，清洗泵的压力不得低于柱塞泵工作压力值与 0.5 MPa 之和，如低于此值，应查明原因，方可运行。

（二）大修项目及标准

（1）十字头与滑道配合间隙为 0.15 ~ 0.25。

（2）十字头表面应光滑，无裂纹、脱皮、凹沟等缺陷。

（3）连杆半径接触角度为 70° ~ 90°，接触点每平方厘米不少于 2 点，与曲轴的配合间隙为 0.10 ~ 0.15，曲轴与连杆瓦的结合处无毛刺、麻点、变色、裂纹，曲轴结合处的圆度、圆柱度小于 0.02。

（4）拆卸防护罩、传动皮带，放尽润滑油。

（5）拆卸各轴承、轴瓦，检查。

（6）检查十字头与滑道的间隙，盘动皮带轮使十字头处于前、中、后 3 个位置进行测量。

（7）检查连杆瓦的工作表面，用着色法检查连杆瓦的接触角和接触点。

（三）故障分析与处理

（1）高压往复柱塞式清洗泵传动部件过热或产生摩擦的原因及处理。

1）故障原因：润滑油不足或油变质，连杆瓦、连杆小套、十字头销、十字头小套有磨损或间隙过大，轴承压盖间隙调整不合适，轴承损坏。

2）排除方法：加油或清理油箱，更换润滑油；检修连杆瓦、连杆小套、十字头销、十字头小套，必要时更换；调整轴承压盖间隙；更换新轴承。

第二十章 水力除灰系统设备检修

(2) 高压往复柱塞式清洗泵压力达不到要求的原因及处理办法。

1) 故障原因：吸入阀或排出阀损坏、卡涩；吸入或排出弹簧断裂、疲劳；填料或安全阀泄漏严重；吸入阀阀座密封损坏、泄漏。

2) 处理方法：检修、更换损坏的吸入阀或排出阀；检修更换损坏的弹簧；检修填料密封或安全阀；选配合适的吸入管，检查清除堵塞。

(3) 高压往复柱塞式清洗泵排出量不足或排出量不稳定的原因及处理办法。

1) 故障原因：吸入管直径不合适或管道有堵塞，吸入高度过高，吸入管有泄漏，填料泄漏严重，安全阀密封不良，皮带打滑掉转速。

2) 处理方法：选配合适的吸入管，检查清除堵塞；提高吸入液位或减低泵的高度；检修处理管道泄漏；检修处理填料泄漏；检修或更换安全阀；调整皮带紧力或更换皮带。

三、水隔离泵检修

(一) 大修项目及标准

(1) 水隔离泵大修主要进行以下项目。

1) 检查、修复或更换浮球、浮球密封环、导向块。

2) 检测更换液压平板闸阀阀体、阀板、阀杆、密封圈、活塞组件等。

3) 检查单向阀阀座、阀杆、导向套、橡胶密封圈、橡胶垫、弹簧等。

4) 清理液压油系统油箱、油管、换向阀、溢流阀、滤油器、滤油网等。

5) 检修液压油泵，调整叶片间隙，更换系统的所有橡胶密封圈。

(2) 水隔离泵的压力罐、浮球的检修方法及工艺要求：

1) 打开压力罐底部排污阀，拆下压力表、上罐体与中罐体的连接螺栓及罐体清水管法兰连接螺栓。

2) 吊出上罐体和浮球。

3) 检查压力罐、上下筛板及侧挡板是否完好，无堵塞。下支撑环支杆支圈是否损坏，如损坏断裂，应补焊修复。

4) 检测浮球，是否有变形、渗漏现象，浮球密封环是否完好，要求密封环与罐体内壁的间隙为 3，最大不超过 5mm。检查磁环组件，浮球固定环是否损坏，如损坏应更换。如断裂应修复，导向块外缘直径应符合标准，不符合的应更换。

5) 罐体部分组装，将浮球吊入，扣装上罐体，紧固罐体连接螺栓。

6) 安装压力表、清水管等附件。

(3) 水隔离泵的液压平板闸阀的检修方法及工艺要求如下。

1）松开出入口法兰螺栓、地脚螺丝，连接油管，信号线接头，注意油管接头应用布包好，防止杂物进入。

2）解体液压平板闸阀上下段，检查密封座及聚四氯乙烯密封圈表面应光滑，无沟槽，闸板表面清洁光滑，无沟痕、冲蚀、磨损。法兰结合面完好，阀杆表面完整光滑，弯曲度不大于 0.25mm，表面蚀坑深度不大于 0.20mm。不符合要求的应及时更换。

3）解体清洗活塞组件，检测间板与密封圈的间隙为 0.10～0.30mm，不符合要求的应及时更换。

4）组装活塞组件及阀体，将液压平板闸阀就位，紧固连接螺栓，连接液压油管及信号线。

（4）水隔离泵的液压系统的检修方法及工艺要求如下。

1）拆下液压油泵，出入口管以及换向阀，溢流阀等连接件，清洗换向阀，溢流阀，检查阀芯不得有磨损，更换所有"O"型圈，组装后的阀芯用手能推动。

2）取出滤油器，打开放油堵，将油放尽，检测润滑油是否合格，不合格应更换，合格则过滤后备用。清理检查油箱，滤油器，滤油网，损坏的应更换。

3）拆下油管，检查胶管内外侧是否腐蚀或明显变色，铁管焊口有无开裂，要求油管内壁清洁光滑，无砂眼、锈蚀、氧化皮等缺陷。用氧气吹油管和连接板，清理后用布包好，待用。

4）清理油泵，检查轴承、叶片，调整叶片在转子档内的间隙在 0.015～0.02mm，转动灵活。

5）组装液压油泵，换向阀，要求液压油泵与电机找正误差不大于 0.10mm。

6）回装油管、滤油器、滤油网等部件，加油。

（5）水隔离泵试运的步骤及要求。

1）调整溢流阀，使油压逐渐达到 2.5～3.5MPa。

2）检查回路有无漏油，观察系统工作是否正常，能够灵活动作、切换。运行中无甩压现象。

（二）故障分析与处理

（1）水隔离泵排浆压力不稳的原因及处理。

1）故障原因：单向阀不严、卡物或损坏，液压平板闸阀不严，液压平板闸阀阀板间隙调整不当。

2）处理方法：检修更换单向阀，解体检修液压平板闸阀，检修液压平板闸阀阀板间隙。

（2）水隔离泵喂料不进浆的原因及处理。

1）故障原因：喂料泵故障，单向阀不严、卡物或损坏，液压平板闸阀不严，喂料泵出入口门或回水门坏。

2）处理方法：检修处理喂料泵，检修更换单向阀，检修液压平板闸阀，检修喂料泵出入口门或回水门。

（3）油泵吸空的原因及处理办法。

1）故障原因：吸入滤油器堵塞或太小，吸入管道中有局部截面积变小，油太冷，油的黏度过高。

2）处理办法：清洗或更换新的滤油器，清理吸入管道，把油加热到适当的温度，换黏度较低的润滑油。

（4）油产生泡沫的原因及处理办法。

1）故障原因：油箱内油位过低，用油错误，油泵轴的密封漏气，吸入管道中的接头漏气。

2）处理办法：加油到正确位置，换适宜的油，更换密封环，紧固接头或换新接头。

（5）机械振动的原因及处理办法。

1）故障原因：油道互相撞击或振动，油泵与电机安装不同轴，联轴器松动或缓冲圈损坏。

2）处理办法：紧固或加管夹，重新按要求安装联轴器，紧固螺钉或更换缓冲圈。

（6）溢流阀动作失灵的原因及处理办法。

1）故障原因：油液脏堵塞阻尼小孔；弹簧变形、卡死、损坏；阀座损坏，配合间隙不合适。

2）处理办法：清洗换油，疏通阻尼孔；检查更换新弹簧；检查滑阀是否卡死，修研阀座。

（7）换向阀不换向的原因及处理办法。

1）故障原因：电磁铁损坏或吸水不足，滑阀拉毛或卡死，弹簧力超过电磁铁吸力或弹簧损坏，滑阀摩擦力过大。

2）处理办法：更换电磁铁，清洗、修研滑阀，更换新弹簧，检查滑阀配合及两端密封阻力。

四、多级泵检修

（一）维护项目及标准

同本章第三节一、的内容。

（二）大修项目及标准

（1）清理检查轴承、轴承箱，换油，调整间隙，必要时更换部分部件。

（2）检查密封装置，更换轴套。

（3）检查调整动静平衡，必要时更换。

（4）检测叶轮、叶轮密封环磨损情况，根据实际情况进行修复或更换。

（5）清理检测出入水段、中段、密封环、导叶磨损腐蚀情况，根据实际情况进行修复或更换。

（6）检测泵轴的磨损、腐蚀情况，测量校正弯曲。

（7）调整叶轮总窜动和分窜动。

（8）检修与泵连接的系统、管道阀门以及泵的附属部件。

（9）调整对轮间隙，找正。

（10）检查各泵体螺栓、连接螺栓、地脚螺栓。

（11）打压检查各个密封面的渗漏情况。

（三）多级泵对检修工艺的具体要求

（1）轴承压盖、轴承体不得有裂纹或磨损深槽。

（2）锁紧螺母和轴上的螺纹应完好，窜杠螺纹应完好。

（3）平衡环、平衡盘磨损量不超过原厚度的 1/3。

（4）叶轮径向磨损不大于 4mm。

（5）叶轮、导叶磨损量不超过原厚度的 1/3。

（6）各套外周不应磨有明显的沟槽，外径磨损量应小于 4mm，轴套端面偏差不超过 0.01mm，磨损量小于 1.0mm。

（7）轴的弯曲度、圆度、圆柱度小于 0.05mm。

（8）轴套、叶轮、平衡鼓两端面跳动不大于 0.01mm。

（9）轴套、叶轮、平衡盘、平衡鼓以及挡套的配合间隙为 0.012 ~ 0.069mm。

（10）密封环端面跳动不大于 0.12mm，密封环与叶轮入口间隙不大于 0.40mm。

（11）叶轮径向跳动小于 0.05mm，导叶套与轴间套的间隙为 0.50mm。

（12）各段泵壳间的垫厚度为 0.40 ~ 0.50mm。

（13）未装平衡机构时转子轴向总窜动为 5 ~ 8mm，平衡盘间隙为 0.50 ~ 0.80mm。

（14）平衡盘端面对泵中心线的跳动小于 0.05mm。

（15）平衡室与泵体间无泄漏，平衡室出水孔通畅。

（四）多级泵解体步骤

（1）拆除对轮护罩、对轮连接螺栓及电动机地脚螺栓。

（2）拆除进入口连接法兰、压力表及表管、平衡水管、退水管，管头用布包上。

（3）卸下液位计，松开压兰螺丝，取出盘根。

（4）测量记录设备解体前的必要数据。

（5）测量对轮间隙及对轮中心偏差。

（6）测量平衡盘和平衡环磨损量。

（7）测量转子的轴向窜动间隙。

（8）测量轴承的各种间隙，测量轴承内环与轴、外环与轴承室的紧力。

（9）测量轴承端盖垫厚度。

（10）轴承箱解体，检测记录必要间隙数据。

（11）拆除泵体拉紧螺栓，为防止部件摔坏，在各泵段下面塞木楔。

（12）拆下轴承托架，用揪子拆下轴承。

（13）拆下平衡室盖。

（14）用专用工具将平衡盘拉出，再拆除平衡环固定螺栓，取下平衡环。

（15）由出水段开始逐级拆除各级中段、叶轮、键，同时测量记录叶轮窜动值。

（16）将轴从泵体中取出。

（17）解体出入水段、各级中段。

（18）检查轴承（或轴瓦）的表面情况并记录。

（19）检查轴的弯曲度、轴径的椭圆度和圆锥度。

（20）检查叶轮与密封环、导叶、轴套及导叶套。

（21）检查密封环内径与叶轮入口外径的配合。

（22）检查导叶流道及外观检查。

（23）清除大盖、水室等处的水垢，检查并用手锤轻敲，听其声音，以判断是否有裂纹等缺陷。

（24）按拆卸反顺序装入各级部件。

（25）对称紧固泵体拉紧螺栓，测量各中体间结合面缝隙大小，防止偏斜。

（26）测量转子的轴向传动间隙。安装动静平衡。

（27）安装轴承托架，用手盘动转子，转动勤快。

（28）测量泵总传动。

（29）试运行。质量标准：

1）轴承温度小于65℃，最高不超过80℃。

2）填料室不发热，不烫手。

3）泵壳、法兰等处不得有泄漏冒汗现象，平衡水管不发热，冷却水畅通。

4）泵内无摩擦撞击声。

5）设备铭牌标志齐全。

6）法兰、阀门各结合面无泄漏，检修场地干净。

（五）故障分析与处理

（1）水泵发生显著振动与杂音。

1）故障原因：供水不足；泵静部分有摩擦，或叶轮与轴的连接有松动；泵内进入杂物；轴有弯曲或转动部分不平衡；地脚螺栓松动或对轮结合不良。

2）处理办法：消除供水不足的原因；消除泵内摩擦或叶轮松动（需解体）；清理泵内杂物；消除轴弯曲或转动部分找平衡；紧固地脚螺栓，对轮重新找正。

（2）轴承过热。

1）故障原因：轴承磨损或轴弯曲；油质劣化，油位不足或油环卡住。

2）处理办法：消除轴承磨损及轴弯曲；换油、补油或调整油环。

（3）轴向窜动过大。

1）故障原因：平衡盘间隙过大，平衡管退水不通畅；平衡门未开或开得不足。

2）处理办法：调整平衡盘间隙，疏通退水管；开大平衡门或消除平衡门的缺陷。

（4）电动机电流过大。

1）故障原因：转动部分有摩擦卡涩现象或盘根压得过紧，电机缺相，轴向窜动过大。

2）处理办法：消除摩擦、卡涩现象或调整盘根、松紧适宜，检查电机电源，消除轴向窜动。

五、管道阀门检修

（一）金属陶瓷复合管材的安装注意事项

（1）金属陶瓷复合管硬度高、韧性好，但在搬运、安装过程中要轻搬轻放，避免严重碰撞，特别是要避免金属器械直接接触或撞击端面陶瓷层。

（2）安装管道时，管道中心线要对正，高低要调平，确保端面对接准确，两端面错位量要控制在 1.0mm 以内。

（3）采用柔性管接套联接安装管道时，柔性管接套内两端插入长度要调整对称，由于复合管热膨胀系数约为钢管的 1/3 左右，因此伸缩间隙可减少到 3～5mm。

（4）采用法兰联接时，其法兰端面必须与复合管端面平齐。

（5）由于复合管焊接性能优良，因此管道联接方式采用焊接方式进行，在焊接时，坡口采用 70°～90°，钝边位为 4mm，不留间隙，宜采用小电流焊接。

（二）水力除灰渣系统对管道的要求

采用普通钢管时，除壁厚应满足强度要求外，并应满足下列要求。

（1）灰渣管应设有清洗管道的水源、清洗措施和防冻堵措施。

（2）当灰渣管布置在管沟内时，管沟应符合规定，并应排水设施。

（3）当灰渣管架空铺设时，与铁路、公路及高压线交叉的最小净空应符合规定。

（4）灰渣管支座应符合规定。

（5）在灰浆泵、渣浆泵出口管上应根据管线布置及切换要求等具体情况装设阀门，当灰场标高高于泵的出口且标高相差较大时，宜装设缓闭止回阀。

（三）水力除灰渣系统对灰渣管支座形式应参照以下方面来确认：

（1）管道利用伸缩节补偿时，在两管中点或接近中点处和管道转弯处应设置固定支座，伸缩节两侧的第一个支座应为滑动支座和滚动支座。

（2）管道利用快速接头补偿时，每隔 50m 左右应设置导向支座，其他部分的支座应为滑动支座和滚动支座。

（3）管道利用大于 30°的弯头自补偿时，弯头附近的支座应考虑管道的侧向位移，可设滑动支座；弯头两侧的第一个固定支座推力应根据自补偿方法计算。

（4）管道支座之间的距离，应根据管材的强度和允许挠度进行计算确定。允许挠度一般为支座之间距离的 1/300；当采用快速管道连接时，每节钢管至少应设置一个支座，支座与接头之间的距离采用 0.7m。

六、阀门检修

（一）阀门的检修步骤及工艺要求

（1）阀门的解体。

1）清理阀门外部的污垢。

2）在阀体及阀盖上打记号（防止装配时错位），然后将阀门门杆置于开启位置。

3）将阀门平置于地面上，然后松开阀座与阀盖的连接螺栓，取下阀盖，铲除衬料。

4）将手轮、阀杆、阀盖、阀板一体从阀座上抽出。

5）卸下填料压盖螺母，退出填料压盖，清除填料盒中旧填料。

6）向反方向旋转手轮，旋出阀杆，拆下阀杆卡子，取下阀板，妥善保管。

（2）清洗和检查。

1）清理附在阀盖、阀座内壁及闸板等表面上的污物，清理衬垫及结合面，清理阀杆及填料室内的油污附着物，清理表面。

2）检查阀门损坏情况，阀座及闸板接触面有无裂纹、砂眼等缺陷，有无凸凹、损伤，一般凸凹深度超过 0.05mm 以上，应进行加工并研磨。

3）检查阀杆凸凹不平的腐蚀程度及阀杆端头方块，有缺陷者补焊或更换。阀杆弯曲度不应超过 0.1～0.25mm，表面深度不应超过 0.1～0.2mm，阀杆罗纹运动要灵活。

4）填料合与阀杆的间隙要适当，一般为 0.1～0.2mm。

（3）阀门的组装。

1）将阀杆穿入阀盖旋入阀杆螺母内。

2）将阀门顶心放入阀板中间并用钢丝卡子，卡在阀杆的方块上。

3）将阀盖阀杆一并移入阀座，对正后穿螺栓对称紧固阀盖。

4）按照所做的记号装好阀门。

（4）加盘根。

1）加盘根时应将旧压兰清理干净，门杆与填料箱内无灰垢，压兰螺栓与螺母丝扣完好，并涂上铅粉油。

2）清理填料，底部盘根垫圈放置要正确，垫圈与门杆的间隙应在 0.20～0.30mm 之间。

（5）阀门的试验。阀门检修后进行水压实验，实验压力为该门设计额定压力的 1.25 倍，稳压时间 3～5min，检查盘根不漏水，阀体的结合部分不得滴水，阀体无冒汗、滴水现象。

无条件做整体阀门的水压实验时，经投入后检查表面无泄漏、各结合面无渗漏现象。

(6) 阀门的研磨。阀门的修理，主要是对阀盘和阀座密封面的研磨。密封面的伤痕等影响严密性的缺陷的，在深度小于 0.05～0.1 以上者都可以用研磨的方法消除。研磨时所用的凡尔砂按照不同的粒度分为若干号数，以便在研磨时先用粗号研磨，再逐步换为细号的，以提高研磨效率、保证研磨精度。

1) 研磨方法。在研磨前，密封面的粗糙度不高于 $\overset{3.2}{\diagdown}$，否则应进行机械加工进行研磨。

研磨时应尽量避免直线移动，而应按照圆弧旋转。在手工加工研磨时，应将工具按照圆弧旋转，并稍做摆动，共旋转 6～7 次后，应将其倒转并重复其过程，直至合格。

在粗研磨时，研磨工具压在密封面上的力量不大于 147kPa（1.5kgf/cm²），中等的研磨约为 98kPa（1.0 kgf/cm²），精研磨时约为 49kPa（0.5kgf/cm²）。

研磨时，应使微细的划道都成为同心圆，以防止介质的泄漏。在任何情况下，都不准用锉刀或砂纸抹密封面。

2) 研磨后的质量要求。先用布将密封面擦净，用软铅笔划满经过中心的辐射线而成同心圆，然后每个表面用检查平板进行检查。检查时将平板放在密封面上，轻轻按住旋转 2～3 转。然后检查密封面，如所画铅笔线全部擦去，则表示密封面平整。否则密封面则不平。

阀座与阀芯的密封面上涂少许清洁机油，然后上下密封面对合在一起，轻压向左或向右旋转数圈，取下阀芯，擦净密封面，仔细检查。如其光亮全周一致，无个别地方发亮或划痕，表示研磨的质量合格，如果研磨得很好，在往上提阀芯时，有吸引底座的引力。

(二) 铸石耐磨球阀的维护

(1) 在运行过程中定期打开阀门的排污丝堵，用清水将腔内的沉淀物冲洗干净，然后再拧紧丝堵。

(2) 各个传动部位应定期加注润滑脂，以确保转动灵活。

(3) 定期检查开、关指示部位是否正确，限位螺栓是否松动，如发现指示不正确，应及时调整。

(4) 要保持阀门清洁，指示箭头清楚明显。

（5）严禁节流使用。

（三）铸石耐磨球阀的检修

（1）球阀应每年进行一次检修，分解时应准确记录各个部件的安装位置，以免发生错位。球阀分解后，应清理干净，然后再检查各个部件是否损伤，如发现损伤部件应及时更换。

（2）检修时应仔细检查密封圈与球体接触的密封面是否有损伤或划伤，如发现应及时更换，防止密封不严，发生泄漏。

（3）检修球体时，应将球体表面清洗干净，检查球面是否有划伤或损伤，如有，应及时修复。

（4）检查上下阀杆密封圈是否有损伤，如有损伤，应及时修复或更换。

（5）检查阀杆与衬套回转面是否有磨损、锈蚀，及时清理并添加润滑脂。

（6）检查各个传动部件是否运转灵活，阀门的全开、全关位置的指示箭头是否准确。检查助力装置的限位螺栓是否松动，如发现问题，应及时调整修复。

提示 本节内容适合除灰设备检修（MU5）。

第二十一章

气力输灰系统设备检修

第一节 仓泵式气力输灰系统检修

一、下引式仓泵的检修

（一）仓泵对布置的要求

（1）集灰斗壁和下灰管道与水平面的夹角不宜小于60°。

（2）仓泵宜在地上布置，仓泵的下边与地面净空宜为300mm。

（3）在仓泵进料阀处应设检修维护平台。

（二）仓泵的验收

（1）插板门关闭严密，调节阀能够迅速对参数变化进行调节，无延时。

（2）逆止阀严密可靠，流化盘透气均匀。

（3）进料阀和出料阀开启灵活，无卡涩，间隙符合厂家要求（小于或等于0.06mm）。

（4）水压试验压力为设计压力的1.25倍。

（5）按程序进行调试、运行，阀门动作正常，开关到位。

（三）气锁阀的维护与检修

（1）维护项目及周期。

每周：

1）一般目测设备以检查其运行是否正确。

2）给球型阀轴和轴承加油脂。

3）充满空气管线上的微粒雾化润滑器。

4）检查空气管线上的过滤器，使其正确运行。

每月：

1）清理空气过滤器。

2）清理空气管线过滤器上之滤环。

3）给球型阀叉杆销加油脂。

每六个月：

1）卸下球型阀并检查球体和头部密封磨损情况。

2）检查球型阀轴磨损状况，且在必要时更换轴承和密封。

每六个月应将筒体顶板和导流器组件卸下并检查导流器和密封头的磨损状况。

（2）镶装密封的更换。

1）拆卸顶盘/接头上的固定螺钉，将由顶盘/接头、镶装密封填料圈和塞环组成的密封组合件抬出来。

2）记录塞环下的衬垫的数量和厚度用 0.4mm、0.8mm 和 1.5mm 厚度衬垫配合组装起来，以达到密封与球体之间所要求的密封间隙。

3）将密封与填料圈分离开，检查其是否有磨损或损坏，必要时可立即进行更换。

4）用手转动球盖，检查轴承的状况。如果轴承卡住或应该更换，则按"球盖阀轴承的拆卸/更换"进行处理。

5）在重新组装此阀时，应先查明顶盘/管接头的底面确无腐蚀，各个外表面均须清沽，以构成气密型的密封。

6）将衬垫放到阀壳体上随后将塞环及镶装密封/填料圈装上。

7）将顶盘/接头装回原位，注意不要碰伤密封，再紧固。

8）用塞尺检查（球盖处于关闭状态下）球盖与密封之间的间隙是否正确，所要求的间隙值为 0.1～0.4mm。

（3）锁气阀转动 PHV 轴承的更换。

1）拆卸密封组合件。

2）将平头螺钉拧松数圈，使后 U 型夹上的卡圈松开，同时拆卸护罩。

3）拆卸 U 型夹上的开口簧环，轻轻地将销子敲打出来。

4）围绕后销子摆动气压筒。

5）将气压筒支架臂紧固到球盖阀上的螺钉要全部松开，将气压筒支架臂整体拆下来，必要时可使用提升设备。

6）拆开旋转式联轴器。

7）阀转动 180°，拆卸润滑脂喷嘴。

8）将球盖紧固到轴上的两个内弹簧销用钉铣起出。

9）抽出轴，取出球盖记录下轴上是否有任何垫片。

10）将轴承和密封推向阀的中部，再将其拆下。

11）所有机加工表面应彻底清理干净、擦净油脂，并进行彻底检查。

12）检查球盖和轴表面上有否缺陷，必要时进行更换，此外还要打磨边缘，以防在重新组装时损伤新更换的密封和轴承。

13）将新换的密封扣环推到应有位置上，然后是轴的密封（不要将老的轴承装回），最后将扣环和密封装好，将轴承插入膛孔，使轴承油脂孔与壳体上的孔对准，笔直地送入。直至轴承位置比法兰平 5mm 为止，在另一侧照此重复进行。

14）密封件之间的空隙填满油脂，而轴承则涂抹油脂。

15）重新装配垫片，再将新的 O 型密封环通过轴移送到套处。

16）将轴通过轴承滑移进去，碰到膛孔内第一道密封为止。

17）抓住球盖，使之贴着两个膛孔，再用塑料锤/皮锤使轴通过密封和球盖穿入，将滑脂喷嘴重新装配上。

18）使轴旋转，直至轴和球盖上的孔眼对准为止。弹簧销抹上油脂，再装上去。

19）阀转 180°。

20）重新装配气压筒和支架臂，装上后 U 型夹和开口簧环，护罩固定到位。

21）重新装配密封组合件。

22）极限开关的调整。松开传动臂上的防松螺母，再拧紧调整螺钉。在球盖完全关闭的情况下拧松螺钉，直到六角头碰到极限开关上的插棒式铁心为止，再拧螺钉，使插棒式铁心压下。

（四）气动插板门的检修

气动插板门的检修见表 21 - 1。

表 21 - 1　　　　　　　　气动插板门的检修工艺

检修项目	检修工艺	质量标准
1. 拆卸阀体与气缸	1. 拆掉气缸连杆与阀板连接销柱。 2. 松掉气缸接头法兰与阀体、支杆连接螺母，将气缸拆掉	认真执行安全保护措施
2. 检修阀体	1. 松开横密封件的紧固螺栓； 2. 卸掉阀体螺栓，将阀体拆开，取出阀板，检查； 3. 从两个阀体上取出密封圈； 4. 检查密封件； 5. 检查阀体	1. 密封件不应有变形、老化、裂纹、擦痕等缺陷； 2. 阀板表面无任何磨痕，表面洁净，平面度为 0.05mm； 3. 阀体无磨损、裂纹等缺陷

检修项目	检修工艺	质量标准
3．组装部件	1．开关汽缸，检查阀板出入阀板部位是否因汽缸漏气或过紧而致阀板拒动情况； 2．均匀拧紧或松开调节螺栓，直到阀板连续动作且出入口不泄漏为止	1．安装后的阀门开关灵活、迅速到位，阀体不允许外漏。 2．阀门所配汽缸行程在全开、全关的状态下应比阀门通径大 2mm 左右
4．汽缸检修	详见灰罐式气力输灰系统	

二、流态式仓泵检修

流态式仓泵检修见表 21 - 2。

表 21 - 2 　　　　　　　　**流态式仓泵检修工艺**

检修项目	检修工艺	质量标准
1．检修阀板	1．打开检修门，检查门密封； 2．卸掉阀板固定螺栓，取出阀板与顶板，检查阀板并做记录； 3．拆掉汽缸连杆和曲臂连接销轴； 4．拆掉曲臂和转轴固定螺栓、垫圈及推力轴承； 5．拆掉曲臂，卸下轴座固定螺栓，取下轴座，检查衬套轴	1．阀板表面磨损达 0.5mm 时或残缺不全时，应更换。 2．轴表面无任何磨损，丝孔完好； 3．轴座衬套表面磨损量超过 0.6mm 时，应更换； 4．推力轴承轴向磨损量应不超过 2mm
2．检修阀座	1．拆下压兰螺杆，取出压兰、陶瓷圈及其密封垫； 2．拆卸阀座壳体、法兰短管螺栓，作好盖板与简体标记后移出盖板	1．压兰无磨损，螺杆齐全完好。 2．陶瓷圈无裂纹、残缺； 3．密封垫无老化、破损、裂纹； 4．盖板无任何磨损、翘曲、漏风点
3．检查销轴、轴衬	1．检查销轴磨损情况并做记录； 2．检查轴衬并做记录	1．销轴外径磨损量不超过 1mm，否则换新； 2．轴衬无裂纹、残缺、内径磨损量超过 1mm 时，应更换

检修项目	检修工艺	质量标准
4. 汽缸检修	详见灰罐式气力输灰系统	
5. 组装	1. 将陶瓷圈、密封垫、压兰装在壳板上，均匀拧紧螺栓； 2. 在壳体与简体结合面处涂硅胶，对准标记紧固螺栓； 3. 安装轴衬于轴座内后，在轴座底面上涂胶，固定于壳板上； 4. 依次装入推力轴承、曲臂、垫圈后，紧固固定螺栓； 5. 将阀板、顶板、固定螺栓依次从灰斗装入转轴上； 6. 连接汽缸连杆与曲臂	1. 密封面应平整、紧密，无漏气点； 2. 壳板与简体结合面不允许漏风； 3. 轴座与壳板结合面不应有漏风点； 4. 顶板与转轴固定螺杆应紧固牢靠
6. 调整间隙	1. 关闭汽缸，检查阀板与阀座接触情况； 2. 调整阀板顶丝，使阀板四周接触间隙一致； 3. 开关几次汽缸后用塞尺测量间隙，作记录	1. 阀板与阀座中心对正，四周全部接触； 2. 阀板与阀座四周接触间隙不大于 0.04mm
7. 检查流化板	1. 拆掉流化风管接头后，打开检查孔盖； 2. 取出流化板及固定座； 3. 检查流化板、固定座	1. 流化风管路接头无漏风点； 2. 流化板无裂纹、残缺且透气性良好，无局部阻塞问题； 3. 流化板固定座无磨损
8. 组装流化装置	1. 按以上相反顺序组装； 2. 封闭检查孔盖时，检查密封垫	1. 流化板与固定座结合面应涂硅胶； 2. 检查孔盖密封应无残缺、老化等缺陷

三、管道阀门检修

对于气力除灰管道一般应满足以下要求：

(1) 气力除灰的管件和弯管应采用耐磨材料，管道布置尽量减少90°

弯头。

（2）气力除灰的直管段材质与除灰系统方式有关，宜采用普通钢管，若输送磨损性强的的灰渣，宜采用耐磨钢管。

（3）除尘器灰斗下除灰控制阀或气锁阀装置的支管道接入除灰主干管道时，应水平或向下接入。

（4）气力除灰管道每段水平管的长度不宜超过 200m，布置宜采用伸缩管接头等补偿措施。

（5）气力除灰管道可沿地面敷设，也可架空敷设。输灰管道布置时应避免很长的倾斜管 U 型或向下起伏布置。

（6）灰斗出口处或灰管需要改变方向时，在拐弯前宜设有不小于管径 10 倍的直管段。

（7）较长距离输送的气力除灰系统中，除灰管道应采用分段变径管，其分段数量和各段长度应由计算确定。

提示　本节内容适合除灰设备检修（MU7）。

第二节　灰罐式气力输灰系统设备检修

一、气缸检修

气动阀气缸的检修根据实际情况有气缸缸筒的检查，气缸密封件的检修更换，活塞、连杆的检修、更换，气缸端盖的检查等项目。

气动阀气缸的检修工艺为：

（1）拆下气缸两端的连接螺栓。

（2）拆掉缸体、端盖、活塞总成，清洗表面油污。

（3）检查端盖，更换密封圈及轴封、防尘圈，检查汽缸连杆。

（4）要求气缸组件表面干净，无污物，端盖进出气口无杂物堵塞。

（5）密封件不得有损坏、变形，密封表面不得有裂纹、磨痕等缺陷。

（6）活塞无缺口、裂纹，气缸连杆弯曲不得超过 0.02mm。

（7）组装活塞、连杆及密封件。

（8）组装缸体、活塞总成、端盖。

（9）气缸连杆接头若为螺纹时，应清洗后涂润滑脂防锈。

（10）装配过程中，要保持组件清洁，缸内无杂物。

（11）密封件安装注意要方向正确。

（12）气缸进出口螺纹不得有损伤。

（13）气缸连接螺栓应无损伤或锈蚀。

二、球形气锁阀

（一）球形气锁阀的检修维护内容

上、下阀杆应定期进行润滑，两侧油嘴应定期注入钼基＃3润滑脂，随时检查压力表压力变化，发现压力下降后应及时检查更换密封圈。

（二）球形气锁阀密封圈更换

由于密封圈的材质为橡胶，在高温和磨损的状态下，易发生老化和损坏，所以在使用一段时间后应定期更换。更换密封圈时，松开主、副阀体之间的螺栓，取下副阀体，取出密封圈和衬环，更换新的密封圈，把密封圈和衬环从新装入副阀体中，装好O型圈，紧好主、副阀体间的螺栓。

（三）球形气锁阀故障分析与排除

（1）主、副阀体之间不密封的故障原因及排除方法。

1）副阀体O型圈安装位置不正确。调整O型圈位置。

2）主阀体与密封座之间调整垫安放位置不正确。调整垫片位置。

3）主、副阀体之间螺栓松动。拧紧主、副阀体之间的螺栓。

（2）球形气锁阀球阀关闭不严故障原因及排除方法。

1）球体位置不对中。调整气动装置，使球体位置处于正中时，气动装置处于"关"位。

2）密封圈破损。更换损坏的密封圈。

3）密封圈不冲气。检查气路，检查电磁换向阀是否损坏。

提示　本节内容适合除灰设备检修（MU8）。

第三节　空压机系统设备检修

一、螺杆式空压机检修

（一）螺杆空压机技术标准

（1）主、副转子长度差不大于0.10mm。

（2）齿轮表面无麻点、断裂等缺陷，键与键槽无滚键现象。

（3）轴封低于轴承座平面0.13mm。

（4）转子两端轴向间隙之和符合规定，总间隙为0.23mm，进气端间隙为0.15mm，排气端间隙为0.08mm。

（5）转子间隙分配：出口侧2/3总间隙，入口侧1/3总间隙。

（6）联轴器找中心要求径向、轴向偏差不超过0.10mm，联轴器之间距离为 4~6mm，地角垫片不超过 3 片。

（二）螺旋空压机的解体步骤

（1）拆除联轴器防护罩及联轴器螺栓。

（2）拆卸两侧轴承端盖。

（3）顶出出口侧轴承座。

（4）将两转子、主副齿轮作好匹配记号。

（5）将两转子取出。

（6）解体入口侧轴承座。

（7）拆齿轮、转子时严禁强力拆卸。

（三）螺旋空压机的回装

（1）组装出入口的轴承座，并将其装在机壳上。

（2）装入主、副转子，出口侧轴衬。

（3）加热齿轮及轮毂，装在转子轴上，加热温度应符合设备厂家规定，如无规定，一般不得超过 150℃。

（4）调整转子间隙。

（5）电动机、压缩机就位，联轴器找正，安装联轴器螺栓和防护罩。

（四）故障分析与处理

（1）空压机油细分离器是否损坏的判断。

1）空气管路中含油量增加。

2）油细分离器压差开关指示灯亮。

3）油压是否偏高。

4）电流是否增加。

（2）空压机运转电流高，自动停机的故障原因及排除方法。

1）故障原因：电压太低；排气压力太高；润滑油变质或规格不正确；油细分离器堵塞，润滑油油压力高；空压机主机故障。

2）排除方法：电气人员检修电源；查看排气压力表，如超过设定压力，调整压力开关；检查润滑油质量、规格，更换合格的润滑油；用手转动机体转子，如无法盘车，请检查主机。

（3）空压机运转电流低于正常值的故障原因及排除方法。

1）故障原因：压缩空气消耗量太大，压力在设定值以下运转；空气滤清器堵塞；进气阀动作不良，如卡住等；容调阀调整设定不当。

2）排除方法：检查系统压缩空气消耗量，必要时增加空压机运行；清理或更换空气滤清器；解体检查进气阀，并加注润滑脂；重新调整、设定容调阀。

(4) 空压机机头排气温度低于正常值的故障原因及排除方法。

1) 故障原因：冷却水量太大，环境温度太低，无负荷时间太长，排气温度表误差，热控阀故障。

2) 排除方法：调整冷却水量。

(5) 空压机机头排气温度高，自动停机的故障原因及排除方法。

1) 故障原因：润滑油量不足，冷却水量不足，冷却水温度高，环境温度高，冷却器鳍片间堵塞，润滑油变质或规格不对，热控阀故障，空气滤清器堵塞，油过滤器堵塞，冷却风扇故障。

2) 排除方法：查润滑油油位，及时添加到规定位置；查冷却水进、出水管温差；检查进水温度；增加泵房排风量，降低室内温度；查冷却水进、出水管温差，正常情况温差为 $5 \sim 8 \, \text{℃}$，如低于 $5 \, \text{℃}$，可能是油冷却器堵塞，请解体清理；检查润滑油质量或规格，更换合格的润滑油；查润滑油是否经过油冷却器冷却，如无，则检查、更换热控阀；清理或更换空气滤清器；检查更换冷却风扇。

(6) 压缩空气中含油分高，润滑油添加周期短，无负荷时滤清器冒烟的故障原因及排除方法。

1) 故障原因：添加润滑油量太多，回油管限油孔堵塞，排气压力低，油细分离器破损，压力维持阀弹簧疲劳。

2) 排除方法：检查调整油位到规定位置；拆卸清理回油管限油孔；调整压力开关，提高排气压力；检查更换油细分离器；检查更换维持阀弹簧。

(7) 空压机无法全载运转的故障原因及排除方法。

1) 故障原因：压力开关故障，三向电磁阀故障，泄放电磁阀故障，进气阀动作不良，压力维持阀动作不良，控制油路泄漏，容调阀调整不当。

2) 排除方法：检查更换压力开关；检查更换三向电磁阀；检查、更换泄放电磁阀；拆卸检查、清理压力维持阀，加注润滑脂；拆卸后检查阀座及止回阀片是否磨损，如磨损，应更换；检查、处理泄漏；重新调整、设定容调阀。

(8) 空压机无法空车，空车时表压力仍保持工作压力或继续上升至安全阀动作的故障原因及排除方法。

1) 故障原因：压力开关失效，进气阀动作不良，泄放电磁阀失效，气量调节膜片破损，泄放限流量太小。

2）排除方法：检修更换压力开关；拆卸检查清理进气阀，加注润滑脂；检修、更换泄放电磁阀；检修更换气量调节膜片；适量调整加大泄放限流量。

（9）空压机排气量低的故障原因及排除方法。

1）故障原因：空气滤清器堵塞，进气阀动作不良，压力维持阀动作不良，油细分离器堵塞，泄放电磁阀泄漏。

2）排除方法：清理或更换空气滤清器；拆卸检查、清理进气阀，加注润滑脂；拆卸检查压力维持阀阀座及止回阀片是否磨损，弹簧是否疲劳；检查，必要时更换油细分离器；检修，必要时更换泄放电磁阀。

（10）空压机空、重车频繁的故障原因及排除方法：

1）故障原因：管路泄漏，压力开关压差太小，空气消耗量不稳定。

2）排除方法：检修处理管路泄漏，重新调整设定压力开关压差，适当增加储气罐容量。

（11）空压机停机时空气滤清器冒烟的故障原因及排除方法。

1）故障原因：油停止阀泄漏，止回阀泄漏，重车停机，电气线路错误，压力维持阀泄漏，泄放阀不能泄放。

2）排除方法：检修，必要时更换油停止阀；检查止回阀阀片及阀座是否磨损，如磨损则更换；检查进气阀是否卡住，如卡住需拆卸检修、清理，加注润滑脂；检查检修电气线路；检修压力维持阀，必要时更换；检查检修泄放阀，必要时更换。

二、活塞式空压机检修

（一）活塞式空压机润滑系统检修

（1）解体清洗检查油泵滤油器、滤网，滤油器、滤网完整，隔板方向正确。

（2）检查齿轮磨损、啮合情况，测量调整间隙，并作好记录，各部分间隙应符合设备厂家的规定。在没有资料规定时，要求齿面磨损不超过0.75mm，齿轮啮合时的齿顶间隙与背后间隙均为 0.10 ~ 0.15mm，最大不超过 0.30mm，啮合面积为总面积的 75%。

（3）测量轴套间隙，齿轮与泵壳的轴向、径向间隙。在没有资料规定时，要求齿轮与泵壳的径向间隙不大于 0.20mm，轴向间隙为 0.04 ~ 0.10mm，顶部间隙为 0.20mm。

（4）清洗连杆油孔及油管。

（5）清洗所有油系统部件，可使用软布、面团等材料，禁止使用棉纱等容易脱落的材料清洗，清洗后应用空气吹净。

（二）活塞式空压机曲轴和主轴承检修

（1）检查曲轴轴颈的磨损情况，测量圆度和圆锥度，轴颈磨损不大于0.22mm，圆度和圆锥度不超过0.06mm，轴颈表面有深度大于0.10mm的刮痕时必须处理消除。

（2）检修轴承并测量各个部位的配合间隙，轴承外套与端盖的轴向推力间隙为0.20～0.40mm，内套与轴的配合紧力为0.01～0.03mm。

（3）研刮主轴瓦，要求瓦顶间隙为0～0.02mm，曲轴与飞轮的配合紧力为0.01～0.03mm。

（4）清洗曲轴油孔并用压缩空气吹净，曲轴油孔应畅通，无杂物，末端密封严密不漏。

（5）平衡锤固定牢固，配合槽结合严密。

（三）活塞式空压机活塞环检修

（1）活塞环与槽的轴向间隙0.05～0.065mm，最大不超过0.10mm，活塞环在汽缸内就位后，接口有0.5～1.5mm的间隙。

（2）活塞环断裂或过度擦伤，丧失应有的弹性；活塞环径向磨损大于2mm，轴向磨损大于0.2mm；活塞环在槽中两侧间隙达到0.30mm；活塞环外表面与汽缸面应紧密结合，配合不良形成间隙的总长度不超过汽缸圆周的50%。

（四）活塞组装

（1）将连杆和活塞进行组合，压入活塞销并封好弹簧销扣。

（2）装活塞环和油封环，再从下部装入活塞，每装好一组活塞，就应盘车检查其灵活性。待全部安装完后，再盘车检查连杆小头在活塞销上的位置。

（3）按垫片记号与厚度记号组装曲轴下瓦。

（4）测量活塞上的死点间隙。

（5）组装轴封和端盖、飞轮。

（五）标准

（1）连杆活塞转动灵活，轴向窜动灵活。

（2）活塞环之间的接口位置应错开120°，开口销安装正确。

（3）螺栓紧力一致，垫片倒角方向正确。

（4）活塞上死点间隙一级为1.7～3mm，二级为2～4mm。

（5）毛毡轴封与轴结合，松紧适当，接口为45°斜口。

（6）飞轮装配时，加热温度不超过120℃，键与键槽两侧无间隙，顶部有0.20～0.50的间隙。

（六）试运行

（1）启动空压机随即停止运转，检查各个部件无异常情况后，再依次运转5、30min和4～8h，润滑情况应正常。

（2）运行中应无异常声音，紧固件应无松动。

（3）油压、油温、摩擦部位的温升，应符合设计规定。

（七）活塞式空压机冷却系统检查时应符合的要求

（1）水压试验压力为0.5MPa，时间为10min。

（2）冷却器水管有个别泄漏时，可将管口封堵，但封堵的管子不超过总数的1/10。

（3）各个阀门严密无渗漏，清晰干净。

（4）中间隔板结合面完整，冷却水无短路现象。

（5）盘车灵活，无异常声音。

（6）冷却水畅通，各个部位无泄漏。

（7）轴承温度不超过65℃，油温、油压、排气压力、电流符合厂家设计规定。

（8）各个部位振动不超过0.1mm。

（八）冷干机水冷式冷凝器的清洗方法

（1）先准备好耐酸腐蚀水泵、水箱，配以水管接头等，将水泵与水箱、冷凝器连接。

（2）在水箱中加入5%～10%的稀盐酸，并按0.5% g/kg溶液的比例加入乌洛托品一类的阻化剂。开启水泵，让酸水循环20～30h，排尽酸水，再用10%的烧碱水冲洗15min，然后用清水冲洗1～2h即可。

（3）将自动排水器前的手动阀关闭，将排水器分解，用中性洗涤液掺水清洗浮球及排水器内部。

（4）将自动排水器前的手动阀关闭。

（5）将盖子顶部的螺丝松开，让排水器内的压缩空气泄掉。

（6）拆下盖子上的其他螺丝，并把内部清洗干净。

（7）再把底部螺丝拆开，取出滤网，并进行清洗后，放回原处，拧上螺丝。

（8）在排水器腔内装满水后，盖上盖子，拧紧螺丝，确保其密封而不漏气。

(9) 打开手动阀门。

三、吸附式干燥机检修

1. 检修项目

(1) 检修准备;

(2) 消声器的检修;

(3) 进气阀、排气阀的检修;

(4) 单向阀的检修;

(5) 更换吸附剂;

(6) 回装;

(7) 调试。

2. 检修内容、步骤

(1) 关闭干燥器进气阀门、出气阀门,旁路阀门,使设备与系统断开,并切断电源。打开安全阀将设备内部空气排出,确认无压力。

(2) 松开消声器连接螺栓,拆下消声器,取出滤芯,清理消声器内外壁的锈垢、杂物。疏通排气孔;清洗滤芯上的油污,必要时更换。

(3) 松开进气阀、排气阀法兰螺栓,拆下阀门。将阀门解体,检查弹簧、膜片、阀柄、阀座,如有损坏,应及时更换修复,并根据检修前的情况,检查阀杆的填料密封。

(4) 松开单向阀阀盖螺栓,取出阀座锥阀,清理检查阀座、锥阀、导向杆及密封垫的损坏情况,若有损坏,应及时修复。

(5) 拆下 A、B 吸附筒的上下堵板,排掉失效的吸附剂,取出出入口滤网,拆下再生器调节球阀和节流孔板,进行清理检查。更换所有密封垫后,依次安装上下滤网和下堵板,将新吸附剂加满后安装上堵板。

(6) 更换密封垫,回装单向阀、进气阀、排气阀、消声器。

(7) 启动干燥器,将进气阀、排气阀的工作压力设定为 0.2MPa,调整检查进气阀、排气阀动作程序、开关情况,运行周期及再生器调节球阀开度,检查各个连接、法兰有无渗漏,各个运行参数是否正常。

3. 检修标准及要求

(1) 设备系统有压力或未断电时,禁止工作。

(2) 消声器内外的油污、锈蚀、结垢、粉末应完全清除,所有排气孔畅通,必要时可酸洗。滤芯不得有破损,油污、灰尘、粉末难以清理干净时,应及时更换。

(3) 进气阀、排气阀为气动薄膜切换阀,其阀柄、阀座应配合良好,封闭严密,不得有机械损伤;弹簧弹性适中,不得有锈蚀、变形、断裂;膜片完好,无破损、开裂、老化现象;阀杆填料密封严密,紧力适当。

(4) 锥阀、阀座、导向杆、密封垫完好,配合严密,动作灵活,无冲刷、磨损、破裂等机械损伤。

(5) 吸附剂为 $\phi 4 \sim \phi 8$ 细孔球状活性氧化铝,应填满吸附筒。再生器调节球阀应开关灵活、上下滤网应完好、通畅,不得有破损或堵塞。

(6) 干燥器启动后各个连接、法兰密封良好,无漏气现象,各个阀门动作灵活、正确,无泄漏卡涩。吸附筒在解吸再生工序时压力应小于 0.05MPa;吸附筒在干燥工序时,排气压力与后系统气源压差不应大于 0.05MPa,再生器调节球阀调整适当,再生气量小于 12%。

四、压缩空气罐检修

(1) 检修周期:3 年。

(2) 检修项目:压力表检查或更换、罐体检修,人孔门检查。

(3) 检修工艺及标准见表 21 – 3。

表 21 – 3　　　　　压缩空气罐检修工艺及标准

检修项目	检修工艺	质量标准
1. 准备工作	将容器内介质排净,隔断与其连接的设备和管路	罐内有压力时,不得松紧螺栓或进行修理工作
2. 罐体检查	1. 检查罐体外表面有无裂纹、变形、漏点; 2. 将容器的人孔打开,清除容器内壁污物; 3. 筒体、封头等内外表面有无腐蚀现象,对怀疑部位进行壁厚测量并进行强度核算	1. 所有表面无裂纹、变形、断裂,无泄漏; 2. 进入容器检查,应用电压不超过 24V 的低压防爆灯,且容器外必须有人监护; 3. 安全附件齐全,安全阀压力定值合格; 4. 紧固螺栓完好无损
3. 封闭人孔门	1. 容器内检修工作结束,清理工器具及杂物; 2. 封闭人孔门	1. 容器内不许残留杂物; 2. 人孔门密封面无泄漏点
4. 压力表检查	1. 检查压力表; 2. 检查表管及接头	1. 表面干净; 2. 表管及接头无泄漏点; 3. 压力表校验合格

提示　本节内容适合锅炉辅机检修（NU12 LE30、LE31）除灰设备检修（MU8 LE22）。

第四节　灰库系统设备检修

一、气化系统检修

（一）气化风机检修

1. 维护保养项目

（1）换油。应对油量进行日常检查和定期更换。每次换油都应该清洗排油孔和加油孔的油塞，并更换油塞上密封材料。定期擦净油标并检查油位。

第一次换油一般在200h后进行，以后每运转2000h后换油，或至少每三个月换油一次。

（2）清洁滤清器。滤清器的清洗决定于污染程度，至少每星期清洗一次。若滤清指示器指出滤清器的压降达500mmH$_2$O（4.9kPa）时也必须清洗滤清器。

对于纸质滤芯可用压缩空气吹去积尘，吹气的方式应与工作时气流流经滤芯的方向相反。对金属网滤芯，可以用加清洁剂的冷水或温水清洗。装水的容器要有足够的容积，能使整个滤芯浸没。洗净后再用清水漂洗，然后晾干。

（3）小修项目。检查传动皮带；检查润滑油；检查滚动轴承；叶轮间隙测量及清洗；齿轮检查；油封、密封环检查，空气滤清器清洗；弹性橡胶接头检查，冷却器检查；出口管道及阀门检查或更换。

2. 风机大修项目

（1）更换传动皮带。

（2）更换润滑油，清理油箱、油位计。

（3）检查轴承必要时更换。

（4）检修叶轮转子。

（5）检查齿轮必要时更换。

（6）检查、清洗气室。

（7）检查更换油封。

（8）清洗消音器、空气过滤器。

（9）检修出口阀门。

3．风机解体步骤

（1）拆除联轴器防护罩，测量联轴器之间的径向偏差和中间距离，并作好记录。

（2）放净油箱内的润滑油，拆除机壳、齿轮箱结合面固定螺栓，取下密封垫片，测量厚度并作好记录。

（3）在主动、从动齿轮上作好匹配记号，拆卸锁紧螺母，可用加热法拆卸轮毂、齿轮，加热温度应符合设备厂家规定，一般不超过150℃。

（4）轴承盖拆卸前应作好标记，测量并记录碘片厚度，拆卸轴承。

（5）吊出转子时，应使用专用工作台进行，转子吊起后，轴端螺栓应包扎保护，防止螺纹损伤。

4．风机检修工艺

（1）驱动侧拆卸。

1）取出皮带轮及键。

2）旋启放油螺塞，放净润滑油。

3）拆掉箱盖法兰螺栓，取下箱盖后拆除或检查油封或箱盖密封垫。

4）卸下主、从动轴轴承固定法兰及垫片，并加以标记和记录。

5）去掉顶板上下定位销，拆除顶板。

6）取出驱动轴轴承及从动轴轴承，取出骨架油封，检查或更换。

（2）齿轮侧拆卸。

1）旋启放油螺塞，放净润滑油。

2）拆掉齿轮箱盖后拆除或检查油封或箱盖密封垫。

3）拆掉齿轮固定螺母、拨油板。

4）在齿轮与其转轴外径处作标记后，用专用拉具分别拉下齿轮。

5）去掉顶板上下定位销，拆除顶板。

6）取出驱动轴轴承及从动轴轴承，取出骨架油封，检查或更换。

（3）叶轮转子检修。

1）拆下主、从动轴上的密封环。

2）仅加热轴套与内圈，迅速取下轴套、内圈（温度约在90℃左右）。

3）检查叶轮转子。

（4）总装。

安装前，清洗干净所有零部件。

1）分别将轴套放入机油中加热到150℃左右，迅速提出，装至叶轮轴上并紧靠叶轮侧面，注意方向。

2）分别将轴承内圈中加热到 90～100℃左右，迅速提出，装至叶轮轴上并紧靠轴套，注意方向。

● 将密封环装到轴套内凹槽内。

● 将骨架油封分别装到顶板内，注意方向。

● 半齿轮侧顶板定位后，固定汽缸和顶板。

● 安装叶轮总成到位，注意保护密封环并使其到位。

● 安装驱动侧顶板，由定位销定位后，用螺杆加以定位。

● 装齿轮侧轴承。

● 装驱动侧轴承。

● 按记号分别安装轴承挡圈、垫片及固定法兰、螺杆，作好记录。

● 调整叶轮相互位置，按照标记先装一个齿轮、拨油板及其固定螺母，固定好后，再装另一齿轮，调整两叶轮之间间隙到要求尺寸后紧固拨油板及螺母。注意，两拨油板转动时不应撞击。

● 检查或更换驱动侧箱盖轴封后，装密封垫及箱盖。

● 装齿轮侧箱盖及密封垫。

● 加注齿轮侧、驱动侧润滑油至规定位置。

（5）试转。

1）清除风机内外灰尘，以防进入气室与油池内。

2）按旋转方向手动盘车，检查有无异常。

3）接通电源，在无负荷状态下启动风机，核实旋转方向。

4）运转期间，应检查润滑是否正常，有无异常振动、摩擦和发热等异常情况，如有，应当停机。查明原因，消除故障后重新启动。

5）运转中检查轴承温度、润滑油温度、电流表的指示数。

6）检查排气压力、排气温度。

（6）质量标准。

1）传动皮带不允许沾有皮带胶和其他润滑剂，保持皮带清洁；新旧带不能混装，皮带表面无脱皮、裂纹和断层。

2）带轮表面无残缺，两带轮轮宽中心平面轴向位移误差小于 1.0mm。

3）油位计干净、光亮，无破损、漏油等缺陷。

4）油封不变形、损坏，密封唇不允许有裂纹、擦痕、缺口等缺陷，安装时外表面应有润滑脂。

5）滚动轴承无损伤、锈蚀，转动灵活，无异音。轴承间隙符合要求。

6）齿轮啮合面不小于 75%，齿牙磨损不超过弦齿厚的 40%，两啮合间隙为 0.26mm，无断裂齿，表面无裂纹；转动时无异音、碰撞和卡死现象。

7）软连接不老化、损坏、漏风。

8）消音器内无损坏，无杂物。

9）空气滤清器外罩清洁、无变形。

10）出口管法兰及机体法兰无漏风点；皮带安装后，不打滑或过紧，张力适中。

11）试转前加合乎标准的润滑油，运转 500h 后应更换新鲜的润滑油一次。

12）运转时，滚动轴承温度不高于 95℃，润滑油温度不高于 65℃，排气压力在允许范围内，振动值小于 0.13mm。

13）叶轮表面磨损不超过 0.5mm，表面干净无污物或锈迹。汽缸内壁磨损量不超过 0.5mm。

5．故障原因及排除方法

（1）风机不能起运或卡死的故障原因及排除方法：①转子相互摩擦或转子与机壳摩擦——检查转子和机壳，调整间隙。②风机内进入异物——解体检查，取出异物。③风机积尘淤塞——清洗风机积尘。④进气口堵塞或阀门未打开——清理滤清器，检查阀门。

（2）风机过热故障原因及排除方法：①油箱冷却不良——检查疏通冷却水系统。②润滑油量过多——控制润滑油量在油标设定位置。③转子相互摩擦或转子与机壳之间间隙过大——检查转子和机壳，调整间隙。④滤清器堵塞使进气量减少——清理滤清器。

（3）风机噪声异常故障原因及排除方法：①转子积尘失去平衡——检查清洗转子。②转子相互摩擦或转子与机壳摩擦——调整转子间隙。③齿轮损坏或间隙过大——检测更换齿轮。④轴承损坏——检测更换轴承。

（4）风机风量不足故障原因及排除方法：①滤清器堵塞——清理滤清器；②转子间隙过大——调整转子间隙，必要时更换转子；③皮带打滑——调整皮带紧力或更换。

（二）气化装置

（1）库设计为锥形库底时气化槽应满足的要求。

1）斜壁与水平面夹角应不小于 60°。

2）第一排的两块汽化板对称布置，并应靠近库底排出口处。

3）第二排的四块汽化板应在四个侧面对称布置。

4）每块汽化板的面积宜为 50mm×300mm，其用气量可为 $0.17m^3/min$，在汽化板灰侧的压力可为 50 kPa。

（2）灰库设计为平底库时气化槽应满足的要求。

1）底气化槽应均匀分布在底板上，其最小面积不宜小于库底截面积的 15%，并应尽量减少死区。

2）化槽的斜度宜为 6°。

3）当库底设有 2 个排灰孔，其中心距大于等于 1.8m 时，应在两孔间用两段相互垂直的斜槽向两个灰孔供料。

4）库底斜槽每平方米汽化空气量可按 $0.6m^3/min$ 计算。

5）在汽化板灰侧的空气压力与灰的堆积密度有关，一般不宜大于 80kPa。

6）各进气点的进风量应把握均匀稳定，各进气分支管上宜装设流量自动调节阀。

7）靠近库底的侧墙应设有人孔。

（3）气化槽的技术要求。

1）气化槽中的多孔板应保证孔隙密布均匀，表面平整，无裂纹、损边现象。

2）多孔气化板国内一般采用经模压高温烧结的碳化硅板材。

3）多孔板在气化槽内安装时，多孔板止口间加涂耐温硅橡胶，确保密封可靠，硅橡胶耐温应达到 250℃。

4）气化槽金属箱体应采用 3~5mm16 锰优质钢板模压。

5）气化槽法兰表面平整，槽体间连接时采用石棉橡胶板加涂耐温硅橡胶。

6）每条支路气化槽两端加封堵板，以保证气化风均匀输出。

7）气化槽布置斜度一般为 8°~12°。

8）气化槽总面积应大于灰库总面积的 15%。

（4）检修安装气化槽的技术要求。

1）安装前，应逐条检查气化槽，观察气化板有无破损、裂纹，如有应进行拆卸更换。检查气化槽端面连接法兰有无变形，否则应进行调校。

2）根据气化槽长度不同，进行分类堆放。

3）在灰库库底画中心圆周角平分线，按平分线安装支架。

4）将对应长度的气化槽逐条连接，气化槽两端连接法兰间应加橡胶石棉垫，并均匀涂抹硅橡胶，确保端面连接的密封。

5）在各支气化槽连接完毕后，两端加封堵板。

6）连接进气管。

7）启动风机，检查气化槽的密封性能，正常情况气化风应均匀地从气化板上透出，气化槽端面法兰间、气化板搭接处等均应无漏气现象存在，否则应检查处理。

（5）灰库本体的验收。

1）灰库内无遗留工器具、材料等物品。

2）气化板完整无破损，结合面密封严密。

3）库底斜槽密封条完整，无老化，严密不漏。

4）斜槽平直度偏差不大于 2mm/m。

5）启动汽化风机检查汽化板和库底斜槽，汽化板应透气均匀，斜槽无漏气，各结合面无漏气现象。

二、加湿搅拌机系统检修

（一）大修项目及标准

（1）检查叶片磨损情况，当叶片磨损达到原厚度的 1/3 或长度磨损到 1/2 时应更换。

（2）检查喷嘴磨损情况，一般其直径不应大于原直径 4mm，否则更换。

（3）检查轴承，滚动轴承无损伤、锈蚀，转动灵活，无异音。轴承间隙符合要求。

（4）检查齿轮磨损情况。齿轮啮合面不小于 75%，齿牙磨损不超过弦齿厚的 40%，两啮合间隙为 0.26mm，无断裂齿，表面无裂纹；转动时无异音、碰撞和卡死现象。

（二）摆线针轮减速器检修。

见第二十章 第一节二、电动锁气器检修内容。

三、压力真空释放阀检修

压力真空释放阀检修见表 21-4。

表 21-4 压力真空释放阀检修标准

检修项目	检修工艺	质量标准
检修阀盖	1. 拆下柱销； 2. 取下阀盖，拆下挡环、隔膜	隔膜不允许撕裂、残缺； 阀盖转动灵活
检修阀座	检查阀座	阀座无裂纹、漏洞

提示 本节内容适合除灰设备检修（MU8）。

第二十二章

除渣设备检修

第一节 水力除渣系统检修

一、捞渣机检修

（一）刮板式捞渣机检修

1. 刮板式捞渣机的一般维护要求

刮板式捞渣机应每班（6~8h）检查一次，尤其要注意对链条的紧力（分配器压力表的压力指示）、注油器的工作情况和溜槽内的水位进行检查。检修工作又可分为运行中检修维护、预防性检修维护和大修。

2. 刮板式捞渣机的运行中检修维护项目

1）处理密封泄漏的溜槽。

2）更换部分有故障的零部件，如液压缸。

3）更换有故障的注油器。

4）处理密封泄漏的液压系统。

5）更换液压系统内有故障的元件。

6）更换变形损坏的刮板。

3. 刮板式捞渣机的预防性检修维护项目

预防性检修维护至少应在设备运行 12 个月时安排进行一次，不需要将设备解体，项目一般包括：

1）调整辅助传动装置链条的紧力。

2）更换所有磨损或损坏了的零件。

4. 大修项目及标准

（1）刮板式捞渣机大修项目。

设备大修应在设备运行使用 3 年时进行，将设备解体后，检查校正设备要求的参数设定，对设备全部零件和损坏磨损程度进行详细的检测记录，必要时更换。项目一般包括：

1）设备预防维护修理中的检修维护项目。

2）设备解体检查。

3）检测所有的零部件。

4）更换磨损或损坏的部件。

5）涂刷防锈漆、油。

其中要求防磨板的最小厚度值为 10mm 时应更换，其他零部件应根据设备的运行维护经验来决定。保养检查应每 3 个月进行一次，用设定到 350~400N·m 的扭矩扳手紧固刮板的装配螺栓。

（2）刮板式捞渣机的刮板及圆环链的检修质量标准如下。

1）链条（链板）磨损超过圆钢直径（链板厚度）的 1/3 时应更换。

2）刮板变形、磨损严重时应更换。

3）柱销磨损超过直径的 1/3 时应更换。

4）两根链条长度相差值应符合设计要求，超过时应更换。

5）刮板链双侧同步、对称，刮板间距符合设计要求。

（3）刮板式捞渣机检修后或安装完工后的需进行下列检查准备工作。

1）检查整个设备和所有组件是否按安装使用说明书要求进行。

2）检查齿轮传动装置电动机和润滑设备是否具备启动条件。

3）检查润滑油导管应通畅。

4）将润滑脂注入润滑导管和注油器。

5）彻底清洗液压系统管路，启动泵后液压系统内产生 16MPa 压力时，不应有泄漏。

6）调整适当的链条紧力。拉紧链条时，在拉紧滚轮与导向滚轮之间的中点施加 490N（50kgf）的力时，链条的挠度为 10~15mm，则认为拉紧力是适当的。

7）溜槽内的水位应适当。

5. 刮板式捞渣机的常见停机故障

一般 BP-1025 型刮板式捞渣机常发生以下应停机处理的故障。

1）链条缠绕在驱动轴上时。

2）链条脱离了导向滚轮或拉紧滚轮时。

3）导向滚轮或拉紧滚轮损坏时。

4）刮板脱落或弯曲时。

5）链条过度伸长，不能适当拉紧时。

6）液压系统有故障时。

7）注油器不供润滑油超过 4h 时零件或组件损坏，以至可能使设备发生故障时。

（二）旋转碗式捞渣机本体检修要求

旋转碗式捞渣机本体检修有以下要求：

（1）检查捞渣机转子柱销磨损，测量杆轴与大齿轮的啮合间隙，并作好记录，要求转子柱销的磨损量小于 5mm，柱销大齿轮的啮合间隙符合设备设计规范。

（2）检查犁刀磨损，测量间隙，犁刀磨损量应小于 5mm。

（3）检查壳体、密封门磨损及密封橡皮，壳体、密封门磨损及密封橡皮应完整、无破损，无漏渣、漏水。

（三）螺旋捞渣机本体检修步骤

（1）螺旋捞渣机本体检修有以下几个步骤：

1）拆卸联轴器、上轴承，进行清理检查。

2）拆卸更换轴瓦。

3）清理检查转子，根据损坏情况进行补焊。

4）转子需要更换时，将上部拉筋、破碎箱、端盖拆除，吊出转子。

5）检修人孔门、放水孔、溢水管。

6）检查灰箱及衬板的磨损腐蚀情况。

7）清洗检查轨道轮，更换润滑脂。

8）灰箱、槽体刷防腐漆。

9）组装转子、轴瓦、上轴承及联轴器。

（2）螺旋捞渣机本体检修质量工艺要求：

1）轴瓦允许最大间隙不大于 4mm。

2）转子与筒体允许最小间隙 5mm，允许最大间隙 25mm。

3）螺旋翼厚度磨损不超过原壁厚 1/2 的补焊，超过的应更换。

4）灰箱腐蚀磨损不超过原钢板厚度的 1/2。

5）衬板磨损量不超过原壁厚的 1/2。

二、碎渣机检修

（一）碎渣机的小修项目

碎渣机小修应 6~8 个月进行一次，小修中应根据实际情况进行检查轴承、加油，疏通轴封水管；减速装置检查、加油、调整链条等工作，必要时更换部分零部件。

（二）大修项目及标准

（1）碎渣机的大修项目。碎渣机大修应 2 年进行一次，一般根据实际情况，进行轴承的检查、清洗换油，必要时更换，检查或更换轴套；检查、疏通密封水管及水封环，检查碎渣机轧辊，检查轴损坏的情况，减速装置检修，检查紧固基础螺栓等项目。

（2）碎渣机对检修质量有以下要求。

1）轴的晃动值小于 0.04mm。

2）轴套表面光滑，磨损沟槽深度超过 0.50mm 的应更换。

3）齿辊与颚板间隙为 15～25mm。

4）齿高磨损小于 10mm。

5）钢板腐蚀磨损剩余厚度小于 3mm 的应补焊。

（3）碎渣机检修工艺主要有：

1）拆卸轴封水管、防护罩及链条。

2）吊住碎渣机本体，拆下出渣口，拆下本体与渣斗的连接螺栓，将本体移至检修场地。

3）将灰渣杂物清理干净，检查设备损坏情况。

4）拆卸链轮、盘根压帽、轴承端盖、轴承座螺栓，将两侧轴承连同轴承座一同拆下，取出转子，拆下轴套。

5）清理轴承座，清洗轴承、轴、轴套，并检查损坏情况。

6）检查齿辊及颚板，必要时更换。

7）箱体下渣口检查补焊。

8）回装顺序与拆卸时相反，调整好齿辊与颚板的间隙，加好盘根。

9）主机就位，安装好出渣口，紧固螺栓。

10）减速机就位，找正，加油，安装链条、防护罩，连接轴封水管。

三、冲渣泵检修

1．维护项目及标准

维护项目及标准见灰浆泵。

2．大修项目及标准

见第二十章　第一节　一、灰浆泵检修内容。

3．故障分析与处理

故障分析与处理见灰浆泵检修。

4．车削叶轮时泵性能参数的计算

当系统发生变化需要改变泵的流量、扬程、功率等参数时，可采用车削叶轮的办法。车削叶轮后泵的性能可通过下列公式计算，即

$$Q_1 = QD_1/D \qquad (22-1)$$

$$H_1 = H(D_1/D)^2 \qquad (22-2)$$

$$P_1 \approx P(D_1/D)^3 \qquad\qquad (22-3)$$

式中　D_1、D——分别为车削前后的叶轮外径，mm；

$\quad\quad Q_1$、Q——分别为车削前后的流量，m^3/h；

$\quad\quad H_1$、H——分别为车削前后的扬程，m；

$\quad\quad P_1$、P——分别为车削前后的功率，kW。

当车削叶轮过多时，特别是车削叶片形状变化较大的扭曲叶片时，上述公式只作为参考，具体数据应根据实测确定。

泵降低转速的性能参数计算方法：

当系统发生变化需要改变泵的流量、扬程、功率等参数时，可采用降低泵的转速的办法。泵降低转速后性能可通过下列公式计算，即

$$Q_1 = Qn_1/n \qquad\qquad (22-4)$$

$$H_1 = H(n_1/n)^2 \qquad\qquad (22-5)$$

$$P_1 \approx P(n_1/n)^3 \qquad\qquad (22-6)$$

式中　n、n_1——分别为降速前后的转速，r/min；

$\quad\quad Q$、Q_1——分别为降速前后的流量，m^3/h；

$\quad\quad H$、H_1——分别为降速前后的扬程，m；

$\quad\quad P$、P_1——分别为降速前后的功率，kW。

四、渣浆泵检修

1. 维护项目及标准

维护项目及标准见灰浆泵维护项目及标准。

2. 大修项目及标准

见第二十章　第一节　一、灰浆泵检修的内容。

3. 故障分析与处理

见灰浆泵故障分析与处理。

五、振动筛检修

大修项目及标准：

(1) 筛箱、筛框完好，无裂纹，连接部位紧固。筛箱井字架连接牢固，无磨损，不得有弯曲变形。

(2) 筛板结合严密，木楔子紧固，无松动，筛板完好无损坏。

(3) 振动电机完好，转向正确。

(4) 筛簧完好，弹性适中，对称位置水平一致。

（5）各级筛箱之间的柔性连接完好，无开裂、孔洞。

六、埋刮板输渣机检修

（一）埋刮板输渣机的小修项目

（1）检查调整链条张紧装置，必要时拆取部分链条，保持链条的适当紧力。

（2）检查更换减速机密封、润滑油。

（3）检查轴承、链条磨损情况。

（4）检查滚轮磨损情况，滚轮轴承清洗加油。

（5）检测刮板连接螺栓的磨损情况，必要时更换。

（6）链条张紧装置涂抹润滑脂。

（二）埋刮板输渣机的大修主要项目

（1）全面清理机槽，检查机槽磨损情况，必要时更换。如机槽装有衬板，应检查更换磨损严重或破损的衬板。

（2）解体检修减速机，检测轴承，清理油箱，更换润滑油及全部密封。

（3）检修更换链条、链轮、链轮轴承、刮板连接螺栓。

（4）解体清洗链条张紧装置，涂抹润滑脂。

（5）检查进、出料管的磨损情况，损坏应及时修复。

（三）刮板输渣机在安装、检修验收中应注意的事项

（1）链条紧力适中，张紧装置灵活可靠。

（2）链轮转动灵活、平稳，无卡涩现象。

（3）链条能够在链轮上随链轮均匀行进，不发生拖动现象。

（4）减速机运转平稳，无异常声响，油位适当，温升不超过 25℃。

（5）刮板安装牢固，在运行中无偏移、磕碰现象。

七、管道阀门检修

1. 阀门检修

见第二十章　第三节　六、阀门检修的内容。

2. 除灰管检修

灰浆管清垢检查：灰浆泵运行一段时间后应进行割管检查结垢情况。原则上每隔 500m 割取 200mm 左右一段管，测量管内结垢厚度和分布情况，并做好记录。

八、排污泵检修

（一）检修周期及检修项目

（1）大修周期及项目。

每 1~2 年进行一次大修。

1）拆卸吐出管连接螺栓及电机螺栓，吊下电机，拆掉电机架；

2）拆掉泵体与安装板连接螺栓，将泵体吊出；

3）拆掉泵支架，泵体解体，检查泵体、护板叶轮磨损情况。测量轴的弯曲度与各部尺寸；

4）检查密封圈、轴承磨损情况；

5）拆卸轴承，清理轴承体；

6）泵体组装到位；

7）安装电机，调整皮带松紧，试转；

8）出口门、逆止门检修。

（2）小修周期及项目。

每 6~8 个月进行一次小修。

1）检查上下滤网、叶轮、泵体、后护板磨损情况；

2）轴承检查加油；

3）出口门、逆止门检查；

4）检查皮带松紧力，重新调整；

5）试转。

（二）检修工艺及质量标准

检修工艺及质量标准见表 22-1。

表 22-1　　　　　　　排污泵检修检修工艺及质量标准

检修项目	检修工艺	质量标准
1. 准备工作	1. 检查设备缺陷记录本，掌握设备缺陷情况； 2. 准备检修工具和备品配件； 3. 办理检修工作票	出入口门关闭严密，逆止门关闭严密
2. 泵解体	1. 拆除电动机和皮带，将电机及支架连接螺栓松掉，吊下电机及电机架； 2. 拆卸吐出管连接螺栓，拆除吐出管及泵的上下滤网； 3. 拆掉泵体与支架连接螺栓，依次拆卸泵体、叶轮和后护板； 4. 拆掉泵体与安装板连接螺栓，取下安装板，将轴承体与支架吊出放至地面上进行解体；	1. 拆卸前必须记住轴承体、支架、安装板与泵体之间的相对位置。 2. 吊重物时防止碰撞。 3. 叶轮外周磨损超过5mm，厚度磨损超过原尺寸的1/3或大面积磨有沟槽时，应更换。 4. 叶轮、护板断裂或有裂纹应更换。

检修项目	检修工艺	质量标准
2. 泵解体	5. 检查清理各部件, 更换磨损件; 6. 检查取下叶轮 O 型圈及后护板密封垫, 重新更换新圈; 7. 拆掉轴套及定位套	5. 护板磨损超过原厚度的 1/2 或磨有深槽应更换。 6. 外壳破碎、断裂应更换。 7. 拆卸叶轮时注意其旋转方向, 并与后护板一起取下
3. 轴及轴承拆装	1. 用揪子拆掉槽轮, 紧力过大时可用烤把对对轮进行加热。 2. 更换驱动端轴承 (泵端轴承可参照): 1) 松下紧丝圈, 取下轴承端盖; 2) 取下迷宫环和迷宫套, 测量垫厚度及轴承间隙, 作好记录; 3) 将轴承体与电机侧轴承拉下, 再用同样的方法拉下泵端轴承; 4) 打磨、清理各部件, 测量轴的弯曲度、椭圆度; 5) 测量轴承游隙; 6) 用机油将轴承加热至 100℃ 左右, 将轴承装入轴颈所要求位置上; 依次将轴承体、驱动端轴承、挡套、推顶环、电机侧轴承、端盖、迷宫环、迷宫套装在轴上; 8) 上紧紧丝圈, 带上轴承端盖, 吊起对轮, 对准键槽用铜棒对称敲击对轮至轴颈要求位置。必要时可用烤把加热对轮后再装	1. 轴承室有裂纹、砂眼时, 应补焊或更换。 2. 轴承滚子、内外圈、保持器有脱皮、锈蚀、损伤、裂纹现象应更换。 3. 加油孔应畅通无堵塞, 轴承挡套及推顶环、迷宫套端面应平整光滑。 4. 轴承端盖油封完好。 5. 用揪子拆卸轴承与对轮时, 应保持揪子轴心与轴中心线对齐, 拉时用力均匀。 6. 用烤把加热对轮时一般不超过 5min, 温度低于 200℃
4. 支架安装、泵体组装	1. 将轴承体与支架用螺栓紧密连接; 2. 在支架圆周外装上对开的安装板, 用螺栓固定在支架上; 3. 将泵安装就位, 将安装板装在基础上, 拧紧地脚螺栓; 4. 将后护板套入轴上, 然后安装叶轮, 正向旋紧; 5. 将泵体安装在支架末端, 用螺栓连接紧密; 6. 安装上下滤网及出口短管; 7. 检查出口门与逆止门, 将出口管与安装板固定好	

检修项目	检修工艺	质量标准
5. 找正	1. 对轮找正; 2. 紧对轮螺栓,上好防护罩	对轮允许偏差见上节
6. 试转	1. 试转前盘车,检查转动情况; 2. 泵连续运行 4h 后测量轴承温度及振动,检查电机电流和泵出口压力; 3. 清理检修现场,结束工作票,整理检修记录	1. 轴承温度小于 65℃,最高不超过 80℃。 2. 轴承径向窜动不大于 0.085mm。 3. 设备铭牌标志齐全。 4. 法兰、阀门各结合面无泄漏,检修场地干净

九、高压射水泵检修

1. 维护项目及标准

见第二十章 第三节 一、柱塞泵检修的内容。

2. 故障分析与处理

见第二十章 第三节 六、多级泵检修的内容。

十、水力喷射器检修

大修项目及标准见表 22 - 2。

表 22 - 2　　　　水力喷射器检修大修项目及标准

检修项目	检修工艺	质量标准
1. 准备工作	1. 检查设备缺陷记录本,掌握设备缺陷情况; 2. 准备检修工具和备品配件; 3. 办理检修工作票	1. 渣斗高压水总门、冲渣水总门关闭严密,无泄漏; 2. 冷却水泵停止运行
2. 除渣管道检查	1. 检查管道管接套处有无螺栓松弛,各结合面有无泄漏现象; 2. 检查除渣管道有无裂纹、砂眼现象; 3. 泄漏处应查明原因,有裂纹应进行更换,接头处泄漏时应更换密封圈; 4. 固定支架检查加固; 5. 管道下部磨损可旋转 180°; 6. 弯头磨偏应旋转 180°	1. 除渣管道裂缝或掉块或大面积磨损超过壁厚 1/2,应更换新管; 2. 管接套连接紧凑,螺栓应加装弹簧垫片,防止振松; 3. 管子应牢固地固定在支架上,不能有任何移动

检修项目	检修工艺	质量标准
3. 水力喷射器检查	1. 吊住水力喷射器的喉部扩散管和尾部扩散管，拆掉水喷射器出口法兰和尾部扩散管与渣管的连管箍。 2. 吊起喉部扩散管和尾部扩散管。 3. 检查水力喷射器内部和扩散管磨损情况，检查喷嘴磨损情况，并做好记录。 4. 检查水力喷射器出口端面和底丝损坏情况。 5. 喷射器本体更换。 1）吊住喷射器本体，拆除入口短节和喷射器斜面法兰螺栓，吊走喷射器本体。 2）清理新喷射器斜面法兰和喷嘴安装孔并涂上铅粉，打磨喷嘴外周并涂铅粉，用铜棒对称敲击把喷嘴装到喷射器内部，清理渣斗底部喷射器安装法兰面，安装水力喷射器入口短节和出口扩散管	1. 喷射器内部磨损超过壁厚 1/3 时应更换； 2. 喉部扩散管和尾部扩散管磨损 1/2 壁厚时应更换； 3. 喷射器出口端面冲刷有深槽或端面丝扣损伤严重，应更换； 4. 扩散管破裂或磨有通孔应更换； 5. 喷嘴与喷射器安装孔的间隙一般不大于 0.02mm； 6. 喷射器安装好后，喷嘴轴心与出入口水平段中心线平齐； 7. 各结合面严密无泄漏
4. 出入口门检修	参看水力除灰系统	1. 出入口门开关灵活到位； 2. 各连接法兰无泄漏
5. 通水试验	1. 打开渣斗高压水总门，冲渣水总门； 2. 打开水力喷射器出入口门； 3. 启动高压泵，检查除渣管道通水情况和各连接法兰严密情况； 4. 除渣管道运行正常后，清理检查现场，结束工作票	1. 各门开关到位，高压泵运行正常； 2. 除渣管道运行正常，各连接法兰严密无泄漏，固定牢靠

提示 本节内容适合除灰设备检修（MU4）。

第二节　干除渣系统设备检修

一、斗提机检修

（一）维护项目及标准

斗提机的一般维护一般有以下内容：

（1）检查链子的销轴、链板与链接头有无断裂。

（2）连接螺栓以及上下链轮的轮毂和半摩擦轮之间的螺栓有无松动。

（3）链子的张紧度是否适宜。

（4）检查有无物料堆积在尾部。

（5）检查各个润滑点的润滑情况。

（二）大修项目及标准

斗提机的检修工作主要有销轴、链板、链接头、半摩擦轮、斗子、滚子轴承、滚柱逆止器等易损件的检查更换。其中易损零件的使用周期应根据制造质量和输送物料对零件的磨损性决定；检查销轴卡板的固定螺栓、斗子与链接头的连接螺栓以及上下链轮的轮毂与摩擦轮之间的连接螺栓有无松动、损坏。在更换链子时，要将左右对应的链节同时更换，被换下来的没有损坏的零件经过检测后，可重新组成链节备用。

（三）斗提机验收的规则

（1）斗提机各个零部件、减速机等必须经过制造厂家的有关检验合格后方可使用。

（2）斗提机在检修、安装后需要进行空车试验不小于 8h，检查是否符合要求，然后再进行 24h 带负荷试运行。

（3）在试运行时电机温度不得超过 40℃，减速机的温升不得超过 25℃，轴承温度不得超过 65℃。

（4）检查斗子运转是否正常，如产生过大摆动，甚至磕碰机壳，应及时检修。如检查没有上、下轴及链条间距的安装问题及调整不当的情况时，可检查链板、链接头、斗子是否符合设计要求。

二、渣仓检修

（一）维护项目

（1）每 6~8 个月进行一次。

（2）气动插板门检查，充气密封圈检查或更换。

（3）冲洗水管阀检查。

（4）析水元件检查清理。

（二）大修项目及标准

大修项目及标准见表 22 – 3。

表 22 – 3　　　　　　　渣仓检修大修项目及标准

检修项目	检修工艺	质量标准
1. 准备工作	1. 检查设备缺陷记录本，掌握设备缺陷情况； 2. 准备检修工具和备品配件； 3. 办理检修工作票	1. 脱水仓冲洗水门关闭严密，不泄漏； 2. 切断振荡器电源、气动插板门操作电源
2. 脱水仓本体及附属设备检查	1. 检查脱水仓本体有无裂缝现象； 2. 检查各支柱、支架是否坚固牢靠； 3. 检查析水元件并清理，有破损者更换	1. 脱水仓本体坚固，无裂缝泄漏现象。 2. 支柱、支架安全可靠。 3. 析水元件畅通无堵塞或结垢
3. 放渣门检修	1. 汽缸检修参看气力输灰系统。 2. 充气密封圈更换。 1）吊住放渣斗并将其拆卸； 2）打开放渣门，从脱水仓底部拆掉充气密封圈压兰； 3）取下充气密封圈检查； 4）清理门座更换新的充气密封圈； 5）回装压兰及放渣斗，关闭放渣门。 3. 检查门板磨损情况。 4. 门板与门座间隙检查与调整。 1）用塞尺在门板四周测量门板与门座间隙，如果各部间隙不等，则进行调整； 2）门板与门座间隙的调整方法：调整放渣门，四周固定丝杠，将门板上下移位	1. 汽缸密封严密无泄漏现象。 2. 充气密封圈密封压力达到要求； 3. 门板磨损 1/2 厚度应更换； 4. 滚轴轻松灵活，如轴承损坏应进行更换； 5. 门板与门座的间隙四周均匀，且小于 5mm； 6. 放渣斗斗壁磨损，应修补或更换

检修项目	检修工艺	质量标准
4. 冲洗水管阀检修	1. 检查各手动阀门开关灵活性及严密性； 2. 检查手动阀门丝杠、阀座、阀体、手轮有无损坏、破损现象； 3. 检查加固管道支架； 4. 阀门更换盘根	1. 阀门开关灵活到位，各结合面无泄漏。 2. 管道畅通无堵塞，支架坚固。 3. 阀门损坏后应检修更换
5. 试运	1. 脱水仓进渣，检查放渣门开关性能与各结合面密封性能； 2. 清理检修现场，结束工作票	1. 放渣门开关灵活到位； 2. 放渣门充气密封圈密封性能良好； 3. 检修现场整洁，设备标志铭牌齐全

提示 本节内容适合除灰设备检修（MU4）。

参 考 文 献

1　山西省电力工业局编．锅炉设备检修（高、中、低）．北京：中国电力
　　出版社，1997
2　电力工业部建设协调司．火电施工质量检验及评定标准（锅炉篇）
　　（1996 年版）．北京：中国电力出版社，1996
3　电力工业部建设协调司．火电工程调整试运质量检验及评定标准
　　（1996 年版）．北京：中国电力出版社，1996
4　黄雅罗　黄树红．发电设备状态检修．北京：中国电力出版社，2000